人力资源和社会保障部职业能力建设司推荐
有色金属行业职业教育培训规划教材

电解铝生产

康宁 等编著

北京

冶金工业出版社

2015

内 容 简 介

本书是有色金属行业职业教育培训规划教材之一，是根据有色金属企业生产实际、岗位技能要求以及职业学校教学需要编写的。

本书主要介绍了电解铝基本理论知识、铝电解槽的焙烧启动、工艺技术条件和操作、生产异常情况及处理、生产事故处理及预防、电解烟气净化工艺、铝及铝合金铸造工艺、铝电解槽、混合炉、回转窑砌筑、电解铝多功能天车、安全与环境保护等内容。在内容组织安排上，力求简明扼要，通俗易懂，理论联系实际，切合生产实际需要，突出实际操作。为便于读者学习，加深理解和应用，每章都附有复习思考题。

本书适合电解铝企业工程技术人员阅读，可作为企业岗位操作人员的培训教材及职业学校（院）相关专业教材，也可供有关工程技术人员和大学师生参考。

图书在版编目（CIP）数据

电解铝生产/康宁等编著 . —北京：冶金工业出版社，2015.9
有色金属行业职业教育培训规划教材
ISBN 978-7-5024-6909-2

Ⅰ.①电…　Ⅱ.①康…　Ⅲ.①炼铝—电解冶金—技术培训—教材　Ⅳ.①TF821

中国版本图书馆 CIP 数据核字（2015）第 130749 号

出 版 人　谭学余
地　　址　北京市东城区嵩祝院北巷 39 号　邮编　100009　电话　(010)64027926
网　　址　www.cnmip.com.cn　电子信箱　yjcbs@cnmip.com.cn
责任编辑　张登科　美术编辑　彭子赫　版式设计　孙跃红
责任校对　王永欣　责任印制　牛晓波
ISBN 978-7-5024-6909-2
冶金工业出版社出版发行；各地新华书店经销；北京百善印刷厂印刷
2015 年 9 月第 1 版，2015 年 9 月第 1 次印刷
787mm×1092mm　1/16；26.5 印张；639 千字；396 页
60.00 元

冶金工业出版社　投稿电话　(010)64027932　投稿信箱　tougao@cnmip.com.cn
冶金工业出版社营销中心　电话　(010)64044283　传真　(010)64027893
冶金书店　地址　北京市东四西大街 46 号(100010)　电话　(010)65289081(兼传真)
冶金工业出版社天猫旗舰店　yjgycbs.tmall.com
（本书如有印装质量问题，本社营销中心负责退换）

王化琳　中电投宁夏青铜峡能源铝业集团有限公司

段鲜鸽　洛阳有色金属工业学校

李巧云　洛阳有色金属工业学校

李　贵　河南豫光金铅股份有限公司

闫保强　洛阳有色金属加工设计研究院

刘静安　中铝西南铝业（集团）有限责任公司

张鸿烈　白银有色金属公司西北铅锌厂

但渭林　江西理工大学南昌分院

武红林　中铝东北轻合金有限责任公司

郭天立　中冶葫芦岛有色金属集团公司

董运华　洛阳有色金属加工设计研究院

序

有色金属工业是国民经济重要的基础原材料产业和技术进步的先导产业。改革开放以来，我国有色金属工业取得了快速发展，十种常用有色金属产销量已经连续多年位居世界第一，产品品种不断增加，产业结构趋于合理，装备水平不断提高，技术进步步伐加快。时至今日，我国已经成为名符其实的有色金属大国。

"十二五"期间，是我国由有色金属大国向强国转变的重要时期。我国要成为有色金属强国，根本靠科技，基础在教育，关键在人才，有色金属行业必须建立一支规模宏大、结构合理、素质优良、业务精湛的人才队伍，尤其是要建立一支高水平的技能型人才队伍。

建立技能型人才队伍既是有色金属工业科学发展的迫切需要，也是建设国家现代职业教育体系的重要任务。首先，技能型人才和经营管理人才、专业技术人才一样，是企业人才队伍中不可或缺的重要组成部分，在企业生产过程中，装备要靠技能型人才去掌握，工艺要靠技能型人才去实现，产品要靠技能型人才去完成，技能型人才是企业生产力的实现者。其次，我国有色金属行业与世界先进水平相比还有一定差距，要弥补差距，赶超世界先进水平靠的是人才，而现在最缺乏的就是高技能型人才。再次，随着对实体经济重要性认识的不断深化，有色金属工业对技能型人才的重视程度和需求也在不断提高。

人才要靠培养，培养需要教材。有色金属工业人才中心和洛阳有色金属工业学校为了落实中国有色金属工业协会和教育部颁发的《关于提高职业教育支撑有色金属工业发展能力的指导意见》精神，为了适应行业技能型人才培养的需要，与冶金工业出版社合作，组织编写了这套面向企业和职业技术院校的培训教材。这套教材的显著特点就是体现了基本理论知识和基本技能训练的"双基"培养目标，侧重于联系企业生产实际，解决现实生产问题，是一套面向中级技术工人和职业技术院校学生实用的中级教材。

该教材的推广和应用，将对发展行业职业教育，建设行业技能人才队伍，推动有色金属工业的科学发展起到积极的作用。

中国有色金属工业协会会长 陈全训

2013 年 2 月

前　言

近年来，随着我国国民经济的快速发展，铝的需求量不断增加，促进了电解铝生产技术的不断发展，电解铝生产的各项技术经济指标也有了很大的提高。随着新增电解铝产能规模的扩大，电解铝生产从业人员需求数量也逐年增加，同时对从业人员的技术素质和操作水平也提出了更高的要求。为了适应电解铝生产企业的发展，加强对技术工人职业技能培训，我们参照了行业职业技能鉴定规范，并根据企业生产实际和岗位技能要求，组织有关技术人员编写了本书。

本书注重实际技能培养和分析解决问题能力的提高，主要内容包括：电解铝基本理论知识、铝电解槽的焙烧启动、工艺技术条件和操作、生产异常情况及处理、生产事故处理及预防、电解烟气净化工艺、铝及铝合金铸造工艺、铝电解槽、混合炉、回转窑砌筑、电解铝多功能天车、安全与环境保护等内容。本书主要针对高级工和技师，同时兼顾了中级工和高级技师需掌握的相关知识，在编写过程中，既注重铝电解的基本理论，又突出切合企业生产实际，具有较强的实用性和针对性。为便于读者学习，加深理解和应用，每章都附有复习思考题。

本书由中电投宁夏能源铝业康宁主持编写，中孚实业股份有限公司岳海涛主持审稿，编者有康宁（23章）；岳玉龙（1、2、3、4、5、6、7章）；章烈荣（8、9、10、11、12章）；邢福、吴革、王少东（13、14章）；田永锋、郭登岐、陈亮、郝少文（15、16、17、18章）；杨宏伟、陈绪明、徐万贵、刘晋云（19、20、21章）；童文君、董安、贾旺、何生平、赵荆（22章）。

本书在编写过程中得到中电投宁夏青铜峡能源铝业集团有限公司领导鼎力支持及专家同仁的热情帮助；得到洛阳有色金属工业学校校长杨伟宏、副教授李巧云等同志的大力协作和支持，在此表示衷心的感谢。另外，本书参考了一些相关著作或文献资料，对其作者致以诚挚的谢意。

由于电解铝生产技术发展较快，各铝企业生产管理组织也不尽相同，限于编者水平所限，书中不妥之处在所难免，恳请读者批评指正。

作　者

2015 年 3 月 5 日

目　录

1 铝电解生产概论

1.1 铝工业发展简史

在目前已发现的 108 种化学元素中，金属占 85 种，通常把这些金属元素分为黑色金属和有色金属两大类。黑色金属只有铁、铬、锰三种，其余均为有色金属。有色金属按其性质、用途、分布及其储量等的不同，又可分为重金属、轻金属、贵金属和稀有金属等。其中，铝是有色轻金属类的一种金属。

铝在自然界中的储量极为丰富，其含量约占地壳重量的 8%，仅次于氧（49.1%）和硅（26%），居第三位，几乎占地壳中全部金属总量的 1/3。铝的化学性质十分活泼，自然界中很少发现游离状态的金属铝。铝大多都以化合物形式存在，约有 250 多种含铝的矿物。这些矿物中最常见的是铝硅酸盐族以及它们的风化产物黏土，还有水合氧化物，例如铝土矿，这是目前炼铝的主要原料。尽管自然界中铝的分布和储量非常广泛和丰富，但由于铝的化学性质活泼，使得金属铝的提取非常困难，直到 19 世纪初才被制取出来，比铜大约晚了两千年。

炼铝的历史可分为两个阶段：早期的化学置换法炼铝和以后发展的熔盐电解法炼铝。

1.1.1 化学法炼铝

1825 年丹麦化学家奥斯特用钾汞齐还原无水氯化铝，得到一种灰色的金属粉末，在研磨时呈现金属光泽，这是人类首次得到金属铝。1827 年德国科学家沃勒用钾代替钾汞还原无水氯化铝得到了铝的灰色粉末。1854 年法国人戴维尔用钠代替钾还原 $NaCl-AlCl_3$ 混合盐，也得到了金属铝。1855 年，在法国巴黎附近建成了世界上第一座炼铝厂。1865 年俄国的别克托夫提议用镁还原冰晶石来生产铝，这一方法后来在德国盖墨林根铝镁工厂里被采用。

在化学法炼铝阶段，尽管后来采用了钠和镁还原冰晶石炼铝成功，但由于当时生产规模有限，还原剂价格昂贵，生产成本高，因此生产量不大。应用化学法炼出的铝总共约 200t。

1.1.2 电解法炼铝

在采用化学法炼铝期间，1854 年德国本生和法国戴维尔继英国戴维之后研究电解法炼铝，试验了各种以冰晶石为基础的混合熔盐与氧化铝的电解法。但那时的试验是用蓄电池作为电源，不能获得较大的电流，而且蓄电池价格很贵，因此电解法不能做工业性的试验。

1886 年美国霍尔和法国埃鲁通过实验不约而同地申请了冰晶石-氧化铝熔盐电解法炼铝的专利，获得批准。1888 年，美国匹兹堡电解厂开始用冰晶石-氧化铝熔盐电解法炼铝，铝的生产从此进入了新的阶段。与化学法炼铝相比，电解法炼铝成本比较低，而且产品质量好，100 多年以来，该方法成为唯一的工业炼铝方法，也被称为霍尔-埃鲁法。

电解法炼铝早期采用小型预焙阳极电解槽，电流强度只有 4000 ~ 8000A，1923 年侧插阳极棒自焙阳极电解槽发明后，电解槽的电流强度到 20 世纪 40 年代末期发展到了 80kA，生产指标随之好转，促进了铝工业的发展。40 年代初，法国彼施涅公司发明了上插阳极棒自焙阳极电解槽，使电流强度进一步提高，到 50 年代，电流强度达到了 100kA，70 年代电流强度最大达到了 150kA，而侧插阳极棒自焙阳极电解槽的电流强度也达到了 130 ~ 140kA。

50 年代以后，预焙阳极电解槽也有了新的发展。50 年代，法国发明了边部加料的预焙阳极电解槽，它有利于提高电流强度，迅速得以推广，在 50 年代初，预焙阳极电解槽的电流强度达到了 100kA，60 年代达到了 150kA。60 年代，美国成功开发了中心下料预焙电解槽技术，70 年代以后，随着中心下料预焙电解槽技术的逐步完善，它的集气效率高，有利于改善环境，自动化程度高，可以自动控制加料，很快得以推广，并成为当今世界主流槽型。近年来，预焙阳极电解槽更是向着大型化、节能化、智能化、环保型方向发展，预焙阳极电解槽容量由 20 世纪 70 年代的 100kA 发展到现在的 400 ~ 500kA。电解生产的各项经济技术指标和环保指标大大提高，电解铝能耗、原材料消耗明显降低，并且仍在不断向前发展。

自冰晶石-氧化铝熔盐电解法发明以来，全世界原铝产量迅速增长。电解法炼铝之初，铝产量只有 180t，1900 年增到 6990t，1925 年达到 18 万吨，1995 年达到 2400 万吨，到 2012 年已达到 4490 万吨。新中国的铝电解发展始于 1953 年建成投产的抚顺铝厂，当时采用前苏联设计的 60 kA 侧插阳极棒自焙阳极电解槽，当年产量 400t，1975 年全国原铝产量 22.1 万吨，1992 年产量 109.6 万吨，2007 年产量 1260 万吨，2012 年产量 1968 万吨，占全球原铝产量的 43.83%，连续多年保持世界原铝产量第一位。

1.2 铝的性质及用途

1.2.1 铝的性质

铝是银白色金属，纯铝质地柔软，有良好的可塑性和延展性，是电和热的优良导体，其化学符号为 Al，原子序数为 13，相对原子量为 26.98154。其主要特性如下：

(1) 熔点低。铝的熔点与纯度有密切关系，纯度 99.996% 的铝熔点为 660℃。

(2) 沸点高。液态铝的沸点为 2467℃。

(3) 密度小。铝的密度只有钢的 1/3，常温下工业纯铝的密度为 2.70 ~ 2.71g/cm^3，随温度升高，铝的密度随之降低，在 950℃ 时铝液的密度为 2.303g/cm^3。

(4) 电阻率小。纯度为 99% ~ 99.5% 的铝电阻率为 2.80×10^{-8} ~ $2.85 \times 10^{-8}\Omega \cdot m$，在常用金属中铝的导电性仅次于银和铜，居第三位。铝中添加其他元素，都会增大铝的电阻率。固体和液体铝的电阻率均随温度降低而减小，靠近 0K 时，铝的电阻率接近零。

(5) 铝具有良好的导热能力。铝的导热性能差不多是不锈钢的 10 倍，在 20℃ 时，铝的热导率为 2.1W/(cm · ℃)。

(6) 铝具有良好的反光性能，特别是对于波长为 0.2 ~ 12μm 的光线。

(7) 铝没有磁性，不产生附加的磁场，所以在精密仪器中不会起干扰作用。

（8）铝具有良好的可塑性和延展性，可用一般的方法把铝切割、焊接或黏接，铝易于压延和拉丝。

（9）铝具有两性性能，易与稀酸反应，又易于被苛性碱溶液侵蚀，生成氢气和可溶性铝盐，但是高纯铝能够抵御某些酸的腐蚀作用，可用来储存硝酸、浓硫酸和其他化学试剂。

（10）铝具有良好的防腐蚀性，铝表面在空气中和氧易结合成一层牢固的氧化铝薄膜，这层氧化铝薄膜是连续的、无孔的，阻止了铝的进一步氧化，提高了铝的抗氧化和抗腐蚀能力。

（11）铝没有毒性，可以用作食品包装。

（12）铝再生循环利用率高，是一种节能储能绿色环保型金属。

1.2.2 铝的用途

由于铝有多种优良性能，在国民经济和国防工业中被广泛应用，是仅次于钢铁的第二大金属。铝的用途主要在以下几个方面：

（1）可制成各种铝合金，如硬铝、超硬铝、防锈铝、铸铝等。这些铝合金广泛应用于飞机、汽车、火车、船舶等制造工业。此外，宇宙火箭、航天飞机、人造卫星也使用大量的铝及其合金。

（2）铝的导电性仅次于银、铜，虽然它的电导率只有铜的 2/3，但密度却只有铜的 1/3，所以输送同量的电，铝线的质量只有铜线的一半。铝表面的氧化膜不仅有耐腐蚀的能力，而且有一定的绝缘性，所以铝在电器制造工业、电线电缆工业和无线电工业中有广泛的用途。

（3）铝是热的良导体，它的导热能力比铁大 3 倍，工业上可用铝制造各种热交换器、散热材料和炊具等。

（4）铝有较好的延展性（它的延展性仅次于金和银），在 100～150℃ 时可制成薄 0.01mm 的铝箔。这些铝箔广泛用于食品包装等，还可制成铝丝、铝条，并能轧制成各种铝制品。

（5）铝的表面因有致密的氧化物保护膜，不易受到腐蚀，常被用来制造化学反应器、医疗器械、冷冻装置、石油精炼装置、石油和天然气管道等。

（6）铝粉具有银白色光泽（一般金属在粉末状时的颜色多为黑色），常用来做涂料，俗称银粉、银漆，以保护铁制品不被腐蚀，而且美观。

（7）铝在氧气中燃烧时放出大量的热和耀眼的光，常用于制造爆炸混合物，如铵铝炸药、燃烧混合物和照明混合物。

（8）铝热剂常用来熔炼难熔金属和焊接钢轨等。铝还用做炼钢过程中的脱氧剂。铝粉和石墨、二氧化钛（或其他高熔点金属的氧化物）按一定比例均匀混合后，涂在金属上，经高温煅烧而制成耐高温的金属陶瓷，它在火箭及导弹技术上有重要应用。

（9）铝板对光的反射性能也很好，反射紫外线比银强，且铝越纯，其反射能力越好，因此常用来制造高质量的反射镜，如太阳灶反射镜等。

（10）铝具有吸音性能，音响效果也较好，所以广播室、现代化大型建筑室内的天花板等也采用铝。

总之，铝及铝合金的用途是非常广泛的。在一般工业国家中，铝的用途大致如下：建筑行业占25%，交通运输业占20%，电力行业占15%，食品工业占15%，日用品工业占10%，机械工业占10%，其他占5%。近几年我国铝的消费量也在不断增加，年平均增长率可达7.5%左右，增加速度居世界首位。

1.3 铝电解生产工艺流程

现代铝工业生产，普遍采用冰晶石-氧化铝熔盐电解法。其原理是：以冰晶石-氧化铝熔体为电解质，炭素材料为两极，从整流所供给的直流电流通过电解槽上的炭阳极，流经电解质和铝液层从阴极导出，再由阴极母线导向下一台电解槽的阳极母线，在阴极和阳极上发生电化学反应，电解产物在阴极上是铝液，阳极上是 CO_2 和 CO 气体。

氧化铝是炼铝的主要原料，熔点高达2050℃，很难熔化，熔融的冰晶石能够较好地熔解氧化铝，构成 $Na_2AlF_6\text{-}Al_2O_3$ 熔液。因此铝电解槽内电解质的主要组成是冰晶石和氧化铝，还含有少量的氟化钙、氟化镁等。工业上为了改善电解质的物理化学性质，提高铝电解生产指标，需要添加其他一些盐类，使电解温度保持在930~960℃。

在电解铝生产过程中，电解质中的氧化铝是不断消耗的，需要经常补充，以保持电解生产的连续进行。同时，电解质中的氧离子在阳极上失去电子，与炭阳极发生化学反应，生成一氧化碳（CO）和二氧化碳（CO_2）的混合气体，因此炭阳极也是不断消耗的，需要定期用新的阳极炭块进行更换。

电解质中的铝离子从阴极上得到电子，析出金属铝，由于铝液的密度大于电解质，因而沉积在电解质下部的炭素阴极上。电解过程产生的混合气体中除了 CO_2 和 CO 外，还含有少量氟化物和 SO_2 等气固混合物，经过烟气净化回收系统处理之后，废气排放入大气，收回的固体含氟氧化铝返回到电解槽使用。铝电解生产工艺流程如图 1-1 所示。

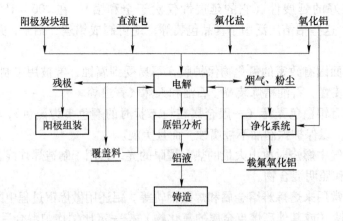

图 1-1 铝电解生产工艺流程图

1.4 铝电解生产所用的原材料

铝电解生产所用的原材料大致分三类：原料——氧化铝；熔剂——氟化盐（包括冰晶石、氟化铝、氟化钠、氟化镁、氟化钙等）；预焙阳极炭块。

1.4.1 氧化铝

氧化铝是当前冰晶石-氧化铝熔盐电解法的唯一原料，是由矿石中提炼出来的有一定粒度要求的白色粉料，熔点 2050℃，真密度 $3.5 \sim 3.6 \mathrm{g/cm^3}$，体积密度 $1.0 \mathrm{g/cm^3}$，流动性好，不溶于水，能溶解在熔融的冰晶石中。工业上对氧化铝的要求是非常严格的，主要体现在化学纯度和物理性能上。

（1）化学纯度。工业氧化铝通常含有 98.5% 的氧化铝以及 SiO_2、Fe_2O_3、TiO_2、Na_2O、CaO 和 H_2O 等少量杂质。在电解过程中，那些电位比铝正的元素的氧化物杂质，如 SiO_2、Fe_2O_3 都会优先还原，还原出来的 Si 和 Fe 等杂质进入铝液内，使铝的品位降低，且降低电流效率；而那些电位比铝负的元素的氧化物杂质，如 Na_2O、CaO 会分解冰晶石，使电解质组成发生改变并增加氟化盐消耗量。氧化铝中的水分会分解冰晶石，不仅增加铝液中的氢含量，还产生氟化氢气体，污染环境。P_2O_5 等高价氧化物杂质则会显著降低电流效率。因此，铝工业对于氧化铝的纯度提出了严格的要求。我国对氧化铝规定的质量等级见表 1-1。

表 1-1 氧化铝质量标准（GB/T 24487—2009）

牌 号	化学成分（质量分数）/%				
	Al_2O_3 （≥）	杂质含量（≤）			
		SiO_2	Fe_2O_3	Na_2O	灼 减
AO-1	98.6	0.02	0.02	0.50	1.0
AO-2	98.5	0.04	0.02	0.60	1.0
AO-3	98.4	0.06	0.03	0.70	1.0

注：1. Al_2O_3 含量为 100% 减去表中所列杂质总和的余量；

2. 表中化学成分按在 (300 ± 5)℃ 温度下烘干 2h 的干基计算；

3. 表中杂质成分按 GB/T 8170 的规定进行数值修约。

（2）物理性能。工业氧化铝的物理性能，对于保证电解过程正常进行和提高气体净化效率关系很大。一般要求它具有较小的吸水性，较快地溶解在熔融冰晶石里，粒度适宜，飞扬损失少，具有较好的活性和足够的比表面积。另外，要有良好的流动性。这些物理性能取决于氧化铝晶体的晶型、形状和粒度。按照氧化铝的物理特性，可将其分成砂型、中间型和粉型三种，见表 1-2。

表 1-2 工业氧化铝的分类和特征

特征 \ 分类	砂 型	中间型	粉 型	特征 \ 分类	砂 型	中间型	粉 型
<45μm 的粉料/%	<12	12 ~ 20	20 ~ 50	密度/$g \cdot cm^{-3}$	<3.70	<3.70	>3.90
平均粒度/μm	80 ~ 100	50 ~ 80	<50	容积密度/$g \cdot cm^{-3}$	>0.85	>0.85	<0.75
安息角/(°)	30 ~ 35	35 ~ 40	>40	$w(\alpha\text{-}Al_2O_3)$/%	10 ~ 15	30 ~ 40	80 ~ 90
比表面积/$m^2 \cdot g^{-1}$	>45	>35	2 ~ 10				

砂型氧化铝呈球状，颗粒较粗，其中 α-Al_2O_3 含量少于 10% ~ 15%，γ-Al_2O_3 含量较

高，具有较大的活性，适于在干法净化中用来吸附 HF 气体。同时，砂状氧化铝在电解质中溶解性较好，故砂型氧化铝得到广泛应用。粉型氧化铝呈片状和羽毛状，颗粒较细，其中 α-Al$_2$O$_3$ 含量达到 80%。中间型氧化铝介于两者之间。

1.4.2　冰晶石

冰晶石的分子式为 Na$_3$AlF$_6$，或写成 3NaF·AlF$_3$。冰晶石分天然和人造两种。天然冰晶石无色或雪白色，密度为 2.95g/cm^3，熔点 1010℃，在自然界中储量有限。人造冰晶石为灰白色的粉末，易黏于手，不溶于水，熔点 1012℃左右。我国冰晶石在质量等级上分为四级，其标准见表 1-3。

表 1-3　冰晶石质量标准（GB/T 4291—2007）

牌号	化学成分(质量分数)/%									物理性能
	F	Al	Na	SiO$_2$	Fe$_2$O$_3$	SO$_4^{2-}$	CaO	P$_2$O$_5$	湿存水	灼减量(质量分数)/%
	≥			≤						
CH-0	52	12	33	0.25	0.05	0.6	0.15	0.02	0.20	2.0
CH-1	52	12	33	0.36	0.08	1.0	0.20	0.03	0.40	2.5
CM-0	53	13	32	0.25	0.08	0.5	0.20	0.02	0.20	2.0
CM-1	53	13	32	0.30	0.08	1.0	0.60	0.03	0.40	2.5

注：数值修约比较按 GB/T 1250 第 5.2 条规定进行，修约数位与表中所列极限数位一致。

冰晶石是熔剂的主要成分。从理论上讲冰晶石在电解过程中是不消耗的，但实际上由于冰晶石中的氟化铝被带进电解液中的水分分解或自身挥发，氟化钠被电解槽内衬吸收以及操作时的机械损失等原因，冰晶石在生产过程中是有一定损耗的，在正常情况下大约每生产 1t 铝需耗冰晶石 5~10kg。

1.4.3　氟化铝

氟化铝（AlF$_3$）是一种白色的粉末，沸点为 1260℃，易挥发，属菱形六面体结构，其颗粒比氧化铝稍大，流动性次之，它是冰晶石-氧化铝熔液的一种添加剂。氟化铝的质量标准见表 1-4。

表 1-4　氟化铝质量标准（GB/T 4292—2007）

牌号	化学成分(质量分数)/%								物理性能
	F	Al	Na	SiO$_2$	Fe$_2$O$_3$	SO$_4^{2-}$	P$_2$O$_5$	灼减量	松装密度/g·cm^{-3}
	≥			≤					≥
AF-0	61	31.5	0.30	0.10	0.06	0.10	0.03	0.5	1.5
AF-1	60	31.0	0.40	0.30	0.10	0.6	0.04	1.0	1.3
AF-2	58	29.0	2.8	0.30	0.12	1.0	0.04	5.5	0.7
AF-3	58	29.0	2.8	0.35	0.12	1.0	0.04	5.5	0.7

注：测定值或其计算值与表中规定的极限数值作比较的方法按 GB/T 1250 中第 5.2 条的规定进行。

1.4.4　氟化钠

氟化钠（NaF）是一种白色粉末，易溶于水，同样是电解质的一种添加剂，但它多用于电解槽启动初期。这个时期，新槽的炭素内衬对氟化钠有选择性的吸收，使电解质的分子比急剧下降。新开槽要求保持较高分子比，因此要加一定量的氟化钠，但在多数工厂用碳酸钠代替氟化钠，这样更加经济。氟化钠的质量标准见表1-5。

表1-5　氟化钠质量标准（YS/T 517—2009）

等级	化学成分/%						
	NaF	SiO_2	碳酸盐（CO_3^{2-}）	硫酸盐（SO_4^{2-}）	酸度（HF）	水中不溶物	H_2O
	≥	≤					
一级	98	0.5	0.37	0.3	0.1	0.7	0.5
二级	96	1.0	0.74	0.5	0.1	3	1.0
三级	84	—	1.49	2.0	0.1	10	1.5

注：将测定的氟量换算成氟化钠的换算因子为：$NaF = (22.99 + 19.00)/19.00 \times w(F) = 2.21 \times w(F)$。

1.4.5　氟化钙

氟化钙（CaF_2），也称萤石，为天然矿物质，呈暗红色，熔点1423℃。电解质中的氟化钙在新启动槽装炉时添加，它的作用主要是对炉帮的形成有好处，可使炉帮比较坚固，同时也可降低电解质的初晶温度，从而降低电解温度。另一方面，由于原料氧化铝中含有少量的氧化钙，氧化钙与电解质中的氟化铝反应可生成氟化钙。所以，氟化钙的含量在生产过程中随电解质的损失而减少，但在生产中并不添加氟化钙。氟化钙的技术要求见表1-6。

表1-6　氟化钙技术要求（GB/T 27804—2011）

项　目		I 类	II 类	
			一等品	合格品
氟化钙，w/%	≥	99.0	98.5	97.5
游离酸（以 HF 计），w/%	≤	0.10	0.15	0.20
二氧化硅（SiO_2），w/%	≤	0.3	0.4	—
铁（以 Fe_2O_3 计），w/%	≤	0.005	0.008	0.015
氯化物（Cl），w/%	≤	0.20	0.50	0.80
磷酸盐（P_2O_5），w/%	≤	0.005	0.010	
水分，w/%	≤	0.10	0.20	—

1.4.6　氟化镁

氟化镁（MgF_2）和氟化钙的作用基本相似，对炉帮形成起矿化剂作用，但在降低电解质温度，改善电解质性质，分离炭渣，提高电流效率和电解质导电率方面比氟化钙的作用更为明显，实践证明这是一种较好的添加剂。氟化镁的质量标准见表1-7。

表1-7　氟化镁质量标准（YS/T 691—2009）

牌 号	质量分数/%						
	F	Mg	Ca	SiO_2	P_2O_5	SO_4^{2-}	H_2O
	≥			≤			
MF-1	60	38	0.3	0.20	0.3	0.6	0.2
MF-2	45	28	—	0.9	1.1	1.3	1.0

注：测定值或其计算值与表中规定的极限值作比较的方法按 GB/T 1250—1989 中第 5.2 条的规定进行。

1.4.7　氟化锂

氟化锂或者碳酸锂，对降低电解温度和提高电解质导电率有显著效果，是提高电流效率和降低电耗的一种良好的添加剂。氟化锂质量标准见表1-8。

表1-8　氟化锂质量标准（GB/T 22666—2008）

牌 号	化学成分(质量分数)/%						
	LiF	Mg	SiO_2	Fe_2O_3	SO_4^{2-}	Ca	水分
	≥			≤			
LF-1	99.0	0.05	0.10	0.05	0.20	0.10	0.10
LF-2	98.0	0.08	0.20	0.08	0.40	0.15	0.20
LF-3	97.5	0.10	0.30	0.10	0.50	0.20	0.30

注：1. 测定值或其计算值与表中规定的极限数值作比较的方法按 GB/T 1250 中第 5.2 条的规定进行；

　　2. LiF 主含量以氟折合计算。

1.4.8　阳极炭块

在冰晶石-氧化铝熔盐电解生产中，作为导电的阴阳极的各种材料中，既能良好导电，又能耐高温、抗腐蚀，同时价格低廉的目前只有炭素材料，因此铝工业生产都采用炭素材料作阴极和阳极。

预焙阳极炭块是利用一定粒度配比的石油焦和残极，与一定比例的煤沥青（黏结剂），经过混捏、成型、焙烧而成的阳极炭块。其工艺流程如图1-2所示。

在预焙槽铝电解生产中，阳极炭块不仅承担着导电的作用，而且还参与电化学反应。在化学成分上要求阳极炭块中杂质含量少，如铁、硅、矾、硫、钠等氧化物含量不仅影响炭阳极的理化指标，还会在电解过程中进入铝液中影响铝质量。除此之外，还要求阳极灰分少，密度大，比电阻低，气孔率低，抗热冲击性能好，抗压强度高，抗氧化性能好和具有较小的掉渣率。

预焙阳极炭块的质量指标通常包括表观密度、真密度、耐压强度和室温电阻率等。预焙阳极炭块的理化性能指标见表1-9。

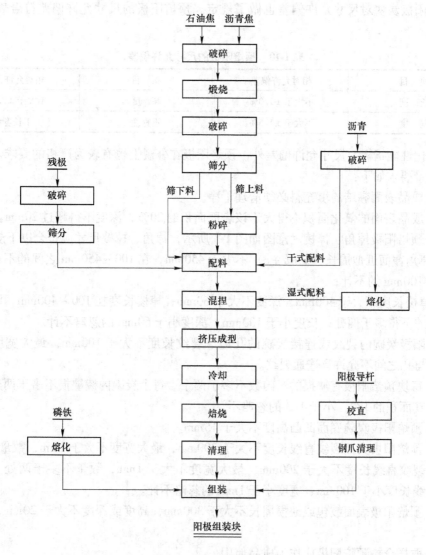

图 1-2 阳极工艺流程图

表 1-9 预焙阳极炭块的理化性能指标（YS/T 285—2007）

牌号	理 化 性 能						
	表观密度 /g·cm^{-3}	真密度 /g·cm^{-3}	耐压强度 /MPa	CO_2 反应性（残极率）/%	室温电阻率 /μΩ·m	线膨胀系数 /℃	灰分含量 /%
	≥				≤		
TY-1	1.53	2.04	32.0	80.0	55	5.0×10^{-6}	0.5
TY-2	1.50	2.00	30.0	70.0	60	6.0×10^{-6}	0.8

注：1. 需方对表 1-9 规定以外的性能指标如抗折强度、热导率、空气反应性和微量元素（钒、镍、硅、铁、钠、钙）等有要求时应向供方提出，由供需双方协商确定并在合同中注明；

2. 预焙阳极性能数值修约按照 GB/T 8170 的规定进行；

3. 对有残极返回生产的产品指标要求，由供需双方协商确定并在合同中注明。

预焙阳极炭块对尺寸允许偏差也做了规定。预焙阳极的尺寸允许偏差符合表1-10的规定。

表1-10　预焙阳极的尺寸允许偏差

项　目	相对允许偏差	项　目	相对允许偏差
长　度	不大于±1.0%	高　度	不大于±3.0%
宽　度	不大于±1.5%	不直度	不大于长度的1%

除理化性能指标、尺寸允许偏差外，预焙阳极在外观上也有较为严格的要求。预焙阳极外观质量要求如下：

（1）成品表面黏结的填充料必须清理干净。

（2）成品表面的氧化面积不得大于该表面面积的20%，深度不得超过20mm。

（3）预焙阳极掉角、掉棱示意图如图1-3所示，掉角、掉棱尺寸应符合以下规定：

1）掉角截面近似周长（$a+b+c$）不大于450mm，在100~450mm之间的不得多于两处，小于100mm的不计；

2）掉棱长度不大于400mm，深度不大于60mm；掉棱长度在100~400mm，深度不大于60mm的不得多于两处；长度小于100mm，深度小于60mm的忽略不计。

（4）阳极炭碗内裂纹或连接炭碗的孔边缘裂纹长度不大于100mm，最大宽度不大于1mm，孔与孔之间不允许有连通裂纹。

（5）每块预焙阳极有缺损的炭碗数不多于两个。每个炭碗内棱缺损不多于两处，棱缺损不大于其面积的1/2，小于1/3的忽略不计。

（6）预焙阳极炭碗底面凹凸高度不大于15mm。

（7）预焙阳极大面裂纹直线长度不大于300mm，最大宽度不大于1mm，数量不多于3处。端面裂纹直线长度不大于200mm，最大宽度不大于1mm，数量不多于两处。阳极表面裂纹直线长度小于100mm、宽度小于1mm的忽略不计。

（8）预焙阳极表面鼓包或缺损周长不大于300mm，高度或深度不大于20mm，数量不多于两处。

（9）取样合格预焙阳极应作为成品使用。

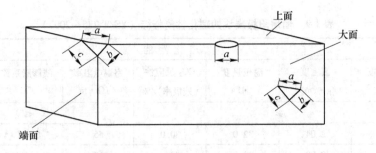

图1-3　预焙阳极掉角、掉棱示意图

1.4.9　直流电

在铝电解生产中，需要稳定而又可靠的电源，以保证电解系列能够连续稳定地进行生产。由发电厂输出的高压交流电，经外架线输入到电解铝厂变电站，经三相主变压器降压后，送至整流器前的变压器，经整流器整流后使之变成能用于电解生产的低压直流电，供给电解系列。

电解铝厂属于一级负荷，对供电的可靠性要求很高，对硅整流所应不少于两个独立电源供电，以保证在设备检修或突发故障时整个系列的正常生产。整流后的直流电可直接送入电解槽上用于铝电解生产。

1.5 铝电解车间概况及主要设备

1.5.1 铝电解车间概况

电解铝厂由生产车间，辅助生产车间和公共设施组成。生产车间主要包括电解车间、铸造车间、整流所、空压站、计算机站、烟气净化系统及供料系统等。辅助生产车间包括阳极组装车间、炉修车间、检验中心等。公共设施包括办公楼、浴池、食堂等。铝电解车间是铝厂组织生产金属铝水或商品铝锭的重要生产单位，以此为中心形成若干相关车间。

1.5.1.1 电解厂房

电解厂房多采用二层楼结构，下部有利于通风散热，上部工作面是铺有水泥或沥青沙浆的绝缘地坪，地下有通风沟、母线沟。厂房中部和端头留有通道，便于工艺车辆通行。

1.5.1.2 铸造厂房

由电解槽产出的液态原铝，经真空抬包吸出后，用拖车送至铸造车间，注入混合炉，按照预分析结果和称量结果，进行合理的调配，以调整铝锭品位等级，满足质量的要求。

1.5.1.3 辅助部门

辅助部门主要包括电气、机械设备维护、检修和各种工器具的制作以及原材料的供应等部门。它们的主要任务是负责各类电气、机械设备的检修、维护和更换，电解槽内衬的拆除与砌筑、阴极组装，电解槽上部结构和槽壳的修理及母线修理、阳极炭块组装等工作，以及一些生产所用工器具的制作和原材料及劳保用品供应等。

1.5.1.4 车间管理部门

车间管理部门是车间组织和指挥生产的中心，它包括车间领导机构及一些职能人员。

1.5.2 电解槽排列和母线系统

系列中的电解槽均是串联的，直流电从整流的正极经地沟铝母线、立柱铝母线、阳极大母线后，进入第一台电解槽的阳极，然后经过电解质、铝液到阴极，而后再通过阴极母线导入下一台电解槽的阳极母线这样依此类推，从最后一台电解槽的阴极出来的电流又经大母线回到整流器的负极，使整个系列成为一个封闭的串联线路。

直流母线将分布在各厂房的所有电解槽串联起来并与整流所的输入、输出端相接。系列回路中，除包括在槽子电压表测量范围内的母线外，还有一部分母线是用来连接厂房与厂房、通道与通道、端部槽与整流所的，称为连接母线，亦称公用母线。

1.5.3　空压站

空压站的主要任务是为电解生产所需的压缩空气提供合格的压力负荷，供电解槽打壳、下料、出铝、抬母线、电解槽大修、氧化铝输送等用。

1.5.4　干法净化系统及供料站

为了吸附、回收烟气中的氟化氢，必须向净化工序提供吸附氟所用的氧化铝和向电解槽提供电解用物料，因此，要设置专门的干法净化系统和氧化铝供料系统。

由于两者工艺上密不可分，因此两者的设备和管路常常交错式配置在一起，为了避免烟气总管过长，氧化铝及氟化盐仓库供料站往往设在两列厂房之间的空地上。

大型预焙槽氧化铝的输送多采用超浓相输送技术输送物料。

1.5.5　通风与排烟

1.5.5.1　通风

电解厂房的通风，主要采用自然通风。自然通风是利用室内外的温度差产生空气对流来实现的，为了达到和强化自然通风，一般在厂房两侧墙壁的下方设有百叶窗，中部设有侧窗，厂房顶部装有天窗。

1.5.5.2　排烟

大型预焙槽采用槽盖板和集气罩，烟尘通过管道输送到净化系统，经净化回收处理后，通过大型排烟机经烟囱排放高空。

1.5.6　电力系统

动力设备由专为电解车间服务的配电所供电，电解车间的电力负荷为一级负荷。

1.5.7　车间运输

电解车间所用的运输工具主要有汽车、叉车、抬包运输车、阳极搬运车等，主要负责生产设备、原材料、铝液、铝产品等的运输。

1.5.8　电解厂房主要设备

1.5.8.1　多功能天车

多功能天车是大型预焙电解槽系列电解车间中完成出铝、提升阳极母线、更换阳极、边部打壳下料、打捞电解质掉块及重物吊运等主要作业的大型专业设备。

1.5.8.2　阳极提升框架

阳极提升框架为定期调整阳极母线与电解槽上部腹板间距离的装置。

1.5.8.3 出铝真空抬包

出铝真空抬包是铝液运输时储存和保温的专用设备。

复习思考题

1-1 铝的性质有哪些？
1-2 简述铝的用途。
1-3 简述电解铝的生产工艺流程。
1-4 电解铝生产所用原材料有哪些？
1-5 预焙阳极炭块的理化指标和外观质量要求有哪些？
1-6 电解厂房的主要设备有哪些？
1-7 系列电流是怎样流经电解槽的？

2　电解铝生产基本理论知识

2.1　铝电解质的组成及其性质

2.1.1　铝电解质的组成

电解质是铝电解时溶解氧化铝并把它经电解还原为金属铝的反应介质。它连通炭阳极和铝阴极，内部发生着电化学、物理化学、热、电、磁等耦合反应。

铝电解质主要以冰晶石为溶剂、氧化铝为溶质。因冰晶石和氧化铝中含有一定量的杂质，以及在电解生产中为改善电解质的物理化学性质，还向电解质中加入某些添加剂，所以工业生产上的电解质是由多种成分构成的。工业铝电解质中通常含有冰晶石（约80%）、氟化铝（6% ~12%）和氧化铝（1.5% ~3.5%）以及添加剂氟化钙、氟化镁和氟化锂（5% ~8%）。

工业上对电解质性能的基本要求：

（1）该电解质化合物中不含有比铝更正电性的元素（包括金属），或析出电位比铝更低的元素。

（2）在熔融状态下能良好地溶解 Al_2O_3，并有较大（大于10%）的溶解度。

（3）溶解 Al_2O_3 后，其熔点高于铝的熔点，使铝能保持液态。

（4）熔融状态下具有良好导电性，使极距间的电阻率较低，以利于节能。

（5）具有比铝小的密度，这样电解质可以浮在熔融铝的上部，保护铝不被氧化，且使电解槽的结构简化。

（6）其他，如黏度要小，即易于流动，与阳极有良好的润湿性，以利于气泡排出；熔融时挥发性要小，使其升华损失小，以及要求电解质在固态和液态时均不吸湿，这样才有利于电解和贮存。

采用冰晶石作为溶解氧化铝的溶剂，是因为它基本上能满足铝电解的需要。它具有如下特性：

（1）熔融的冰晶石能较好的溶解氧化铝，冰晶石对氧化铝的溶解度最高可达到10%，其他熔盐不能溶解 Al_2O_3 或溶解度很小。

（2）在电解温度下，冰晶石-氧化铝熔液的密度比同温度的铝液的密度小约10%，它浮在铝液上面，可防止铝的氧化，同时使电解质和铝很好地分离。

（3）冰晶石熔液在电解温度下有一定的流动性，阳极气体能够从电解液中顺利地排出，而且有利于电解液的循环，使电解液的温度和成分都比较均匀。

（4）铝在冰晶石熔液中的溶解度不大，这是提高电流效率的一个有利因素。

（5）在熔融状态下，冰晶石基本上不吸水，挥发性也不大，这将减少物料消耗并能保证电解液成分相对稳定。

(6) 熔融的电解质具有良好的导电性和导热性。

(7) 纯冰晶石不含析出电位（放电电位）比铝更正的金属杂质（铁、硅、铜等），只要不从外界带入杂质，电解生产可以获得较纯的铝。

由此可见，全面符合这些要求的电解质至今尚未找到，因此，冰晶石暂时还不能被其他的盐类代替。

2.1.2 铝电解质的性质

铝电解质的性质主要指电解质的初晶温度、密度、导电度、黏度、表面性质、挥发性等。

2.1.2.1 初晶温度

初晶温度是指液体开始形成固态晶体的温度。固态晶体开始熔化的温度称为该晶体的熔点。初晶温度与熔点的物理意义不同，但在数值上相等。初晶温度影响电解质的流动性、挥发性、金属铝与电解质的分离和金属铝的溶解损失，并决定电解温度。

电解温度与初晶温度的差值为过热度。过热度影响电解槽的稳定性和热平衡，决定电流效率。当过热度较高时，炉帮难于形成，电流效率降低，电解槽热损失增加，阳极消耗增大，影响生产指标。当过热度较低时，电流效率较高，但氧化铝的溶解度和溶解速度降低，电解质与铝液的密度差减小，电解槽稳定性下降，操作难度加大。因此，过热度的控制对电解生产非常重要。

电解质的初晶温度与电解质成分有关。在实际生产中，随着电解过程的进行，电解质中的成分不断发生变化，初晶温度也随之变化，变化的主要原因之一是电解质中氧化铝浓度周期性的变化，见表2-1。

表 2-1 两次加料间工业铝电解质初晶温度变化情况

名　　称		初晶温度/℃		
		一次加料后	两次加料间	二次加料前
分子比	2.8 ~ 2.6	945 ~ 950	960 ~ 955	975 ~ 970
	2.6 ~ 2.4	940 ~ 935	955 ~ 950	970 ~ 965
	2.4 ~ 2.3	935 ~ 930	950 ~ 945	965 ~ 960
	2.3 ~ 2.2	930 ~ 920	945 ~ 935	960 ~ 950
	2.2 ~ 2.1	920 ~ 910	935 ~ 925	950 ~ 940
$w(Al_2O_3)/\%$		8	5	1.3 ~ 2.0
$w(CaF_2)/\%$		4 ~ 6	4 ~ 6	4 ~ 6

从表2-1可以看出，电解质初晶温度随氧化铝含量的降低而增高，随分子比的降低而降低。

影响初晶温度的因素主要有分子比（过剩氟化铝含量）、氧化铝浓度、电解质中的氟化钙、氟化镁、氟化锂等添加剂的含量。在工业生产中，由于氟化钙只在大修槽装炉时一次性加入，启动后期不再人为添加，而氟化镁、氟化锂一般不作为添加剂使用，电解质中的氟化钙、氟化镁、氟化锂只靠电解生产自然富集，其含量相对稳定；而分子比、氧化铝含量是随着氟化铝、氧化铝的添加而动态变化的。因此，在正常电解生产中控制初晶温度最主要的手段是对分子比和氧化铝浓度的合理控制。

2.1.2.2　密度

在铝电解正常生产中，电解槽内存在两种不相混合的液体层，上层是电解质下层是铝液，它们这样分层是由于密度差所致。在950℃下铝液的密度为2.303g/cm³，熔融电解质的密度为2.1g/cm³，熔融的电解质密度比铝液的密度约低10%，它能很好的浮在铝液上面。上层电解质的密度越小，与下层铝液的分层就越好，铝的损失就越小，有利于提高电流效率。因此，在实际生产中，要尽可能降低电解质熔体的密度，保证电解质和铝液之间有较大的密度差。铝和电解质密度见表2-2。

表2-2　铝和电解质密度　　　　　　　　（g/cm³）

物　质 温　度	铝	Na_3AlF_6	$Na_3AlF_6 + 5\% Al_2O_3$
20℃	2.7	2.9	2.95
950℃	2.302	2.142	2.102

从表2-2可以看出，在常温（20℃）条件下，固体铝的密度小于固体电解质的密度，而在电解温度（950℃）下处于熔融状态时，铝液的密度大于电解质密度。这说明熔融电解质的密度随温度的升高而降低，铝液和电解质的密度差随着温度升高而增加，主要是因为铝的密度随温度升高而下降的速度没有电解质快。但是，在实际生产中，不能用提高电解质温度来降低电解质密度，因为电解质温度升高会给电解生产带来诸多不利影响。相反，铝液和电解质的密度差随温度的下降而减小，是由于电解质密度增加比铝快，当两者的密度随温度下降趋于接近时，就会出现铝液和电解质分离不清的现象，所以在电解生产过程中，电解质温度尽可能保持稳定。

除电解温度外，熔融电解质的密度还随电解质中氧化铝、氟化铝和氟化锂含量的增加而降低，随电解质中氟化钙和氟化镁含量的增加而升高。随着电解生产的进行，电解质中氟化铝挥发损失、氧化铝不断消耗，电解质密度呈现周期性变化，见表2-3。

表2-3　不同氧化铝浓度下的电解质的密度

名　称	一次加料后	两次加料间	二次加料前
分子比	2.7 ~ 2.4	2.7 ~ 2.4	2.7 ~ 2.4
$w(Al_2O_3)/\%$	8	5	1.3 ~ 2.0
$w(CaF_2)/\%$	4 ~ 6	4 ~ 6	4 ~ 6
密度/g·cm⁻³	2.105 ~ 2.805	2.110 ~ 2.090	2.125 ~ 2.105

从表2-3可以看出，随着电解质中氧化铝含量的上升，电解质的密度降低，有利于电解生产。

2.1.2.3　电导率

电导率也被称为比电导或导电度，它是物体导电能力大小的标志。在工业上，电解质导电性能的好坏通常用电阻率（比电阻）和电导率表示。电解质电阻率是截面积为 $1cm^2$，长度为 1cm 的熔体的电阻，单位为欧姆·厘米（$\Omega \cdot cm$）。

生产上电解质的导电率通常用比电阻的倒数来表示，单位为 $\Omega^{-1} \cdot cm^{-1}$。电阻率小则电导率大，电解质的导电性好；反之，电阻率大则电导率小，电解质的导电性差。工业电解槽中电解质的电压降约占槽电压的 35% ~ 39%。因此，提高电解质的电导率对铝电解生产的节能降耗意义重大。

电解质电导率受到电解温度、分子比、炭渣、氧化铝浓度、添加剂等因素的影响。

（1）电解质温度的影响。在正常电解生产中，电解质的电导率随温度升高而增加；反之，温度降低则电导率下降。但是，在生产中不能用提高电解质温度的办法提高电导率，因为温度升高会增加铝的溶解损失，影响电流效率。

（2）氧化铝浓度的影响。电解质电导率随氧化铝浓度的增加而降低。加入电解质中的 Al_2O_3 量越少，电导率越高。现代预焙电解槽采用点式下料方式，每次加料量很少，所引起的电导率变化很小，可以确保电解过程在较高的电解质电导率情况下运行，因而有利于节能。电导率随氧化铝含量的变化见表2-4。

表 2-4 工业电解质的电导率

电解质成分		电导率/$\Omega^{-1} \cdot cm^{-1}$		
		加料初期	加料中期	下次加料前
分子比	2.7 ~ 2.5	1.85 ~ 1.75	2.05 ~ 1.95	2.25 ~ 2.15
	2.5 ~ 2.3	1.75 ~ 1.65	1.95 ~ 1.85	2.15 ~ 2.05
$w(Al_2O_3)$/%		8	5	1.3 ~ 2.0
$w(CaF_2)$/%		—	4 ~ 6	—

（3）电解质分子比的影响。电解质分子比降低时，电解质温度降低，电解质黏度增加，电导率降低，当分子比升高时，电导率升高。

（4）添加剂的影响。氟化锂、氟化钠和氯化钠会提高电解质电导率，氟化钙、氟化镁、氟化铝和氧化铝会降低电解质电导率。

（5）炭渣的影响。电解质中的炭渣主要来自阳极选择性氧化掉粒。一般来说，当电解质中的含碳量为 0.05% ~ 0.1% 时，对电导率影响较小；但当含碳量达到 0.2% ~ 0.5% 时，电导率开始降低，当含碳量达到 0.6% 时，电导率就会降低大约 10%。

工业电解质的电导率一般在 2.13 ~ 2.22$\Omega^{-1} \cdot cm^{-1}$ 范围内，生产中需要电解质具有大的电导率。电解质导电性越好，其电压降就越小，越有利于降低生产能耗。

2.1.2.4 黏度

黏度是表示液体中质点之间相对运动的阻力，也称内摩擦力，单位为 Pa·s（帕·秒）。熔体内质点间相对运动的阻力越大，熔体的黏度越大。

工业铝电解质的黏度一般保持在 3×10^{-3} Pa·s 左右，过大或过小，均对生产不利。电解质黏度过大，会降低氧化铝在其中的溶解速度，会阻碍电解质中炭渣分离和阳极气体的逸出，增加电解质电阻率，电解质流动性变差，造成电解质成分和温度不均匀，电解质内部阻力大，影响铝的沉降速度，增加铝的损失。但电解质黏度过小，会加快电解质的循环，加快铝在电解质中的溶解损失，降低电流效率，而且加快氧化铝在电解质中的沉降速度，造成槽底沉淀。

影响电解质黏度的主要因素是电解质温度和成分。电解质黏度随温度升高而降低，而当温度降低时，电解质黏度增大。电解质黏度随氧化铝含量增加而增加，氧化铝含量在10%以内时对黏度影响较小，超过10%时，电解质黏度开始明显上升。降低电解质分子比，电解质黏度减小。工业电解质黏度见表2-5。

表2-5　工业电解质黏度

电解质成分		黏度/$\times 10^{-2}$Pa·s		
		加料初期	加料中期	下次加料前
分子比	2.7～2.5	3.65～3.50	3.25～3.10	2.95～2.80
	2.5～2.4	3.50～3.35	3.10～3.05	2.80～2.65
	2.3～2.1	3.35～3.20	2.95～2.80	2.65～2.50
$w(Al_2O_3)$/%		8	5	1.3～2.0
$w(CaF_2)$/%		—	4～6	—

添加剂对电解质黏度也会有一定的影响。氟化锂、氯化钠会降低电解质黏度，氟化钙会使电解质黏度升高。

2.1.2.5　表面张力和湿润性

熔体（液体）的表面质点（分子、原子或离子）所受的力与熔体内部质点不同，熔体内部质点受其周围质点的作用力（斥力和引力）是对称的，其合力为零，但表面质点一面受到熔体内部相同质点的作用力，另一面受到不同质点的作用力，两相性质不同，产生的作用力也不相同，从而使得表面质点受到不对称的作用力，其合力不为零。如果接触相质点的引力小于液相内部质点的引力时，则液相表面层每个质点都受到向内的引力，使液体表面积自动收缩。要抵消液体表面积的收缩，就必须克服液体内部质点的引力而做功，通常把这个用来抵消表面单位长度上的收缩表面的力称为表面张力，其单位为牛顿/米（N/m）。

表面张力产生的原因是物质表面层的分子、原子或离子与所处的力场不均衡造成的，这种不均衡产生的结果是液体表面具有自动缩小的趋势。

影响表面张力的主要因素有：

（1）与物质本性有关。分子间相互作用力越大，表面张力越大。

（2）与熔体温度有关。温度升高，分子间距离变大，表面张力变小，界面张力下降。

（3）与接触相的性质有关。相接触的介质有三类，即气相、液相和固相。液相-气相间的表面性质称为表面张力，液相-液相间的表面性质称为界面张力，液相-固相间的表面性质通常是用湿润性（湿润角大小）来表示。

（4）与熔体所受的压力、运动情况等有关。

表面张力与湿润性是紧密相关的。湿润性是表示液体对固体的湿润能力。液体对固体表面的湿润程度取决于其表面张力的大小。如果液相质点相互间的吸引力小于与之接触的固体质点的吸引力，那么此液体在该固体表面上的表面张力就小，这样液体能够很好地湿润该固体，否则，湿润性不良。

固体的表面被液体湿润的程度可用湿润角"θ"表示，湿润角就是指液体的液面切线与固体水平面之间的夹角，如图2-1所示。

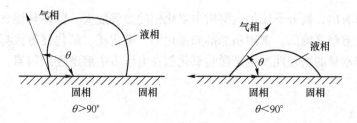

气相 液相 θ 固相 固相 $\theta>90°$

气相 液相 θ 固相 固相 $\theta<90°$

图2-1 湿润性与湿润角的关系

图中湿润角 $\theta>90°$ 说明液体表面张力大，对固体湿润性不好；湿润角 $\theta<90°$，说明液体表面张力小，对固体的湿润性良好。

表面张力和湿润现象在铝电解生产中表现形式较多，但有两种基本的表面张力现象最重要，即铝液同电解质及炭之间的表面张力；电解质同炭素材料（包括炭渣）之间的表面张力。

电解质与炭素界面上的表面张力随其成分和温度的变化而变化。

（1）氧化铝含量。当电解质中 Al_2O_3 含量降低时，一般在 1.5% 左右，电解质因 Al_2O_3 含量低，它与炭素阳极间的 θ 角大，气泡容易存在于阳极底掌，因而导致效应发生。加入 Al_2O_3 后，氧化铝含量增加，电解质的表面张力降低，电解质熔体对炭素材料的湿润性变好，有利于阳极气体的排除，降低阳极效应系数，缩短效应持续时间。

（2）添加剂的影响。电解质中氟化钠越多，表面张力越小，氟化铝越多，表面张力越大。在正常电解生产中，酸性电解质能使炭渣分离清楚，其原因是电解质中氟化铝的含量增加，其表面张力增大，降低了电解质对炭渣的湿润性，使炭渣从电解质中排出。向电解质中添加氟化钙、氟化镁都能增加电解质与铝液之间、电解质与炭素材料之间的表面张力，其中氟化镁比氟化钙明显。由于表面张力增加，降低了铝在电解质中的溶解速度，提高了电流效率，也在某种程度上防止和降低炭块由于吸收氟化钠等活性物质而引起的破损程度，电解温度升高其表面张力降低，相接触的两相之间湿润性良好。

（3）电解质温度。电解质温度升高，电解质表面张力降低，两相间的湿润性变好。

2.1.2.6 氧化铝在电解质中的溶解度

氧化铝在电解质中的溶解度，一般以某一温度下一定量的电解质中所能溶解的氧化铝的量来表示（一般以质量百分数表示）。

氧化铝在电解质中的溶解度与电解温度和电解质成分有关。一般说，氧化铝在冰晶石中的溶解度随温度升高而增加。据测定，在 1000℃，熔融冰晶石中氧化铝溶解度为 16.5%（质量），在 938℃ 时为 14.8%（质量）。在工业电解质中，氧化铝溶解度因受其复杂成分和操作条件的影响，一般保持在 2% ~8% 之间。

氧化铝溶解度随电解质中氟化铝含量的增加而降低。在 970℃ 电解温度下，电解质分子比对氧化铝溶解度的影响见表2-6。

表 2-6　不同分子比情况下对应的氧化铝溶解度

分　子　比	3.00	2.66	2.40	2.18	2.00
Al_2O_3 溶解度/%	11.5	10.5	10.4	9.3	8.5

　　由上表可以看出，高分子比的电解质中氧化铝的溶解度大，随氟化铝含量增加，分子比降低，氧化铝溶解度降低。常用添加剂如氟化钙、氟化镁、氟化锂等大都降低氧化铝的溶解度。氧化铝本身的物理性质也是影响氧化铝在电解质中溶解度的因素，使用砂状氧化铝较好。

2.1.2.7　挥发性

　　电解质的挥发性是指熔体在沸点温度下，熔体中的分子逸出的程度。电解质的挥发是电解质损失的因素之一。电解质各组分的挥发性有大有小，与沸点有关，沸点低的物质比沸点高的物质挥发性大。电解质主要组分的沸点如下，见表 2-7。

表 2-7　电解质主要组分的沸点

组　　分	AlF_3	Na_3AlF_6	NaF	MgF_2	Al_2O_3
沸点/℃	1260	1600	1700	2239	2980

　　由上表可知，AlF_3 的沸点最低，所以在电解过程中，优先挥发，使电解质分子比升高。表 2-8 列出了电解质挥发损失与电解质分子比以及温度的变化关系。

表 2-8　工业电解质的挥发损失

分　子　比	挥发损失/$g \cdot cm^{-3}$		
	900℃	950℃	1000℃
2.16	0.073	0.097	0.115
2.40	0.065	0.087	0.110
3.00			0.063

　　由上表可以看出，挥发损失随分子比降低而增加，随温度升高而增加。在生产实际中，由于氟化铝的挥发，为了保持规定的分子比，需要定期补充氟化铝。

　　氟化铝挥发出来以后，遇到空气中的水分就会发生下列化学反应，产生氟化氢气体。

$$2AlF_3 + 3H_2O \longrightarrow Al_2O_3 + 6HF\uparrow \tag{2-1}$$

电解质成分的挥发，不仅增加原材料的损失，也是有害气体产生的本源。

2.2　添加剂对电解质性质的影响

2.2.1　氟化铝

　　氟化铝（AlF_3）为人工合成产品，呈白色粉末状，其沸点为 1260℃，挥发性很大。在电解生产过程中，氟化铝会有一定的挥发损失，且氧化铝中的 Na_2O、CaO 和 H_2O 也会与电解质发生化学反应，生成氟化钠和氟化氢，从而使分子比增高，所以添加氟化铝的目的就是要调整电解质的分子比，保证电解质成分的稳定。一般工业电解质中氟化铝的含量为

8% ~12%。

在工业电解槽上添加氟化铝的主要作用及影响：

（1）可降低电解质初晶温度，添加1%氟化铝，约降低初晶温度2℃。

（2）可保证电解质的酸性，以降低Na⁺析出，提高电流效率。

（3）可降低电解质密度。

（4）可减小电解质的黏度。

（5）可增大电解质与炭素材料的湿润角。

（6）会减小电解质的电导率（增大电解质电阻）。

（7）会减小电解质与铝液的界面张力。

（8）会减小电解质与阳极气体的界面张力。

（9）会增大电解质的蒸气压（会增大挥发性）。

（10）会减小氧化铝在电解质中的溶解度。

2.2.2 氟化钙

氟化钙（CaF_2，也称萤石）为天然矿物质，呈暗红色粉末状，是冰晶石-氧化铝电解质的一种添加剂，能降低电解质的熔点和改善电解质的性质，CaF_2 常在电解槽启动装炉时使用，目的是有利于形成坚固的炉帮。一般工业电解质中氟化钙的含量为3% ~6%。正常电解生产时，一般不需要添加 CaF_2，因为氧化铝中含有杂质 CaO，在电解质中 CaO 同冰晶石发生反应可生成 CaF_2，反应式如下：

$$3CaO + 2Na_3AlF_6 \rule[0.5ex]{2em}{0.4pt} 3CaF_2 + Al_2O_3 + 6NaF \qquad (2-2)$$

工业电解槽上添加氟化钙的主要作用及影响：

（1）可降低初晶温度，添加1%氟化钙，约可降低3℃。

（2）可降低电解质的蒸气压（可降低挥发性）。

（3）是一种矿化剂，有利于形成坚固的炉帮。

（4）可增大电解质与铝液的界面张力。

（5）可增大电解质与炭素材料的湿润角。

（6）会增大电解质的密度。

（7）会减小电解质的电导率。

（8）会增大电解质的黏度。

（9）会减小氧化铝在电解质中的溶解度。

2.2.3 氟化镁

氟化镁是冰晶石-氧化铝电解质的一种添加剂，呈暗红色，比氟化钙更能降低电解质的熔点和改善电解质的性质。一般工业电解质中氟化镁的含量为2% ~4%。电解质中氟化镁的含量达到5%时，原铝中 Mg 的含量可达到 0.015% ~0.02%。

工业电解槽上添加氟化镁的主要作用及影响：

（1）可降低初晶温度，添加1%氟化镁，可降低5℃。

（2）可降低电解质的蒸气压。

（3）可增大电解质与铝液的界面张力。

（4）可增大电解质与炭素材料的湿润角。

（5）会增大电解质的密度。

（6）会减小电解质的电导率（增大电解质电阻）。

（7）会增大电解质的黏度。

（8）会降低氧化铝在电解质中的溶解度和溶解速度。

2.2.4　氟化锂

工业铝电解通常用碳酸锂代替氟化锂，一般工业电解质中氟化锂的含量为2%。碳酸锂在高温下发生热分解，生成 Li_2O，然后 Li_2O 同钠冰晶石发生反应而生成 LiF：

$$3Li_2CO_3 \xrightarrow{\text{约}720℃} 3Li_2O + 3CO_2 \uparrow \tag{2-3}$$

$$3Li_2O + 2Na_3AlF_6 \xrightarrow{\text{约}960℃} 6LiF + 6NaF + Al_2O_3 \tag{2-4}$$

工业电解槽上添加氟化锂的主要作用及影响：

（1）可降低电解质初晶温度，添加1%氟化锂可降低约8℃。

（2）可增大电解质的电导率。

（3）可减小电解质黏度。

（4）可降低电解质的蒸气压。

（5）可降低电解质密度。

（6）会减小氧化铝在电解质中的溶解度和溶解速度，对电解质的表面性质影响较小。

表2-9列出了几种添加剂对电解质性质的影响。

表2-9　添加剂对电解质性质的影响

添加剂	初晶温度	密度	导电度	黏度	与铝界面张力	对炭润湿性	挥发性	氧化铝溶解度
氟化铝	↓	↓	↓	↓	↑	↓	↑	↓
氟化钙	↓	↑	↓	↑	↓	↓	↓	↓
氟化镁	↓	↑	↓	↑	↓	↓	↓	↓
氟化锂	↓	↓	↑	↓	—	—	↓	↓
氧化铝	↓	↓	↓	↓	↓	↑	↓	

2.2.5　铝工业电解质的发展

传统型或经典的电解质，含过剩 AlF_3 3%～7%，主要是老式的自焙阳极铝电解槽用的电解质。

改进型。含过剩 AlF_3 2%～4%，有的还加入 LiF 2%～4% 或 MgF_2 2%～4% 或两者都加，此为老式自焙阳极和预焙阳极铝电解槽电解质。

低分子比型。含过剩 AlF_3 8%～14%，为点式下料预焙阳极铝电解槽电解质。

我国预焙槽用的电解质接近低分子比型。采用低分子比型电解质，要求与电解槽的点式下料及比较完善的自动控制系统相配套，即保持半连续下料，保持电解质中较低的 Al_2O_3 浓度，否则较低的分子比，加入的 Al_2O_3 难溶解而产生沉淀，易造成电解过程紊乱或导致病槽。

2.3 铝电解的两极反应

电解质熔体中的离子主要有 Na^+、F^-、AlF_4^-、AlF_5^{2-}、AlF_6^{3-}、$Al_2OF_6^{2-}$ 和 $Al_2O_2F_4^{2-}$，其中 Na^+ 是导电离子。

2.3.1 阴极主反应

阴极过程是提高电流效率、延长电解槽寿命和电解过程平稳进行的基础。阴极反应可以简单的表示为：

$$Al^{3+} + 3e === Al \tag{2-5}$$

电解质熔体中的离子，在直流电场的作用下，阳离子移动到阴极附近，阴离子移动到阳极附近。虽然钠离子是导电离子，但是正常生产条件下，钠离子并没有在阴极放电，而是含铝离子在阴极优先析出成为金属铝。主要是在铝电解环境下，Na 的析出电位比 Al 负 $240 \sim 250mV$。阴极主反应过程为：

$$AlF_4^- (络合的) + 3e \longrightarrow Al + 4F^- \tag{2-6}$$

2.3.2 阳极主反应

阳极反应简单的表示为：

$$2O^{2-} + C - 4e \longrightarrow CO_2 \tag{2-7}$$

电解质中的含氧离子均以含氧络合离子存在，目前一般认为含氧络合离子在阳极放电的步骤如下：

$$AlOF_x^{1-x} (电解质) === AlOF_x^{1-x} (阳极) \tag{2-8}$$

$$AlOF_x^{1-x} + C === C_xO + AlF_x^{3-x} + 2e \tag{2-9}$$

$$AlOF_x^{1-x} + C_xO === CO_2 + AlF_x^{3-x} + 2e \tag{2-10}$$

2.3.3 阴阳两极的总反应

将上述两极反应合成，则：

$$2Al_2O_3 + 3C === 4Al + 3CO_2 \uparrow \tag{2-11}$$

2.4 铝电解的两极副反应

在工业铝电解过程中，除了在阴极析出金属铝和在炭阳极上生成 CO_2 气体外，在阴阳两极上还分别发生一些副反应，这些反应的发生以及生成速率都将直接或间接地对生产技术指标产生重要影响：或降低电流效率，或增加电耗，或破坏电解槽的正常运行状态，或对电解槽的寿命产生严重影响。

2.4.1　阴极副反应

铝电解阴极副反应主要有：钠的析出、铝向电解质中溶解、碳化铝的生成和电解质被阴极炭块选择性的吸收。这些副反应对电流效率和槽寿命都有一定影响。

2.4.1.1　铝在电解质中的溶解反应和损失

在铝电解过程中，处于高温状态下的阴极铝液和电解质的接触面上，必然有析出的铝溶解在电解质中，一般认为，阴极铝液在电解质里的溶解有以下几种情况：

（1）溶解在熔融冰晶石中的铝，生成低价铝离子和双原子的钠离子。

$$2Al + Al^{3+} = 3Al^+ \tag{2-12}$$

$$Al + 6Na^+ = Al^{3+} + 3Na_2^+ \tag{2-13}$$

（2）在碱性电解质中，铝与氟化钠发生置换反应。

$$Al + 3NaF = AlF_3 + 3Na \tag{2-14}$$

（3）铝以电化学反应形式直接溶解进入电解质熔体中。

$$Al(液) - e = Al^+ \tag{2-15}$$

2.4.1.2　钠的析出

在铝电解的正常条件下，铝的析出电位比钠要低 240mV，如果钠与铝的析出电位差值减少则钠与铝同时析出或钠优先析出。

$$Na^+ + e = Na \tag{2-16}$$

在碱性电解质中，溶解的铝也可能发生下列反应而置换出钠。

$$Al + 6NaF = Na_3AlF_6 + 3Na \tag{2-17}$$

工业电解槽内，铝中钠含量与电解温度、分子比及电解质中氧化铝浓度有关。温度升高，钠析出的电位差值急剧下降。在工业槽上，当电解槽过热时出现黄火苗，即表明钠的大量析出，钠蒸汽与空气作用而燃烧，火焰为亮黄色，这是电解槽过热的标志。当分子比升高时，钠析出的电位差随即减小，铝中钠含量显著增加，例如分子比为 2.9 时，铝中钠含量为 0.014%，当分子比为 2.4 时，减少到 0.004%，可见降低分子比可以减少钠的析出量。在不同温度下氧化铝浓度的减小都容易造成钠的析出。因此在工业槽上，为防止钠的析出，通常保持低分子比和较低的电解温度，以及保持相对高的氧化铝浓度为好。

阴极上析出的钠有三个去向：（1）成为蒸汽，在离开电解质时与氧或空气接触燃烧；（2）直接进入铝液中；（3）进入电解质中。

2.4.1.3　生成碳化铝

碳化铝是一种黄色化合物，遇水立即分解，生成氢氧化铝和甲烷，通常在炭阴极上容易生成，它影响铝的质量和阴极的寿命。阴极上生成碳化铝的反应是同析出铝的主反应同时进行的，生成的碳化铝存在于阴极炭块表面和炭块的缝隙中。在高温条件下，铝可与碳发生反应生成碳化铝。

$$4Al + 3C \Longrightarrow Al_4C_3 \tag{2-18}$$

在阴极炭块和槽侧壁炭砖中生成的碳化铝，可以不断地被溶解在电解质中，这样就会在原先的炭素材料上形成腐蚀坑，腐蚀之后暴露出来的新鲜炭表面还会生成碳化铝。久而久之，就会造成阴极炭块的损耗。生成碳化铝的反应会对电解槽寿命造成影响。

2.4.2　阳极副反应

2.4.2.1　阳极效应

阳极效应是铝电解过程中发生在阳极上的一种特殊现象。

（1）阳极效应发生的机理。阳极效应的发生，是阳极表面性质、电解质的性质和阳极气体性质改变的综合结果。在正常电解时，电解质中的氧化铝含量较高，此时在阳极上总是含 O^{2-} 离子放电，连续析出 CO_2 和 CO 气体。由于阳极表面总是新鲜的，电解质有足够的湿润能力，于是析出的气体则以小的气泡逸出。随着氧化铝含量的逐渐减少，F^- 离子开始放电（与 O^{2-} 离子一起放电），生成碳氟类络合物，而后分解生成 COF_2 或 CF_4。因此，改变了阳极气体成分的同时，也改变了阳极的表面性质。电解质对阳极的湿润变坏，由于气体薄膜的作用，和阳极表面性质改变而电阻增大，电压升高，阳极效应发生。

（2）阳极效应现象。当阳极效应发生时，在阳极与电解质接触的周边上，出现许多细小的弧光闪烁，电解质像小雨点似的沿阳极上溅，并可听到咝咝的响声。槽电压骤升到数十伏，并联在电压表上的指示信号灯也亮了起来。

（3）阳极效应产生的原因。阳极效应产生的主要原因是电解质中 Al_2O_3 含量降低，使阳极临界电流密度下降，电解质在阳极表面上的湿润性变坏。临界电流密度是指在一定条件下，发生阳极效应时的阳极电流密度。它随氧化铝浓度减少而减小，还与电解质温度、阳极材料、电解质成分等因素有关。

（4）阳极效应的影响与危害性。发生阳极效应时电压骤升，电解质挥发加剧，耗费大量的电能和各种原材料，又影响铝液品位，增加劳动量，恶化环境等。但偶尔发生阳极效应，可清理电解质中的炭渣，冷槽可用阳极效应提供热能调整热平衡等。

2.4.2.2　铝的二次反应

铝的二次反应是指溶解于电解质中的铝被带到阳极区间与二氧化碳接触而被氧化，即：

$$2Al(溶解的) + 3CO_2 \Longrightarrow Al_2O_3 + 3CO\uparrow \tag{2-19}$$

此外，由于炭阳极散落掉渣，分离后飘浮在电解质表面，当二氧化碳气体与这些炭渣接触时，会发生还原反应而生成一氧化碳。

$$C + CO_2 \Longrightarrow 2CO\uparrow \tag{2-20}$$

在阳极副反应中，铝和二氧化碳的反应是电解过程中降低电流效率的主要原因，生产中应尽量控制这类不利反应的发生。

2.5　电解质中氧化铝分解电压

分解电压是指长期进行电解并析出电解产物所需的外加到两极上的最小电压。不同的

电解质成分具有不同的分解电压。电化学中把实际的分解电压称为极化电压。极化电压的组成可用以下公式表示:

$$E_{极化} = E_{分解} + E_{过} \qquad (2\text{-}21)$$

过电压与很多因素有关, 但一般来说, 温度越高、分子比越低、氧化铝含量越高, 则过电压越低。

复习思考题

2-1　为什么选用冰晶石作为熔解氧化铝的溶剂?
2-2　简述氟化铝对电解质性质的影响。
2-3　铝电解两极反应是什么?
2-4　铝电解两极有哪些副反应?

3 铝电解槽的结构

我国自 20 世纪 70 年代末引进 160kA 中心下料预焙槽成套技术后，不断进行消化吸收，配套设计和技术改进，使我国铝电解技术发展水平得到了较快的发展。目前，已开发并应用了 350kA、400kA、500kA 等大型预焙电解槽。2005 年，我国彻底关闭了污染严重、能耗高、劳动生产率低的自焙阳极电解槽，全面进入了预焙槽生产时代。

预焙阳极铝电解槽的结构通常分为阴极结构、上部结构、母线结构和电气绝缘四大部分。铝电解槽的结构如图 3-1 所示。

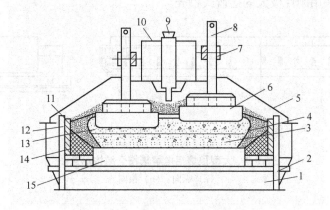

图 3-1　预焙铝电解槽结构图

1—槽底砖内衬；2—阴极钢棒；3—铝液；4—边部伸腿（炉帮）；5—槽罩板；6—阳极炭块；
7—阳极母线；8—阳极导杆；9—打壳下料装置；10—支撑钢架；11—侧部炭块；
12—槽壳；13—电解质；14—边部扎糊（人造伸腿）；15—阴极炭块

3.1 阴极结构

电解铝工业所说的阴极结构，是指盛装电解熔体（包括熔融电解质与铝液）的容器，包括槽壳、保温与耐火材料、侧衬材料、阴极炭块、阴极钢棒、阴极糊料等。

3.1.1 槽壳

槽壳是由钢底板、侧壁和端壁及其四周的补强构件组成的，它不仅盛装电解槽的内衬砌体，而且还起着支承电解槽、克服内衬材料在高温下产生的热应力和化学应力，约束其内衬不发生较大位移和断裂的作用。

槽壳通常有两种主要结构形式：自支撑式钢壳（又称为框式）和托架支撑式钢壳（又称为摇篮式），其结构图分别如图 3-2 中的（a）和（b）所示。

过去的中小容量电解槽通常使用框式槽壳结构，即钢壳外部的加固结构为一型钢制作的框，该种槽壳的缺点是钢材用量大，变形程度大，不能很好地满足强度要求。

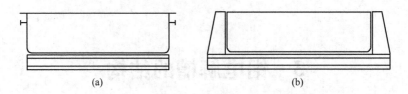

图 3-2 铝电解槽的槽壳结构示意图
（a）自支撑式（框式）；（b）托架支撑式（摇篮式）

所谓摇篮式结构，就是用工字钢焊成多组组型"⊔"的约束架，即摇篮架，紧紧地卡住槽体，最外侧的两组与槽体焊成一体，其余的是通过螺栓连接的可拆卸的活动支架（结构示意图如图 3-3 所示）。实践证明，摇篮式槽壳强度大，刚性强，热应力变形小，造价低，利于自然通风，易形成侧部结壳，有助于提高电流效率，利于施工和延长电解槽寿命。大型预焙槽采用刚性极大的摇篮式槽壳。

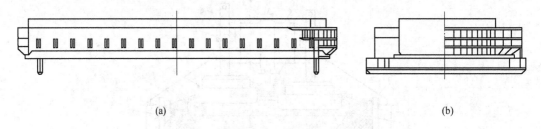

图 3-3 大型预焙铝电解槽槽壳结构示意图
（a）纵向；（b）横向

3.1.2 阴极内衬

电解槽内衬材料常见的有四类：炭素内衬材料、耐火材料、保温材料、黏结材料。电解槽内衬结构如图 3-4 所示。

现以 350kA 电解槽阴极内衬结构为例，从槽底到炭块、槽壳侧壁到侧块进行阐述。电解槽底部依次铺一层 10mm 厚的陶瓷纤维板，一层 80mm 厚的硅酸钙质绝热板（大面斜面铺 100mm 厚的硅酸钙保温板）。绝热板四周和钢壳的缝隙也用氧化铝粉填充，然后干砌两层 65mm 保温砖，保温砖上铺一层 160mm 厚的干式防渗料，用刮板刮平，经机械夯实后再铺砌阴极炭块。

干式防渗料是由不同粒级、不同种类耐火原料配合而成的不定型散状耐火材料，其导热率约为耐火砖的 1/3，是槽底热绝缘层的保护带，可使得保温砖在 800℃ 以下，绝热板在

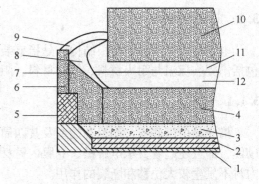

图 3-4 预焙电解槽内衬结构图
1—硅酸钙板；2—保温砖；3—干式防渗料；
4—底部炭块；5—浇注料；6—侧部炭块；
7—人造伸腿；8—炉帮；9—氧化铝结壳；
10—阳极；11—电解质；12—铝液

400℃以下长期保持绝热性能，减少槽底的散热损失。另外，由于干式防渗料具有一定的可压缩性，能够有效缓解炉底隆起、槽壳变形等问题。

侧部炭块周边砌体的砌筑方法在大小面相同。槽壳周边平砌三层保温砖（197mm厚），竖砌一层保温砖（230mm），大面用高强浇注料、小面用轻质浇注料浇注，在浇注料上砌筑一层耐火砖，沿槽壳侧壁、在耐火砖上砌筑氮化硅结合碳化硅块（内嵌10mm厚的陶瓷纤维板），高强防渗料之上用扎固糊扎固。侧部采用氮化硅结合碳化硅块，在生产中易形成稳定的炉帮，既保护了侧衬，又降低了槽侧壁的热损失。

阴极炭块和阴极钢棒的连接是在阴极炭块组装车间的专门设备上进行的。当炭块加热后，将钢棒放到炭块槽中，用钢棒糊分层扎实或用磷生铁进行浇注。阴极炭块之间留有36mm缝隙，用冷捣糊扎固，底部炭块和复合侧块之间周边缝用冷捣糊扎成180mm高的人造伸腿。

3.2 上部结构

槽体（金属槽壳）之上的金属结构部分，统称上部结构，它可分为承重桁架、阳极提升装置、自动打壳下料装置、阳极母线、阳极组、集气和排烟装置。

3.2.1 承重桁架

承重桁架采用钢制的实腹板梁和门形立柱，板梁由角钢及钢板焊接而成，门形立柱由钢板制成门字形，下部用铰链连接在槽壳上，一方面抵消高温下桁架的受热变形，同时又便于大修时的拆卸搬运。门形立柱起着支承上部结构全部质量的作用。为了保证安全生产，门形立柱和槽壳之间增加绝缘。承重桁架如图3-5所示。

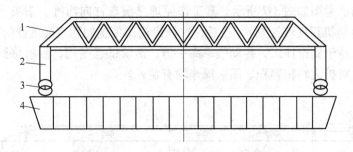

图 3-5　200kA 预焙阳极铝电解槽桁架结构图
1—桁架；2—门形立柱；3—接点；4—槽壳

电解槽的支承梁常用两种形式，即桁架式与板梁式。其中桁架梁是由角钢杆件组焊而成，具有质量较轻、钢材用量较少的优点。板梁是用钢板组焊成的箱型梁，两个平行板梁构成一箱型梁，承载能力较大，梁高较低，便于母线配置。对于大型预焙铝电解槽而言，当两种梁都满足强度和刚度要求时，考虑其承受的载荷较大且跨度较长，选用板梁式的支承梁较为合理。

3.2.2 阳极提升装置

预焙槽阳极提升装置有两种：一种是螺旋起重器式的升降机构；另一种是滚珠丝杠三

角板式的阳极升降机构。

（1）螺旋起重器升降机构。以200kA电解槽为例，它由螺旋起重机、减速机、传动机构和马达组成（如图3-6所示）。4个螺旋起重器与阳极大母线相连，由传动轴带动起重器，传动轴与减速箱齿轮通过联轴节相连，减速箱由马达带动。当马达转动时便通过传动机构带动螺旋起重器升降阳极大母线，固定在大母线上的阳极随之升降。提升装置安装在上部结构的桁架上，其行程为400mm，在门式架上装有与电机转动有关的回转计，可以精确显示阳极母线的行程值。

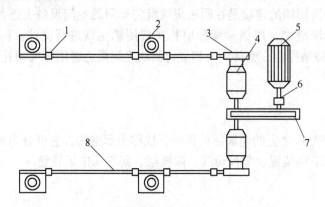

图3-6　200kA预焙阳极铝电解槽阳极提升机构图
1—联轴器；2—螺旋起重器；3—换向器；4—齿条联轴节；
5—马达；6—联轴节；7—减速箱；8—传动轴

（2）滚珠丝杠三角板阳极升降机构。它有2个蜗轮杆减速器、2个标准滚珠丝杠与8个三角板，结构示意图如图3-7所示。其工作原理是滚珠杠向前推，阳极下降，向后拉则阳极上升（由电动机正反转控制）。显然，这种机构比传统的螺旋起重器的升降装置简单，机械加工件少，易于制造加工，传动效率高一倍，造价低且耐用，易检修维护，又能简化上部金属结构，对扩大料箱容积、阳极操作均有益处。

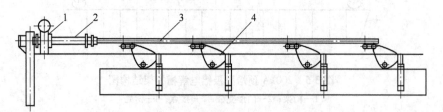

图3-7　滚珠丝杠三角板式的阳极升降机构
1—减速机；2—滚珠丝杠；3—拉杆；4—三角板

3.2.3　自动打壳下料装置

该装置由打壳系统和下料系统组成，打壳下料系统如图3-8所示。

打壳装置是为加料而打开壳面所用的装置，由打壳气缸和打击头组成，打击头为圆形（或长方形）钢锤头，通过锤头杆与气缸活塞相连，当气缸充气活塞运动时，便带动锤头

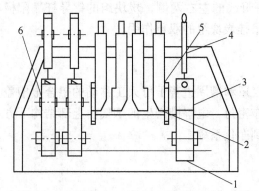

图 3-8　打壳下料系统图

1—打壳锤头；2—定容下料器；3—打壳
锤头连杆；4—打壳气缸；5—下料气缸；
6—出铝端打壳装置

上、下运动打击电解质表面结壳。下料装置由槽上料箱和点式下料器组成。料箱上部与槽上风动溜槽或原料输送管相通，原料通过气力输送系统可以从料仓直达槽上料箱，点式下料器安装在料箱的下侧部。打壳装置在电解槽结壳表面上打开一个孔穴，下料装置将定容室中的氧化铝通过打开的孔穴下入电解质中，每个定容器典型加料量为 0.9～1.8kg（视定容器的定容大小而定），定容精度可达到±2% 以内。每台电解槽安装一定数量的点式下料器后，便可以通过理论计算确定正常的下料间隔时间。

目前，我国普遍使用的点式下料器为筒式下料器，其下料装置由气缸带动在钢筒中的透气钢丝活塞及下端装有钟罩的密封钢筒，组成一个密封钢筒下料装置。钟罩与透气活塞将钢筒的下部隔成一个定容空间，定容空间的上端开有充料口。当气缸活塞运动到上端时，便带动钟罩封住钢筒的下端，透气活塞移动到充料口上端，即充料口打开，料箱中被流态化的氧化铝立即充满下料器的定容室。当接到下料命令时，气缸活塞被驱动向下运动，便带动连在活塞杆上的透气活塞和钟罩向下运动，此时，透气活塞挡住了充料口，堵住了料流向定容室，而定容室中的料却随着钟罩向下运动而卸入槽中。此种加料装置具有运动可靠、下料精确、使用寿命长等优点。

3.2.4 阳极母线和阳极组

3.2.4.1 阳极母线

阳极母线两端通过吊耳吊起，悬挂在螺旋起重器丝杠上或是滚珠丝杠三角板上，和连接两根阳极母线的平衡母线构成一个框架结构。螺旋起重器或三角板与丝杠销链接，通过丝杠的直线运动，带动母线上下运动，完成母线的升降。阳极母线依靠卡具吊起阳极组，并通过卡具使阳极导杆与阳极母线通过摩擦力与卡具接触在一起。进线端立柱母线与一侧阳极母线通过软铝带焊接在一起。阳极母线既承担导电，又承担阳极质量。

3.2.4.2 阳极组

阳极组是由阳极炭块、钢爪和铝导杆预先组装而成。钢爪与炭块用磷生铁浇铸连接，铝导杆为铝-钢爆炸焊连接。在阳极组装时，钢爪安放到炭碗中，通过磷生铁浇铸，使铝导杆与阳极炭块连为一体，组成阳极炭块组，如图 3-9 所示。

每组阳极炭块组由 1～2 块阳极炭块构成。炭块组的数量视电解槽的电流强度和阳极电流密度而定（一般为 20～48

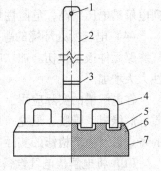

图 3-9　阳极炭块组示意图

1—吊孔；2—阳极导杆；
3—爆炸焊块；4—铸钢爪；
5—磷生铁；6—炭碗；
7—阳极炭块

组）。这些炭块组在槽内对称地排列在阳极水平母线的左右两侧，炭块组的铝导杆靠阳极卡具固定在水平母线上，铝导杆起传导电流和吊挂炭块组的双重作用。

3.2.5 集气排烟装置

电解槽上部敞开面由上部结构的顶板、集气罩和槽周边若干可人工移动的铝合金槽盖板构成集气烟罩，槽顶板与铝导杆之间用石棉布密封，电解槽产生的烟气由上部结构下方的集气箱汇集到支烟管，再进入墙外主烟管送到净化系统。

3.3 母线结构

整流后的直流电通过铝母线引入电解槽上，槽与槽之间通过铝母线串联而成。电解槽有阳极母线、阴极母线、立柱母线和软带母线，槽与槽之间，厂房与厂房之间还有联络母线。阳极母线属于上部结构中的一部分，阴极母线排布在槽壳周围或底部，阳极母线与阴极母线之间通过联络母线、立柱母线和软母线连接，这样将电解槽一个一个地串联起来，构成一个系列。

铝母线有压延母线和铸造母线两种。为了降低母线电流密度，减小母线电压降，降低造价，大容量电解槽均采用大断面的铸造铝母线，只在软带和少数异型连接处采用压延铝板焊接。

3.4 电解槽电气绝缘

3.4.1 电解槽电气绝缘配置

铝电解槽电气具有以下特点：

（1）复杂性。既有直流电系统，又有交流电系统和自动控制系统。

（2）直流电系统的暴露性和操作的接触性。直流电系统不可能像小电流电线那样把导线包裹绝缘起来，强大的直流电流经之处很容易接触得到，很多操作还必须直接接触带电体进行作业。

（3）系统槽电压的高压性。电解槽单槽电压很低，只有 4V 左右，但其串联连接使系列电解槽电压很高，危险性增大。

（4）电气所处环境的恶劣性。电解厂房的强磁场、多粉尘、高温、腐蚀性气体，使电气线路元件极易损伤。加之电解槽布局一般都很紧凑，使电气构造与其他装置短接的危险性大大增加。

在电解槽的实际应用上，固体绝缘被广泛使用。一般使用的固体绝缘材料有石棉类物质、辉绿岩、橡胶、尼龙、环氧树脂类物质、高分子绝缘材料等。根据铝电解槽电气构成的特点以及生产检修的实际需要，电气绝缘设施必须满足：

（1）将电解槽电气设备与大地隔离。无论是直流系统还是电解槽用交流系统，都不允许接地。

（2）相间隔离。交流电三相电路彼此隔离。

（3）在生产中直流电系统需要有效隔离短路口、相邻电解槽盖板等设施，防止泄漏电流及连电事故。

（4）隔离出一个无电位差的空间，以利于生产和检修。

通常情况下电解槽绝缘部位的配置情况见表3-1。

表3-1 电解槽绝缘设施配置状况表

构　件	绝缘部位	绝　缘　材　料	绝缘要求电阻/MΩ
母线装置	主母线回路—大地	胶木板＋石棉水泥板	≥2
	阴极母线—大地	基础混凝土＋耐火砖墩＋高分子绝缘板	≥1
	阳极母线—吊耳	环氧树脂绝缘套管＋垫片	≥2
	阳极母线—立柱	尼龙滚轮	≥0.5
	电压表线—大地	耐热线＋绝缘套管	≥1
阴极装置	槽壳—地沟	混凝土基础＋高分子绝缘板＋环氧树脂绝缘板	≥1
	槽壳—地坪	环氧树脂绝缘角板	≥1
	槽壳—立柱	环氧树脂绝缘板＋绝缘套管	≥0.5
	槽壳—槽罩板	环氧树脂绝缘板＋垫片（上下两端）	≥0.5
	槽壳—槽壳	环氧树脂绝缘角板＋绝缘木	≥0.5
阳极装置	导杆—圆盘卡具	环氧树脂层压玻璃布绝缘盘	≥0.5
	导杆—水平罩板	石棉布	≥0.5
	动力线	耐热线＋绝缘套管	≥1
	电动机—横梁	环氧树脂层压玻璃布绝缘套管＋绝缘板＋绝缘垫片	≥0.5
	减速机—横梁	绝缘套管＋绝缘板＋绝缘垫片	≥0.5
	槽控机—墙壁支架	绝缘板＋绝缘套＋绝缘垫片	≥1
浓相输送管及打壳下料装置	浓相输送管—大地	绝缘短节	≥1
	主输送管—槽输送管	橡胶管＋帆布软接	≥0.5
	槽输送管—横梁	绝缘橡胶皮＋绝缘胶木	≥0.5
	气缸—横梁	绝缘板＋绝缘垫圈＋绝缘套管	≥0.5
	锤头—水平罩板	环氧树脂层压玻璃布绝缘板	≥0.5
	风管—大地	塑料管＋胶皮管	≥1
	风管—横梁	橡胶皮	≥0.5
	料箱—横梁	石棉橡胶板	≥0.5
	下料管—水平罩板	绝缘垫圈＋绝缘套管	≥0.5
烟气回收	烟气管道—大地	绝缘节	≥1
	烟气管道—水平罩板	环氧树脂层压玻璃布	≥0.5
槽控箱	槽控箱—大地	绝缘板＋绝缘垫圈＋绝缘套管	≥1
	槽控箱—风管	橡胶皮管	≥1
	槽控箱—动力线	耐热线＋塑料管	≥1
其　他	短路口	异型绝缘插板＋绝缘垫板＋绝缘套	≥2
	地　坪	沥青混凝土隔离带＋混凝土地面	≥1

3.4.2　电解系列"零点漂移"

　　铝电解槽供电方式是一种特殊的不接地直流供电系统，其强大的电流通过系列母线和电解槽构成回路。在正常情况下，整流机组、系列母线和铝电解槽等部位绝缘良好时（用1000V绝缘摇表测量时，绝缘电阻超过5MΩ以上），系列母线的零点（以大地作为参考点，该点电势对地电势差为零）一般在整个系列回路的几何中心点上。由于两车间的实际投入生产的电解槽数量不相同，电解槽启动或正处于效应状态，以及整流装置的电压波动等各种原因，会导致其零点发生小范围的移动，"零点漂移"的幅度较小，大约在 $1 \sim 70V$变化，这是正常现象。但在实际生产中，由于接地原因，有时会经常出现"零点漂移"。导致这种现象发生的原因，主要是系列母线和电解槽由接地处引起，通常其接地点是多处并存，而且其漂移后的零点位置是诸多接地点共同作用的结果。

3.4.2.1　只有一个接地处

　　整个系列母线和电解槽只有一处接地，接地后系列母线供电系统与大地并不会形成回路，不会有电流流入大地。这种接地只会引起系列母线的电位零点移动（即零点漂移），其漂移的根本原因是由于人们测量零点时是以大地为参考零点，而系列母线接地后，引起大地参考零点的电位发生变化，使测量的电压数值出现不同的结果，这一现象如图3-10所示。在图3-10中，人们测量系列母线的电压时，是以大地 a 点为参考零电位的。其 a 点的电位高低，只取决于接地点的电压。如果忽略测量电压表的电流，则所测点 B 的电压为A、B 两点之间电位差。由于接地电阻 R_1 内无电流流过，A、a 为等电位，这时零点漂移到接地点 A 处。在实际中，由于测量时，电压表内必然有一定的电流流过，它与接地电阻R_1 共同构成回路，但电压表的内阻非常大，在 R_1 上的电压降很小（为几毫伏），A、a 两点几乎为同电位，可忽略不计。这就是实际生产中，有时会在零点所在的电解槽上，找到接地处的原因。

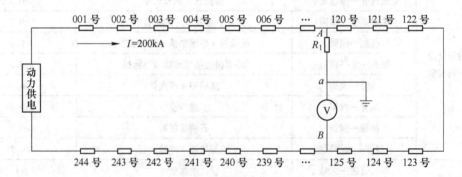

图3-10　系列母线、电解槽一处接地原理图

3.4.2.2　两个及两个以上的接地点

　　在实际生产中，系列母线及电解槽的接地点一般是多个接地点并存，其零点的位置是由各个接地点共同作用的结果。电解槽系列母线、电解槽两处及以上接地点如图3-11所示。

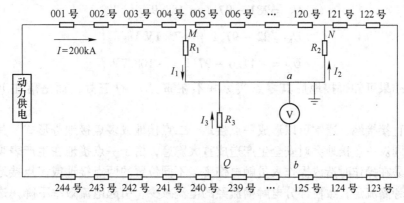

图 3-11 系列母线、电解槽两处及以上接地原理图

在图 3-11 中，设 M、N、Q 各点的电位和接地电阻分别为 U_1、U_2、U_3 和 R_1、R_2、R_3，则流过 R_1、R_2、R_3 的电流分别为：

$$I_1 = \frac{U_1 + U_a}{R_1} \tag{3-1}$$

$$I_2 = \frac{U_2 - U_a}{R_2} \tag{3-2}$$

$$I_3 = \frac{U_3 - U_a}{R_3} \tag{3-3}$$

根据节点法可得：$I_1 + I_2 + I_3 = 0$，则：

$$\frac{U_1 + U_a}{R_1} + \frac{U_2 - U_a}{R_2} + \frac{U_3 - U_a}{R_3} = 0 \tag{3-4}$$

整理后得到：

$$U_a = \frac{U_1 R_2 R_3 + U_2 R_1 R_3 + U_3 R_1 R_2}{R_1 R_2 + R_1 R_3 - R_2 R_3} \tag{3-5}$$

U_a 为测量点 a 处的电位，由 M、N、Q 三点的电位高低和它们的接地电阻大小决定，是各接地点共同作用的结果。同理，就可得出三个以上接地点的零点电位大小的计算式。

例如，设系列母线的真正零电位在 130～131 号槽中间母线上，取每台电解槽电压降为 4.2V；M、N、Q 三处电压分别为 281V（67 号槽）、22V（127 号槽）、－11.6V（138 号槽），并设三处接地电阻相等均为 R。可得：

$$U_a = \frac{U_1 R_2 R_3 + U_2 R_1 R_3 + U_3 R_1 R_2}{R_1 R_2 + R_1 R_3 - R_2 R_3}$$

$$= \frac{281 \times R_2 R_3 + 22 \times R_1 R_3 - 11.6 \times R_1 R_2}{R_1 R_2 + R_1 R_3 - R_2 R_3} \tag{3-6}$$

则接地后的测量参考零点从 130 号电解槽漂移到 107 号上（97.1/4.2 = 23；130 － 23 = 107），M、N、Q 三处实际测量电压为（以大地为参考零点）：

$$U_M = 281 - 97.1 = 183.9V$$

$$U_N = 22 - 97.1 = -75.1V$$

$$U_Q = -11.6 - 97.1 = -108.7V$$

从计算结果可知，接地后其零点实际并不在 M、N、Q 三处，而是落在 107 号电解槽上。

直流电直接接地，通常可以形成一点接地、二点接地或多点接地等形式，其造成的危害也不尽相同。一点接地会对安全生产造成重大隐患，由于一点接地在生产表观上不容易被发现，极易在操作时造成操作人员触电伤害。不同位置的两点接地或多点接地，可以造成电流通过旁路流走，致使部分电解槽流经的电流减少，引起电流效率下降，这种情况可以通过槽控机显示面板反映出来，一般增加巡视就容易发现。

"零点漂移"一般分两种情况进行处理：

（1）确定是否直接接地。对已经确定绝缘下降位置的相邻电解槽槽盖板（或地沟盖板）电压测量，正常时应该为一个槽压左右，如出现大幅度上升，则可以说明有直接接地现象，将可能造成电解人员触电伤害，进行处理后，检查是否消除"零点漂移"现象。

（2）如通过测量已经确定绝缘下降位置的相邻两槽槽盖板（或地沟盖板）电压，测量时仍为一个槽压左右，这可能不是直接接地了，引起"零点漂移"的原因可能不是一个点，而是由于多点绝缘下降所引起，这时候主要检查母线上面是否有金属搭接物等。

电解槽一旦发生对地短路，就会造成电解系列发生"零点漂移"。电解系列零电位发生漂移，造成基础设施电腐蚀加剧，局部电解槽对地电压升高，生产过程中往往会出现电解槽打火现象，对电解生产、设备和人身安全造成很大的威胁。

复习思考题

3-1　铝电解槽通常分为哪几部分，各部分的主要作用是什么？

3-2　铝电解槽的绝缘部位都有哪些？

3-3　铝电解系列"零点漂移"的原因是什么，如何预防和处理？

4 铝电解槽焙烧及启动

电解槽的预热焙烧和启动是铝电解槽生产中的两个重要阶段，新建或大修后的铝电解槽在正常生产前，要经过焙烧与启动过程。电解槽的焙烧和启动虽然只有短短的几天时间，但对电解槽启动后的运行状态和槽寿命产生重大影响，因此必须予以重视。

4.1 铝电解槽焙烧

所谓焙烧（对于预焙槽而言，又称预热），就是利用置于电解槽阴、阳两极的发热介质产生热量，使电解槽阴极（含内衬）、阳极的温度升高。

焙烧的目的主要有：（1）预热阴极。使阴极炭块间缝和周边的扎固糊烧结焦化，形成密实的炭素炉膛。（2）烘干阴极内衬。通过一定时间的缓慢加热排除槽体内耐火材料、保温材料等砌体的水分，提高炉膛温度，使阴、阳极温度接近或达到电解槽正常生产温度。

铝电解槽焙烧方法可分为两大类，一类为电焙烧法；另一类为燃料（燃气、燃油）焙烧法（又称外加热法）。根据发热电阻物料的不同，电焙烧法又分为：（1）铝液焙烧法，即用铝液作电阻体的焙烧法。（2）焦粒或石墨粉焙烧法，即用焦炭颗粒或石墨粉作电阻体的焙烧法。

4.1.1 铝液焙烧法

铝液焙烧法是在电解槽内灌入一定量的铝液，覆盖在阴极表面上，并且与阳极接触，构成电流回路，电解槽通电后产生热量焙烧电解槽。其示意图如图4-1所示。

铝液焙烧的基本程序是：首先，将预焙阳极安放在离阴极炭块表面约2~2.5cm左右，在槽膛四周用固体电解质块砌筑堰墙，以减缓铝液对人造伸腿的直接冲击并缩小铝液的铺展面积；其次，用冰晶石、纯碱、氟化钙进行装炉，然后从出铝端灌入铝液，铝水布满槽底，阳极底掌浸入铝液3~5cm；最后，通入全电流进行焙烧。

由于铝液本身电阻很小，大部分热量则由阴极和阳极产生，总发热量不大，这是铝液焙烧电解槽一次通入全电流的原因。尽管通入全电流，因产生的热量较低，一般大型预焙槽的焙烧时间长达4~6昼夜。

在焙烧初期刚通电时，冲击电压会高达6V，随后电压逐渐降低，在第6昼夜时，电压降低到1.5V，此时发热量低无法满足焙烧温度的要求，因此要稍稍提升阳极，使电压

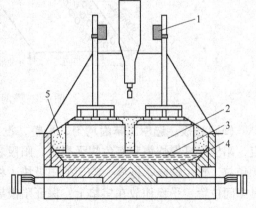

图 4-1　铝液焙烧示意图

1—阳极母线；2—阳极；3—铝水；4—阴极炭块；
5—电解质、冰晶石、保温料

升高到 2V 左右继续焙烧。提升阳极之前，铝液的温度在很长时间内保持较低，在提升阳极之后，铝液温度逐步升高，达到启动温度后，电解槽便可以灌电解质启动了。

4.1.2　焦粒焙烧法

焦粒焙烧法是在阴、阳极之间铺上一层煅后石油焦颗粒作为电阻体，电解槽通电后，焦粒层便在阴、阳极之间产生焦耳热。同时，阴极和阳极本身的电阻也产生热量，在其内部焙烧，其示意图如图 4-2 所示。其中焦粒应选用抗氧化性能强、体积密度变化小和粒度适当的煅后焦粒，有利于焦粒层与阳极底掌之间接触良好和发热电阻稳定。

焦粒焙烧装炉操作过程如下：

（1）准备工作。对电解槽进行仔细调试，确保安装、绝缘、槽控机等达到设计规范和通电要求。清理炉膛及槽四周杂物，吹净槽底，将阳极母线停放在距下限 50mm 处，将标尺指针读数调到 350，关闭提升机电源，将禁止操作的封条贴在槽控机上。为保证焙烧过程的安全，禁止人为通过操作槽控机手动按钮上抬阳极引发电解槽断路事故。

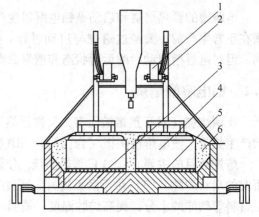

图 4-2　焦粒焙烧示意图
1—阳极母线；2—软连接；3—阴极内衬；4—阳极；
5—焦粒；6—电解质块、冰晶石、保温料

（2）铺焦粉。筛选粒度在 1～3mm 的焦粒和石墨碎，按一定比例混合均匀，混合料比电阻 180～220μΩ·m，厚度 15～20mm。用专门制作的铝质或钢质框架（长宽尺寸根据电解槽尺寸制作）放在阴极炭块上，框架内填充煅后石油焦粒，用样板刮平，严禁焦粒层中混入其他异物，如图 4-3 所示。

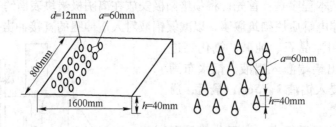

图 4-3　筛网铺焦粒示意图

（3）挂极。选用底掌面均匀、平整，没有较大的坑、裂缝，阳极导杆与阳极底掌垂直，阳极导杆爆炸焊和有色焊无裂缝，阳极表面符合产品质量标准，并且清理干净所黏附的焦粒，磷生铁浇铸饱满、均匀的阳极块。将合格的阳极炭块组用天车吊起，对准阳极卡具中间位置，平稳地放在焦垫上，保证阳极导杆和阳极母线之间有 3～5mm 的距离。检查阳极四周和四角是否压在焦垫上，不允许出现悬空和接触不良的现象。特别需要注意的是：挂极至焙烧，均不允许踩踏焦垫和已挂好的阳极。挂阳极时 A、B 面交替进行，防止将上部结构拉偏。

（4）安装软连接。软连接为铝制品，两头是铝块，中间用铝软带连接，安装时铝块分别用螺栓和夹具紧固在导杆和母线上。软连接的设计主要取决于软连接的导电容量，该容量大于额定值，能保证电流顺利导通，不出现发热及烧断等现象，在焙烧顺利进行的同时，系列电流不受影响。软连接的安装方式如图4-4所示。

（5）装料。

1）阳极中缝与立缝隔离：在阳极上安装盖板，将盖板从出铝端依次放好在阳极中缝，盖板防止物料进入阳极中缝，以免灌电解质时电解质流通不畅。另一种做法是直接用石棉等材料把大面阳极立缝和阳极中缝塞好，焙烧期间不去掉，一方面阻止物料进入，另一方面加强保温。

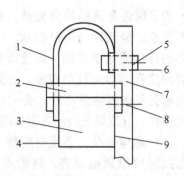

图4-4 软连接安装示意图（侧视图）
1—软连接；2—U形卡Ⅰ（用于将软连接固定在阳极母线上）；3—阳极母线（截面）；4—阳极母线加工面；5—U形卡Ⅱ（用于将软连接固定在阳极导杆上）；6—紧固螺栓Ⅰ；7—阳极导杆；8—紧固螺栓Ⅱ；9—阳极导杆加工面

2）堆砌电解质块（隔墙）：在人造伸腿斜坡上均匀撒上氟化钙，然后在靠侧部炭块处堆砌由高分子比电解质块构成的隔墙，其中大块靠阳极、小块靠侧部炭块，隔墙与阳极炭块间预留一定的空隙（如10~20mm）。砌电解质块侧墙，有利于焙烧过程中通过热辐射增强对电解槽侧部人造伸腿的焙烧。最后在电解槽的出铝端、烟道端各砌一个进铝口和排气口，方便后期灌电解质和铝液，进铝口和出气口上部用钢板盖严防止物料进入。

3）安放热电偶：分别在出铝端、烟道端和A、B面中间的阳极间隙处放置好热电偶供焙烧测温用。350kA电解槽焙烧槽测温点如图4-5所示。

| 01 | 02 | 03 | 04 |

图4-5 350kA电解槽焙烧槽测温点

图中01、02、03、04点分别设置在A2、B2，A10、B10，A16、B16，A23、B23极块中缝处。热电偶套管不能触及阳极炭块，防止测量温度不准确。

4）装料：将冰晶石与纯碱添加到槽内和阳极上，起保温和避免阳极氧化的作用。目前，有两种装料方式，一种是将冰晶石与纯碱均匀混合后添加；另一种是用这两种物料分层添加。装料过程要保证物料整形，尽量使其分布均匀，完毕后清扫槽沿及槽四周卫生，盖好槽盖板。

（6）装分流器。电解槽在焙烧期间加装分流片的主要目的一是为把通过阳极的电流分去一部分，降低通电初期冲击电压，减小焙烧过程中的温度梯度，避免阳极及阴极内衬产生过于集中的热应力；二是将电流在通电初期能基本均匀分配各组阳极；三是为尽快升至全电流，利于系列生产槽的维护和管理。

采用焦粒焙烧的分流装置常用的有两种，一种连接阳极大母线和下游槽立柱母线的分流器；一种是用钢带连接阳极钢爪和阴极钢棒的分流片。

　　为了保证分流器的分流量，在安装分流器时要注意：分流片与阳极钢爪，分流器与阴极钢棒的焊接质量要牢固，焊接质量不好，容易引起偏流和焊口发红的现象。另外，一些分流片与槽壳及格板绝缘不好，会一定程度上造成电流空耗。分流器安装示意图如图4-6所示。

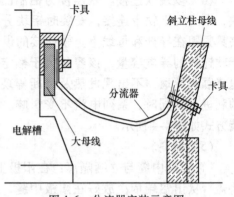

图4-6　分流器安装示意图

　　（7）通电焙烧。首批电解槽通电焙烧。所谓首批电解槽通电焙烧，是指不使用分流片，而是靠整流机组逐渐提升电流达到焙烧目的的电解槽。通电期间，应加强检查并记录槽电压，如冲击电压超过5.0V，则放慢电流提升速度，反之，若无异常现象，且槽电压低于2.5V时也可提前提升电流。将通电电解槽号通知计算机，计算机将该槽状态由"停槽→预热"。

　　后续电解槽通电焙烧。将短路口所需插板等器具准备齐全后，通知整流系列停电，电解现场确认停电后，各短路口的操作人员应快速松开短路口，插入绝缘板，紧固螺栓，完成短路口操作并检查确认无误后，通知整流所送电。短路口操作过程应尽量快，争取在10min左右完成，整流所接到送电通知后，可按4~5级的上升梯度逐步送电，正常情况下20~30min内送满电流。送电过程中，应注意观察电解槽的电压变化，如冲击电压超过5V，则应放慢提升电流速度，当升至全电流时，冲击电压不得超过5.5V。通电12h后，可陆续拆除分流片，如电压低于3.0V，一般可按先角部后中间的顺序进行拆除，也可针对分流量偏大的分流器先行拆除，促使该焙烧点温度升高与其他部位保持相近。当时间超过24h，槽电压低于2.7V时可陆续拆除其他分流片，拆除分流片时，每次的槽电压升高值不得超过0.5V，电压不超过3.5V，若超过此范围应停止拆卸，并检查阳极电流分布，待电压稳定后再继续拆卸。分流片全部拆除后，槽电压不得超过3.5V。每次拆除分流器前后做好电压记录，注意：通电焙烧期间应随时观察槽电压、阴极钢棒、阳极钢爪、分流片等处有无异常情况，并及时处理、记录。

　　通电焙烧的质量控制主要有如下几点：

　　1）新系列焙烧启动进度安排。新系列首批通电槽不焊分流器，操作简单，因此以多通为宜，但必须结合企业的人员状况、物料准备情况及设备状况来确定。合理安排首批通电槽台数不仅简化了操作，加快了启动进度，而且节约了大量的电能。后续槽的启动安排直接关系到停电次数的多少和启动进度的快慢。一次通电槽数多，则停电次数少，对正常生产槽影响较小。

　　2）焙烧送电时间点的选择。在没有白天和夜间差别电价的地区，送电时间的选择没有区别。对于有白天和夜间差别电价的地区考虑焙烧启动期间根据供电平峰谷的电价差，进行"避峰填谷"用电，一般安排晚上送电焙烧，晚间启动，可以节约电费支出。

　　3）阳极电流分布的控制与调整。焦粒焙烧期间，阳极电流分布状况直接影响焙烧温度的分布和升温速度，关系到最终的焙烧效果。为了使电解槽焙烧期间能够实现内衬温度均匀化，升温速度均衡化，在一定时间内建立合理的热场，调整阳极电流分布是最有效的方法和最有力的保证。预焙槽阳极电流分布，指每组阳极块所分担的电流大小，通常用阳极导杆等距离的电压降来表示，测量用的仪器是数字式万用表和铜制探针。以 350kA 电解槽为例，有 48 根阳极导杆，阳极导杆横断面为 260mm × 110mm，设计阳极电流密度 0.71A/cm²，每块阳极平均电流负荷为 7291A。取两根铜探针间距为 320mm，测量基准为同一水平线。

根据公式：

$$V = (I \times P \times L)/S \tag{4-1}$$

式中　I——每组阳极分担的平均电流，A；

P——导杆的电阻率，$\Omega \cdot m$；室温下铝的电阻率为 $2.80 \times 10^{-8} \sim 2.85 \times 10^{-8} \Omega \cdot m$；

L——探针在导杆上的垂直距离，m；

S——阳极导杆的截面积，m^2；

V——各组阳极块的电流分布即等距离压降，mV。

通过计算可知，导杆温度在 20 ~ 90℃ 范围内变化，电流分布标准值为 2.2mV 左右。通过实测，电流分布值在 0.8 ~ 2.4mV 为良好，适宜范围在 0.7 ~ 3.5mV。

当电解槽焙烧到第 3 ~ 4 天时，炉膛中缝内的冰晶石融化，局部阳极与阴极之间由焦粒导电变为电解质导电，这一阶段控制难度加大，随时会发生大的偏流情况，严重时会导致阳极脱极，控制上要求对于电流负荷大的炭块组尽快用绝缘纸将母线-导杆接触面部分或全部断开，降低偏流量，冷却该部位的温度，迫使电流负荷低的阳极块尽快达负荷，达到控制温度分布梯度的目的，调整原则为"调高不调低"。检查过程中发现阳极钢爪发红的要将钢爪周围物料扒开，用风管吹风降温。

4) 焙烧升温梯度控制。在升温过程中，主要考虑两方面的问题：一是各种材料线膨胀系数的差别导致不同的热应力，会对内衬产生一定的破坏作用；二是各种材料在升温过程中的热变特性。焙烧过程按特征分为三个阶段：

①低温预热阶段（300℃以下）。此阶段的主要目的是排除内衬表层中的水分，缓解各材料的线膨胀变形，主要考虑填缝糊和槽周扎固糊的热变特性。当焙烧温度在 300℃ 时，糊料温度大致在 200℃ 左右，属于软化阶段，需要快速越过软化期。但是，在 200℃ 温度以下，阴极钢棒的可塑性很小，而线膨胀系数大约是阴极炭块的 3 ~ 4 倍，如果升温太快，会造成阴极炭块的早期裂纹。因此，该阶段升温速度一般应控制在 10℃/h 左右为宜。

②中温焙烧阶段（300 ~ 600℃）。这一阶段的主要目的是排除内衬材料中的挥发分和结晶水，使周围糊、填缝糊与阴极炭块烧结成一个整体，是整个焙烧的关键阶段。此时阴极钢棒已由线膨胀变形转变为蠕动变形（钢的屈服点为 200℃），可塑性增大，可适当加快升温速度。但是，此温度下糊料的主要特性是沥青的分解及水分和挥发分的挥发，如果升温速度过快，分解和挥发量增加，填缝糊的裂纹增多、增大，机械强度下降，有可能导致电解槽的早期破损。另外，此阶段糊料的可塑性较强，适当延长此阶段的焙烧时间，可以使扎固糊料与阴极炭块充分黏结。综合考虑，该阶段升温速度一般应控制在 10℃/h 以内。

③高温焦化阶段（600℃以上）。这一阶段的主要目的是高温焙烧侧部内衬，使阴极炭块与扎固糊料充分烧结和焦化为一个整体。温度在 600℃ 以上时，扎固糊料处于焦化状态，从自由膨胀变形转化为收缩变形，而阴极炭块仍有微量膨胀变形，槽周边扎固糊将产生一

定的收缩裂纹。升温速度还要考虑整个焙烧时间，因此可适当加快升温，但也不能超过20℃/h。

总体而言，整个焙烧过程中升温速度应均匀平缓，平均升温速度不超过10℃/h 为好，尽量控制在20℃/h 以内，最大升温速度超过50℃/h 时会严重影响焙烧质量。

焦粒焙烧过程中阴极表面温度无法直接调整，只能通过阴、阳极电流分布和焦粒配比等措施控制。电解槽槽膛面积越大，温度分布不均的现象越突出。当阴极表面温度偏差较大时，说明局部升温不同步，会产生热应力差，可能造成内衬破损。因此，阴极表面的温度分布应尽可能均匀，尽可能降低区域性的过冷或过热程度。垂直温度梯度与内衬材料和升温速度有关，理想的情况是焙烧终了时，这一温度梯度应尽可能接近正常生产时的温度梯度，即900℃等温线要在阴极炭块以下，800℃等温线要在保温砖以上。

4.1.3　石墨粉焙烧法

石墨粉焙烧法是采用不同粒度配比的石墨粉作为焙烧发热的介质，用专门制作的格筛将石墨粉均匀地铺满炉底，然后将阳极坐在铺好的石墨层上，装好炉后即可送电焙烧。焙烧示意图如图4-7 所示。

石墨粉焙烧法的主要操作步骤如下：

（1）准备工作同焦粒焙烧法相同。

（2）铺石墨粉。筛选粒度在0.25～1mm 和1～4mm 的石墨粉，按3：1 的比例混合均匀，混合料电阻90～120Ω·mm²/m，厚度为焦粒焙烧法的1.5～2 倍，用专门制作的格筛铺设。石墨层的铺设要求是要铺平、铺匀、高度要一致，不能有其他杂物混入。

（3）挂极和装炉。石墨粉焙烧法挂极、安装软连接、装炉的操作方法和要求与焦粒焙烧法一致。

（4）通电。在通电前的工作完成后，即可开始通电焙烧。石墨粉焙烧法不使用分流

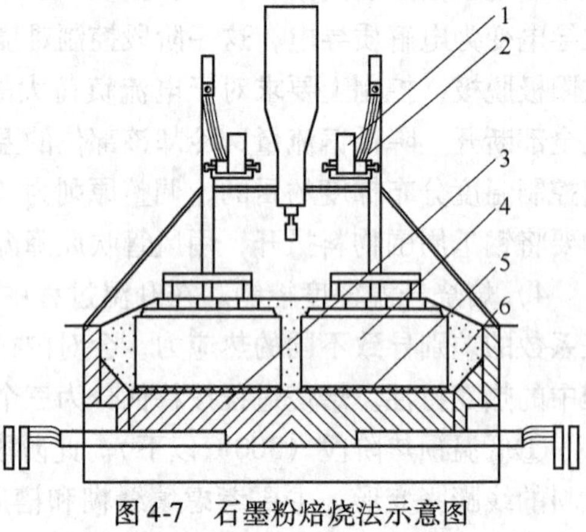

图4-7　石墨粉焙烧法示意图
1—阳极母线；2—软连接；3—阴极内衬；
4—阳极；5—石墨层；6—电解质块、
冰晶石、保温料

片分流，在冲击电压不超过4.5V 时，在短时间内一次性将电流送全，进行全电流焙烧。

4.1.4　燃料焙烧法

该法是在阴、阳极之间用火焰来加热，因此需要可燃物质、燃烧器，同时阳极上面要加保温罩，才能使高温气体停留在槽内，并防止冷空气窜入。火焰产生在阴、阳极之间，依靠传导、对流和辐射，将热量传输到其他部位。图4-8 所示为燃料焙烧示意图，燃料通常为油、天然气或煤气。待电解槽焙烧完毕后，通电、启动同时进行。

燃料焙烧的主要操作步骤如下：

（1）装炉。将电解槽挂满阳极，并使阳极底掌在同一水平，然后将阳极上升到其底掌与阴极的上表面有一定高度处，将烧嘴均匀装在电解槽两大面上，用钢板一边搭在电解槽四周人造伸腿上与侧部炭块交界处，一边搭在阳极侧面上，再用1～2mm 铝板盖在阳极之

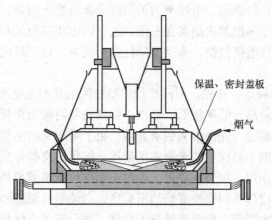

图4-8 燃料焙烧示意图

间缝隙及中缝上，在阳极表面和电解槽四周大面加电解质粉和冰晶石作为保温料，在电解槽长度方向1/4和3/4位置，阳极的中缝处留200mm×100mm两个排烟孔。

（2）焙烧过程。炉装好后，将烧嘴与供风、供燃气系统连接好，再接通相关控制电路，将控制系统送电，启动风机，即可启动烧嘴点火装置进入焙烧阶段。

（3）燃料焙烧阶段的温度控制。燃料焙烧过程中温度的可控性能较好，可以通过调节燃料量的大小，使实际的升温曲线与设计的升温曲线，有较强的符合性。由图4-9和图4-10可知，在200℃有一个低速升温区，持续时间约4h，目的是使扎糊中水有充分的时间蒸发；在400~500℃的温度区间，升温速度约为8℃/h，持续时间约12h，让扎糊挥发分的挥发有充分的时间；在800℃后，升温速度较低，目的是使内部温度均匀，但也可适当提高升温速度，减少在高温区的停留时间。

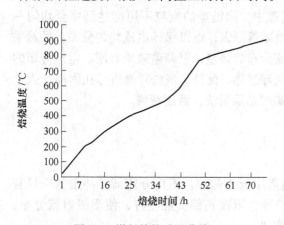

图4-9 燃料焙烧升温曲线

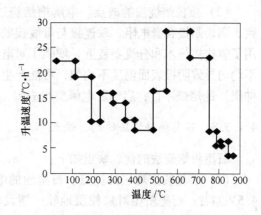

图4-10 燃料焙烧升温梯度曲线

4.1.5 四种焙烧法的优缺点比较

4.1.5.1 铝液焙烧法的优、缺点

铝液焙烧法的优、缺点如下：

（1）铝液焙烧法的优点。铝液焙烧的优点比较突出，即方法简便、容易操作，不需要

增加任何其他临时设施；焙烧后，电解槽内的温度分布虽然不均匀，但不会出现严重的阴极局部过热的现象；由于阴极的表面覆盖一层铝液，因此在焙烧过程中，阴极炭块不会被氧化；可以使用部分高残电极焙烧，有利于降低生产成本，启动后电解质洁净无夹杂，省工省料。

（2）铝液焙烧法的缺点。首先，铝液焙烧启动法因铝液的电阻小、升温慢，焙烧时间长，造成焙烧过程能耗较高，效率较低；其次，铝液先与阴极表面接触，在焙烧过程中阴极表面产生缺陷和细小裂纹，先由金属铝液充填，由于金属铝的热胀冷缩作用以及电解温度的变化和渗透入阴极细小裂纹中的金属铝的凝固、熔化的交替作用，会进一步使细小裂纹扩大，增强铝液渗透作用，加速铝液进入内衬中而导致电解槽早期破损；另外，焙烧温度低也给阴极扎缝糊和边部扎固糊造成焙烧不彻底，启动后升温剧烈，升温梯度过大，造成较大的内应力使其产生裂缝，金属铝液进入裂缝，进而破坏电解槽的热平衡，使金属铝的热胀冷缩作用以及电解温度的变化频率加快，反过来加速铝液渗透作用，造成电解槽早期破损或寿命较短。

4.1.5.2　焦粒焙烧法的优、缺点

焦粒焙烧法的优、缺点如下：

（1）焦粒焙烧法的优点。焦粒焙烧启动方法克服了铝液焙烧启动存在的一些缺点（尤其是铝液焙烧启动法冲击温度高和铝液率先渗入阴极裂纹的不利影响），具有时间短、效率高的特性，有利于槽寿命的延长；阴极炭块由常温逐步升高，且首先与液体电解质接触，这样焙烧过程中阴极表面产生的细小裂纹将由电解质填充；电解质分子比较高，一般在 2.8 以上，将有效的阻止正常电解过程中的铝液渗透，对阴极起着保护作用，对电解槽寿命产生有利的影响。

（2）焦粒焙烧法的缺点。电解槽焙烧过程中，因铺垫的炭粒不可能达到完全均匀一致，阴、阳极自身电阻、软连接与母线接触电阻等原因，难以保证电流均匀分布。虽然采用了软连接技术和分流器装置，增强了对电流分布的调整，但调整效果有限。电流分布的不均匀导致阴极表面温度不均匀，可能产生局部过热。此外，该法对槽边部扎固糊（人造伸腿）的焙烧不良；启动后电解质炭渣多，需要清除炭渣，费工费料。

4.1.5.3　石墨粉焙烧法的优、缺点

石墨粉焙烧法的优、缺点如下：

（1）石墨粉焙烧法的优点。石墨粉的电阻率低于焦粒，不用分流器，冲击电压只有 4.5V 左右；石墨粉相对焦粒质地软，铺设较厚，阳极底部接触较好，使阳极电流分布、焙烧温度更均匀；其他与焦粒焙烧法的优点类似。

（2）石墨粉焙烧法的缺点。石墨价格高；焙烧结束时，温度不能再提高，影响启动效果。

4.1.5.4　燃料焙烧法的优、缺点

燃料焙烧法的优、缺点如下：

（1）燃料焙烧法的优点。燃料焙烧法可通过调节燃烧器来控制加热速度，加热速度的

可控性好，并可通过移动加热器来控制温度分布，使阴极表面温度缓慢均匀上升；在焙烧过程中，由于阴极表面和阴极本体的温度梯度较小，因而热应力较小，有利于防止阴极表面形成裂缝；由于焙烧时被完全密闭，所以辐射热和沥青烟的散发量减少，消除了电阻焙烧过程中的调整阳极作业，焙烧操作的环境得到显著改善；对边部扎糊的焙烧能达到其他焙烧方法无法达到的效果；与焦粒焙烧法一样，启动时首先灌入的电解质能填充阴极内衬以及边部扎固糊因焙烧而出现的裂纹；启动后电解质洁净，不需要捞除炭渣。

（2）燃料焙烧法的缺点。需要专用的较复杂的燃料燃烧装置，方法复杂，操作难度大，装置维修量大，焙烧过程燃料消耗（能耗）高；电解高温环境使用燃油、燃气（特别是燃气）存在安全风险；最大的缺点是阴极氧化问题。为了避免阴极氧化，可采用在阴极表层铺设耐热钢板，但这些装置的设置一方面阻止了燃烧的高温烟气对阴极的热传输，使燃料焙烧的优势不能充分发挥，另一方面需要大量的机械和相应的配套设备来达到控制阴极炭块及扎缝和边部扎糊的燃烧，使操作进一步复杂。

4.1.5.5 四种焙烧方法的比较

铝液焙烧法由于灌铝时产生的热冲击及熔点低、黏度小的铝水优先渗入内衬裂纹中，形成漏炉隐患，使槽寿命缩短，除了一些二次启动槽的焙烧外，大多数铝厂已不用此法焙烧电解槽。焦粒焙烧法必须使用分流器和软连接，升温速度不易控制，侧部扎糊在电解槽灌入电解质启动后才能被烧结，但这种焙烧方法不需要复杂设备和燃料，是很多电解铝厂在实际生产中采用的主要焙烧方法。石墨粉焙烧法不用分流片，电能可以得到充分利用，但石墨粉价格较高，焙烧效果比不上焦粒焙烧，这种焙烧方法只在少数铝厂采用。燃气焙烧法虽然需要外购专门设备和燃料，并存在安全风险，但这种焙烧方法升温速度可控性好，温度分布均匀，能较好地焙烧侧部扎糊，弥补了焦粒焙烧不能很好地焙烧边部的缺陷，越来越多的铝厂已开始采用这种焙烧方法。

4.2 铝电解槽启动

铝电解槽完成焙烧后，进入启动阶段。启动方法主要有两种，即干法启动与湿法启动。干法启动通常在新电解厂开动时尚无现成的液体电解质情况下首批槽上采用，在有生产槽的系列中启动时多数采用湿法启动。

4.2.1 干法启动

电解槽经过全电流焙烧 3~4 天后，槽内已产生一定量的液体电解质。慢慢提升阳极后，在阳极和阴极之间充满了液体电解质，此时电流通过阳极、电解质、阴极时，产生的热量熔化槽内的物料。槽电压控制在 2.5~3.5V，待槽内有较多的液体电解质，且温度分布均匀后，开始以每小时 1~1.5mm 速度抬阳极，使槽电压保持在 4~5V，经 8~16h，固体冰晶石便大量熔化，同时不断向槽内补充冰晶石。

在槽内液体电解质温度平均达到 900℃ 以上时，可加快提升阳极，使槽电压保持 8~10V，保持 70~120min。随着液体电解质不断增加，可再提升阳极，槽电压达 15~20V 正常效应状态，保持 40~60min，使槽内电解质水平达 30cm 以上，温度达 950℃ 以上时，开始捞炭渣，加入少量 Al_2O_3，并开始慢慢下降阳极，熄火效应。当电解质表面结壳后，加

入 Al_2O_3 在阳极壳面上保温，维持电压 7 ~ 8V，约 6 ~ 12h。在熄灭效应 6h 之后，分散地缓缓加入铝锭，使铝水平达到 20cm 左右，槽电压降至 5 ~ 6V。正常出铝后，槽电压渐渐地降至 4V 左右。作为系列的母槽，电压、电解质和铝水平可比正常槽控制得适当高些。

干法启动时抬阳极必须小心谨慎，尤其一开始不可抬之过快，以防发生崩爆，破坏电解槽内衬以及其他意外事故。

4.2.2　湿法启动

湿法启动分为湿法效应启动和湿法无效应启动。下面以焦粒焙烧法为例加以说明。

（1）湿法效应启动。湿法效应启动是向待启动的电解槽内灌入一定量的液体电解质，同时上抬阳极，逐渐引发人工效应。在人工效应期间可将阳极上用于保温的冰晶石推入槽内熔化，若电解质量不足，还需要投入冰晶石，直到液体电解质达到规定高度，便可投入一定数量的氧化铝，熄灭效应。灌入的电解质需要在生产槽上准备，一般要求电解质温度尽量高些，以保证抽取顺利和倒入启动槽时有足够的流动性。

效应持续时间为 25 ~ 30min，效应电压保持在 10 ~ 15V，效应期间根据需要添加冰晶石，具体根据电解槽焙烧温度和槽内电解质高度而定。当电解质高度达到 25 ~ 30cm 后，人工熄灭效应。效应熄灭后应保持较高的槽电压，一般在 6 ~ 8V，保持一段时间，并逐步下调电压，24h 后，向槽内灌入一定量的铝液作为槽内在产铝，待表面电解质结壳后加好阳极保温料，启动便告结束。

（2）湿法无效应启动。湿法无效应启动即向待启动的电解槽内灌入一定量的液体电解质，同时缓慢上抬阳极，但不能引发阳极效应，电压控制在 7 ~ 8V，熔化槽内冰晶石或固体物料。保持一段时间，并逐步下调电压，24h 后，向槽内灌入一定量的铝液作为槽内在产铝，电压降至 5 ~ 5.5V，待表面电解质结壳后加好阳极保温料，启动便告结束。

用焦粒焙烧的电解槽，启动之前若未清除焦粒，人工效应后必须组织人力捞取炭渣，以保证电解质洁净。湿法启动与干法启动比较，有省电、操作方便、劳动强度低、安全可靠等优点，尤其不会对阴极内衬带来损伤，所以大多数电解槽的启动都采用湿法启动。但湿法启动需在生产槽上准备液体电解质，这样或多或少地影响生产槽的技术条件，尤其预焙阳极电解槽，在准备启动用液体电解质时需提前提高槽电压，让电解质水平升高，容易出现熔化炉膛和熔化阳极钢爪等情况，应特别注意。

4.3　电解槽启动后期管理

4.3.1　启动初期管理

电解槽启动初期即指人工效应熄灭后到第一次出铝期间，一般为两昼夜（48h），时间虽短，但电解槽的各项技术条件发生了明显变化。

现代大型槽在启动后至少经过 24h 以后才灌入铝液，其理由有二：首先，电解槽虽在启动中经过半小时左右的人工效应，槽温上升到近 1000℃，但仍有部分固体物料未完全熔化，为了使电解槽灌铝后不致产生炉底沉淀，人工效应后必须保持一定时间的高温方可灌铝，使启动中添加的原料得以充分熔化；其次，避免过早地让阴极接触铝液，而是让阴极中的细小裂缝先被液体电解质填充满，让内衬中的底糊继续焙烧好并且体积膨胀，而不让铝液先进去。

启动后经历 24h 以上,向槽内灌入铝水作为在产铝,使铝液高度达到 14~18cm。灌铝后电解槽便进入了生产阶段,其标志是槽温明显下降,阳极周围的电解质沸腾正常,槽周表面开始形成电解质结壳。启动初期的重要管理工作有:

(1) 电解质成分管理。由于启动初期电解槽阴极吸钠处于最剧烈期,电解质分子比会下降很快,为了满足电解槽在高温与高分子比状态形成稳固的槽膛,启动后要求电解质分子比为 2.8 (质量比 1.4) 以上,氟化钙含量 5% 左右,故在这期间还应根据装炉原料及灌入电解质量进行估算,投入适量的苏打和氟化钙。若电解质高度不足 30cm,还需添加冰晶石。

(2) 下料管理。电解槽在启动后即可投入自动下料,但采用定时下料的控制方式。由于启动初期电解槽并未进入正常电解过程,因此必须避免供料过量,防止产生沉淀。因此,在灌铝之前,下料间隔比正常加料间隔延长 1 倍左右,灌铝之后下料间隔仍须大于正常下料间隔,例如为正常下料间隔的 1.5 倍。

(3) 槽电压管理。启动初期,电解槽的电压均由人工调节。在灌铝前,电压需从人工效应后的 6~8V 逐渐下降到 5~6V,一般每隔半小时左右手动调节一次。在灌铝后槽电压需逐步下降,具体数值须依据电解槽的热平衡与工艺条件的设计标准而定。

(4) 槽温管理。前面已指出,灌铝前须维持电解槽处于较高的温度。从灌铝后到第一次出铝,槽温一般从近 1000℃ 下降到 970~980℃。由于新启动槽热损失大,电解质水平下降快,为了减少热损失量,灌铝后必须在阳极上适当加氧化铝保温。须注意电解槽表面是否已形成封闭的结壳,除中间下料孔外,其余地方几乎没有冒火冒烟之处,若经过两天两夜电解槽仍结不上壳,证明启动温度过高,必须加快降低电压。

(5) 电解质高度管理。应特别注意其下降速度,到第一次出铝时电解质高度应在 26~30cm,不得低于 25cm,若下降太快,必须加强阳极保温和放慢电压下降速度,同时添加冰晶石以补充电解质。

(6) 清理炭渣。对于焦粒焙烧的电解槽,启动后还要作电解质清理工作,清除浮游炭渣。

在电解槽启动初期,除了技术条件发生明显变化之外,阴极内衬组织也处于较大变化之中,阴极内衬的焙烧仍在继续,因此该时期的管理需特别关注与槽寿命相关的因素。

4.3.2 启动后期管理

从启动结束到转入正常生产,还需要一定的过渡时期,这一时期称之为启动后期。电解槽启动后经过两天高温阶段,即进入启动后期,时间长达 2~3 个月。这期间电解槽缓慢转向正常运行,虽然技术条件变化不甚激烈,但电解槽的运行却发生着质的变化。一是电解槽的温度逐渐达到要求;二是各项技术条件逐渐调整到正常生产的控制范围;三是电解槽沿四周逐渐形成一层规整坚固的槽帮结壳,即所谓槽膛内型。

为了便于管理,有时也把电解槽从启动到转入正常生产,分为初期、中期和后期三个时期,主要以槽温、电解质组成变化和工艺参数的调整到位来判断。

启动初期的特点是:电解槽处于自身加热时期,温度由高到低从槽膛区向各方向延伸,各部位的温度逐渐升高;电解质逐渐变为酸性,这是因为有钠的析出和炭素内衬材料大量吸收钠所致，此时期要经常添加氟化钠，以保持较高的分子比。

启动中期的特点是：电解槽各部分的温度基本达到，但尚未建立稳定的热平衡；电解质处于内衬吸收钠和挥发损失 AlF_3 大致平衡时期，此期间调整电解质仅添加符合规程要求的冰晶石即可。

启动后期的特点是：电解槽已建立起稳定的热平衡；电解质由于补充挥发损失和保持规程要求的分子比，需要定期添加 AlF_3；电解槽的各项工艺技术条件均已达到要求。

4.3.2.1　电解质高度控制

新槽启动时，电解质高度要求较高，其目的是通过液体电解质储蓄较多热量，使电解槽在启动初期散热较大和内衬大量吸热的情况下，也具有较好的热稳定性。电解槽启动后随着槽电压的降低，槽内热收入减少，电解温度下降，电解质便沿着四周槽壁结晶成固体槽帮，从而使电解质水平逐渐下降。电解质高度的控制主要是通过控制槽电压，调整槽热收入，并控制冰晶石添加量。

新启动槽的电解质水平一般在前两周内保持在 25 ~ 30cm，第三周至月内降至 24cm 左右，30 天左右降至 18 ~ 20cm 左右，第二个月起保持到正常生产期的要求范围。正常生产期的电解质高度一般保持在 18 ~ 20cm，最多不能超过 22cm。

4.3.2.2　电解质组成控制

对于新启动槽，电解质组成主要指分子比，其他添加剂有在启动后一次投入够量的，也有在正常期后逐渐添加的。为了有利于形成稳固的槽膛内形并满足内衬吸收钠，新启动槽的分子比要求较高，一般在第一个月保持在 2.8（质量比 1.4）以上。随着运行时间的延长，阴极内衬吸收钠盐逐渐变缓，炉膛也逐渐形成和完善，电解质分子比也应逐渐降低。目前我国大型预焙槽普遍使用半石墨质炭块，一般在启动后的第二个月下降到 2.5 ~ 2.6，第三个月降至正常生产期的要求范围。

4.3.2.3　铝水高度控制

新槽启动 24h 后需灌入足量的铝水。以 350kA 槽为例，灌入 18t 铝水，由于新启动槽炉膛较大，铝水高度一般在 16 ~ 17cm。随着槽电压逐渐降低，槽帮逐渐形成，炉膛容积逐渐变小，铝水高度会增加。若铝水高度出现 23cm 以上情形，则在其后的连续几日内适当增大出铝量，同时放慢电压下降速度，消除槽底沉淀。若到第一次出铝时铝水高度不足 20cm，必须推迟出铝时间。启动当月铝水高度一般保持在 23cm 左右，启动后第二个月起铝水高度保持正常值即 26cm 左右。启动初期保持相对较低的铝水平对抑制新启动槽炉底沉淀，降低电解槽炉底压降有一定的好处。

4.3.2.4　电压管理

大型预焙槽启动后，槽电压一般在 48h 内下降到 4.3 ~ 4.5V，72h 内下降到 4.1 ~ 4.2V。这对于目前采用低分子比（2.2 ~ 2.4）生产工艺的电解槽，已经与正常生产期的槽电压相近。目前启动后期的电压管理有如下两种做法：

（1）启动后期的槽电压保持在 3.95 ~ 4.05V（具体值根据分子比的高低而定）。开始转入正常生产期时，随着分子比的降低再开始升高槽电压，例如分子比降低到2.4，工作电压升高到4.0~4.1V。这种做法所基于的观点是，槽电压的高低应该与分子比的高低相对应。由于启动后期需要保持较长时间的高分子比（如第一个月2.8，第二个月2.7，第三个月2.6），而高分子比下电解质的电导率较高，因此无需高电压也能保持正常极距。

（2）启动后期的槽电压降低到与正常生产期的槽电压接近或稍高。例如某厂的规程为：第一个月4.20~4.25V（分子比2.7~2.8），第二个月4.15~4.20V（分子比2.4~2.6），第三个月后降至正常生产期的范围4.12~4.18V（分子比2.2~2.4）。这种做法所基于的观点是，电解槽启动后的一段时间内（尤其是头一个月内），槽膛还未完全形成，尤其启动后的前半月，边部槽帮很小，散热量很大，另外这期间阴极内衬仍处于吸热阶段，也需大量热量，因此还需保持较高电压。

4.3.2.5 效应系数管理

由于新启动槽前期四周无电解质结壳所构成的炉膛保温，散热量很大，而且前期内衬吸热，电解槽热支出较大，再加上电解质分子比高，其初晶温度也高，虽然前期有较高电压维持热收入，但炉底仍然容易出现过冷现象，致使电解质在炉底析出，久而久之形成炉底结壳。槽电压的保持采用上述第一种做法时，更应防止此种情形，而这种情形一旦出现，很容易导致形成畸形炉膛，严重影响电解槽转入正常生产期。此外，对阴极内衬会带来裂纹、爆破、起坑等危害，导致电解槽早期破损。因此，新启动槽前期必须保持足够的炉底温度，适当增大效应系数，通过效应产生的高热量使炉底沉淀及时被熔化，保持炉底干净。

4.3.2.6 槽膛内型的建立

电解槽进入正常生产阶段的重要标志一是各项技术条件达到正常生产的范围；二是沿槽四周内壁建立起了规整稳定的槽膛内型。因此，新启动槽非正常期生产管理的重要任务是让电解槽建立稳定规整的槽膛内型。

图4-11所示为三种不同槽膛内型。图中（a）为过冷槽，边部伸腿长得肥大而长，延伸到阳极之下，炉底冷而且易起沉淀，电解质温度低而发黏，氧化铝溶解性能差，时间长了炉底便长成结壳，使电解槽难以管理，为了维持生产，不得不升高槽工作电压。图中（b）为热槽，边部伸腿瘦薄而短，甚至无边部伸腿，铝液、电解质液摊得很开，直接与边

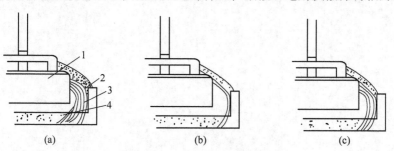

图4-11 铝电解槽槽膛内型

（a）过冷槽；（b）热槽；（c）正常槽

1—阳极；2—电解质液；3—边部伸腿；4—铝水

部内衬接触。这种槽一是铝损失量大；二是易出现边部漏电，大幅度降低电流效率；三是易烧穿边部，引起侧部漏槽。图中（c）为正常槽，正常槽的边部伸腿均匀分布在阳极正投影的边缘，铝液被挤在槽中央部位，电流从阳极到阴极成垂直直线通过。具有这种槽腔内型的电解槽技术条件稳定，电解槽容易管理，电流效率很高。因此，在新槽炉膛建立过程中，必须避免形成过冷或热槽炉膛。

预焙槽的生产实践表明，电解槽启动后，随着各项技术条件的演变，进入第三月炉膛才能建立完善。为了使建立起的炉膛热稳定性好，必须注意以下几点：

（1）启动的第一个月必须采用高分子比的电解质成分。因为低分子比成分的电解质初晶温度低，形成的炉膛热稳定性差，极易熔化而使炉膛遭到破坏。

（2）必须控制好电解温度的下降速度。温度下降过快，虽然可以加速电解质结晶，促进炉膛快速形成，但这样形成的槽膛结晶不完善，稳定性差，同时结晶速度过快，容易出现伸腿生长不一，形成局部突出或跑偏（一边大，一边小）的畸形炉膛，但电解温度下降过慢，不利于边部伸腿的结晶生长，长时期建不起炉膛，使边部内衬长期浸没在液体电解质中，严重侵蚀边部内衬，影响电解槽寿命。

（3）为了不出现畸形炉膛，在炉膛形成关键的第一月采用较高的效应系数，较低的铝水平，规范炉膛的形成。

（4）在炉膛形成过程中，除了严格控制好各项技术条件外，还应利用各种机会检查炉膛形成情况，否则，畸形炉膛一旦形成，再纠正十分困难，甚至会造成电解槽长期不能进入正常运行状态。

复习思考题

4-1 铝电解焙烧方式主要有哪几种，比较其优缺点。

4-2 铝电解启动方式有哪几种，比较其优缺点。

4-3 简述电解槽启动后期各项技术条件的匹配管理。

4-4 电解槽启动后如何建立规整的炉膛内型？

5　电解铝正常生产工艺技术条件

工艺技术条件包括电流强度、槽电压、铝水平、电解质水平、电解质温度、电解质成分、极距、阳极效应系数、阴极压降等，在保证电解槽操作过程质量的前提下，控制好这些技术条件，电解槽才能长期在稳定状态下工作，获得高的电流效率和低的能量消耗。

5.1　电流强度

在现代铝工业生产上，采用强大的直流电流进行电解，每一个电解槽系列都有额定的电流（即电流强度），因而就有了额定的铝产量。

$$M = 0.3355It \times 10^{-3} \quad kg$$

式中，M 是析出物质的质量；0.3355 是铝的电化当量，$g/(A \cdot h)$；I 是通过的电流强度，A；t 是通电时间，h。

电流一经确定，就应在一定时期内尽可能保持恒定，不受发生阳极效应的干扰。在整流所内采取恒定电流的调节装置可以使其实现电流相对恒定。

5.2　槽电压

5.2.1　槽电压定义

槽电压通常分为设定电压、工作电压和平均电压。设定电压，是计算机控制系统进行电压控制的基准。工作电压，是电解槽正常生产时阳极母线至阴极母线之间的电压降，它由与电解槽并联的直流电压表指示。平均电压的数值包括电解槽工作电压，效应分摊电压和槽上电压表测量范围以外的系列线路电压降的分摊值即连接母线分摊电压。槽平均电压是生产上计算电能消耗所采用的数值，为经济指标值。工作电压、平均电压、效应分摊电压和黑电压的具体计算公式如下：

（1）平均电压：　　$V_{平均} = V_{工作} + V_{效应分摊} + V_{连接母线分摊电压}$

（2）工作电压：　　$V_{工作} = V_{分解} + V_{阳极} + V_{电解质} + V_{阴极} + V_{线}$

式中　　$V_{分解}$——氧化铝分解电压，V；

$V_{阳极}$——阳极压降，V；

$V_{电解质}$——电解质压降，V；

$V_{阴极}$——阴极压降，V；

$V_{线}$——电解槽阴、阳两极母线压降，V。

（3）效应分摊电压：

$$V_{效应分摊} = k(V_{效应} - V_{工作})t/1440$$

式中　　k——效应系数，次/（槽·日）；

$V_{效应}$——效应时电压值，V；

$V_{工作}$——槽工作电压，V；

　　t——效应持续时间，min；

1440——昼夜的分钟数，min。

（4）连接母线分摊电压：

$$V_{连接母线分摊电压} = （总电压 - 槽工作电压总和 - 效应分摊电压总和）／ 生产槽台数$$

5.2.2　槽工作电压

5.2.2.1　槽工作电压的组成

预焙阳极电解槽的槽工作电压由阳极压降、分解与极化压降、电解质压降、阴极压降、电解槽阴、阳两极母线压降组成。

（1）阳极母线压降。阳极母线压降由母线本体压降和焊接点压降组成。

（2）阳极压降。预焙阳极电解槽的阳极压降由铝导杆-阳极钢爪爆炸焊压降、阳极钢爪本身压降、阳极钢爪-炭块连接压降、阳极炭块压降等几部分组成，一般为300mV左右，占电解槽电压降的7%。预焙阳极电解槽的阳极压降由材料和制作过程的质量决定，一旦进入电解槽就不能改变。阳极电压降的分配如图5-1所示，具体数据见表5-1。

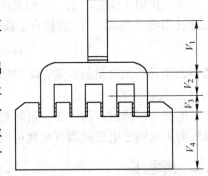

图 5-1　阳极电压降的分配

表5-1　阳极电压降的分配情况

部　位	电压降值/mV	部　位	电压降值/mV
铝导杆与阳极钢爪爆炸焊 V_1	10	炭块本身 V_4	180
钢爪本身 V_2	30	总　计	280
钢爪与炭块连接 V_3	60		

（3）电解质压降。电解质压降是供给电解槽热量的主要来源，由电解质电阻和极距的大小决定，生产过程中会经常变动，是调节电解槽热平衡的主要途径，一般在 1.65 ~ 1.75V。电解质电压降可按下式表示：

$$E_{电解质} = \rho DL \tag{5-1}$$

式中，ρ 为电解质的比电阻；D 为平均电流密度，A/cm²；L 为两极间距离，cm，生产稳定时通常不改变，是恒定值。

（4）分解与极化压降。分解与极化压降是指长期进行电解并析出电解产物所需的外加到两极上的最小电压。这是电解生产的一个基本电压，该电压的大小是由铝的析出电位所决定，过大则会使其他物质电解析出，过小则不会析出金属铝。在正常生产时为 1.7V 左右。

（5）阴极压降。阴极（炉底）电压降是槽工作电压组成的一部分。阴极电压降是由铝液水平压降、铝液层与阴极炭块组间压降、阴极炭块压降、阴极炭块与阴极钢棒间压降、钢棒压降等五部分组成。

从上述分析可知，电解槽的槽工作电压会随生产操作而变动，但分解与极化压降、接触面压降以及母线压降部分随生产操作的变动较小，变化较大的是阳极压降、电解质压降和阴极压降，这三项也是维持电解温度、保证热量来源的电压。

5.2.2.2 槽工作电压的控制

对槽工作电压的控制，要根据电解槽的实际情况有一个预先设定值。在无槽控机控制的情况下，需人工判断此值，并依据该值进行人工调整，而在槽控机程序控制的情况下，同样人工判断此值但是要输入槽控机，成为槽控机控制电解槽运行的重要参数，这个值即设定电压。另外，由于正常电解槽的电压随时在变动，为避免槽控机误判造成不停地升、降阳极，要设定一定范围的电压波动值（100 ~ 150mV），电压波动只要在此范围内，槽控机就认为电压正常而不做出反应。槽控机根据设定电压自动调节极距来使槽工作电压符合设定值。

设定电压并非一成不变，它要根据槽况进行调整。设定电压在以下情况时需要上升：
(1) 电解槽热量不足，效应多发或早发。
(2) 电解质水平连续下降，需投入大量氟化盐来提高电解质水平而补充热量时。
(3) 炉帮变厚、炉底沉淀增加、阴极压降上升时。
(4) 槽电压的波动超过正常的波动范围，而出现电压摆动或针振时。
(5) 铝水平持续增高，超过基准值3cm以上。
(6) 在8h内更换两块阳极时。
(7) 槽系列较长时间停电，恢复送电后。
(8) 出现病槽时。
在以下情况时要降低设定电压：
(1) 电解槽热量过剩，效应迟发时。
(2) 电解质水平连续在基准上限之上时。
(3) 投入的物料已熔化，无须再补充热量时。
(4) 电压摆动或针振消失后。
(5) 炉底沉淀消除后。
(6) 病槽好转时。
在电解槽恢复过程中，应根据情况及时调整设定电压，否则产生热量收支不平衡，恶化槽况。

在调整设定电压时，必须同时进行其他调整热平衡的措施（如调整出铝量和极上保温料），不能单靠变更电压来维持。对设定电压应尽量保持稳定，避免在无干扰因素的情况下经常变动。

卡具压降指阳极大母线与铝导杆的接触面压降，受阳极母线与铝导杆的接触面导电性能的影响，并与小盒卡具松紧有关。如果小盒卡具未拧紧，发生效应时还可能导致铝导杆、大母线、小盒卡具被电弧打坏。卡具压降小于10mV属于正常，10 ~ 20mV偏高，大于20mV属于不正常，需要重新紧固。

5.3 铝水平

铝水平是一个很重要的工艺技术参数，铝水平的高低对电解槽的热平衡有重要影响。在电解槽炉膛底部需积存一定数量的铝液（亦称在产铝），其作用有四项：

（1）保护炭阴极，防止铝直接在炭阴极表面析出，避免生成大量的碳化铝而腐蚀阴极及增加阴极压降。

（2）铝液为良好的导热体，能够传导槽中心的热量到四周，使电解槽各处温度均匀。

（3）炉底有一层铝液，起到了平整炉底，减少水平电流的作用，并且高层铝液还能削弱电磁力的影响，减轻铝液波动。

（4）适当的铝液数量能够控制阴极炉膛的变化，可以增加阴极电流密度，有利于电流效率的提高。

因此，电解槽内铝水平的保持必须同时满足电解槽的热平衡设计和磁场设计。同时，要结合生产实践加以确定，不适当的铝水平会对电解槽的正常运行产生不利影响。

（1）铝水平偏高时会造成传导槽内热量多，热损失大，槽温下降，炉底变冷，产生沉淀，炉底状况恶化，通过炉底的热量减少，从而加大侧部散热，最终造成侧部炉帮减薄，下部伸腿肥大的畸形炉膛。

（2）铝水平偏低时会造成如下影响：

1）发热区接近炉底，铝液传导热量减少，炉底温度高。虽然炉底洁净，但炉膛过大，铝液镜面大，铝液中水平电流大，在磁场作用下产生强大的推力，加速铝液运动，槽工作电压出现大幅度摆动，过低时，甚至滚铝，演变成病槽。

2）铝的二次反应严重，电流效率下降。

3）聚集在阳极下面的炭渣被烧结成饼，造成阳极长包。

4）铝水和电解质温度偏高，氟化盐挥发损失增加。

由以上分析可见，对电解槽的铝水平控制十分重要，日常生产中应保持稳定的铝水平，防止偏高或偏低。

5.4 电解质水平

电解质水平是指电解质液体在电解槽内的高度。电解质是溶解氧化铝的溶剂，保持合适的电解质水平对电解槽平稳而有效地进行生产有重要作用。电解质水平高低取决于电解槽的类型、容量、阳极电流密度、下料方式和操作制度、铝液水平以及操作人员的技术水平。维持适当的电解质水平会有以下优点：

（1）可以使电解槽具有较大的热稳定性，电解温度波动小。

（2）有利于加工时氧化铝的溶解，不易产生沉淀。

（3）阳极同电解质的接触面积增大，使槽电压减小。

电解质水平过高则会有以下缺点：

（1）阳极埋入电解质中太深，阳极气体排出时，电解质搅动加大，引起电流效率降低。

（2）阳极埋入电解质中太深，则从阳极侧部通过的电流会增加，阳极侧部通过电流过多时，上部炉帮易熔化，严重时还会出现侧部漏电或漏炉现象，特别是电解质水平过高而铝液水平过低时，该现象更为明显。

（3）电解质水平过高会引起电解质冲刷部分低残极钢爪，造成原铝铁含量上升。

电解质水平过低有以下缺点：

（1）电解质热稳定性差，对热量变化特别敏感。

（2）氧化铝在电解质中的溶解度降低，易产生大量沉淀，阳极效应增加。尤其过低时，易出现电解质表面过热或病槽，增加原材料消耗和降低电流效率。

在生产过程中，电解质水平的高低是与铝液水平的高低紧密联系的，电解质水平要相应于铝液水平而保持。电解质水平、铝水平高度的保持与电解槽的热平衡有很大关系，热平衡一旦遭到破坏，两者的高度就会变化。因此，电解温度的波动会直接影响到两者的高度变化。电解温度过高，槽底沉淀和结壳熔化，使电解质水平提高而铝液水平降低。反之，电解温度过低，槽底沉淀和结壳就会增多增厚，使电解质水平萎缩而铝水平提高。

5.5 电解温度

在铝电解生产上，通常把电解温度看作重要技术条件。所谓电解温度，是指电解质温度。现代大型预焙槽的电解温度大多是在940～960℃之间，这是一个温度范围，大约高出电解质的初晶点8～12℃。两者之间的差值称为"过热度"，即：

$$\Delta t_{过热} = t_{电解} - t_{初晶}$$

$\Delta t_{过热}$ 与电解槽的加料方式有很大关系。边部下料槽，每次加入大量氧化铝，需要吸收很多的热量，故 $\Delta t_{过热}$ 值较大，一般为15～20℃；而中部自动下料槽，每次仅加入少量氧化铝，吸收热量较少，故 $\Delta t_{过热}$ 值较小，一般为8～12℃。

通常在更换阳极之后，电解质温度降低较多。依据每台槽的精确温度测量结果，计算出电解槽或全系列的电解质温度平均值。电解槽的最佳平均温度，便是能够避免在阴极表面上析出固态沉积物与能够避免产生过度的不稳定性时的最低温度。此最佳温度视电解质初晶点和生产操作技术水平而定。生产技术水平高者，过热度较低，低到8～12℃。

通过研究，铝的二次损失随电解温度的升高而增加，温度每升高10℃，则电流效率降低约1%，所以，在生产中力求降低电解温度，尽可能地在电解温度较低的条件下进行生产。铝的熔点是660℃，如果为了制取液态铝，电解温度只需高出铝的熔点100～150℃即可。但是，由于电解质的初晶温度要远远高于铝的熔点，所以电解温度的高低实质上取决于电解质的初晶温度，因为只有在电解温度总是要比其初晶温度高8～12℃的情况下才能进行生产。

5.6 电解质成分

电解质主要是由熔融的冰晶石和溶解在其中的氧化铝组成，另外还有少量的氟化钙和氟化镁等添加物。电解质的成分决定了电解质的性质，其中分子比对电解质的物理性质影响甚大。

5.6.1 电解质分子比

电解质分子比是指电解质中的氟化钠与氟化铝物质的量之比的简称。电解质的分子比等于 3 的为中性电解质，大于 3 的为碱性电解质，小于 3 的为酸性电解质。工业合成的冰晶石分子比为 2.2~2.4。

目前，在电解铝生产上采用酸性电解质。因为采用酸性电解质有如下优点：

（1）电解质的初晶温度低，可降低电解温度。

（2）钠离子（Na^+）在阴极上放电析出的可能性小。

（3）电解质的密度和黏度降低，使电解质的流动性较好，并有利于金属铝从电解质中析出，铝液与电解质熔体分层清晰。

（4）电解质与炭素以及电解质与铝液界面上的表面张力增大，有助于炭粒从电解质中分离和减小铝在电解质中的溶解度。

（5）槽面上的电解质结壳松软好打，便于加工操作。

由于上述优点对电流效率的提高和生产操作都有较大好处，所以酸性电解质被广泛采用。但是采用酸性过大（即分子比过低）的电解质也存在如下缺点：

（1）氧化铝的溶解度降低。

（2）导电离子（Na^+）减少，电解质的电阻增大，电导率有所降低。

（3）氟化铝挥发损失较大。

（4）由于电解质中含有大量的过剩氟化铝，生成低价氟化铝的反应增加，反而会使铝的损失增加。

因此，采用酸性电解质时，要控制电解质的分子比不能过低。

5.6.2　电解质中的氧化铝含量

电解质中氧化铝含量的高低对电解生产的影响较大，当氧化铝浓度达到饱和浓度时，继续下料便会造成沉淀，或者氧化铝以固体形式悬浮在电解质中。当电解质中氧化铝浓度低于效应临界浓度（一般在 1% 左右）时，会发生阳极效应。电解质温度和分子比对氧化铝的溶解速度影响较大，温度、分子比越高，氧化铝的溶解速度越快。鉴于上述原因，对电解质中氧化铝浓度进行严格控制的要求是伴随着低温、低分子比，以及低效应系数的要求而产生的。

将氧化铝浓度控制在较低的范围也正好满足了现代各种氧化铝浓度控制技术（或称按需下料控制技术）的要求，因为这些控制技术都需要通过分析下料速率变化（即氧化铝浓度变化）所引起的槽电阻变化来获得氧化铝浓度信息。当在低浓度区时，槽电阻对氧化铝浓度的变化反应敏感，因此将氧化铝浓度控制在较低区间（如 1.5%~3.5%）有利于获得较好的控制效果。

目前，大型预焙槽选择电解质中的氧化铝含量在 1.5%~3% 之间的范围内，主要是因为电解质的分子比控制较低（在 2.5 以下），以利于低温操作，提高电流效率。

5.6.3　电解质中的添加剂

电解质中含有一定数量的氟化钙或氟化镁，其主要作用是降低电解质的初晶温度，保持较低的电解温度，使铝的溶解损失降低，这样对提高电流效率有好处。许多铝厂总是把调整电解质组成（并相应地调整其他技术条件）作为提高自己的技术经济指标的主要手段之一，但不同企业采取了不同的做法。例如我国近年有下列几种做法：

（1）尽可能地降低分子比（采用 2.2~2.4 的分子比），并相应地降低电解质温度，将正常电解质控制在 935~945℃。但维持这样的技术条件的难度非常大，一方面是对下料控制要求高，容易出现沉淀或效应过多的问题；另一方面是由于电解质电阻率增大，使工作电压的降低受到了限制。此外，过低的分子比被怀疑是槽寿命降低的一个原因，理由是增大了 Al_4C_3 的溶解损失，致使阴极和内衬的腐蚀增大。

（2）分子比保持在 2.3~2.5 范围，不追求分子比和槽温的继续降低，也基本不考虑除氟化铝以外的其他添加剂，但强调保持合适的（较低的）电解质过热度。采用此做法的人认为，对于现代物理场设计（特别是磁场补偿设计）优良的大型槽，其电解质温度对电流效率的影响不是很显著，倒是电解槽的稳定性对电流效率的影响更加显著，因此通过保持较高的电解质初晶温度（而不是通过提高过热度）来保持较高槽温（955~965℃），可以保持电解槽有较好的稳定性和自平衡性能，不仅一样能获得高电流效率，而且槽子更好管理。这种做法在我国的确有成功的实例。

（3）使用氟化镁或氟化锂作为添加剂。这些添加剂与氟化铝有共同的优点，最突出的共同优点是降低初晶温度（按添加同样质量百分数计，添加剂降低初晶温度的效果顺序是：$LiF > MgF_2 > CaF_2 > AlF_3$），但也有同样的缺点，最突出的共同缺点是降低氧化铝的溶解度（按添加同样质量百分数计，添加剂降低溶解度的效果顺序是：$LiF > AlF_3 > MgF_2 > CaF_2$）。

这几种添加剂所具有的不同特性如下：

1）氟化镁和氟化钙是一种矿化剂，能促进边部结壳生长，但氟化铝和氟化锂不具有这一特性。

2）氟化镁和氟化钙能增大电解质与炭间界面张力，因而能降低电解质在阴极炭块中渗透，有利于提高槽寿命，而氟化铝与之正好相反。

3）氟化镁和氟化钙能增大电解质黏度和密度，利于炭渣分离和铝珠与电解质分离（有损电流效率），而氟化铝和氟化锂则与之正好相反。

4）氟化锂、氟化镁和氟化钙不仅降低氧化铝溶解度，而且还降低氧化铝溶解速度，而氟化铝对氧化铝溶解速度没有直接影响（只是通过降低电解质温度而间接影响氧化铝溶解速度）。

5）氟化锂具有其他几种添加剂所不具备的优点，那就是能提高电解质导电率，因此常用于强化电流，或者电价昂贵的地区用于降低槽电压。它的缺点是价格昂贵。

由于上述添加剂具有共同特点（降低初晶温度，降低氧化铝溶解度），因此电解质中这些添加剂的总含量是有限的（特别是氟化钙的自然积累已达到了 5% 左右，因此正常生产槽一般不添加，但采用相近性质的添加剂，如氟化镁时，要考虑这一因素），这就是说，必须对添加剂有所取舍或按一定的比例搭配。例如，添加了氟化镁（2%~3.5%）和氟化锂（1.5%~2.5%）后，分子比一般不能降低到 2.4 以下。

5.7 极距

所谓极距，是指阴、阳两极之间的距离。在工业电解槽上，浸在电解质里的阳极表面都是阳极工作面，而槽底上的铝液实际上就是阴极工作面。为了便于测量，一般取阳极底掌到铝液镜面之间的垂直距离作为极距，因阳极底掌不平，铝液表面不平稳，通常只取某一点或数点的代表值。

极距既是电解过程中的电化学反应区域，又是维持电解温度的热源中心，对电流效率和电解温度有着直接影响。

增加极距能减少铝的损失，会使电流效率提高。这是因为溶解在铝液镜面附近的电解质中的铝粒子和单价铝离子扩散和转移到阳极附近的距离增加，并且电解质的搅拌强度减弱的缘故。但是由于极距增加，槽工作电压也升高，会增加电能的消耗。另外，电解质的热收入增多，温度升高又对电流效率产生不利影响。

缩短极距可降低槽电压，节省电能，但是过度地缩短极距会使铝的损失增加，降低电流效率。

当槽电压恒定时，极距会受到炉底、阳极电压降和电解质电压的影响。当炉底、阳极电压降增高时，或电解质电阻变大时，极距就会被压缩。

工业电解槽的极距一般保持在4~5cm范围内。提高极距，则电解质电压降有所增大。根据实测，提高极距1mm，平均引起电压增加30mV。因此，在工业生产上宜在取得高电流效率的情形下保持尽可能低的极距，以便减少单位铝产量的电能消耗量。如果极距过度压低，则反而得不偿失。

5.8 阳极效应系数

阳极效应系数是指每日分摊到每台槽上的阳极效应个数。

阳极效应的发生在电解铝生产中的好处有以下几点：

（1）在效应发生时，电解质对炭粒的湿润性不良，增加了炭渣从电解质中分离出来的机会，从而使电解质比电阻下降，电解质压降降低。

（2）阳极效应可作为 Al_2O_3 投入量的校正依据。若停止加料期间不发生效应，说明积料未完全消除，需延长正常加料间隔进行校正。相反，若效应提前发生，说明投入料量不足，需缩短加料间隔加以补充。

（3）补充电解槽热量的不足。

（4）可判断槽内运行及加工情况，例如以下几种情况：

1）当效应电压过高时（30~40V），表示电解槽处于过冷状态。

2）当效应电压过低时（10V左右），表示电解槽处于过热状态。

3）当效应电压忽大忽小时，表示槽内存在局部短路现象。

4）当效应来临比预计时间延迟，被称为延迟效应。当发生延迟效应时，说明电解槽温度高，溶解氧化铝的能力增加，或加入的氧化铝过少，要适当增加氧化铝加入量。

5）当效应来临比预计时间提前，被称为提前效应。当发生提前效应时，说明电解槽温度低，溶解氧化铝的能力降低，或加入的氧化铝过多，要适当减少氧化铝加入量。但是，阳极效应的发生过多对生产也不利，原因如下：

①阳极效应发生时，槽电压很高，浪费大量的电能。

②增加氟化盐的蒸发损失，浪费物料。

③发生效应时，系列电流往往会下降。如果效应次数过多，则系列电流会频繁下降，影响其他槽的热量收入，使其他槽的产量减少和电解温度下降，严重时易形成供电和电解生产之间的恶性循环反应，造成生产混乱。

所以在电解铝生产过程中，是需要电解槽阳极效应的，但是对阳极效应系数的确定应权衡利弊，加以适当控制，尽可能的减少对炉膛和环境的影响。

5.9 阴极压降

阴极压降是槽工作电压组成的一部分。为降低阴极电压降，从电解槽焙烧启动开始就应注意以下几点：

（1）防止炭块过量吸收电解质；

（2）电解温度的波动要小；

（3）根据槽况，控制加料量，减少槽内沉淀数量；

（4）在正常生产过程中，技术参数要合理和稳定，提高操作质量，努力减少槽内沉淀量和炉底结壳。

工业槽的阴极电压降一般为 $0.3 \sim 0.4V$，测量阴极电压降，以及用钎子检查阴极表面状态，可了解电解槽的阴极状态，是否存在软沉淀和硬的结块。又依据铝中铁含量和硅含量是否升高，可判断阴极和侧壁 SiC 是否发生破损。

系列中电解槽的阴极电压降值如果普遍增大，通常表示一种冷行程的趋势（可由温度和分子比加以佐证）。这种趋势是可以纠正的，亦即增大系列电流，相当于增大功率输入。

由于阴极老化，阴极电压降的数值逐年缓慢增大，这是合理的。

5.10 阳极电流密度

阳极电流密度是指单位阳极面积上通过的电流，单位为 A/cm^2。

我国大型预焙阳极电解槽电流密度一般在 $0.7A/cm^2$ 左右，属于低电流密度电解槽，而国外同类型的电解槽的阳极电流密度一般在 $0.8A/cm^2$ 以上。这意味着，同样大小电解槽在其他技术经济指标不变的情况下，以阳极电流密度 $0.7A/cm^2$ 与 $0.8A/cm^2$ 相比，后者电解槽的产量比前者高 14%，这无疑会使铝电解生产的成本大大降低。

目前，多数铝厂在已经是高阳极电流密度的情况下，仍然继续采用强化电流，提高阳极电流密度来达到增加产量、产值和厂房利用系数等。因此，阳极电流密度不断增大，电解温度随之升高。但是，当电流强度超过一定范围时，不但没有增加产量，反而由于槽温升高加速了铝的二次重溶损失和氟化盐的挥发损失，明显地增加了吨铝电耗，客观效果并不好。

5.11 覆盖料

阳极覆盖料，或称极上保温料，是维持电解槽热平衡、防止阳极氧化的重要因素，并且对于减少氟盐挥发损失也有一定作用。

5.11.1 阳极覆盖料管理的基本原则

生产中应尽可能保持足够厚的、稳定的覆盖料。尽管增减覆盖料的厚度可以调节电解槽的热支出从而调整槽子的热平衡，但现代预焙槽生产主张按工艺标准保持足够高的覆盖料，而不主张将变更覆盖料的厚度作为调节热平衡的手段。这是因为，首先，变更覆盖料的厚度对电解槽热平衡的影响的可控性差，覆盖层越薄，槽面散热占槽子总散热的比例就越大，则覆盖层厚度变化对热平衡影响的可控性便越差；其次，为了降低阳极被空气氧化的程度，希望覆盖层足够厚（以不覆盖到爆炸焊片为限），因此不希望采用变更覆盖层厚度这种"顾此失彼"的调节手段。

5.11.2　阳极覆盖料管理的内容

阳极覆盖料管理的内容如下：

（1）阳极更换时的覆盖料投入量：应作具体规定，以利于标准高度的保持。例如某320kA槽生产系列规定阳极更换时覆盖料的加入量为 220~240kg。

（2）阳极上覆盖料高度：应规定标准高度，预焙槽一般规定标准高度为 16~18cm。

（3）阳极上覆盖料高度的调整：阳极爆炸焊片被覆盖料覆盖的时候，要把覆盖料扒开，让爆炸焊片露出来；阳极上覆盖料高度不够时，应及时进行覆盖料补充加料，防止阳极氧化。

5.12　现代铝电解生产管理思路

5.12.1　管理遵循标准化、同步化的原则

电解铝生产连续性强，机械化、自动化程度高，工序间环环相扣，这就需要操作方法、管理制度高度统一。因此，制订标准、执行标准是生产管理的重要内容。对于各项操作，都应建立统一的标准。标准中应包括以下内容：作业名称、作业对象、所需工具（或仪表）、作业环节分解、指示、联络、操作顺序、时刻、记录（含记录表形式）、安全、维护等方面。要求每项作业中的全部内容都必须按标准的规定进行，切实做到作业的每个环节都符合标准。

5.12.2　保持平稳的技术条件

电解过程需要保持平稳和安定。所谓"平稳"包含两层意义：（1）保持合理技术条件不变动、少变动，即使变动也应控制变动量，使变动幅度控制在槽自调能力所能接受的范围内，做到温度、电压、铝液高度波动小，槽帮规整稳定。（2）尽量减少来自操作、原料、设备带来的干扰，创造技术条件得以平稳保持的环境。

为了实现平稳，首先应该从管理思想和管理方法入手，树立技术条件平稳调整的理念。具体地，应考虑以下几个方面：

（1）从调整策略上考虑，应该结合具体的电解槽特性（如槽容量越大，则惯性越大）、技术参数之间的相互关联性、被调参数的变化趋势（变化方向和速率）等因素来综合考虑调整的幅度和频度，而不是单纯考虑被调参数与目标值的偏差。例如，在分子比调整时，除了考虑分子比与目标值的偏差外，还应从分子比与槽温的关联性出发，考虑分子比和槽温的变化趋势，最后综合制定氟化盐添加速率的调整幅度和频度。

（2）从调整幅度而言，作业标准中一般明确规定了一些技术参数（如设定电压、基准下料间隔等）的变动幅度、相邻两日出铝量的最大差别和一次出铝的允许最大量等，应该严格遵照执行。有些计算机控制系统中提供一些可以改变下料和电阻控制效果的参数，若需调整，一定不能以"大起大落"的方式草率进行。

（3）从调整频度而言，考虑到电解槽的大惯性和滞后性，产生了一种称为"疗程思

想"的管理方法。它以数天（如 5 天）为一个疗程期，一次制定措施，实施 5 天，到第 5 天小结效果，再制定下一个 5 天的处置对策。那种对槽子每天都在变动技术条件的做法，看起来貌似负责，实际上非但看不出结果而且不时打破槽子的平衡，实属有害无益。

（4）从管理理念而言，要采取有效的管理手段和技术措施，抑制偏离的发生。

为了实现平稳，还应该改变粗犷作业的观念，对人工作业严格进行管理。在电解槽上的诸项操作中，换极、出铝、熄灭效应对槽子的干扰最大，因此，这几项作业应当严格进行管理。换极时结壳捞不干净，新极安装位置不对，效应超时，出铝量偏差过大，氟化盐一次投入过量，滥用扎槽帮的手段及扎炉帮时一次投料过多，阳极临时更换个数过多，大面积调极，停止加料时间过长等都是槽子所不能接受的干扰，理应杜绝。

总之，减少外来干扰，保持过程技术条件平稳，既应该从操作上入手，也应从管理思想和管理方法上入手，两者结合，才是保持平稳的完善形式。

5.12.3 技术条件比操作质量更重要

技术标准与技术条件对生产系列整体可达到的技术经济指标起着决定性的作用，而操作质量的好坏对生产过程的平稳性，进而对生产系列技术经济指标的稳定性有着重大影响。前者涉及"战略"问题，而后者涉及"战术"问题，两者虽然都重要，但整体而言，显然前者比后者更重要。一个理想的工艺技术条件形成后就应该成为一种技术标准，其他各类作业标准与管理标准都是围绕平稳实现标准的工艺技术条件来制定和实施的，因此电解槽处于标准工艺技术条件下运行时，应该具有健康的状态。这种健康状态还体现在槽子具有足够的自平衡能力和抗病能力，可自身克服一定程度的干扰，能忍耐短时间内操作质量的粗犷而不致发病。反之，若技术条件偏离标准，则可能出现两种情况：第一种情况是技术条件向不利于稳定的方向（如"冷槽"）或搭配失调的方向发展，槽子自平衡能力减弱，变得敏感、娇气，受到微小的干扰便会发病，在此情况下纵然操作质量异常精细，也不能阻拦槽子走向恶性循环的怪圈；第二种情况是技术条件走向一个新的平衡状态（如类似传统工艺技术条件下的高分子比、高温状态），出现所谓"好管理，但没有好指标"的情形，即槽子虽然可稳定运行，但电流效率指标急剧下降，能耗指标相应地恶化。况且，由于近年来中国建造的大型预焙槽和配备的计算机控制系统都是按照采用现代工艺技术条件的要求来设计的，因此出现第二种情况时，技术条件的搭配会走向失调，槽况的稳定性不可能长期维持。

对于标准技术条件的设定与保持，管理者的作用和责任要比操作者更重要。现场管理中，不仅要考虑操作者各项操作质量，更要考核管理者保持标准技术条件的情况以及技术条件发生偏离时调整措施的合理性和平稳度。那种只制订工序质量考核标准，无技术条件考核标准；只抱怨操作质量而不从技术条件上找原因的重操作、轻技术的倾向应当改变。

5.12.4 依靠铝电解控制系统确保人机协调控制

电解槽运行受到的外界干扰越小，铝电解控制系统对槽况的判断和对氧化铝及槽电阻（槽电压）的控制便越不容易出现失误。人工对电解槽的每一次干预都会打乱电解槽的正常控制进程，例如，手动调整一次电阻（移动一次阳极）不仅会打乱控制系统对槽电阻监控的正常进程，而且会导致控制系统暂停用于氧化铝浓度控制的槽电阻变化速率计算（如暂停 6～10min），因而影响氧化铝浓度控制的精度。虽然控制系统自动进行的阳极移动也会短暂地影响氧化铝的判断与控制，但经过周密设计的控制程序能合理地安排电阻调节的频度与幅度，将其对氧化铝浓度控制的不利影响降至最低程度，但人工调整对于控制系统来说是随机发生的。例如，控制系统在即将作出效应预报等氧化铝浓度控制的关键时刻，即使槽电阻有所越界也会暂缓调节电阻，以便继续跟踪槽电阻的变化确认是否达到了预报效应的条件，但若此时发生了手动降阳极，则控制系统的这种跟踪与预报过程被打断，而失去了及时预报效应和及时采取措施（如采用效应预报加工）的良机。现代智能化的控制系统中应用了许多基于"槽况整体最优"原则的调控规则，例如对电阻调节而言，不是简单地实施"一越界便调整"的原则，现场发现电阻越界而控制系统未调整便要能清楚地知道是何种原因引起（出于控制系统的自身策略？控制系统故障？对控制系统进行了限制？电阻超出了允许自控的范围？等等），这就需要作业人员与管理人员懂得控制系统的控制思想，确保人机协调，避免人机"对着干"。

5.12.5　重视设备管理

电解的主要操作、技术条件的调整、物料的进出都是建立在设备正常的基础上。越现代化的工艺对设备的依赖性越强。有人讲，设备好坏是电解死或活的问题，工艺的好坏是指标高或低的问题。一句话，设备不正常，标准化、同步化、均衡化均为奢谈。

在电解车间，最重要的设备是多功能天车、净化风机、计算机控制系统和电解槽。抓好设备管理的第一关是要求操作者正确使用，精心操作设备。按照操作标准的规定，开车前查看上班记录，并作检查，做到心中有数。开车后，全神贯注，细心操作，注意巡视，不干违反标准的危险、野蛮、"省事"的操作。工作结束后，要对设备进行清扫、擦擦、润滑、检查，并认真填好作业记录和专用的设备状况检查表。一旦出现异常应马上处理，不允许带病运转。对所有上岗人员，都必须进行正确操作、维护设备知识的考核。

设备管理的第二关，就是要抓好检修关。检修部门应坚持巡视制度，检查作业人员的使用与维护情况，掌握设备现状和趋势，及时排除毛病及故障，防止故障扩大化。电解车间应与检修部门共同排定计划检修时间表，到时停机、清扫，为检修提供方便。检修部门应在保证检修质量的前提下尽快修复。为了保证检修的质量和速度，检修部门应准备充足的备件和总成，使现场检修简化为备件或总成的更换，以便大大缩短检修时间。换下的零件或总成拉回检修车间，在干净环境和充裕的时间下可获得良好的检修质量。修复的零件或总成可作为下次检修之用。

5.12.6　运用基于数据分析的决策方法

随着计算机控制系统的不断进步，计算机控制系统能提供越来越丰富的反映电解槽状态变化的历史曲线和图表，人工现场测量也能取得一些有价值的数据和信息并且多数铝厂也将现场测量数据和信息输入到了计算机控制系统，使计算机报表的内容更加丰富。现场管理人员应该利用这些软件工具、报表与信息分析过程的状态，并结合槽前观察与判断，发现趋势不良的电解槽，以便尽早做出决策，采取措施。管理者掌握数据处理与分析的方法与工具以及基于数据分析的决策方法是管理者必修的基本功。过去那种单凭简单的槽前观察和判断便采取行动的做法是典型的作坊式与经验式做法，不能满足现代铝电解所追求的精细控制的要求。

5.12.7　预防为主，处理为辅

在电解生产中，管理的目的绝非为了处理病槽，而是为确保电解系列能在最佳（标准）状态下稳定运行，取得最佳的技术与经济指标。

做好预防工作，首先要保持正确而平稳的技术条件；其次要确保生产设备的正常运行和严格把住各项操作质量，并且还需提高阳极、氧化铝等主要原料的品质。另外，要重视槽子状态的解析，研究槽子动向，做到未雨绸缪，先发制槽，防患于未然。

5.12.8　要注意先天期管理

槽子预热、启动和启动后期管理是人们赋予槽子生命和灵性的阶段，也是槽子一生中内部矛盾最为激烈的时期。这个时期，槽子由冷变热，逐步达到电解温度下的热平衡。这个时期，炭衬要大量吸收碱性组分，内部各种材料要完成热和化学因素的膨胀和相互错动。这个时期，槽内侧部要自然发育形成一定形状、稳定而难熔的槽帮。一句话，要形成正常槽所必需的一切条件。这个时期，管理不好可能出现铝液渗入内衬破坏热绝缘，铝液从阴极棒孔穿出形成漏铝通道，炭素体大量吸收钠而潜伏早期破损，或在槽底形成结壳，电压和电解质组成调整不好形成的槽帮经不起温度的波动，易熔化。

5.12.9　仿生分析思想

发育正常的电解槽在一定范围内具有如下特点：

（1）自调节能力。如槽温升高时，槽帮减薄散热，阻止温度上升；槽温降低时，槽帮增厚，阻止槽温下降，并多发效应提温。

（2）自供料能力。如氧化铝浓度下降，槽帮熔化阻止浓度下降；氧化铝过饱和时便沉淀下来阻止氧化铝过饱和。

（3）自恒流能力。如底掌稍微突出的阳极，电流走得多，因而消耗较快，一段时间后，底掌到同一个水平，电流分布趋于均匀。

（4）自净化能力。如效应能自动清除阳极底掌下的炭渣，保持其活性；电解质中的炭渣能自动分出并从火眼喷出或燃烧掉。

以上构成了槽子在一定范围内的自平衡能力，仿佛槽子内部设置有若干功能微弱的控制保护环。从这个意义上讲，电解过程与生命现象似乎有着异曲同工之妙。现场人员把电解槽视为无声的战友，不仅完成任务需要它配合，而且深切感觉到它是一个实实在在的"活体"。但是，熔盐电解还有区别于生命现象的独有规律，因此，仿生分析是有限的，特别是对深层次问题的讨论上。因此，仿生分析法只能定性地分析问题，而不能定量地解决问题。

5.12.10　减少变数（变量）思想

人类分析复杂事物，往往是将复杂事物化简，分别研究其中两、三个变数之间的关系，然后再回到复杂事物中去，创造一个次要因素不变或少变的环境，用调整两、三个主要因素之间的搭配方法去支配全局。

　　广义地讲，电解技术条件有十几个，其中起主要作用的有五六个。实践中，调整槽平稳时不能对它们逐一都变，只能固定大部分条件，只调节一个或两个，看出结果后，再次调整。这样便于找出规律，简化管理和分析难度。

　　现代铝电解计算机控制系统无论硬件和软件怎样变化，依然只调节一、两个主要的变数，而对其他变数则要求现场创造出事先约定的条件，即不变的、固定的技术条件。

复习思考题

5-1　电解铝生产工艺有哪些技术参数？

5-2　槽工作电压包括哪几部分？

5-3　极距的概念是什么，在电解生产中有什么作用？

5-4　什么叫电解质分子比，电解质分子比保持的高低对电解生产有哪些影响？

5-5　电解槽底有一层铝液有哪些好处？

5-6　什么叫阳极效应系数，阳极效应对电解生产有哪些好处和害处？

5-7　预焙槽的电解质中保持怎样的氧化铝含量，为什么？

5-8　电解质水平的高低对生产有哪些影响？

6　电解铝正常生产工艺操作

预焙阳极电解槽的工艺操作包括定时加料（NB）、阳极更换（AC）、出铝（TAP）、提升阳极水平母线（ABR）、阳极效应的熄灭（AEB）、槽电压调整（RC）、电解质成分的调整和电解技术参数的测量等。

6.1　下料间隔调整

6.1.1　预焙阳极电解槽的定时加料

加入到电解槽中的物料总量（投入）只有与离开电解槽的物料总量（产出）保持一种平衡关系才能保持电解槽的平稳运行。换言之，加入电解槽中的原料只有与电解消耗的原料维持一种平衡关系，才能保持电解槽的平稳运行。以氧化铝的添加与消耗为例：

（1）如果添加的氧化铝量小于消耗的氧化铝量，那么电解质中的氧化铝浓度便会降低，当降低到一定程度，便会发生阳极效应，电解槽便无法维持正常运行。

（2）如果添加的氧化铝量大于消耗的氧化铝量，那么电解质中的氧化铝浓度便会升高，当升高到接近电解质中氧化铝的饱和溶解度，氧化铝便会从电解质中析出，沉淀于槽底，而槽底沉淀的大量产生会影响电解槽的正常运行。

添加氧化铝原料的控制（称为下料控制，或称为氧化铝浓度控制）是铝电解槽物料平衡控制的中心内容。如果电解质中的氧化铝浓度能被控制在一个理想的范围，便达到了维持氧化铝物料平衡的目的。

6.1.2　氧化铝下料间隔（NB）的确定

6.1.2.1　根据物料平衡关系计算氧化铝消耗速率

从理论上讲，只要计算出电解槽中氧化铝的消耗速率，然后按照计算的消耗速率来添加氧化铝便能实现氧化铝物料平衡。

根据物料平衡关系来计算电解槽的氧化铝消耗速率是很容易的。从电化当量的定义和电解槽理论产铝量的计算公式可知，电解槽的理论产铝量仅取决于电流强度，若电流强度以 1kA 表示，则每小时理论产铝 0.3356×1 kg，假设电流效率为 η（%），则每小时的实际产铝量为 $0.3356 \times 1 \times \eta$ kg。而按照化学公式可从氧化铝的分子式（Al_2O_3）计算出：每产出 1kg 铝理论上需要消耗 1.889kg 的氧化铝。由此可知，电流强度为 1kA、电流效率为 η 的电解槽，每小时的氧化铝理论消耗量（Fc）为 $1.889 \times 0.3356 \times 1 \times \eta$ kg，即：

$$Fc = 0.6339 \times 1 \times \eta \quad \text{kg/h} \tag{6-1}$$

将上式右侧除以 60，则得到每分钟（min）的氧化铝理论消耗量（Fc）为：

$$Fc = 0.01057 \times 1 \times \eta \quad \text{kg/min} \tag{6-2}$$

以 240kA 铝电解槽为例，假设电流效率为 93%，则用式（6-2）可计算出氧化铝的理论消耗速率为 2.358kg/min。

以上的计算没有考虑氧化铝中杂质含量（同样也未考虑电解产出铝的杂质含量）及下料过程中氧化铝的飞扬损失对氧化铝原料消耗量的影响。如果氧化铝原料的消耗量由下料器来计量，考虑到（一级品）氧化铝中 1.4% 的总杂质大部分不会转入到金属铝，且考虑到下料过程的飞扬损失，电解槽在单位时间内的氧化铝消耗量会比上述理论计算值稍大，按照 2% 来考虑，则氧化铝的消耗速率计算值（Fc）可调整为 $1.02 \times 0.01057 \times I \times \eta$，即：

$$Fc = 0.01078 \times I \times \eta \quad \text{kg/min} \tag{6-3}$$

还以 240kA 铝电解槽（电流效率为 93%）为例，用式（6-3）可得氧化铝的消耗速率计算值为 2.405kg/min。

6.1.2.2　根据计算的消耗速率确定基准下料间隔时间（NB，即基准下料速率）

预焙铝电解槽采用中间点式下料器来完成下料操作。下料器利用定容原理来计量氧化铝，例如 1.8kg 级的下料器，当氧化铝充满其定容室时，氧化铝的质量为 1.8kg（当然有一定误差）。下料器每动作一次，向电解槽内下料约 1.8kg。以 240kA 铝电解槽为例，每槽安装有 4 个下料器，若每次下料时 2 个下料器同时动作，则向电解槽内添加的氧化铝量的计算值为 $2 \times 1.8 = 3.6$kg。用该计算值除以氧化铝消耗速率的计算值（2.405kg/min），则得到基准下料间隔时间 NB（又称为基准下料速率）为：$3.6 \div 2.405 \approx 1.49$min = 90s，即下料间隔 NB 为 90s。

6.1.2.3　基准下料间隔时间的管理

基准下料间隔时间可视为在基准系列电流和正常槽况下，能使下料速率等于氧化铝消耗速率而应该采用的下料间隔时间。它是下料自动控制模式和定时下料模式均使用的重要参数。需注意，有的控制系统不仅在自动控制模式中会修正下料间隔时间，而且在定时下料控制模式中也修正下料间隔时间。但定时下料控制模式中的修正一般只对系列电流偏离基准电流设定值的情形进行修正，因为控制算法的设计者考虑到：基准下料间隔时间的设定值是与基准系列电流的设定值相对应的，当系列电流变化时，氧化铝的消耗量便相应地发生变化，因此就应该修正基准下料间隔时间。有些控制系统在发现槽况异常（如电压严重针摆）而自动转入定时下料时，会对基准下料间隔时间做适当的"放大"后作为定时下料的间隔时间，理由是异常槽况下电解槽的电流效率会降低，因此氧化铝消耗速率会降低，为了防止沉淀产生，下料间隔应该延长（减少定时下料期间的下料）。在下料自动控制模式下，控制系统以基准下料间隔时间为"轴心"，来决定各种下料状态（如正常下料状态、欠量下料状态、过量下料状态）中的下料间隔时间。因此，延长基准下料间隔时间应该能使控制系统加入到电解槽中的物料减少；反之，缩小基准下料间隔时间应该能使控制系统加入到电解槽中的物料增多。但是，基准下料间隔的改变对控制系统的实际下料量的影响程度还取决于具体的控制系统的下料控制算法设计。对于一些智能化的控制系统，如果控制系统"认为"电解槽的氧化铝浓度偏低，那么即便将基准下料间隔调大（想少下料），控制系统也会通过较多地使用"过量下料"状态来弥补基准下料间隔增大所导致的下料量的不够。如果出现这种情况,那么在一段统计时间之内(如24h),控制系统进入过量下料状态的累计时间与进入欠量下料状态的累计时间之比明显变大,或者控制系统在过量下料状态中的下料次数与欠量下料状态中的下料次数之比会明显增大。因此,管理者可以应用这类比值来分析基准下料间隔的设定值是否合理。智能化的下料控制程序可能会弱化,但不会忽视基准下料间隔的调整对物料加入量的影响,因此调整基准下料间隔时间依然是对控制系统的下料控制进行有效干预的主要手段。出现以下情况时,需要变更基准下料加料间隔:

(1)由于缺料频繁效应时,缩短加料间隔;由于物料过剩而产生沉淀或氧化铝浓度过高时,延长基准下料间隔。

(2)Al_2O_3容重减小时,需缩短加料间隔;增加时,需延长加料间隔。

(3)电解槽异常,电流效率降低时,需延长基准下料间隔;槽况好转、电流效率恢复时,需缩短基准下料间隔。

(4)因某种原因已向电解槽大量投料,需延长基准下料间隔;一旦投入的料已消耗完,恢复到标准值。

基准下料间隔的变更要遵循严格的管理程序,并进行记录。

6.1.3 下料异常或控制不良的检查与处理

引起物料平衡遭破坏的原因可以分为两大类:一类是下料器故障;另一类是各种因素引起的下料控制异常。

6.1.3.1 下料故障的检查与处理

下料故障与事故包括下料器故障、下料孔(即由打壳锤头打开的槽料面下料通道)不通畅、壳面崩塌、人工作业引起大量额外下料等。

下料器故障(包括下料器堵塞、下料量严重偏离定容量)可能在槽控机报表上体现出来,例如存在下料器堵塞或下料量显著小于定容量的问题时,24h下料次数可能会显著高于正常范围(因为槽控机可能使用了较多的过量下料),当越出槽控机的可调范围时,可能引起效应系数显著增大。通过现场观察下料器的动作,或称量下料量,可确认下料器故障,应及时通知相关人员处理下料器。在下料器得到修复前,临时性地修改基准下料间隔(严重时采用定时下料)。

若在效应发生时发现下料器故障,例如打壳锤头没有动作,或下料孔不通畅造成氧化铝不能加入槽内,则用天车上的打击头在大面打开几个洞,并用天车加入氧化铝或用氧化铝耙扒阳极上氧化铝加入槽内后再熄灭效应;若下料口通畅,但没有氧化铝下料时,用氧化铝耙扒阳极上氧化铝加入槽内或用天车加入氧化铝到槽内后再熄灭效应,效应熄灭后,阳极上氧化铝被扒开的地方要用天车补充氧化铝,并通知相关人员修理下料器。

如出现壳面塌陷、人工作业引起大量额外下料等情形,根据严重程度,临时性地扩大基准下料间隔(严重时停止下料,直至等待效应发生)。

如发现下料孔堵塞,先要将上方的堆积料扒开,再利用槽控机上的手动打壳按键,使打壳锤头多次打击壳面,严重时借助其他处理措施,直到打开下料孔为止。更重要的是,平时巡查时及时发现问题并及时处理,这样便很容易打开下料孔。

6.1.3.2　下料控制异常的检查与处理

下料控制异常表现为氧化铝浓度控制效果不佳（如氧化铝浓度过低、效应频繁，或者氧化铝浓度过高、槽底沉淀与结壳严重），体现在槽控机班报与日报表上的有累计下料次数异常、效应系数异常；体现在下料控制曲线上就是控制曲线形状异常，如欠量下料偏多（即长时间处于欠量下料状态），或过量下料偏多等；体现在电解槽状态上就是工艺技术条件会发生明显的波动。

下料控制异常与电解槽稳定性差、技术条件恶化往往互为因果，并形成恶性循环。下料控制异常往往有一个逐步积累的过程，因此通过调阅该槽的有关控制参数和历史曲线，可以分析导致控制效果变差的最初和最主要原因，或者分析是否存在不正确的参数设置，或现行参数设置是否不适应变化了的槽况。主要的处理措施包括：

（1）若属于控制参数设置不正确，应尽快改正。

（2）若槽电压稳定性很差（电压针摆严重），控制系统无法实施正常的氧化铝浓度控制，则应由相关技术人员与管理人员制定针对性的综合处理方案（如制订临时性的下料控制参数与电压控制参数设置方案），并通知现场作业人员监视调整后的效果，一旦恢复到可进入正常自控的状态，要及时恢复。

（3）若下料控制异常已经导致了非常严重的物料过剩与槽底沉淀，适当延长基准下料间隔，使沉淀得到消化，与此同时，可适当提高电解质高度，增加对氧化铝的溶解量，尽快消除沉淀，防止产生热槽。若已经产生了热槽，则应配合采用针对热槽的处理措施，使热平衡尽快恢复正常。

（4）若下料控制异常导致了物料投入严重不足（体现为效应显著增多），适当缩小基准下料间隔，尽快满足电解过程的物料消耗的需要，防止因效应过多而使电解槽热平衡遭到破坏，成为热槽。若已经产生了热槽，则应配合采用针对热槽的处理措施，使热平衡尽快恢复正常。

（5）若上述措施见到了效果，也还需要着眼于正常技术条件的恢复，否则只能治标，不能治本。

铝电解工艺主张创造条件使下料控制逐步回归正常，而不主张采用极端的人工措施处理，例如扒沉淀、长时间停料等，这些措施扰乱电解槽的动态平衡，并扰乱电解槽的正常控制过程，反而使电解槽不容易恢复正常状态。

6.2　阳极更换

预焙阳极电解槽是多阳极电解槽，所用的阳极块是在炭素厂按规定尺寸成型、焙烧、组装后，送到电解使用的，阳极块不能连续使用，须定期更换。每块阳极使用一定天数（一般为 30~32 天）后，换出残极，重新装上新极，此过程即为阳极更换。

6.2.1　确定阳极更换周期

（1）阳极更换周期。阳极更换周期由阳极高度与阳极消耗速度所决定。阳极消耗速度与阳极电流密度、电流效率、阳极体积密度有关，可由下述经验公式计算：

$$h_c = (8.054 \times d_{阳} \times \gamma \times W_c)/d_c \times 10^{-3} \tag{6-4}$$

式中　h_c——阳极消耗速度，cm/d；

　　　$d_阳$——阳极电流密度，A/cm²；

　　　γ——电流效率，%；

　　　W_c——每吨铝阳极消耗量，kg；

　　　d_c——阳极体积密度，g/cm³，一般取 1.6g/cm³。

　　在实际生产中该公式所计算出的阳极消耗值只是一个基准值，并不能以此确定阳极更换周期。这是因为在生产中预焙阳极会有阳极掉粒和阳极氧化的现象，所以在确定阳极更换周期时，在这个基准值上还要考虑到阳极掉粒和阳极氧化的消耗。通常实际中的阳极消耗速度为 1.5~1.6cm/d。

　　当预焙阳极炭块的高度和残极厚度确定后，就可根据阳极消耗速度而计算出阳极更换周期。

　　（2）换极周期。换极周期是指一台电解槽槽内所有阳极更换完毕需多少天（昼夜），也即一块新阳极能工作的天数。换极周期与阳极炭块高度等参数的关系式为：

$$\lambda = (H - H_L)/h_c \tag{6-5}$$

式中　λ——换极周期，d；

　　　h_c——阳极高度消耗速度，cm/d；

　　　H——阳极炭块总高，cm；

　　　H_L——残极高度，cm。

　　用式（6-4）和式（6-5）可以计算分析换极周期与阳极净耗、阳极电流密度、阳极体积密度、电流效率等参数的关系。显然，其他条件相同时，阳极炭块越高，则阳极毛耗越小（因为残极高度一定），且换极周期越长。延长换极周期能降低阳极组装与阳极更换的工作量与相关消耗，并降低因更换阳极而打开电解质面壳所造成的热损失以及换极对电解槽运行的干扰频度。但换极周期的设计还应考虑到换极作业时间安排上的便利，并且阳极高度的增加还会影响到下面将述及的其他方面。

　　在生产上，由于新换阳极的电压降为 400mV 左右，如果阳极高度为 54cm，则每 1cm 阳极电压降为 400/54 = 7.4mV/cm，如果延长阳极更换周期，就有利于降低阳极毛耗、净耗，降低成本，并且延长换极周期后，残极厚度降低，降低了电解槽阳极电压降，有利于降低电耗。但延长更换周期，要考虑有一定的残极厚度，否则不能保持残极的完整，影响阳极的导电性，同时残极厚度不够也可能会使钢爪熔化造成原铝液的质量恶化及阳极脱落的不良后果。

6.2.2　确定阳极更换顺序

　　预焙槽上有阳极炭块数组（根据槽型不同而定），每一组炭块组又由 1~2 块炭块组成。为了保证电解槽生产稳定，必须按照一定顺序更换。所以当阳极更换周期和阳极安装组数确定后，阳极更换顺序就确定了。确定阳极更换顺序要依据以下的原则进行：

　　（1）相邻阳极组要错开更换。

　　（2）电解槽两面的新旧炭块应均匀分布，使阳极导电均匀，两根大母线承担的阳极质量均匀。

以某厂200kA电解系列阳极更换顺序表6-1可见，除两侧7号、8号的阳极块相隔两天更换外，其余均相隔四天，而且注意到了两面、两端交替更换，这种更换顺序能较好地满足上述原则。

表6-1　200kA电解槽阳极组的换极顺序表

A	更换顺序	1	5	9	13	17	21	25	27	3	7	11	15	19	23
	阳极编号	1	2	3	4	5	6	7	8	9	10	11	12	13	14
B	更换顺序	16	20	24	28	4	8	12	14	18	22	26	2	6	10
	阳极编号	1	2	3	4	5	6	7	8	9	10	11	12	13	14

6.2.3　更换阳极的操作步骤

更换阳极的操作步骤如下：

（1）确认要换阳极的槽号、极号，准备好工器具。

（2）准备好破碎料。

（3）操作槽控机至阳极更换，与槽控机取得联系，使槽控机的程序处于阳极更换程序。

（4）打开换极处的槽罩，左右靠边放好。

（5）扒净极面上和相邻阳极范围内壳面上的保温料，指挥天车工将所换阳极部位的边缝、极间缝、中缝打开。机组下降阳极提拔装置，卡牢阳极导杆，下降卡具扳手打开阳极卡具，将残极拔出放到指定的托盘上。

（6）提出残极的过程中，用钩、耙把松动的结壳块勾到大面上。

（7）捞净掉入槽内的大面壳块及残渣，并进行槽况检查。每天更换阳极，是检查槽内情况的好机会，应借此机会检查铝液和电解质高度、炉底沉淀、邻极的工作状态、槽内炭渣量等。如有异常，根据具体情况进行处理。

（8）设置新极安装高度。如果多功能天车装有阳极定位装置，则用机组卡住新阳极导杆，并操作阳极定位装置，确定新旧阳极的高度差，然后将新极吊入槽内，使新极底掌比旧极抬高2cm，卡紧卡具，用彩色粉笔在导杆上标线，以便发现阳极是否下滑。

在多功能天车无阳极定位装置的情况下，可采用自制兜尺定位。该方法的实质是用兜尺将残极的空间安装高度传给新极。定位过程如图6-1所示，以阳极大母线的下沿为基准，在残极的导杆上画线，用兜尺量出残极底面到画线处的高度，在兜尺上画线，将此线下移2cm，然后在新极导杆上的同样高度画线，以此线位置与阳极大母线的下沿平齐。

兜尺法简单易行、精确度高、对环境条件无要求，易于普及。即使在多功能天车有阳极定位装置的情况下，也可作为定位装置故障时的备用。

为了确保新极安装精度，新极上槽后16h，需进行导电量检查，即测等距离新极导杆上的电压降（现场叫16h电流测定）。若电压降不在3~5mV之内，视为新极安装不合格，需要进行调整。

新极上槽后，冷阳极表面迅速形成一层冷凝电解质，1~2h后开始熔化，阳极开始导电。随着炭块温度的升高，通过的电流逐渐增大，24h左右才能导全电流。因此考虑到新极导电的滞后性，新极安装时不能与残极底面一样齐平，应比残极提高一天的消耗量，即

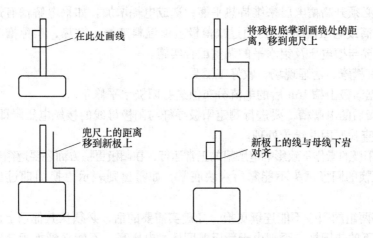

图6-1 兜尺定位法

2cm，保证新极正常导电时与残极底面相同。为了使新极尽快导全电流，防止潮湿阳极坐入电解槽内发生爆炸，一些铝厂采取利用电解槽余热或更换出的热残极加热新极。

（9）新极安装好后，用块料垒墙堵中缝，撮碎块堵两极间的缝隙并收边。为了保证电解槽边部散热和边部炉帮的规整和稳定，应加强电解槽的侧部散热、四角保温。所以，生产上对阳极更换中的收边作业很重视，规定侧部散热带要有一定的尺寸，收边高度要达到新极的倒角。

在换极收边过程中要一直保留散热带，即侧部炭块上面那块筋板的上方不得有任何物料，包括收边用的面壳块和氧化铝，否则，会使侧部散热恶化，炉帮变薄。对于四块角极（出铝端和烟道端的四块阳极），在收边过程中就只留出散热带而不收底边，以实现四角保温。

极上氧化铝覆盖示意图如图6-2所示。阳极上加保温料的作用是：

1）防止阳极氧化。

2）加强电解槽上部的保温，保持电解槽的热平衡。

3）迅速提高钢-炭接触处温度，减小接触电压降。

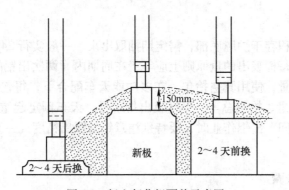

图6-2 极上氧化铝覆盖示意图

预焙阳极电解槽由于容量大，阳极块数多，槽的上部散热量较大，极上保温料是加强电解槽上部保温的主要因素。正常槽如果极上保温料不足，会导致电解槽走向冷槽，为避免这种现象，必须升高槽电压来维持热平衡，造成电耗增加。如果电解槽有过剩的热量输入（指电流升高或电压偏高），可通过减薄极上保温料来增大散热，避免槽温升高。采用这种方法时，要与槽电压及铝水平的调整配合实施。

（10）盖好槽罩，清理现场，收好工器具。

（11）根据新极上槽16h后的电流分布值进行阳极水平修正。

（12）换极后的电解槽，要进行测定阳极导杆与阳极母线的接触电压降即卡具电压降。超过范围的要查找原因并给予处理。

为使更换阳极的操作不致影响电解槽的正常运行，在阳极更换方面还要遵循如下原则：

（1）要更换的阳极爪头不能露出炭块底掌，如露出则表示更换周期过长，需要进行调整。

（2）相邻两组的阳极不能连续更换，如确实需要的话，必须从其他槽上调换一组处于良好工作状态下的热阳极，否则由于新极温度低，电压高，不能立刻承担全电流，则会造成偏流。

（3）在24h内，20组阳极以内的电解槽换新极不得超过两组，20组以上的电解槽换极不得超过三组。

6.2.4　异常换极

凡是断层、脱落、长包、钢爪熔化的阳极都需要处理或更换阳极。

（1）对断层、脱落、钢爪熔化的阳极，根据使用天数，确定用残极还是新极。原则是已超过1/2周期的可用高位残极换上，否则必须换上新极，以保证换极顺序正常运行。

（2）长包的阳极，吊出槽外检查，确认打掉包后能继续使用者，可以打包后继续使用，不能使用者，则根据上一条的原则换极。如果阳极包不是特别高，可以将原极坐入，阳极定位高度按照以凸台顶面高度与其他阳极底掌高度齐平为基准。由于长包处阳极电流密度大，阳极包会逐步被消耗。

（3）脱落阳极体积较大者，要用专用夹具或大钩大耙等铁工具取出脱落极，碎裂极用漏铲捞净全部碎炭块。

（4）异常换极除上述原则和操作外，其他操作程序同正常换极相同。

6.3　出铝

电解产出的铝液积存于炉膛底部，需定期抽取出来，一般实行24h出一次铝，送往铸造车间生产成产品。每槽吸出的量原则上应等于在周期内（两次出铝间的时间）所产出铝量。出铝工根据指示量，使用真空抬包，在多功能天车配合下，每包可一次吸出2～3台槽的铝液（视抬包容量、抬包总重、每槽吸出指示量、天车额定起重量而定），之后用专用运输车送往铸造车间。出铝作业时，要特别注意铝的吸出精度（+30～-20kg）及电解质的吸出数量。

6.3.1　出铝的基本步骤

6.3.1.1　作业前准备

作业前准备如下：

（1）确认槽号及出铝计划。

（2）准备设备与工具。准备多功能天车、出铝抬包、炭渣勺、石棉绳、吸出指示单。

（3）吊运抬包。操作多功能天车将抬包从抬包座吊起，在抬包平稳后记录空抬包的质量；操作天车，把抬包吊移至吸出槽前。

（4）打开出铝孔。打开出铝端炉门槽罩；充分预热工具，防止电解质的飞溅；操作出铝打壳气缸控制阀，打开出铝孔；用炭渣勺捞干净掉进电解质的结壳块和炭渣。

（5）向槽控机通报出铝。在出铝作业开始前，按该槽对应槽控机上的出铝键，给槽控机发出出铝作业信息，槽控机便转入出铝监控程序，根据槽电压的变化判断出铝开始与结束，并自动下降阳极。否则，槽控机会将出铝期间的电压变化视作阳极效应来临或电压异常，在出铝结束后槽电压很高时不自动下降阳极，而是进行电压异常或是阳极效应报警。

6.3.1.2 出铝过程

出铝过程如下：

（1）插入出铝管。操作天车，让吸出管对准出铝洞口，慢慢把吸出管插入槽内，使吸出管刚好触及炉底；轻摇抬包的手轮调整吸出管口离炉底5cm左右，防止抽上沉淀。操作过程中，抬包不能碰操作地坪、电解槽的上部结构，吸出管不能接触阳极，防止由于上述原因造成出铝偏差较大、电解槽上部结构打火以及碰坏吸出管。

（2）出铝操作。看好并记住天车计量秤（如多功能天车的电子秤）的读数显示和该槽的吸出量，确定吸出完后的天车秤读数；打开压缩空气阀，开始吸出铝水；观察天车秤显示值的变化情况，快到吸出值时，关闭压缩空气阀。

（3）拔出出铝管。操作天车，使抬包慢慢上升，出铝管移出出铝洞。

6.3.1.3 出铝结束

清扫槽沿板卫生，关好炉门，用扫把清扫大面卫生，保持现场清洁。

6.3.2 出铝异常情况的处理

（1）出铝过程中发生阳极效应立即关闭出铝的压缩空气阀，停止出铝工作，必须将出铝管从槽内取出，待阳极效应熄灭后再开始出铝作业。

（2）铝水吸不进抬包。压缩空气喷嘴如有堵塞，要清除干净；抬包盖密封性不好要进行调整或更换石棉绳重新封包；吸出管如有堵塞要进行清除或更换；检查压缩空气压力是否达到要求。

（3）吸出大量电解质。出铝管口没有下到铝水层内就开风出铝，很容易将槽内的电解质吸到出铝抬包内。一旦吸上大量电解质，要及时向该槽进行倒灌，防止因电解质水平过低引起拔槽、电解槽投料量不稳定等情况。同时也要防止出铝管口下的过深出现上沉淀堵吸出管现象。

（4）出铝时间超出最大时限。因各种原因导致单槽出铝工作未能在额定时间（如20min）内完成时，要再次联系槽控机。

（5）出铝时电压异常。出铝速度过快、槽控机异常或阳极升降机构不动作等原因，容易出现出铝时电压异常（高于4.6V），严重者可能酿成生产事故。因此，出铝时要时刻关注槽电压的变化，电压异常时要放慢出铝速度或暂停出铝，槽控机或阳极升降机构异常时要在故障排除后再进行出铝作业。

6.4　抬母线

阳极导杆固定在电解槽阳极大母线上，随着阳极不断消耗，母线位置便不断下移，当母线接近上部结构中的底部罩板时，必须进行抬母线作业。

6.4.1　抬母线周期的估算

两次抬母线作业之间的时间称为抬母线周期，周期长短与阳极消耗速度和母线有效行程有关，即：

$$T = S_效 / h_c \tag{6-6}$$

式中　T——抬母线周期，d；

　　　$S_效$——母线有效行程，mm；

　　　h_c——阳极消耗速度，mm/d。

例如，若某电解槽母线总行程为400mm（一般用回转计读数表示，1个计数代表1mm），考虑上、下安全行程量（上50mm、下320mm），有效行程为270mm，阳极消耗速度为14.4mm/d，按上式计算抬母线周期为18天，可按此周期考虑休息日，按系列生产槽数，安排每天工作量。

6.4.2　抬母线作业的基本步骤

抬母线具体的作业流程如图6-3所示。

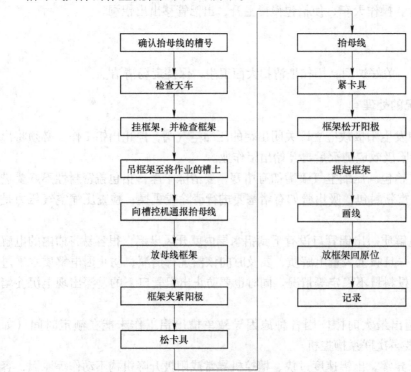

图6-3　抬母线作业流程图

其基本步骤如下：

（1）作业准备。确认需抬母线的槽号，按照抬母线周期表对到期的电解槽进行抬母线作业。由于电解槽槽膛大小不一，阳极母线下降速度也出现差异，每槽周期不可能完全固定，对回转计读数到达规定限度的也安排作业；检查使用的设备（多功能天车、母线框架）与工具（手动扳手、粉笔、直尺）；备2~3根阳极效应木棒到抬阳极母线的槽前。

（2）检查母线框架。操作多功能天车下降2个副钩，使钩头钩住框架的吊架；放掉多功能天车副钩压缩空气管内的水分，与框架上的软管套接紧好并打开气阀的开关；打开控制盒上的夹紧气缸阀门开关，试验各动作开关是否工作正常；检查框架上各气缸、各导气管是否有漏气；检查框架各夹紧臂是否有歪斜不正位现象。

（3）吊运母线框架。用多功能天车的2个副钩使框架吊起，保持水平位置，试验2个天车副钩吊起母线框架上下、左右移动正常后，上升到上限位；操作多功能天车，把母线框架移至将要抬母线槽的正上方。

（4）向槽控机通报抬母线。向槽控机通报"抬母线"作业，使相应的指示灯亮。此时槽控机执行过量下料程序，抑制阳极效应的发生。

（5）安放母线框架。操作多功能天车运行，使母线框架的4个支撑脚对准电解槽阳极母线上部的四个支撑；慢慢下降母线框架使A面或B面的每一根阳极导杆都被夹住；稍微放松多功能天车的2个副钩，整个框架的质量由电解槽上部机构支撑住。

（6）母线框架夹住阳极导杆。确认母线框架各个夹紧臂都正对位，没有错位现象；操作母线框架控制盒，打开夹紧气阀，确认每个夹紧臂都紧紧夹住阳极导杆。

（7）松开小盒卡具。操作母线框架的摇臂使气动扳手下降，卡住小盒卡具的螺杆头，松开小盒卡具；检查每一个卡具是否都旋松，对阳极导杆没有压力。

（8）提升阳极母线。记录下抬母线前的回转计读数；按住槽控机上的"抬母线"键（如无专用的"抬母线"键，则将槽控机切换到"手动"状态，并使用升阳极键），使阳极母线不断上升；提升母线过程，注意观察槽电压是否有明显的变化（若槽电压上升超过300mV，则停止抬母线，检查原因并处理），观察回转计读数是否有相应的变化。抬母线过程中，回转计读数每降低100时，暂停5s，防止接触器长时间吸合，造成接触器粘连，引发电解槽拔槽等恶性事故。

（9）拧紧小盒卡具。当提升阳极母线时，回转计读数显示为50时，停止上抬母线，记下停止提升阳极母线时的回转计读数；操作母线框架的摇臂使扳手下降，卡住小盒卡具的螺杆头，拧紧小盒卡具，检查每一个卡具是否都拧紧。

（10）定位画线。用粉笔沿阳极母线下缘画出定位线，以便确认抬母线后阳极是否有下滑现象。

（11）放回母线框架。抬母线作业结束后，操作多功能天车提升母线框架到上限位，并将母线框架吊运到指定的管理点；操作多功能天车调整母线框架位置，使其正对四个支撑脚撑住；操作多功能天车下放2个副钩，并让其副钩与母线框架脱开；拆开多功能天车副钩与母线框架的气管接头；操作多功能天车提升2个副钩到上限位；收拾熄灭效应木棒；多功能天车进行其他作业或停放到指定管理点。

（12）记录报告。记录抬母线的槽号、抬前的回转计读数、抬后的回转计读数以及其他需记录的事项。

6.4.3 抬母线异常情况处理

（1）作业过程中防止阳极效应发生。在提升母线过程中，由于导杆与母线之间靠移动摩擦形式导电，该处的电压降将上升，但一旦效应来临，导杆与母线的界面上就会有电弧、电火花而灼伤界面，严重时烧断导杆，甚至造成系列断路。因此，抬前必须查看效应报表，不能在效应等待期间进行作业。抬母线操作前必须与槽控机联系。若作业过程中出现效应，应停止作业，立即进行手动下料尽快熄灭效应，防止损坏设备。

（2）防止母线上升过程带动阳极同时上升。由于铝导杆弯曲、小盒卡具没有松到位或抱腿丝杠拉得过紧，导杆对母线压紧力太大，导致有时能将阳极带起来使槽电压升高，被带的阳极附近壳面下塌。发生这种情况时应停止抬母线，用天车将带起的阳极恢复原位后继续抬母线。

（3）阳极下滑。母线提升机卡具未上紧，当压在铝导杆上的小盒卡具松开时，阳极因自重而脱落下沉，槽电压将随之下降。此时应停止抬母线，用天车将下沉的阳极提起恢复原位继续抬母线，抬完母线后再个别调整下滑的阳极。为了能及时检查、处理阳极下滑，抬母线前须在阳极导杆沿卡具下侧用有色粉笔画线，抬母线后擦去先画的线而重新在卡具下侧画线，可按此线调整阳极下滑。同时，要经常检测风动扳手的扭紧力。

（4）铝导杆与铝母线接点处打火花。这是由于铝导杆和母线之间间隙大造成的，母线与导杆相互滑动时电压增大而产生电火花，只要稍紧一下拉紧丝杠便可消除。如果是几根铝导杆同时脱开母线，使电流集中于其他导杆上，也会发生电火花，这时应停止抬母线，立即处理。打火花会烧坏导杆和母线表面造成接触面凸凹不平，这会造成阳极导杆与母线接触电压降增高而浪费电能，且长时间不能处理，只能利用槽大修的机会对阳极母线表面进行修复。

6.5 熄灭阳极效应

6.5.1 熄灭阳极效应的方法

大型中心下料预焙槽人工熄灭效应采用插入木棒的方法。实质是木棒插入高温电解质中产生气泡，赶走阳极底面上的滞气层，使阳极重新净化恢复正常工作，前提是电解质中氧化铝浓度应先提高到正常范围内。

6.5.2 熄灭阳极效应的基本操作步骤

熄灭阳极效应的基本操作步骤如下：

（1）效应发生的确认。根据阳极效应指示灯及通信广播，确认发生效应槽号；从效应木棒架处取 1～2 根效应木棒放在出铝端处的大面上。

（2）设备情况检查。

1）迅速赶到发生阳极效应的电解槽槽控机处，观察效应指示灯是否亮、槽控箱是否是自动状态以及电压是否正常；观察效应处于何种状态；检查有无关闭阀门，观察打壳、下料电磁阀是否正常工作。

2）到出铝端，将端盖板揭开，操作出铝打壳气阀，将出铝口打开，观察该槽下料及打壳是否正常。

（3）效应熄灭作业。及时赶到槽控机旁启动效应处理程序，进行 AEB（效应加工）。此时若有故障，或不打壳、或不下料，熄灭效应后要及时联系维修处理。

待效应加工结束后，进行熄灭效应操作。手持效应棒，从出铝端打开的洞口快速插入到阳极底部，使铝液、电解液剧烈涌动，赶走附着在阳极底掌的气泡，熄灭阳极效应。当效应指示灯熄灭后，观察槽电压是否正常。当电压过低或过高时，都要调整至设定电压。

（4）清理与记录。取出效应木棒放入废效应木棒堆放处，必要时用预热好的炭渣勺将炭渣捞出倒入炭渣箱内，盖上端盖板，用扫把清理卫生，将工具放回工具架，并作好记录。

（5）异常处置。如果电压低于设定电压较大，可逐步将电压提升到设定电压上。如果出现电压摆，按电压摆的处理方式进行处理。

6.5.3 熄灭阳极效应作业注意事项

熄灭阳极效应作业注意事项如下：

（1）要有效控制效应持续时间。从两方面入手：一是插木棒前的准备要充分；二是插木棒时刻和方法得当。准备工作指及时取来木棒，认真检查槽控机是否自动，各种阀是否打开，若发现位置不对则应立即恢复正常，保证效应加料按时顺利完成。插木棒时刻应在效应加工完了时，如果未加料，电解质中的氧化铝浓度没恢复，插入木棒是徒劳的，并易造成不灭效应。木棒应直接插入阳极底掌下，起赶走阳极底部滞气层的作用，插入别的地方会搅混电解质，阳极效应难以熄灭或产生异常电压。

（2）阳极效应熄灭后应注意跟踪槽电压的变化，必要时手动调节。因为效应刚熄灭时电解槽尚未完全稳定，且电解质浑浊，因此电压较高，但其后槽电压经常出现较快幅度的下降，容易下降到槽控机停止自动控制的异常电压区（例如低于 1.7V），使电压得不到及时调节。

（3）通过槽控机查看效应电压的高低和稳定情况。因为这些信息可反映出电解槽运行状态。

（4）注意槽内炭渣情况。捞炭渣是清洁电解质的有效方法，阳极效应期间电解质中炭渣分离加强，均浮在表面，效应后不捞出来又会重新混入电解质中，增大电解质电压，影响阳极工作。

（5）熄灭效应时，不允许赤手触摸电解槽体任何部位；插效应棒时，要防止电解液喷溅烫伤。

6.6 电解质成分调整

6.6.1 电解质成分变化经过及原因

电解槽从启动到正常生产阶段，由于所处环境不同，电解质成分变化所表现出的形式也不同。在生产初期，电解质成分变化的趋势主要是分子比降低；而在生产正常阶段，电解质成分变化的趋势则主要是分子比增高。

6.6.1.1 生产初期电解质成分的变化

在生产初期，由于炭素材料对氟化钠有选择性吸附的能力，所以新的炭素内衬会大量吸收氟化钠，使电解质中氟化钠减少，虽然氟化铝也在发生分解和挥发损失，但损失量相对较小，电解质中氟化铝含量仍然过剩，电解质显示为酸性。此时，如果电解质分子比降得过低，则形成的炉膛内型熔点低，会对生产和阴极寿命产生严重影响。因此，在这段时间里，应向槽内添加一定数量的苏打（Na_2CO_3）或氟化钠（NaF）与冰晶石的混合料，以补充被炭素材料所吸收的氟化钠。

氟化钠在炭素材料中的存在数量是有限度的。随着电解时间的延续，炭素中氟化钠已经接近或达到饱和状态时，对氟化钠的吸收作用就会逐渐减弱或停止，而电解质分子比的变化趋势也由向酸性变化为主逐渐转化为向碱性变化为主。

6.6.1.2 正常生产阶段电解质成分的变化

正常生产时期，电解质成分变化的主要趋势是分子比增高。引起分子比增高的原因有原料中杂质在电解质中的反应、电解质的挥发和添加剂的作用。

A　原料中杂质在电解质中的反应

在电解生产上所用的氧化铝、氟化盐和阳极中都含有一定数量的杂质成分，如 H_2O、Na_2O、SiO_2、CaO、MgO 等，这些杂质均会分解氟化铝或冰晶石，使电解质中氧化铝和氟化钠增加，分子比增高。

$$2AlF_3 + 3H_2O \longrightarrow Al_2O_3 + 6HF \tag{6-7}$$

$$2AlF_3 + 3Na_2O \longrightarrow Al_2O_3 + 6NaF \tag{6-8}$$

$$4Na_3AlF_6 + 3SiO_2 \longrightarrow 2Al_2O_3 + 12NaF + 3SiF_4 \tag{6-9}$$

$$3CaO + 2Na_3AlF_6 \longrightarrow 3CaF_2 + 6NaF + Al_2O_3 \tag{6-10}$$

$$3MgO + 2Na_3AlF_6 \longrightarrow 3MgF_2 + 6NaF + Al_2O_3 \tag{6-11}$$

从上述反应结果来看，各种杂质均会通过反应分解氟化铝而生成氟化钠，这样就造成电解质分子比的增加。

B　电解质的挥发

在构成电解质的各成分中，氟化铝的沸点（1260℃）最低。所以，在正常电解温度下从电解质表面挥发出的蒸气中绝大部分是氟化铝，温度越高损失越大，从而使电解质中氟化钠相对增加，分子比增高。

C　添加剂的添加

生产中，在电解质分子比小于 3 的情况下添加氟化镁时，氟化镁与冰晶石反应生成 Na_2MgAlF_7 和 NaF，使分子比增高，其反应式为：

$$Na_3AlF_6 + MgF_2 \longrightarrow NaF + Na_2MgF_7 \tag{6-12}$$

6.6.2 电解质成分的分析

通常，检查电解质成分有六种方法，即：肉眼观察法、指示剂检查法、晶体分析法、热滴定（即化学分析）法、荧光分析法和衍射法。

6.6.2.1 肉眼观察法

肉眼观察确定电解质成分，该法是根据电解质的颜色、壳面和固体电解质的断面与外观情况来判断电解质的酸碱度范围的，具体分子比的精确数值很难确定。该法具有迅速简单的优点，又有不精确的缺点，因此只能作为生产中的一般性参考，方法见表6-2。

表 6-2　电解质酸碱度的肉眼鉴别

电解质的酸碱度	液体电解质的外观	电解槽 Al_2O_3 壳面	铁钎上凝固电解质的外观	固体电解质断面
碱度	亮黄色	很硬	电解质紫黑色较厚、自动裂开、容易脱落	很致密
中性	橙黄色	中硬	电解质层略厚、致密、白色	致密
酸性	樱红色	较软	电解质层薄、致密、白色	有孔
强酸性（pH<2.4）	暗红色	很软	电解质层较薄、不脱落、白色、有时淡红色	多孔

6.6.2.2 指示剂检查法

该法通常用化学试剂——酚酞来检查，将酚酞液滴在固体电解质的断面上，如果呈现紫红色，说明该电解质分子比大于3，没有颜色则分子比小于3。该法也是粗略的检查，只说明分子比的大小范围，目前基本不使用。

6.6.2.3 晶体分析法

在化验分析中，通常是采用既简便迅速又比较准确的晶形分析法。该法是将电解质试样研磨成粉末后，放在偏光显微镜下观察其包晶情况而确定出分子比的数值。为了使分析准确和正确地调整电解质成分，每台电解槽都应定期地取出合乎要求的电解质试样，送化验室分析。

6.6.2.4 热滴定法

热滴定法分析电解质成分存在分析速度慢、费用大等缺点，通常不采用，但该法分析结果最为准确，因而可用于校对性分析。

6.6.2.5 荧光分析法

该方法的主要原理是当用适当波长的 X 射线照射不同物质时，物质会相应地被激发出不同波长的二次特征 X 射线谱（为该物质构成元素的特有的 X 射线谱线）。通过测定和分析这些谱线，可以对物质进行化学分析（定性和定量）。这种方法具有无损、快速和大面积测定等优点，已成为现代成分分析中的一种重要方法。

6.6.2.6 衍射分析法

该方法建立在 X 射线与晶体物质相遇时能发生衍射现象的基础上的一种分析方法。应用这种方法可进行物相定性分析和定量分析、宏观和微观应力分析。物相定性分析：每种晶体都有一定的衍射花样，故可根据不同的衍射花样鉴定出相应的物相类别。由于这种方法能确定被测物相的组成，在金属材料的研究中应用较广。物相定量分析：每一物相的任一衍射线条的积分强度与该相在混合物中的质量分数有一定的数量关系，因此可根据谱线的积分强度求出各物相的定量组成。

6.6.3　电解质组成的调整

6.6.3.1　电解质组成的调整方式

电解质组成的调整是依据电解质中主要组分偏离目标值的大小以及槽况的变化来进行的。由于直到今天尚无可在工业现场直接、快速测定电解质组成的仪器，因此工业生产中，只能定期从电解槽中取电解质样品，到分析室进行检测电解质中主要组分的含量。

电解质组成调整主要包括分子比调整（即过剩氟化铝含量调整），通过采用添加氟化铝、Na_2CO_3 来实现。当分子比偏高时，增加氟化铝投入量；当分子比偏低时，减小氟化铝投入量或停止氟化铝的添加；只有在电解槽启动一个月内且分子比很低时，加 Na_2CO_3 来提高电解质分子比。电解质组成调整还包括氟化钙调整，主要是在氟化钙含量低于某一设定值时，添加氟化钙。若企业采用了氟化锂、氟化镁等添加剂，则在这些添加剂含量低于相应的设定值时，分别添加相应的添加剂进行调整。

在电解槽度过了启动期后，引起分子比升高的因素占据主导地位。随着低分子比工艺技术条件在现代预焙槽上的广泛采用，需要及时补充氟化铝才能保持分子比的稳定，这也是现代大型铝电解槽上安装有氟化铝添加装置的原因，并且补充氟化铝保持稳定的分子比成为现代铝电解工艺控制电解质组成的主要内容。随着自动化程度的不同，铝厂应用的添加方式有下列几种：

（1）人工间歇式调整。即现场操作管理人员定期或不定期地（即认为需要时）确定各个电解槽的电解质组成调整方案，并一次性（或分批）将氟化盐加入电解槽中。一般利用出铝或换极的时候添加。这种方式是过去自动化程度很低的电解槽（主要是自焙槽）上所采用的调整模式。这种添加方式对电解槽稳定生产不利，对长时间稳定保持电解质分子比不利。

（2）氟化铝部分配入氧化铝原料，随氧化铝原料一道通过点式下料器自动添加，部分由人工间歇式添加。这是在中间点式下料预焙槽发展起来后形成的调整模式。由于现代预焙槽生产系列均采用浓相或超浓相的氧化铝自动输送方式，因此一些工厂将基本的氟化铝添加量从氧化铝配料端配入氧化铝中，进行混合后由自动输送系统源源不断地送到各台电解槽的料箱中，因此该部分氟化铝能够像氧化铝一样以"准连续"（或称"半连续"）地加入电解槽中。但由于各槽不能分开调节，且配料时混合的均匀性不易保证，因此配入氧化铝中的氟化铝的比例不能过高，其余部分依然由人工根据电解槽的"个性"间歇式添加。

（3）由槽上氟化铝添加装置自动添加。由于现代预焙槽已越来越普遍地安装有氟化铝自动添加装置（即安装一个专用于添加氟化铝的点式下料器），氟化铝可在槽控机控制系统的控制下自动添加。槽控机控制系统根据给定的添加速率，或者根据某些参数（电解质组成的人工取样检测值）和控制模型所计算出的添加速率来控制氟化铝添加装置的动作，即由槽控机通过改变专用点式下料器的打壳下料间隔来改变氟化铝的添加速率。

6.6.3.2 根据电解质组成分析值与目标值的偏差理论计算添加剂用量

当某槽电解质的某种组分的分析值与目标值发生偏差时，理论上可以根据偏差大小及液体电解质量计算出添加剂的用量。下面以分子比的调整为例，推导计算公式，其中分子比采用质量比表达（分子比 = 2 × 质量比）。

先考虑需要降低分子比的情况。设槽内液体电解质量为 P，调整前质量比为 K_1，调整后为 K_2，AlF_3 添加量为 Q_{AlF_3}，添加前电解质中 AlF_3 质量为 $P/(1 + K_1)$，添加后为 $P + Q_{AlF_3}/(1 + K_2)$。

列出等式为：

$$\frac{P}{1 + K_1} + Q_{AlF_3} = \frac{P + Q_{AlF_3}}{1 + K_2} \tag{6-13}$$

整理得：

$$Q_{AlF_3} = \frac{P(K_1 - K_2)}{K_2(1 + K_1)} \tag{6-14}$$

如果需要作分子比提高（主要在新槽非正常生产期）的调整，可采用同样方法导出氟化钠（NaF）的添加量公式，为：

$$Q_{NaF} = \frac{P(K_2 - K_1)}{1 + K_1} \tag{6-15}$$

但在生产中，提高分子比现在不采用加氟化钠，而是加碳酸钠（Na_2CO_3，俗称苏打），碳酸钠加入电解质中发生下列反应：

$$3Na_2CO_3 + 2Na_3AlF_6 =\!=\!= Al_2O_3 + 12NaF + 3CO_2 \uparrow \tag{6-16}$$

反应式表明，加入 Na_2CO_3 即产生 NaF，并消耗冰晶石中的 AlF_3，这对提高分子比更有效，而且 Na_2CO_3 比 NaF 廉价。

例：今有一电解槽，液体电解质为 8000kg，成分为 CaF_2 5%、Al_2O_3 5%，需将分子比从 2.7（质量比 1.35）降到 2.6（质量比 1.30），计算需加入的 AlF_3 量。

解：电解质中冰晶石量为 8000 × (1 − 5% − 5%) = 7200kg，代入公式（6-14）中，得

$$Q_{AlF_3} = \frac{P \times (K_1 - K_2)}{K_2(1 + K_1)} = \frac{7200 \times (1.35 - 1.30)}{1.30 \times (1 + 1.35)} = 118kg$$

6.6.3.3 电解质组成调整的简单决策方法（传统方法）

在生产管理中，根据用上述方法获得的计算值，并参照生产实际情况将添加剂用量列成对照表，每次分析按结果与目标值的相差情况对照投入。与目标值相差太大的，进行多次调整，逐渐达到目标值。表 6-3 列出了某厂大型预焙槽吨铝氟化铝添加量标准。

表 6-3　某厂大型预焙槽吨铝 AlF₃ 添加量对照表

分析值 - 标准值	吨铝 AlF$_3$ 添加量/kg·t^{-1}	分析值 - 标准值	吨铝 AlF$_3$ 添加量/kg·t^{-1}
≥0.10	36	0.02~0.05	20
0.10~0.05	30	≤0.02	10

6.6.3.4　电解质组成调整的综合决策方法

以上介绍的简单决策方法仅仅依据电解质组成分析值与目标值的偏差来决定添加量，这是一种较粗糙的方法。它一方面对电解质组成的人工检测周期及测量精度有较高的要求，另一方面忽略了与分子比变化相关联的其他因素。

引起分子比波动的主要因素是槽温（热平衡），槽温对氟化铝的挥发损失影响较大，原料、槽龄、内衬等因素的改变对分子比波动的影响相对较缓慢。由于热平衡的波动会引起分子比的波动，特别是分子比越低，热平衡的波动对分子比的影响便越大，因此当电解槽的热平衡不稳定时，不能只依据分子比的分析值与目标值的偏差来确定氟化盐的添加量。对于酸性电解质体系，由于偏析导致液态电解质的分子比总是低于结壳的分子比，因此当槽温下降引起液态电解质部分凝固（结壳）时，会引起液态电解质的分子比降低；反之，当槽温上升引起部分凝固的电解质（结壳）熔化时，会导致液态电解质的分子比升高。正是由于槽温变化与分子比变化之间存在如此大的关联性，一些研究者提出了一些仅根据槽温计算氟化铝添加速率的分子比控制策略，但更多的铝厂根据槽温和分子比两个参数来决定氟化铝添加速率。

6.7　停槽、开槽作业

电解槽长时间在高温、强磁场下运行，随着槽龄的延长，技术经济指标下降。当阴极破损后，容易发生生产事故，所以要停槽进行大修，大修完毕后，再进行开槽，重新投入正常生产。电解槽停开槽作业目前有停电停、开槽作业和不停电停、开槽作业两种方式。

6.7.1　停电停槽作业

停电停槽作业操作过程如下：

（1）作业准备。明确要停槽的槽号；准备好工具和材料（风动扳手、风管、紧固螺栓，大扳手或停槽专用扳手、抬包、天车、撬棍或钢钎等）。

（2）抽电解质作业。按照电解质吸出与移注作业规程抽取电解质，抽取过程注意观察电解质液面的变化情况，杜绝电解质液面脱离阳极，按相应速度下降阳极。

（3）短路口清灰。用风管接通工作面上的风源；打开风源，吹干净短路口上的积灰。

（4）联系停电。与整流所联系系列停电。

（5）拆除绝缘板。松开短路口螺栓，取出绝缘插板。用风管接通工作面上的风源，打开风，吹干净压接面上的积灰。安装上绝缘垫圈及螺帽，用风动扳手、大扳手（或停槽专用扳手）拧紧紧固螺母，完成一遍后再复紧一遍，复紧时，一边用铝锤敲打立柱母线与短路口间的压接面交界，一边用扳手复紧。

（6）联系送电。与整流所联系送电，观察送电情况。

（7）测量短路口压接面压降。确认系列电流恢复到正常值；打开万用表，调到测直流电压 200mV 档位；测量短路口压接面压降，大于 10mV 的要再拧紧螺母使压降尽可能降低。

（8）吸出槽内铝液。按照停槽出铝作业规程吸干净槽内的在产铝。

（9）升阳极。按上升阳极键，使阳极上升，方便槽内残余铝液取出和后期炉膛冷却。水平母线上升到便于后期吊槽上部结构时吊具能顺利穿过上部结构，同时上部结构吊运行走过程中软母线不会碰到其他槽上部结构的位置。

（10）断开槽控机的控制。切断槽控机（包括逻辑箱与动力箱）对该槽的控制。

（11）排残料。操作下料电磁阀，使定容下料器动作，排空料箱内的料。

（12）切断动力源。把供入该槽的高压风源切断，关住总阀，联系净化车间关闭支烟管阀；关住超浓相输送溜槽上的蝶阀，停止供料。

（13）清理现场。清干净电解槽上部的积料，清扫干净大面、小面、风格板、槽沿板。

（14）工作日志的记录。记录停槽的槽号、日期、时间，电解质和铝液的吸出量。

6.7.2 停电开槽作业

停电开槽作业操作过程如下：

（1）作业准备。检查装炉、分流器、软连接安装等各项工作准确无误，并检查使用的工具；与计算站联系，把通电槽的有关控制软件、程序接通，保证信息通道畅通、置于"预热"状态；把槽控机中手动与自动阳极升降功能均置于"断开"状态，防止意外的乱抬阳极；在槽控机面板上贴上"禁止使用"的警告注意事项，锁死槽控机下箱体。

（2）联系停电。与整流所联系系列停电。

（3）短路口操作。用风动扳手或大扳手松开短路口的全部紧固螺杆；把旧的绝缘保护套取出，用风吹净短路口处粉尘，重新换上新的绝缘保护套；重新放回紧固螺杆，呈松开状态；用木棍撬开短路片，插入绝缘板，注意放到位；用风动扳手紧固螺杆，注意拧紧过程。对每一根紧固螺杆的绝缘情况用兆欧表进行测量，绝缘值达到 1MΩ 以上。

（4）联系送电。确认短路口操作完毕，绝缘情况正常，联系整流所送电。

（5）送电过程。大型槽一般分 4～5 级送电，例如某厂 350kA 槽分 100kA、200kA、300kA、350kA 四级，电流从一级提升到上一级的过程稳步上升，在每级电流停留 1min 左右，一般在 20～30min 内送全电流。在某级电流时电解槽冲击电压超过 5V，则暂停继续提升电流直至电压下降至 4V 左右再继续提升电流。

（6）测量短路口绝缘及检查现场状况。测试短路口绝缘值大于 1MΩ，检查软连接、分流器等各压接面是否有发红情况。如一切正常，开槽完毕，清理现场。

6.7.3 不停电停、开槽作业

电解槽采用低压大电流直流电源供电，且多台电解槽是串联后连接在低压大电流的直流电源上的。在生产过程中当需要一台或多台电解槽停、开槽时往往需要将系列直流电停电处理。每完成一次操作大约需要半小时时间，这期间整个系列处于停产保温状态，不仅降低了电解槽的生产效率，而且更为严重的是这种大负荷的波动极易对电网安全运行造成危害。对于铝电合一的电解铝企业，不仅发电量降低、能耗大幅度增加，而且极易损害发电设备。

6.7.3.1　不停电停、开槽作业原理

采用一种电阻足够小并带有大电流开、合功能的装置。通过降低短路口两端的电压（等于槽电压）、减小短路口通过的电流，降低电流转移的能量，即产生火花的能量小的途径实现安全打开或闭合短路块。在停槽时，把处于断开状态的装置接入电路，然后让装置闭合，形成短路口的分流，然后闭合短路口，再断开并联回路，即实现停槽；开槽时，把处于断开状态的装置接入电路，然后让装置闭合，形成短路口的分流，然后断开短路口，再断开并联回路，即实现停槽。不停电停、开槽作业的技术原理图如图6-4所示。

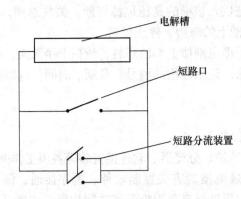

图6-4　不停电停、开槽作业技术原理图

6.7.3.2　不停电停槽作业

不停电停槽作业的操作过程如下：

（1）确认停电槽槽号，检查清理槽周及分隔板上杂物。

（2）在停电槽周围设置安全警戒区域，严禁车辆及闲杂人员进入操作区域。

（3）现场操作负责人通知操作人员进行短路口操作：用风动扳手将短路口螺栓拧松，在立柱母线与绝缘插板中间先插入专用插板，然后拔出绝缘插板，并紧固短路口螺栓。

（4）测试各短路口绝缘电阻值不低于1MΩ。

（5）将开关装置及卡具全部运输到通电槽旁，安放于电解槽出铝端。

（6）用钢丝刷或80号砂纸打磨停电电解槽立柱母线压接表面以及两侧短路母线压接表面，这样可降低压接部位压降。打磨表面须平整光洁、压接间隙小。

（7）装置使用前先检查六台开关状态均在“分闸”位置，用绝缘测试仪500V档位测试开关进电侧与出电侧母线之间的绝缘电阻值应大于1MΩ。

（8）连接控制柜电源插头，从停电槽就近的检修箱接好380V电源，并在检修箱上挂“禁止操作”标识牌。

（9）控制柜操作人员合柜内空气开关进行控制电源送电，将盘面旋钮开关打至“充电”位置，进行电容充电，待盘面合闸电压升至350V时充电完毕。

（10）现场操作负责人指挥天车将不停电开关逐一吊运安放在通电槽每根立柱母线外侧风格板上。注意吊运时须两人稳住开关装置，装置中心线与立柱母线中心线对正，严防

开关装置碰撞立柱母线。

（11）进行开关安装，将开关进电侧母线压接块与立柱母线打磨面紧密压接，并用卡具连接紧固。将开关出电侧母线压接块与短路母线打磨面紧密压接，并用卡具连接紧固。各压接面不能有偏移错位、松动现象。卡具应与短路口螺栓保持一定的间距，确保卡具不能妨碍短路口螺栓的拆卸。夹具不能与分隔板搭接发生打火现象。

（12）开关安装完毕，连接六台开关与控制柜之间的连接电缆，将各连接插头插好，并在触摸屏上检查电缆连接状况是否正常。开关电缆六组插头与控制柜六组插头必须一一对应，不能交叉连接。

（13）现场操作负责人确认安装工作结束后，通知操作人员全部从安装区域撤离到大面端安全区域。

（14）现场指挥负责人通知控制柜操作人员按下"合闸"按钮，六台开关同时合闸实现电流切换。

（15）现场操作负责人安排检查六台开关位置指示牌是否全部处于"合闸"位置，确认合闸状态是否完好。

（16）现场操作人员同时进行短路口操作：用风动扳手拧松立柱母线短路口螺栓，并用绝缘棒撬开短路块，使立柱母线与短路块间留有 10mm 间隙，确保专用插板能够顺利拔出。拔出绝缘板后用风动扳手将短路口螺栓拧紧。紧固过程中防止扳手搭接打火。

（17）短路口操作完毕，所有操作人员撤出操作现场到大面安全区域。

（18）现场操作负责人通知控制柜操作人员按下"分闸"按钮，六台开关同时分闸实现电流切换，并检查确认六台开关位置指示牌是否全部处于"分闸"位置，确认分闸状态是否完好。

（19）现场操作负责人通知拆除连接电缆和开关，用天车将开关吊放至大面安全位置。

（20）控制柜电源断开，维修人员拆除控制柜电源线。

（21）现场操作负责人通知短路口操作人员用短路口扳手逐个复紧短路口螺栓。

（22）电解槽停槽完毕，清理现场，人员撤离。

6.7.3.3 不停电开槽作业

不停电开槽作业的操作过程如下：

（1）作业准备。检查装炉、分流器、软连接安装等各项工作准确无误，并检查使用的工具；与槽控机站联系，把通电槽的有关控制软件、程序接通，保证信息通道畅通；把槽控机中手动与自动阳极升降功能均置于"断开"状态，防止意外的乱抬阳极；在槽控机面板上贴上"禁止使用"的警告注意事项。

（2）安装不停电开关及送电。

1）打磨立柱母线及短路块压接面；

2）测试短路口螺栓绝缘值大于 $1M\Omega$；

3）控制柜送电并测试控制电压（$380V \pm 10\%$）及充电情况；

4）检查开关处于分闸位置，测试开关绝缘值大于 $1M\Omega$；

5）检查确认不停电开关安装符合要求；

6）确认操作人员撤离并带出工具；

7）控制柜合闸，并确认开关处于合闸位置；

8）操作短路口：插入专用插板；

9）确认操作人员撤离并带出工具；

10）控制柜分闸，确认开关处于分闸位置，监控开槽冲击电压；

11）控制柜放电并拆除连接电缆及不停电开关；

12）操作短路口：先插入绝缘插板，后拔出专用插板，并紧固短路口螺栓；

13）测试短路口绝缘值大于1MΩ，检查软连接、分流器等各压接面是否有发红情况；

14）开槽完毕，清理现场。

6.7.3.4　不停电停、开槽作业安全操作

不停电停、开槽作业安全操作注意事项如下：

（1）操作人员劳保用品穿戴齐全，短路口操作人员必须佩戴防护面罩。

（2）现场各项操作任务必须服从现场总指挥统一安排。

（3）每项操作完成后，现场负责人必须进行检查确认并签字。

（4）出现异常情况必须按照应急处置方案执行。

6.8　取电解质试样

取电解质试样是为了分析电解质中的分子比、氧化铝浓度、氟化钙浓度等，从而为保持适当的电解质成分提供依据。因此，每槽每隔一定时间（如每隔4天）要进行一次取电解质试样的作业。通常对所取试样有如下要求：

（1）氧化铝含量最少。

（2）不夹杂有炭渣和铝珠。

（3）冷却不宜太快。

（4）有足够大的体积。

为了达到上述要求，试样要用专用试样模来取，在靠阳极边缘已打好洞口的地方，将取样勺慢慢伸入电解质的上层，伸入时要注意避开炭渣，并防止铝液和氧化铝进入。取出的试样要放在母线沟盖板上慢慢冷却。收集试样时必须准确地标记上槽号，以免造成错误。

6.8.1　取样作业准备

取样作业准备如下：

（1）打开出铝孔。打开出铝端炉门，手动操作出铝打壳装置，打击出铝孔，使电解质液面露出。

（2）工具的准备与预热。对于取电解质试样，准备电解质试样勺、电解质试样模和电解质试样盒；把试样勺和铸模放在出铝端侧槽沿板上，或用热的氧化铝预热（防止爆炸）。

6.8.2　取样作业实施

取样作业实施如下：

（1）把铸模的浇注口向上放置在槽的靠取样孔一端。

（2）当取电解质试样时，用电解质试样勺从出铝孔取出电解质液，将取出的电解质液倒入模具内。

（3）待试样冷却后，并确认取样的槽号之后把试样装入试样盒。

（4）确认在试样里没有混入灰尘、炭粒、氧化铝等杂物，电解质试样中不含铝出现试样不好的情况要再次取样。

6.8.3　取样完毕后的处理

盖好出铝端槽盖板，清扫现场卫生。

6.9　电解槽日常维护

6.9.1　维护的目的和意图

维护的目的和意图如下：

（1）为了尽早发现电解槽及其附属设备的异常情况，并及时进行处理、整顿，保证生产及设备的正常运行。

（2）对槽维护作业行为进行规范。

6.9.2　交接班时的巡视

交接班时的巡视工作有：

（1）检查槽控机保养情况。

（2）电解槽各打壳头是否处于正常位置。

（3）电解槽槽罩有无破损、不严、不稳之处。

（4）电解槽阴极钢棒及侧壁四周有无发红过热现象。

（5）各种工器具、效应棒及换出的残极是否整齐归位。

（6）检查作业面及两边通道上的卫生是否清扫干净。

对发现的异常问题如实记录在相应的交接班记录上，对重大问题或需及时处理的问题，及时向班长汇报。

6.9.3　正常工作巡视

正常工作巡视有：

（1）电解槽各打壳头是否处于正常位置，是否有抱块、堵料现象。

（2）电解槽槽罩有无破损、不严、不稳之处。

（3）电解槽阴极钢棒及其四周侧壁有无发红过热现象。

（4）各种工器具、效应棒及换出的残极是否整齐归位。

（5）检查电解槽阳极是否有钢爪发红、脱落、下滑现象。

（6）巡视电解槽槽电压是否异常。

（7）检查换阳极后、出铝后的电解槽槽控机是否处于自动，有无电解质溢出。

（8）净化打料时，检查打壳头处、支烟管处、料箱排气管是否有漏料现象。

（9）抬母线后的电解槽应查看阳极导杆上的画线，判断阳极是否下滑，检查抬完母线后小盒卡具复紧情况。

（10）发生以下情况应对地沟进行检查。

1）漏炉的电解槽。

2）铁含量突增的电解槽。

3）启动槽灌入铝水之后。

4）回转计下降量异常大的时候。

5）时间过长的效应造成电解温度过高时，检查侧壁温度时要检查炉底钢板温度。

（11）记录与报告。将发现的异常情况，记入交接班记录，并向班长报告。

复习思考题

6-1　预焙阳极电解槽的操作包括哪几项内容，其中需要人工辅助实施的有哪几项？

6-2　如何计算电解槽下料间隔，在什么情况下需要对电解槽下料间隔进行调整？

6-3　预焙槽的阳极更换顺序是依据什么原则进行更换的？

6-4　更换阳极时，为什么新换的阳极底掌要比旧极高？

6-5　抬母线作业前后在阳极导杆上画线的目的是什么，抬母线过程中一旦发生阳极效应如何处理？

6-6　工业上电解质成分分析通常有哪几种方法？

6-7　今有一电解槽，液体电解质为 8000kg，成分为 CaF_2 5%、Al_2O_3 5%，需将分子比从 2.55（质量比 1.275）降到 2.45（质量比 1.225），计算需加入的 AlF_3 量。

6-8　请叙述不停电停、开槽开关的工作原理。

7 电解技术参数的测量

现代铝电解工艺虽然有了槽控机控制系统，但由于可在线检测的参数有限，因此还需要辅以多种由人工进行的常规测定，才能全面地掌握电解槽的运行状况，并为调整和改进生产技术条件与操作方法提供依据，同时为电解槽的深入研究或技术改进积累资料。

铝电解生产中的常规测定除了少数需要由专门机构和使用特殊设备进行检测外，大部分测量方法简单，操作易行。本章将主要介绍现代铝电解厂普遍实施的人工常规测定。

7.1 铝液高度、电解质高度测定

铝液高度和电解质高度是电解槽的重要技术条件之一，其测定对决定出铝量、了解电解槽的运行状况、特别是热平衡状态至关重要。根据不同需要，有一点测定与多点测定之分。一点测定作为快速测定，主要用于每天了解技术条件变化和决定出铝量情况。多点测定用于技术条件管理和决定出铝量（例如三点测定），或临时性地用于全面分析特定槽况。由于电解槽的槽底一般存在变形，加之槽内铝液与电解质的界面受磁场的影响也会弯曲，因此测点越多，越能反映铝液及电解质真实高度和槽底真实状况。铝液高度和电解质高度的测定方法，目前有垂直悬挂测量法和侧插测量法。

7.1.1 测定位置选择

一点测量一般在出铝口（如图 7-1 所示的出铝端测点），或随阳极更换时在更换位置进行；三点测量一般在如图 7-1 所示的 A 面（进电端）取三个测量点（即大面全长 1/4、1/2 和 3/4 处）；六点测量一般在如图 7-1 所示的 A、B 两个大面对称地各取三个测量点，大面的测点位于阳极之间的间缝（靠近操作面）。由于新极而不能测定的情况，多点测定的地方可以变更，但要尽可能保持测点分布均匀。

7.1.2 打开测定孔

预热需要预热的工具；揭开测定处的槽罩；操作气缸控制杆，打开出铝孔（一点测定）；用铝耙扒开测定处的氧化铝（多点测定）；用天车打击头在阳极与阳极之间打开一个直径 10～20cm 的孔（多点测定），注意不能碰到阳极，以防把阳极扎坏；天车扎完孔后，电解工用锥子将孔口清理好，保证测定钎顺利插入炉底。

7.1.3 打捞炭渣

用炭渣瓢打捞测量洞口处的炭渣。

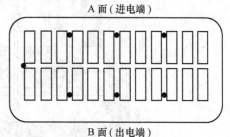

图 7-1 铝液、电解质高度测点
（开孔位置）分布示意图

7.1.4　垂直悬挂测量法

（1）测量工具。不锈钢测量棒：由两段直径 18mm 左右的不锈钢棒通过一连接件（胶木棒或不锈钢）连接而成，测量棒一端连接一个由胶木制作的悬挂件，其示意图如图 7-2 所示。总长度 L 及测量段长度 L_1 可根据不同槽型确定。

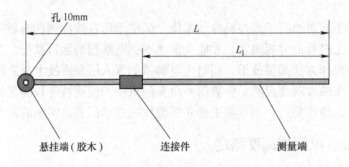

图 7-2　不锈钢测量棒示意图

（2）测量方法。

1）将充分预热后的测量棒测量端插入测量洞，悬挂端挂于电解槽上事先设定的挂点上；

2）5~10s 后快速取出测量棒；

3）将测量棒置于地面，用钢板尺量取连接件下沿到电解质上液面间的高度（H_0）及连接件下沿到电解质-铝液分界线间的高度（H_z），如图 7-3 所示，并做好记录，分别通过式（7-1）、式（7-2）计算电解质高度（H_b）及铝液高度（H_m）。

（3）计算方法。

$$H_b = H_z - H_0 \tag{7-1}$$
$$H_m = H - H_z \tag{7-2}$$

式中　H_b——电解质高度，cm；

　　　H_m——铝液高度，cm；

　　　H——一设定值，即连接件下沿至炉底的高度，cm；

　　　H_0——连接件下沿至电解质上液面间的高度，cm；

　　　H_z——连接件下沿至电解质-铝液分界线间的高度，cm。

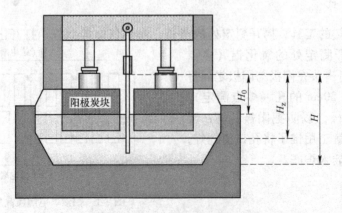

图 7-3　铝液高度、电解质高度垂直悬挂测量法示意图

7.1.5 侧插测量法

（1）测量工具。钢棒测量钎：由直径 18mm 的钢棒制成，测量端与把手端形成一定角度。测量端、把手端长度及角度可根据不同槽型确定，便于操作即可，如图 7-4 所示。使用该测量工具测量时，其测量点不限于出铝口，既可作为日常单点测量，也可作为槽内铝量测量时的多点测量，可用水平仪、钢板尺。

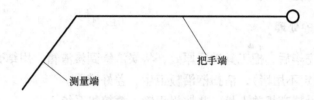

图 7-4 钢棒测量钎示意图

（2）测量方法。

1）将充分预热的测量钎测量端插入炉底，将水平仪置于测量钎把手端并保持水平；

2）持续 5~10s 后，快速取出测量钎；

3）一人按照测量时测量钎的放置状态将测量钎测量端放在水平地面上，水平仪保持水平，另一人用钢板尺，量取液体凝固线总高度 H_0 及铝液凝固线高度 H_m，做好记录。铝液高度、电解质高度侧插测量法示意图如图 7-5 所示。数据测量示意图如图 7-6 所示。

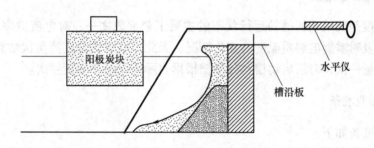

图 7-5 铝液高度、电解质高度侧插测量法示意图

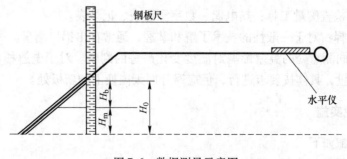

图 7-6 数据测量示意图

（3）计算方法。

按式（7-3）计算电解质高度：

$$H_b = H_0 - H_m \qquad\qquad (7\text{-}3)$$

式中　H_b——电解质高度，cm；

　　　H_0——测量的液体凝固线总高度（铝液高度与电解质高度之和），cm；

　　　H_m——铝液高度，cm。

7.1.6　测定完毕后的处理

（1）全部测定完毕后，把工具送回原处，将炭渣铲到炭渣箱，用结壳块将测定洞堵好（出铝口处的一点测定不用堵），清扫槽沿板卫生，盖好槽罩。

（2）把测定记录提交相关人员，并按规程输入槽控机系统。

（3）对两次测量高度相差 2cm 以上的电解槽重新进行测量。

7.1.7　注意事项

测量中若出现下列情况，应暂停测量：

（1）发生效应时。

（2）出铝作业时。

（3）换极作业时。

（4）抬母线作业时。

7.2　电解质温度测量

电解质温度是反映电解槽的运行状态的主要工艺参数之一，对电流效率的影响较大，管理人员必须及时掌握电解质温度的变化情况。因此，电解质温度测量次数频繁，一般每日每槽至少测量一次，对新启动槽和异常槽根据实际情况增加测量频次。

7.2.1　测量作业准备

测量作业准备如下：

（1）确认测量槽号。

（2）检查被测槽的阳极效应发生时间，对测量前三个小时内发生效应的电解槽进行记录。

（3）准备并检查测量工具：热电偶、数字测温表、记录表。

（4）测点选择：对于一般性的技术了解和掌握，通常在出铝口测量。尽量在固定点测量，可以避免不同测点处的温差影响对温度变化趋势的判断。对于电解槽温度场的研究，必须选择多点测量，具体按要求进行，但应避开两天内换上的新极处。

7.2.2　测定作业实施

测定作业实施如下：

（1）把出铝端盖板中任一块移开 20cm 的宽度。

（2）操作气缸控制杆，打开出铝洞。

（3）握住手持式热电偶，从出铝洞口插入热电偶，目测插入热电偶的深度约5~10cm，角度30°~60°（如图7-7所示）。

（4）打开数字测温表的开关，待数字测温表显示稳定，记录温度。

（5）取出热电偶，盖好出铝端盖板。

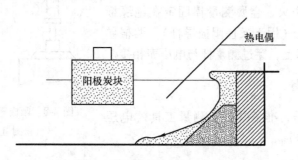

图7-7　电解质温度测定示意图

7.2.3　测量完毕后的处理

（1）所有测量工作结束后，收拾工具，放到指定的地点。

（2）将测量值及被测槽号、时间、槽电压、效应后的时间等一并记录。

（3）把测量记录提交相关人员，并按规程输入到槽控机系统。

7.2.4　注意事项

（1）须终止测量的情况。当出现下列情况，如降电流、停电、发生阳极效应，或被测量槽正在进行换极、出铝作业时须终止测量。

（2）测量值异常的情况。当出现测量温度在900℃以下或1000℃以上，或测温表的数字显示不稳定、摆动大，要取出热电偶，查看热电偶是否损坏，如损坏应更换新的热电偶。

7.3　阳极电流分布测量

在预焙电解槽生产过程中，阳极电流分布的测量是最常进行的。电解槽焙烧时，每天必须进行全部阳极电流分布测量，以检查阳极导电情况；生产槽新阳极换上16h后必须测量电流承担量，检查阳极高度设置情况，以便进行调整；生产槽一旦出现槽况异常（电压针振）或阳极病变，首先进行检查的项目便是阳极电流分布。因此，阳极电流分布的测量工作天天有、班班有，要求从操作工人到现场技术管理人员人人会做。

7.3.1　测量原理与测量工具

测量等距离阳极导杆上的电压降。由于阳极铝导杆的横截面积相等，等距离上的电压值也基本相等。当电流通过阳极导杆时，便产生电压降，通过测量等距离上的电压降大小，便反映出通过导杆的电流多少，不必进行数字转换。

主要测量工具为电压表和等距压降测量叉。

电压表用量程为 25mV、50mV 两档的普通电压表（现场叫毫伏表），一般用 25mV 量程。为了屏蔽磁场影响，通常将电压表装在一铁盒内，正面开了矩形孔，以便观察读数。

测量叉及测量方式如图 7-8 所示，测量叉手柄用螺丝固定在绝缘板中央，金属测量棒固定在绝缘板两端，形成一矩形叉（用于叉住阳极导杆），两根导线分别接在两测量棒上，穿过测量杆与电压表相接。

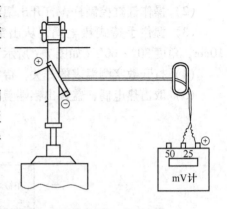

图 7-8   阳极等距压降测量叉及
测量示意图

7.3.2   测量作业准备

确认测量的炉号，准备并检查测量工具（电压表、测量叉、记录本）。

7.3.3   测量作业实施

测量作业实施如下：

（1）将导线连接在电压表的正极和 25mV 的接线柱后，水平放置在电解槽盖板上，观察数字电压表读数是否为零。

（2）使测量棒的正极端朝铝导杆的上部，然后使正极和负极端与铝导杆完全接触（如图 7-8 所示）。

（3）从电压表的零位开始，以 0.1mV 为单位读数并记录（按极号记录清楚）。

7.3.4   测量完毕后的处理

（1）把工具送回原定位置。

（2）测量数据处理：计算全槽全部阳极电流分布测量值的平均值。在平均值的两头取一区间，作为合格范围。测量值在 2.0mV 以下的要查对该极的更换时间，超出合格范围的应视情况进行调极。

（3）把测量记录提交相关人员，并按规程输入到槽控机系统。

7.3.5   须终止测量的情况

须终止测量的情况包括：测量槽发生阳极效应时；对地电压异常时；降电流时；出铝时；阳极更换时；抬母线时。

7.4   阳极压降测量

测量阳极压降的主要目的是为技术改进提供资料，因而只在需要时进行测量。

7.4.1   测量作业准备

确认测量的槽号；准备并检查测量工具（电压表、测量棒、导线、扫把、铝耙、炭渣瓢、多功能天车、记录纸）；预热需要的工具。

7.4.2 测量作业实施

测量作业实施如下：

（1）连接电压表。用导线将正、负极测量棒分别连接到电压表的正、负极。

（2）打开测量洞。取下测量处的槽盖板；用铝耙扒开测量处的氧化铝；用多功能天车打击头在测量处的每对阳极之间打开直径约20cm的洞；用炭渣瓢打捞炭渣。

（3）测量阳极压降。将正极测量棒插在阳极爆炸焊片上；将负极测量棒钩住阳极的底面；当电压表稳定时以1mV为单位读数记录；负极测量棒在使用2次后必须更换，等完全冷却之后才能再使用。

（4）测量阳极电流分布。进行阳极压降的测量必须同时进行阳极电流分布的测量。

7.4.3 测量完毕后的处理

（1）测量结束后将工具送回指定的位置，用结壳块将测量洞堵好，清扫槽沿板卫生，盖好槽盖板。

（2）处理测量数据：

1）计算全槽全部阳极的阳极压降测量值的合计值与平均值。

2）用各阳极的阳极电流密度分布测量值（即等距压降值）作为加权系数，计算电解槽阳极压降的加权平均值作为被测槽的阳极压降值。以全槽有24个阳极为例，阳极压降为：

$$V_{\text{阳极压降}} = (I_1 \times V_1 + I_2 \times V_2 + \cdots + I_{24} \times V_{24})/(I_1 + I_2 + \cdots + I_{24}) \tag{7-4}$$

式中，I_1、I_2、$\cdots$、I_{24}为24个阳极的阳极电流分布测量值（即等距压降值）；V_1、V_2、$\cdots$、V_{24}为24个阳极的阳极压降测量值。

3）把测量记录提交相关人员，并按规程输入到槽控机系统。

7.4.4 须暂停测量的情况

当测量槽发生效应时，或对地电压异常时，或降电流时，或出铝时，或槽电压异常时暂停测量。

7.5 极距测量

正常生产中不经常测量极距，因为极距正常与否可以通过电解槽的槽电压稳定性反映出来，但当需要获取资料用于全面分析与优化电解槽的设计，或全面分析与优化槽况及工艺技术条件时，需要进行此项测量。极距测量示意图如图7-9所示。

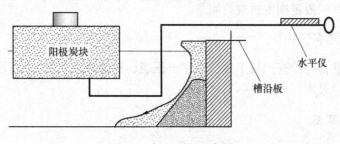

图 7-9　极距测量示意图

7.5.1　测量作业准备

测量作业准备如下：

（1）确定测量的槽号。

（2）准备和检查测量工具（多功能天车、铝耙、测量棒、水平仪、钢尺）。

7.5.2　测量作业实施

测量作业实施如下：

（1）根据测量需要确定测量点。

（2）取出测量处的槽盖板。

（3）用铝耙扒开测量处的氧化铝。

（4）用天车打击头在测量处的每对阳极间，打开直径20cm左右的洞。

（5）捞出洞中的结壳块和炭渣。

（6）将水平仪放在测量棒上，放入槽内，弯头顶住阳极底掌，保持水平仪水平。

（7）持续时间约5~10s，快速取出测量棒，测量棒从炉内取出，将测量棒放在槽沿上，以0.5cm为单位测出高度。

（8）依此测量其他点。

7.5.3　测量完毕后的处理

（1）堵好测量洞，盖好槽盖板，操作排风量转换阀门复位，收拾好现场卫生。

（2）计算与记录：记录测量时槽电压及阳极状况（上槽多少天）；计算并记录全槽极距的平均值。

（3）把测量记录交给相关责任人，并输入槽控机系统。

7.5.4　须终止测量的情况

当测量槽发生阳极效应时，对地电压异常时，降电流时，出铝时，抬母线时，暂停测量。

7.6　阴极压降测量

电解槽在运行过程中，槽底会形成沉淀和结壳，阴极炭块的性质会发生变化，一旦阴极炭块出现裂纹会使阴极钢棒和炭块间的电阻增加，使阴极压降大幅度增加。测量炉底电压降，既可了解炉底变化情况，为正确调整技术条件提供依据，也可为改进电解槽砌筑安装积累资料，因此一般定期安排进行测量。

7.6.1　测量作业准备

确认槽号，准备并检查测量工具（数字电压表、补偿导线2根、测量棒2根、多功能天车、炭渣瓢、记录本）。

7.6.2　测量作业实施

测量作业实施如下：

（1）测量点选择。测量点数可根据需要决定，一般出铝洞口处，A、B两面有代表性的地方（例如，大面全长的1/2处）。

（2）连接导线。用导线将数字电压表和测量棒连接好，将用作负极的测量棒连接到电压表的负极接线柱，将用作正极的测量棒连接到电压表的正极接线柱。

（3）打开测量洞。预热需要预热的工具，打开出铝口测量点的槽盖板，用炭渣瓢打捞结壳块及炭渣。

（4）进行测量。如图7-10所示，先使接负极的测量棒插在测量点对应的阴极钢棒与软母线的接合点；再使接正极的测量棒呈约45°的角度与炉底接触，注意测量棒不能与阳极接触；在电压表读数稳定后以10mV为单位读数记录；每个测量点进行两次测量。

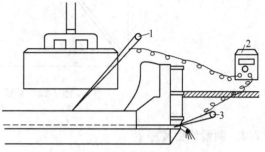

图7-10　炉底电压降测量示意图
1—正极棒；2—数字电压表；3—负极棒

7.6.3　测量完毕后的处理

（1）用结壳块堵好测量洞，清扫槽沿板卫生，盖好槽盖板，把工具送回指定地方放置。

（2）计算本次测量过程中两次测量值的平均值。

（3）把测量记录提交相关人员，并按规程输入槽控机系统。

（4）本次测量值与前一次的测量值超过±50mV的差值时，或本次测量过程中两次测量值相差大于5%时，要重新测量。

7.6.4　须暂停测量的情况

当测量槽发生效应时，或对地电压异常时，或降电流时，暂停测量。

7.7　侧部炉帮、伸腿测量作业

现代预焙槽处于正常运行状态时，侧部炉帮、伸腿一般比较稳定，并且炉帮、伸腿不规整也表现为槽电压的稳定性变差，因此炉帮、伸腿不需要经常测量，但当需要获取资料用于全面分析与优化电解槽设计（特别是热场设计），或全面分析与优化槽况及工艺技术条件时，就要进行此项测量。

7.7.1　测量作业准备

确认测量的槽号，准备并检查测量的工具（炉帮厚度测量棒（如图7-11所示）、伸腿

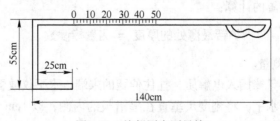

图7-11　炉帮厚度测量棒

长度测量棒（如图 7-12 所示）、水平仪、刻度尺、铝耙、天车、炭渣瓢、大钩、记录纸）。

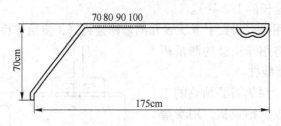

图 7-12　伸腿末端测量棒

7.7.2　测量作业实施

测量作业实施如下：

（1）选择测点。一般至少在 A、B 两侧各测 3 个点，大型槽则每侧各测 5 点（以每侧有 20 块阳极的大型槽为例，测点在阳极 2~3，6~7，10~11，14~15 和 18~19 之间）。

（2）打测量洞。预热需要预热的工具；取下测量处的槽盖板；用铝耙扒开测量处的氧化铝；用天车打开测量洞，洞的位置为大面距侧部炭块约 20cm 处，洞的尺寸为长 20cm，宽 30~40cm；用大钩检查打开的洞，如果有结壳块掉入洞内的要把它捞出（为了减小测量的误差）；用炭渣瓢打捞炭渣。

（3）炉帮最薄处位置的测量。

1）将水平仪放置在测量工具上，插入炉内，使棒的顶端与侧部炉帮最薄处贴合，保持水平仪水平。

2）用刻度尺垂直于槽沿板内侧，以 1cm 为单位读数、记录测量棒零位到刻度尺为止的长度（如图 7-13 所示）。

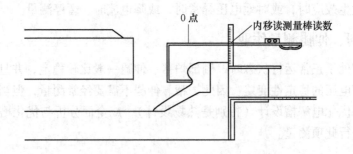

图 7-13　炉帮最薄处的厚度测量示意图

3）炉帮最薄处位置的计算：

$$炉帮最薄处的厚度 = 测量棒读数$$

（4）伸腿长度的测量。

1）把伸腿末端测量棒插入电解质，挂住伸腿的末端，水平仪放置在测量棒上。

2）保持水平仪的水平，将刻度尺垂直在槽沿板的内侧，以 1cm 为单位读数、记录测量棒上的刻度（如图 7-14 所示）。

3）伸腿末端位置的计算：伸腿末端的长度（简称伸腿长度）＝测量棒读数。

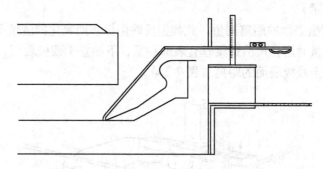

图 7-14 伸腿末端位置（长度）测量示意图

7.7.3 测量完毕后的处理

（1）测量全部完成或终止后，把工具送回原处，用结壳块堵好洞口，清扫槽沿板卫生，盖好槽盖板。

（2）在侧部炉帮形状记录纸上记录测量值。

（3）将结果交给相关人员，并输入槽控机系统。

7.7.4 测量暂停的情况

被测槽发生效应的时候，或对地电压异常的时候停止测量。

7.8 残极形状测定

残极形状测量，是检验阳极使用情况的一个重要手段，也是为改善阳极质量积累第一手资料。因此，当阳极质量或使用效果有波动，或需要全面分析阳极使用情况时，往往需要进行此项测量。测量范围包括残极长、宽、高，钢梁到残极表面的距离。

7.8.1 测定作业准备

测定作业准备如下：

（1）确认测定块数。

（2）准备并检查测定工具（直尺、直角刻度尺、水平器、电解质箱、打壳凿子、铁锹、竹扫把、记录本等）。

（3）打掉残极表面的结壳块，并清扫干净。

7.8.2 测定作业实施

测定作业实施如下：

（1）残极的长度测定。用直角刻度尺钩住残极的长侧，尺下表面顺长度方向紧贴阳极表面，以 1cm 为单位读数并记录（如图 7-15 中 1 所示）。

（2）残极的宽度测定。用直角刻度尺钩住残极的短侧，与测长度的方法一样读数、记录（如图 7-15 中 2 所示）。

（3）残极高度测定。把直尺的一端放在残极表面并触及钢爪，将水平器放在直尺表面并保持水平，使刻度尺与直尺相互垂直，以 1cm 为单位读数到交点处并记录数据（如图 7-15 中 3 所示）。

（4）钢梁到阳极表面的距离测量。此数据反映阳极表面氧化掉渣情况，可间接表明阳极抗氧化性能。测量时用直尺沿钢梁垂直表面贴紧，下端立于残极表面，以 0.5cm 为单位读数记录钢梁下沿至残极表面的距离（图 7-15）。

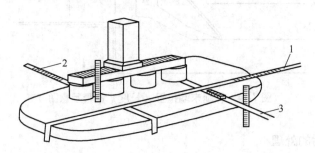

图 7-15　残极形状测定示意图
1—长度；2—宽度；3—高度

7.8.3　测定完毕后的处理

（1）全部测定结束，把工具送回原处。

（2）测定数据处理与记录：计算长度、宽度、高度、钢爪与阳极间的平均值，并记录下来。

（3）把测定记录交给相关人员，并输入计算机系统。

7.9　炉底隆起测定

电解槽每运行一段时间，或者发现炉底明显变形时，需进行炉底隆起的测定。目的是作为调整槽电压、铝液高度及电解槽规程的资料，作为决定停槽的资料，作为检查阴极恶化程度的资料。

新槽启动前应进行阴极面基准高度（从槽沿板到阴极的距离）的测定，并将计算结果作为资料存档，作为以后计算炉底隆起高度的基准值，其测定方法与测量炉底隆起相同，因此不另行介绍。

7.9.1　测定作业准备

确认测定槽号；准备并检查测定工具（炉底隆起测定棒、刻度尺、铝耙、扫把、天车、大钩、炭渣瓢、记录本）；在炉底隆起测定棒上记录阴极面基准高度及前一次的炉底隆起测定值。

7.9.2　测定作业实施

测定作业实施如下：

（1）测定位置。一点测量一般选择 A 侧大面全长的 1/2 处（即槽横向中心线处）；多点测量根据需要确定（根据多点测定结果可绘制炉底状态图）。

（2）打开测定洞。预热需要预热的工具；取下测定处的槽盖板；用铝耙扒开测定处的氧化铝；用天车打击头打开直径约20cm的测定洞；用大钩检查测定洞处的炉底，如果有结壳块掉入洞内的要把它捞出（为了防止测定的误差）；用炭渣瓢打捞炭渣。

（3）进行测量。将测定棒插入炉内，在测定棒的水平端放上水平仪并使之水平，确认水平仪水平、测定棒顶端和阴极面贴合（如图7-16（a）所示）；用刻度尺以0.5cm为单位读数并记录槽沿板到测定棒的间距（Y值）。

将测定棒从炉底取出，放置在地面上，保持水平仪的水平（如图7-16（b）所示）；确认水平仪的水平，用刻度尺以0.5cm为单位读数并记录地面到测定棒的间距（X值）。

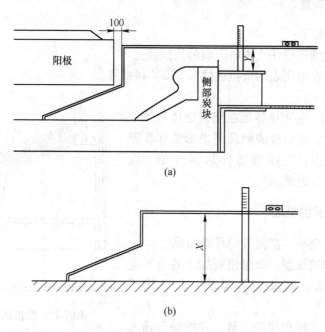

图7-16 炉底隆起测量示意图

（a）测量并记录槽沿板到测定棒的间距（Y值）；

（b）测量并记录地面到测定棒的间距（X值）

7.9.3 需重新测定、暂时终止或延期测定的情形

（1）与前次的测定值相比，差值超过±3cm的情况要进行再测定。

（2）在下列情况：对地电压异常时；测定槽发生效应时；测定处刚换了新极（在7天后测定），要暂时终止或延期测定。

7.9.4 测定完毕后的处理

（1）全部测定完毕，将工具放到指定地点，用结壳块将测定洞堵好，清扫槽沿板的卫生，盖好槽盖板，操作排风量转换阀门复位。

（2）数据计算与记录：炉底隆起＝阴极面基准高度－（$X－Y$）。

（3）把记录提交相关人员，并按规程输入到计算机系统。

7.10　阴极钢棒电流分布测量

该项测量既为阴极工作状况分析提供资料，又为改进电解槽砌筑安装积累资料，因而一般在有此需要时进行测量。

7.10.1　测量作业准备

确认测量的槽号，检查测量用具（测量棒 2 根、电压表、导线、记录本）。

7.10.2　测量作业实施

测量作业实施如下：

（1）把导线接到屏磁铁盒内电压表的接线柱上。

（2）导线连接在电压表的负接线柱和 50mV 接线柱。

（3）进行测量。

如图 7-17 所示，将正极棒插在阴极钢棒与软带母线压接处的 A 点；将负极棒触及阴极母线和软带母线的焊接处 B 点；电压表指针从零开始，以 0.1mV 为单位读数、记录。

7.10.3　测量完毕后的处理

（1）全部测量完毕，把测量用具送回原处。

（2）测量数据的处理：测量值需加上各自对应软母线的补正系数；测量值补偿后，求出其平均值。

（3）把测量记录提交相关人员，并按规程输入到槽控机系统。

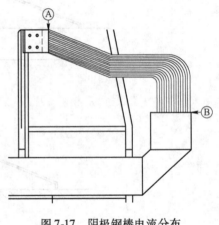

图 7-17　阴极钢棒电流分布测量示意图

7.10.4　测量须暂停的情况

测量须暂停的情形包括：测量槽发生效应时；对地电压异常时；降电流时；正在测量槽的操作面进行作业时。

7.11　阴极钢棒、槽底钢板温度测量

本项测量的目的是为初步了解阴极工作状况及为导电情况提供资料，因此在需要时进行测量。

7.11.1　测量作业准备

确认测量的槽号，准备并检查测量用的工具（红外线测温仪、记录本）。

打开红外测温仪上开关，按"MODE"键→"EMC"键将介质基数调到"E = 0.95"（钢铁测量），按"MODE"键→"MAX"进行测量。

7.11.2 阴极钢棒、侧壁温度测量作业的实施

阴极钢棒、侧壁温度测量作业的实施如下：

（1）手持红外线测温仪，在风格板上距阴极钢棒头1m的距离测量。

（2）测量点在阴极钢棒与软带母线接头往里2cm处。

（3）侧壁温度测量点选在两阴极钢棒之间中点向上，电解质和铝水界面处，在测量前要对测量点进行标识。

（4）以1℃为单位读数记录。

（5）测量点必须没有杂物及厚的氧化铝覆盖，如有必须清除后再测量。

7.11.3 槽底钢板温度测量作业的实施

槽底钢板温度测量作业的实施如下：

（1）选定测量点：每组阴极对应的钢板测量三个点，即A面端头往B面50cm处，B面端头往A面50cm处，槽纵向中心线对应点。

（2）以1℃为单位读数记录。

7.11.4 测量完毕后的处理

（1）将工具放回指定位置。

（2）将测量记录提交相关人员，并按规程输入槽控机系统。

7.11.5 测量须终止的情况

测量须终止的情况包括：测量槽正在进行换极作业时；停电、限电时；被测槽发生效应时。

复习思考题

7-1 请简述铝水平和电解质水平的测试方法及注意事项。

7-2 请简述电解槽温度的测试方法及注意事项。

7-3 请简述阳极电流分布的测试方法及注意事项。

7-4 请简述阴极压降的测试方法及注意事项。

7-5 请简述阴极电流分布的测试方法及注意事项。

8 电解铝生产异常情况及处理

8.1 正常生产槽的特征

电解槽经过焙烧、启动、启动初期和启动后期以后进入正常生产管理周期。一般而言，进入正常生产周期的电解槽具有以下几种特征：

（1）电解槽的各项技术参数已达到了规定范围，建立了稳定的热平衡和物料平衡制度。

（2）电解槽四周内衬上已牢固地形成电解质-氧化铝结壳（电解质中的部分俗称为炉帮，铝液中的部分俗称为伸腿）。炉帮和伸腿尺寸适中、均匀，形成了规整的炉膛内型。

（3）电解槽槽壳表面各部位温度正常、均匀，无局部温度偏高，无槽壳发红现象。

（4）阳极工作正常，无氧化、无掉块、无长包。

（5）电解质干净，流动性好，阳极周边的电解质均匀沸腾，电解质与炭渣分离良好。

（6）从火眼喷出的火苗颜色清晰有力，火苗颜色呈淡紫蓝色或稍带黄线。需要指出，现代预焙槽电解铝生产中，由于每一台电解槽都有多组阳极，且各阳极的工作状态不尽相同，因此火苗的状况更多的是体现的其附近阳极的工作状态。在这种情况下，火苗正常不一定整个电解槽都工作正常，但是火苗不正常的电解槽槽况肯定存在一些问题。

（7）阳极底下没有沉淀或有少许沉淀，阳极表面结壳完整，无塌壳、冒火，结壳疏松好打。

（8）电解质与铝液分离良好，用铁钎插入槽内，取出后，可看到电解质与铝液分层清晰。

（9）阳极效应可控、受控。

总之，当电解槽正常运行时，其工艺技术条件以及其他外在特征均在某一正常范围。这一范围既跟电解槽自身的设计有关，又与电解铝生产管理等因素有关。

当铝电解槽工艺技术条件中的某项或某些参数偏离了正常范围时，均可以视为槽况异常。当电解槽出现异常，特别是电解槽赖以正常运行的两大条件——热平衡和物料平衡遭到严重破坏时，其技术经济指标严重恶化，便形成人们常说的"病槽"。

按技术条件是否异常来归类，异常槽况可分为：槽电压（槽电阻）异常、氧化铝浓度异常、槽温异常、分子比异常、电解质高度异常、铝液高度异常、效应系数异常等。但此种分类方法不易表达病槽的主特征，因此人们结合生产实践按病槽的主要特征进行分类，例如槽电压异常（包括电压摆等）、热平衡异常（热行程与冷行程）、物料平衡异常、阳极故障（阳极长包、阳极脱落和阳极裂纹等）、炉膛异常、其他类型的病槽（如难灭效应、电解质含碳或生成碳化铝、滚铝等）。

8.2 电压摆

8.2.1 电压摆的定义

电压摆是电解铝生产中的一种常见现象。顾名思义，电压摆是指电解槽的电压在一定时期内出现的幅度较大或频率较高的波动。

8.2.2 电压摆的原因

电压摆的发生除与槽子运行状况和技术条件的控制有关外，还与各种作业的作业质量有密切联系。运行状况和技术条件造成电压摆多发生在各类病槽上。

铝电解槽立柱母线、阳极母线和阴极母线等所有导电部件在通过强大的直流电时，在其周围会产生强大的磁场。磁场与铝液中的电流发生作用，产生电磁力。其中，垂直方向的电磁力使铝液表面隆起或凹陷，水平方向的电磁力使铝液运动加速。铝液表面隆起或凹陷会引起极距的变化，进而使电解槽表现出电压摆，而在其他条件一样的情况下，铝液运动速度越快，铝液的流动状态越有可能变为不稳定，进而在铝液中产生较为剧烈的漩涡。这也将导致铝液表面的波动，引起电压摆。当炉膛不规整时，这一情况将更为明显。

生产中经常遇到电压摆往往是由于阳极电流分布不合理造成的。当阳极的导电量与对应区域阴极的导电量相当的时候，通过阳极的电流基本能够直接从下方的阴极导出。否则，若阳极的导电量大于对应区域阴极的导电量时，阳极过剩的电流将被从其他阴极导出。这就使槽内产生较大的水平电流，电解槽内磁场发生改变，槽内各部位的熔体所受电磁力发生变化，引起铝液不规则运动，出现起伏波动，极距发生瞬时变化，而使电压发生摆动。

造成阳极电流分布不均的主要原因有：

（1）阳极位置设置不合适，个别阳极设置过低，或局部区域阳极电流集中。

（2）A、B 两面阳极导电不均，出现偏流。

（3）A 面、B 面各分成两段母线的电解槽，由于两段水平母线阳极导电不均，出现偏流。

（4）阳极长包。

（5）个别或部分阳极下滑。

（6）炉膛不规整，侧部炉帮不完整，局部水平电流过大。

（7）炉底沉淀过多，结壳严重，造成炉底电流分布不均。

（8）电解槽中各区域电解质中氧化铝浓度不均匀。

（9）系列电流不稳定，或因阳极更换（AC）、抬母线、出铝（TAP）、熄灭阳极效应等作业过程中的不规范操作的影响。

（10）阳极母线倾斜、移位。

（11）铝水平低、槽内在产铝不足。

（12）槽温、分子比偏低。

8.2.3 电压摆的危害

电压摆会对电解生产带来许多不利影响，主要有以下几个方面：

（1）发生电压摆时，为保持电压稳定需拉大极距，槽电压升高，增加电能消耗。

（2）发生电压摆时，电解槽内铝的二次反应加剧，降低电流效率。

（3）电压摆会破坏电解槽的正常技术条件，如槽温上升，电解质水平上升等。这不但增大电解质挥发，增加物料消耗，恶化工作环境，还可能导致阳极化爪而降低产品质量。

（4）电压摆会破坏炉膛而使其变得不规整，不规整的炉膛将加剧电压摆。

（5）若电压摆处理不及时或处理不当，将导致滚铝等其他问题。另外，处理电压摆会增加作业人员的劳动量。

8.2.4　处理电压摆的一般方法

目前大型预焙阳极电解槽都采用计算机控制，当电解槽发生电压摆时，计算机会发出语音广播，并自动提升电压。通过计算机提升电压处理电压摆只能使电压摆暂时减弱或缓解，而不能从根本上消除。要从根本上消除电压摆，必须找准原因并采取针对性的措施加以排除，才能真正达到处理电压摆的目的。

处理电压摆槽的一般程序如下：

（1）当厂房内的自动语音提示广播或计算机显示某槽发生电压摆时，相关操作人员应立即赶到该槽的槽控机前。一般情况下，此时计算机已自动提升阳极。操作人员根据槽控机上的电压实时信息，分析判断电压摆的严重程度。如果电压摆幅度较大，可以手动缓慢提升电压，以促使电压稳定下来。但应注意，最高不能超过规定的提升上限。

（2）巡视电解槽，观察是否有阳极下滑，火苗颜色是否异常，电解质是否正常。阳极下滑的，应先将下滑阳极提升到原位。

（3）在电压稳定时（以槽控机电压摆信号灯自行熄灭为标志）测量阳极电流分布。如电压摆幅较大且计算机自动反复升降阳极，则应关闭电解槽自动 RC 或将槽控机转换到手动状态，然后提升阳极，电压稳定后测量阳极电流分布。

（4）根据现场观察，结合阳极电流分布测量数据、电解槽近期工艺参数、电解槽电压曲线以及氧化铝浓度曲线，分析判断电压摆的原因，确定进一步处理的方法。

（5）对于氧化铝浓度异常偏大的，应通过设定等待效应或增加 NB 间隔时间来校正氧化铝浓度；对有阳极效应趋势的，应及时向槽内补充氧化铝。对有两段水平母线的电解槽，若两段母线不平且较低段母线对应的阳极电流分布明显较大时，应根据情况提升较低的水平母线。如两段母线高度偏差较大，可分多次提升。

（6）如需采用调整阳极的处理方法，应将需调整的阳极适当上调（综合考虑正常极距和电流分布偏差后，确定上调高度，一般上调 1~2cm），并重新画线。调整时应综合考虑电解槽状况，使阳极电流分布与对应区域阴极电流分布相匹配，减小槽内水平电流，改善磁场分布，促使铝液静息，保持电压稳定。

（7）通过槽电压观察电解槽运行情况，检验处理效果。如果调整正确，几分钟之后电压就会稳定下来。

（8）对电压摆幅度不大、摆动时间不长、经多方查找诱因不明确的槽子不要盲目调整阳极，要利用电解槽自身的自调节能力，使其向着有利于热平衡方向变化，让电压摆逐渐消除。

（9）如果由于下料故障等原因引起氧化铝含量不均匀而诱发电压摆，应先消除下料设备故障，电压摆现象会在氧化铝逐步消耗或补充过程中得到消除；如果是因为电解质流动性差，导致氧化铝含量不均匀而诱发的电压摆，应从改善电解质流动性能入手加以处理。

（10）如果电解槽电压波动是由于炉膛不规整所引起，而且摆动幅度较大，则应按照处理病槽的思路，制订长期计划，分阶段连续进行处理，直至改善电解槽的运行情况，从根本上消除电压摆诱因为止。

（11）如阳极反复升降，可关闭自动 RC。待电压稳定后，如果电压仍处在异常电压范围内，可采用手动降电压。分几次较缓慢下降电压，直至计算机可控范围内，开通自动RC，由计算机自动调整。

（12）适当调高电解质温度和分子比。

（13）铝水平低、槽内铝量不足的电解槽发生电压摆，要减少单槽出铝量或是灌入部分液体铝。

8.2.5 处理电压摆的注意事项

处理电压摆时应注意以下事项：

（1）电压摆槽抬电压时应注意防止阳极脱离电解质。

（2）阳极电流分布测量作业要在电压稳定时进行。否则，测量出来的数据难以真实反映阳极电流分布的实际情况。

（3）电压摆是大型预焙槽最常见的异常情况之一，也是影响电解槽长期稳定运行的重要因素。由于其诱因多，处理方法也不一样，处理不好会使槽况进一步恶化。因此，处理电压摆槽时，找准原因是最为重要的。只有找准原因，对症下药，才能得心应手地处理电压摆槽。

（4）若电压摆长时间未处理正常，应安排专人对电解槽各部位表面温度进行监控，防止出现漏槽。

（5）处理电解槽电压摆时，抬电压要快，降电压要慢。抬电压的幅度要看电压摆幅度而定，电压摆幅度越大，电压抬高幅度就越高。抬电压过慢，延长了电压摆时间，给生产造成的影响就更大。降电压过快，可能会诱发电压摆再次发生，增加处理难度。电压在高位稳定时可降快一点，降到计算机可控范围以后，最好由计算机自动控制。

（6）应遵循"全面测量勤，调整幅度小，电压升降慎"的原则，切忌过多过频地调整阳极。

（7）在炉膛状况不好，阴极电流分布偏差较大或极距偏差较大的情况下，一旦电解槽出现电压摆便难以处理。在这种情况下，只要将极距拉到足够大，就能有效规避炉膛不佳和极距偏差带来的影响，并且极距越大，效果越明显。因此，如经过多次处理电解槽电压摆仍不能被消除，应将调整过的水平母线和阳极恢复原位，灌入大量洁净的电解质，提高设定电压，使电解槽在较高电压的情况下保持基本稳定，为后续处理创造条件。当然，如条件允许，也可适当灌入一定量的铝进行配合处理。

（8）处理电解槽电压摆除了要有正确的方法外，还有许多处理技巧，这些技巧是靠平时的工作积累，因此处理电压摆槽要多动脑筋、多总结、多积累。

8.3　冷行程

8.3.1　冷行程的定义

电解生产过程中，由于一定时期内电解槽热收入小于热支出，电解槽内集聚的热量逐渐减少，电解质过热度低于正常控制范围，便形成冷槽。我们把这种现象称作电解槽进入了冷行程，这是电解槽能量平衡遭到破坏的一种表现。

8.3.2　冷行程的原因

按照冷行程出现的范围，有系列冷行程和单槽冷行程的差异。

系列电解槽普遍出现冷行程时，与系列电流过小有关。

单槽出现冷行程的原因不外乎两个方面：一方面由于热收入不足而引起，主要是槽电压过低造成电解槽热收入减少，具体是指产热的电压偏低。另一方面由于热支出增加而引起，主要可能因素有以下几个方面：铝水平过高，导致热散失量过大；添加氧化铝过多，吸热量过大；加工时炉面敞开时间过长，使炉温急剧下降；阳极与壳面上保温料严重不足，散热量过大；短时间内更换多组阳极，散热量过大等。

8.3.3　冷行程的表现

电解槽进入冷行程主要有如下表现：

（1）火苗呈暗红色，软弱无力。

（2）阳极气体排出受阻，电解质沸腾无力。

（3）电解质温度低、黏度大、流动性差、颜色发红，电解质水平明显下降。

（4）冷槽初期，电解质结壳厚而坚硬，中间下料口有时出现打不开的现象；然后，由于部分电解质偏析凝固，使液体电解质分子比降低而逐步酸化；进而，液体电解质排不出炭渣，而与电解质在表面结成黑色半凝固层。电解质电阻增大，极距变小，导致阳极电流分布偏离正常范围，进而出现电压摆。

（5）冷槽发展到一定程度后，电解槽便出现炉膛不规整、局部伸腿肥大、炉膛收缩、炉底沉淀增多，铝水平持续上涨，极距缩小。

（6）阳极效应频频突发，效应电压高，时常出现"闪烁"效应，效应熄灭难度大。

8.3.4　冷行程的危害

电解槽冷行程的危害主要有以下几个方面：

（1）破坏炉膛，沉淀增多，严重时会形成大面积结壳，大幅增加炉底压降，增加电耗。

（2）电解槽稳定性变差，一旦发展成电压摆、滚铝等病槽，会严重影响生产指标。

（3）冷槽处理不好，会转变为热槽。

8.3.5　处理冷行程的一般方法

实际生产中，必须根据具体情况，及时找出发病原因，施以正确的处理，使电解槽尽快恢复正常运行。一般的处理方法如下：

（1）加强保温，在阳极上和氧化铝壳面上多加保温料，减少热量损失。

（2）调整出铝制度，适当多出铝液以降低铝水平，减少炉底热传导损失。但在撤铝时要注意炉膛的变化，防止因铝水平过低诱发滚铝或压槽等异常事故的发生。

（3）适当提高槽电压，延长加料间隔；减小 AlF_3 添加量或暂停添加 AlF_3，缓慢回升分子比。对于初期冷行程的电解槽，只要及时发现苗头，适当提高槽电压，增加槽内热收入，一般都可恢复正常。

（4）电解槽内电解质严重不足时，可以灌入一部分温度较高的液体电解质。这既能提高槽温，又补充槽内电解质的量，增加对氧化铝的溶解能力，还避免了用其他方法调整电解质水平给电解槽热平衡带来的冲击。

（5）如槽内沉淀过多，应利用换极打捞沉淀，待槽温恢复并稳定后，也可专门打开炉面打捞沉淀。

（6）由于系列电流过低造成的冷槽，应调整供电制度，保持电流平稳，或调整与供电制度不相适应的技术参数。如果电流强度暂时达不到要求，则从调整技术条件、加强保温、减少热量散失等角度采取措施。

（7）利用换极时打开炉面的机会，用大钩钩拉炉底沉淀。一方面可以使沉淀疏松，便于熔化，另一方面在沉淀区拉沟后，铝液顺沟浸入炉底，可改善沉淀区域的导电性，使阴极导电趋向均匀。

（8）利用阳极效应和换极时多捞炭渣，促使电解质洁净，改善其电化学及物理性能。

（9）勤测阳极电流分布，及时调整，保证阳极正常工作和导电均匀，防止电压摆。

8.3.6　处理冷行程的注意事项

处理冷行程还要注意以下一些问题：

（1）严肃工艺制度，加强操作质量管理，防止人为原因加剧冷趋势。

（2）准确分析冷槽发生原因，有针对性地进行处理。

（3）处理冷槽不能急于求成，要采取"疗程"理念进行调整。

（4）冷槽处理要适度，不可处理过头，防止冷槽再转成热槽。

（5）处理过程中，及时利用计算机报表提供的信息和数据，正确分析判断，准确把握变化趋势，及时调整技术条件。这样，既可以使电解槽在较短时间内恢复正常运行，又能有效避免处理过头。

8.4　热行程

8.4.1　热行程的定义

电解生产过程中，由于一定时期内电解槽热收入大于热支出，电解槽内集聚的热量逐渐增加，使电解质过热度大于正常控制范围，便形成热槽。我们把这种现象称作电解槽进入了热行程，这也是电解槽能量平衡遭到破坏的一种表现。

8.4.2　热行程的原因

在生产中能够导致电解槽的热收入大于热支出的原因有以下几点：

（1）冷行程得不到及时处理，有可能转化为热行程。因冷行程一方面使电解质过度收缩，造成电解质单位体积发热量增多，很快使电解质温度由低升高；另一方面炉底沉淀多结壳严重，能引起炉底电压降增加而使槽底过热，增加铝的溶解损失，尤其在极距较低的情况下，进一步加速二次反应，增加热收入，从而使槽温显著升高。

（2）极距过高或过低都能引起热行程。极距过高，两极间的电压降增大，电能的热效应增加，槽内热收入过量，使电解温度增高。极距过低，虽然两极间的发热量减少，但铝的二次反应增加。当二次反应所产生的热量超过由于极距缩小而减少的发热量时，也易形成热行程。

（3）槽内铝量少，铝水平低，也是产生热行程的原因之一。因为铝量少铝水平低，导热能力则相对减少，热散失量较小，使电解质热量收入过剩，从而导致热行程。

（4）电解质水平过低也可能引起热行程。这是由于电解质水平低会造成大量沉淀，以致使阳极下面电解质电流密度过大，使相应区域的电解质过热，而槽底的导热性由于沉淀而变差，从而使槽中心热量越聚越多，最终演化为热行程。

（5）电流分布不均也能导致热行程产生。例如：阳极倾斜、阳极底掌不在同一水平上、中心长包、边部长包等，都能使这些部位的极距缩小，电流集中，引起局部过热，然后蔓延到全槽。

（6）阳极水平裂纹时也能引起热行程。因阳极电阻增加，在保持正常电压时，使极距过低，增加了铝的二次反应放出的热量。但是，如果试图保持一定极距，则会升高电压，同样会使电解质温度升高。

（7）电解质含炭或生成碳化铝是由热行程导致的，但是电解质含炭或有碳化铝生成会使热行程变得更加严重。

（8）阳极效应时间过长，或对效应处理不当，长时间不能熄灭也能引起热行程。

（9）电流强度与电解槽结构和技术参数不相适应也易产生热行程，尤其是在不具备条件的情况下强化系列电流或强化电流过程中管控不当均容易引发热行程。

8.4.3　热行程的表现及危害

电解槽热行程主要有以下外观特征：

（1）火苗黄而无力，电解质物理化学性质发生明显改变，流动性极好，颜色发亮，挥发增强，阳极周围电解质沸腾激烈，电流效率很低。

（2）炭渣与电解质分离不清，在相对静止的液体电解质表面有细粉状炭渣漂浮，用漏勺捞时炭渣不上勺。

（3）阳极氧化严重，炉帮变薄，伸腿变小，炉底沉淀增多。

（4）壳面上电解质结壳变薄，下料口结不上壳，壳面多处塌陷冒火。

（5）炉膛遭到破坏部分被熔化，电解质温度升高，电解质水平上涨，铝水平下降，电解分子比升高。测两水平时，电解质与铝液之间的界线不清，而且铁钎下端变成白热状，甚至冒白烟。

（6）阳极效应滞后发生，效应电压较低，不易熄灭。

（7）严重热槽时，电解质温度很高，整个槽无炉帮，无表面结壳，白烟升腾。电解质黏度很大，流动性极差，阳极基本处于停止工作状态，电解质不沸腾。

（8）氧化铝下料量下降，分子比升高，原铝质量下降。

8.4.4　处理热行程的一般方法

处理热行程的关键是要认真检查槽况，正确判断产生热行程的原因，根据实际情况采取针对性措施。否则，不但不能使电解槽恢复正常，反而能引起更多严重后果。一般检查的项目包括：首先校对电压测量仪表是否存在误差，然后检查电解质水平、铝水平、炉底沉淀和炉膛情况、槽电压保持情况、阳极电流分布情况，查看工作记录，了解效应情况。根据收集到的信息做出判断，拟定并实施对症处理办法：

（1）因设定电压过高产生的热槽，将电压适当降低即可减少电解槽体系中的热收入。

（2）因槽内铝水平过低引起的热槽，可采取减少出铝、灌入液体铝或向槽内加入固体铝的方法提高在产铝量，增加热的传导和散失。

（3）分子比高引起的热槽，适当多添加氟化铝，降低分子比。

（4）保温料厚的要适当减薄保温料；槽内炭渣多的要做好捞炭渣工作，始终保持电解质清洁；还要适当保持较高的电解质水平，增加电解槽的热稳定性。

（5）因极距过低，二次反应加剧引起的热槽，首先要将极距调至正常，减少二次反应，消除增加发热量的因素。

（6）槽内沉淀多，或因炉底结壳造成炉底压降大引起炉底发热而产生的热槽，要先处理沉淀，如通过调整技术条件逐步消除炉底沉淀。

（7）因电流分布不均匀形成的热槽，要查找电流分布不均匀的原因并采取措施消除。如因阳极某部位与沉淀接触引起的偏流，要处理该部位的沉淀；如因阳极长包或掉块引起的偏流，要尽快处理异常阳极。

（8）由于电解质含炭等原因导致电阻大引起电解质过热而形成的热槽，可以打开大面结壳使阳极和电解质裸露，加强电解槽上部散热。同时，向槽内添加氟化铝和冰晶石粉的混合料。混合料的熔化将吸收大量热量，降低槽温。添加的氟化铝则降低分子比，降低初晶温度并拉大过热度，增强散热能力。此外，降低分子比有利于炭渣的排除，净化电解质。

（9）严重的热槽，可以采取倒换电解质的方法来降低槽温。需要注意的是，绝不能用添加氧化铝来降低槽温。

（10）因病槽引起的热槽，要先采取措施使电解槽槽况稳定后再处理槽温高的问题。由冷槽恶化转变成的热槽，要分析判断原因，参照以上所述方法及时处理。

8.4.5　处理热行程的注意事项

热槽好转的标志是阳极工作正常，电解质沸腾有力，表面结壳均匀完整，炭渣分离良好。

热槽好转后，常常会出现炉底沉淀较多的情况，尤其是严重热槽，沉淀层厚度大，这种沉淀与冷行程的沉淀不同，它因炉底温度高，沉淀疏松不硬，所以易熔化。在恢复阶段，只要注意电压下降程度，控制好出铝量，适当提高效应系数，电解槽很快就可转入正常，但若控制不好，也很容易反复。所以，恢复阶段必须十分注意槽状况变化，精心做好各项技术条件的调整，使之平稳转入正常运行。

8.5　物料平衡的破坏

8.5.1　物料不平衡的类型及危害

物料平衡被破坏有两种形式：一是物料不足；二是物料过剩。但是这两种情况对电解槽的影响是一样的，都将会使电解槽走向热槽，是热槽产生的原因之一。

当电解槽氧化铝物料不足时，电解质中氧化铝浓度逐渐下降，阳极效应频频发生，产生大量热量使电解质温度升高，熔化伸腿和炉帮，炉膛增大使铝水平下降，出现热槽。如果电解槽在其他技术条件（如槽温、电解质水平、分子比等）都正常的情况下出现效应提前发生或增多次数，那么可断定为氧化铝物料投入不足，应及时缩短加料间隔，增加投料量，尽快满足电解过程的物料消耗的需要，防止因效应过多而使电解槽热平衡遭到破坏，成为热槽。

8.5.2　物料不平衡的原因及处理方法

引起物料平衡遭破坏的原因可以分为两大类：一类是下料故障，另一类是各种因素引起的下料控制异常。

8.5.2.1　下料故障的检查与处理

下料故障与事故包括下料器故障、下料孔（即由打壳锤头打开的槽料面下料通道）不通畅、壳面崩塌、人工作业引起大量额外下料等。

下料器故障（包括下料器堵塞、下料量严重偏离定容量）可能在槽控机报表上体现出来，例如存在下料器堵塞或下料量显著小于定容量的问题时，24h下料次数可能会显著高于正常范围（因为槽控机可能使用了较多的过量下料），当越出槽控机的可调范围时，可能引起效应系数显著增大。通过现场观察下料器的动作，或称量下料量，可确认下料器故障，应及时处理下料器。在下料器得到修复前，临时性地修改基准下料间隔（严重时采用定时下料）。

若在效应发生时发现下料器故障，例如打壳锤头没有动作，或下料孔不通畅造成氧化铝不能加入槽内，则用天车上的打击头在大面打开几个洞，并用天车加入氧化铝或用氧化铝耙扒阳极上氧化铝加入槽内后再熄灭效应；若下料口通畅，但没有氧化铝下料时，用氧化铝耙扒阳极上氧化铝加入槽内或用天车加入氧化铝到槽内后再熄灭效应，效应熄灭后，阳极上氧化铝被扒开的地方要用天车补充氧化铝，并修理下料器。

如出现壳面塌陷、人工作业引起大量额外下料等情形，根据严重程度，临时性地扩大基准下料间隔（严重时停止下料，直至等待效应发生）。

如发现下料孔堵塞，先要将上方的堆积料扒开，再利用槽控机上的手动打壳按键，使打壳锤头多次打击壳面，严重时借助其他处理措施，直到打开下料孔为止。更重要的是，平时巡查时及时发现问题并及时处理，这样便很容易打开下料孔。

8.5.2.2　下料控制异常的检查与处理

下料控制异常表现为氧化铝浓度控制效果不佳（如氧化铝浓度过低、效应频繁，或者氧化铝浓度过高、槽底沉淀与结壳严重），体现在槽控机班报与日报表上的有：累计下料次数异常、效应系数异常；体现在下料控制曲线上就是：控制曲线形状异常，如欠量下料偏多（即长时间处于欠量下料状态），或过量下料偏多等；体现在电解槽状态上就是：工艺技术条件会发生明显的波动。

下料控制异常与电解槽稳定性差、技术条件恶化往往互为因果，并形成恶性循环。下料控制异常往往有一个逐步积累的过程，因此通过调阅该槽的有关控制参数和历史曲线，可以分析导致控制效果变差的最初和最主要原因，或者分析是否存在不正确的参数设置，或现行参数设置是否不适应变化了的槽况。主要的处理措施包括：

（1）若属于控制参数设置不正确，应尽快改正。

（2）若槽电压稳定性很差（电压针摆严重），控制系统无法实施正常的氧化铝浓度控制，则应由相关技术人员与管理人员制定针对性的综合处理方案（如制定临时性的下料控制参数与电压控制参数设置方案），并通知现场作业人员监视调整后的效果，一旦恢复到可进入正常自控的状态，要及时恢复。

（3）若下料控制异常已经导致了非常严重的物料过剩与槽底沉淀，适当延长基准下料间隔，使沉淀得到消化，与此同时，可适当提高电解质高度，增加对氧化铝的溶解量，尽快消除沉淀，防止产生热槽。若已经产生了热槽，则应配合采用针对热槽的处理措施，使热平衡尽快恢复正常。

（4）若下料控制异常导致了物料投入严重不足（体现为效应显著增多），适当缩小基准下料间隔，尽快满足电解过程的物料消耗的需要，防止因效应过多而使电解槽热平衡遭到破坏，成为热槽。若已经产生了热槽，则应配合采用针对热槽的处理措施，使热平衡尽快恢复正常。

（5）若上述措施见到了效果，也还需要着眼于正常技术条件的恢复，否则只能治标，不能治本。

铝电解工艺主张创造条件使下料控制逐步回归正常，而不主张采用极端的人工措施处理，例如扒沉淀、长时间停料等，这些措施扰乱电解槽的动态平衡，并扰乱电解槽的正常控制过程，反而使电解槽不容易恢复正常状态。

8.6 压槽

因电解槽极距过低，或因炉膛不规整而导致阳极接触炉底沉淀或侧部炉帮的现象称为压槽。一般的压槽有两种情况，一种是极距过低；另一种是阳极压在沉淀或结壳上。其他原因造成的更为严重的压槽可能导致电解质外溢等后果，将作为电解生产事故在后续章节中介绍。本节所说的压槽是指一般性压槽。

压槽的外观特征为火苗黄而软弱无力，时冒时回；电压摆动，有时会自动上升；阳极周围的电解质有局部沸腾微弱或不沸腾现象；阳极与沉淀接触处的电解质温度很高而且发黏，炭渣分离不清，向外冒白条状物。

压槽产生的原因一方面是铝液水平低和电压低，但更主要的是由于电解槽的炉膛内型、沉淀和结壳的原因，有时个别槽即使保持很高的电压也可能出现压槽现象。所以，对炉膛内型不规整、伸腿宽大、沉淀多的电解槽，在出铝过程中必须时刻注意压槽问题。

　　如果是铝液水平低和电压低引起压槽，则只能抬高阳极，使电解质均匀沸腾，如果槽温过高，就按一般热槽加以处理。如果是阳极与沉淀或结壳接触而产生的压槽，处理时首先必须抬起阳极，使之脱离接触。电解质低要灌电解质，必要时也要灌液体铝，淹没沉淀和结壳。在电压稳定的前提下处理沉淀，规整炉膛，然后按一般热槽加以处理。出铝发生压槽时，要立即停止出铝，抬起阳极。如果电压摆动有滚铝现象，要将铝液倒回一部分使电压稳定；或者找出炉帮过空之处，用打下的面壳和大块电解质将炉帮补扎好，使铝液水平增高。但在滚铝槽上要严禁添加冰晶石粉和氧化铝，以免被铝液卷到槽底形成沉淀。同时注意不要把槽温降得过低。

8.7　电解质含炭

8.7.1　电解质含炭的定义

　　电解质含炭是指由于某些原因使电解质性质发生变化，电解质对炭粒的润湿性增强，电解质内的炭粒难以从其中分离出来的现象。

8.7.2　电解质含炭的危害

　　炭阳极由大小骨料炭、炭粉和黏结剂沥青组成。由于其中存在较大的气孔，且阳极各组成部分化学性能存在一定差异，导致沥青和炭粒容易被阳极气体和氧气氧化，而周围的骨料炭活性较小，不容易氧化，最后渐渐掉落下来，浮在电解质表面上形成一层炭渣，这种现象称为选择性氧化。阳极的选择性氧化是电解槽产生炭渣的主要原因。

　　铝电解槽炭阳极氧化掉渣的危害主要有以下几个方面：

　　（1）降低电解质的电导率。一般工业电解质中炭含量为 0.04% ~ 0.1% 时，对电解质电导率没有明显影响；当达到 0.2% ~ 0.5% 时，电解质电导率开始降低；达到 0.6% 时，电导率大约降低 10%。这不仅因为炭粒本身的电阻比电解质大，更因为当电流通过电解质中的炭粒时，在电解质与炭粒界面形成双电层，发生电化学反应而产生电位差，致使电解质电导率降低。工业电解质中 $1 \sim 10 \mu m$ 的颗粒，由于界面电位梯度的影响，几乎不导电。

　　（2）降低电解质对氧化铝的湿润性，减慢氧化铝溶解速度，容易形成氧化铝沉淀。

　　（3）使电解质发热，导致热行程。炭渣累积，电解质电阻增大，造成槽电压升高，热收入增加，逐步导致热行程，进而使电流效率下降，电耗、炭耗和氟盐单耗增加。

　　（4）阳极掉渣过多时，除阳极周围的炭渣层加厚外，还会在阳极的局部，特别是角部及底掌下聚集，严重时烧结成饼发育成包。阳极周边炭渣层造成电流（通过侧部炭素材料）短路，阳极底部的炭渣层会接触铝液造成短路。

　　（5）炭渣过多时，尤其是中缝炭渣堆积过厚时，影响氧化铝正常进入电解质。

　　（6）捞炭渣增加工人劳动量，且造成物料浪费。

8.7.3　电解质含炭的表现及原因

　　当电解槽由于某种原因使电解质性质发生改变，电解质对炭的湿润性增强，炭粒被包裹在电解质里而不能有效分离出来，即形成了电解质含炭。

　　通常来说，电解质含炭会有如下表现：

（1）电解质温度很高，发黏，流动性极差，表面无炭渣漂浮。

（2）火苗黄而无力，火眼无炭渣喷出，有时"冒烟"。

（3）在电解质含炭处不沸腾或发生微弱的滚动。

（4）提高电压时，有往外喷出白条状物现象。

（5）槽电压自动升高，发生效应时，灯泡暗淡不易熄灭。

（6）从槽中取出的电解质试料断面可看到均匀分布的炭粒。

电解质含炭的原因，主要是由于极距过低（这时电解质循环减弱，不能将电解质中的炭渣带出）、温度过高、阳极质量差、电解槽炭渣多、电解质脏等原因造成。尤其在压槽时最易引起电解质含炭，单纯的电解温度高是不容易含炭的。新启动电解槽或热行程电解槽时容易出现含炭。

8.7.4 处理电解质含炭的一般方法及注意事项

含炭对电解生产有非常严重的影响，发现电解质含炭要及时处理。处理方法如下：

（1）确认电解质含炭后，应立即抬高阳极，直至含炭处的电解质沸腾为止。抬电压幅度一般要比处理电压摆时稍大，要注意观察，阳极不能脱离电解质。

（2）根据观察到的现象，进一步判断和确定含炭区域。提出含炭部位的阳极，将炭渣捞出来。

（3）酸性电解质对炭的湿润性较差，能够促使炭粒与电解质分离并漂浮起来。因此将冰晶石与氟化铝混合后，分批加入到电解质含炭严重的部位，以降低分子比，改善电解质性质，促进炭渣分离，并降低电解质表面温度。每一次撒完上述混合料后，要及时将分离出来的炭渣打捞出槽，反复多次，直至将炭渣打捞干净。

（4）如果电解质水平不够高，应灌入适量的新鲜电解质。

（5）炭渣分离出来后，如槽温仍然偏高，为降低槽内电解质温度，可向槽内添加固体铝块，必要时也可采取少出或暂停出铝的办法以提高铝水平来增加散热，也可按照一般热槽的处理方法做进一步处理。

处理电解质含炭，要注意以下事项：

（1）当发生局部电解质含炭时，处理时使用工具要轻，不要轻易搅动电解质，以免造成炭渣扩散而使含炭范围扩大。

（2）随着炭渣的分离，电解质电导率提高，槽电压会自动下降，在炭渣没有完全分离出来以前不能降阳极，以免出现反复。

（3）在处理电解质含炭过程中，不能向槽内过量添加氧化铝，否则会造成含炭更难处理。

（4）处理含炭槽取出的电解质时，摆放时要做好标识，再利用时不能大量添加在同一台槽内，以免出现另一台含炭槽。

（5）含炭电解槽一般槽温上升，处理过程中要注意观察电解槽侧部槽壳和散热孔，有发红现象的要及时采取措施，防止漏炉。

（6）发生阳极效应时，电解质对炭的湿润性突然下降，促使炭粒从电解质里分离出来，故阳极效应起到了清理电解质中炭粒的作用。但电解质含炭时，槽温一般偏高，发生阳极效应时，不宜利用阳极效应分离炭渣，否则将加剧电解质含炭。

8.8　滚铝

在铝电解生产中，有时铝液以一股液流从炉底翻上来，然后又沉下去，个别情况还喷到槽外，这种现象叫滚铝。滚铝是由于磁场产生垂直向上的电磁力大到一定程度后造成的。

8.8.1　滚铝的原因及危害

发生滚铝时，不仅两极在相当大的范围内短路，同时铝的二次反应加剧，电流效率显著降低，滚铝还会导致难灭效应。此外，滚铝可能对人员、设备的安全构成极大的威胁。生产过程中，导致滚铝的可能原因主要有以下几种：

（1）炉膛畸形，炉底局部沉淀过多，结壳分布不均，炉帮伸腿过长、过于肥大等，使铝液中水平电流增大。

（2）槽内铝水平过低，使铝液中水平电流密度增大。

（3）各种因素引起的阴极、阳极电流分布不均匀，较长时间没得到合理调整，都有可能诱发滚铝。

（4）槽温过低也会引起滚铝。

发生滚铝的根本原因是电磁力对铝液的作用。要减弱磁场对铝电解生产的不利影响，一方面是改进设计中的进电方式和母线配置；另一方面则是在生产过程中尽可能保持电解槽的平稳运行状态。力求控制好工艺条件，规整好炉膛，保持合理而平稳的电解质水平和铝水平，使阳极和阴极电流分布尽可能均匀，从各方面减弱水平电流和磁场的不利影响。

8.8.2　处理滚铝的一般方法及注意事项

一旦发生滚铝，可按以下方法进行处理：

（1）将阳极抬起，尽可能抑制电解槽电压波动。

（2）分析判断滚铝原因，对症下药地进行处理，并从调整技术参数入手，制订恢复槽况的控制方案，消除滚铝的根源。

（3）若由于侧部炉帮熔化产生的滚铝，用扎边部规整炉膛的办法处理，通常是用电解质结壳块扎电解槽炉帮较空之处，一般情况下不处理沉淀。

（4）若由于伸腿肥大、炉底形成结壳、铝液正常循环受阻而引起的滚铝，应该用"疗程管理"的思路，通过合理调整技术条件，逐步消化肥大伸腿和炉底沉淀，规整炉膛，消除滚铝现象。

（5）若由于局部阳极极距过小引起的电解槽局部滚铝，首先通过测量阳极电流分布，确定低极距阳极，根据实际情况调整阳极高度，再度测量电流分布，直至达到极距平衡一致为止。

（6）针对滚铝槽的高温现象，可添加冰晶石、固体铝块等以降低电解温度。当滚铝较为严重时，也可向槽内灌些铝液或采取减少或终止出铝量以增加铝液高度，在增加散热的同时，降低水平电流密度。

（7）滚铝发生时要严格控制氧化铝添加量，防止沉淀发生。

（8）滚铝消失后，要进行电压调整，根据炉膛恢复情况逐步下调电压，直至恢复正常的电压控制，并继续跟踪处理效果。

处理滚铝时还要注意下列事项：

（1）处理滚铝槽时要注意做好防护措施，因为有时铝液会喷射到槽外，容易引发事故。

（2）滚铝槽炉膛一般较为畸形，处理时要充分考虑缓慢恢复的原则，千万不能急于求成。

（3）滚铝槽的电压大幅波动会使阳极与铝液局部短路，要注意观察各块阳极的工作状况，防止发生阳极脱落等异常情况。

（4）处理电解槽滚铝，要坚持不懈、消除症结，不能半途而废。同时，要防止槽况反复或进一步恶化，导致阴极破损或无法维持正常生产而被迫停槽。

8.9 阳极脱落

8.9.1 阳极脱落的原因及危害

大型预焙槽上都装有多组阳极，而且不能连续使用，必须定期更换。由于阳极质量或操作质量等问题，出现个别阳极脱落或掉块。出现这种情况，只要及时发现并及时处理，一般不会对电解槽的正常运行造成很大影响。但若同一台槽在短时间内出现多组阳极脱落，不仅处理困难，而且可能对电解槽的运行产生极大的破坏，严重时甚至可能被迫停槽。

阳极多组脱落一旦发生，有时可在短时间内脱落几组乃至十几组。造成阳极多组脱落的原因，主要是阳极电流分布不均，严重偏流。电流集中在某一组阳极上，短时间内使炭块与钢爪连接处浇铸的磷生铁熔化，或使铝-钢爆炸焊处熔化，造成阳极炭块与钢爪或铝导杆分离，掉入槽内。之后，阳极电流重新分配，别的阳极电流急剧增大，如此恶性循环引起阳极多组脱落。

造成阳极偏流或脱落的主要原因有如下几种：

（1）液体电解质高度太低，浸没阳极太浅。如果阳极底掌稍有不平，就有可能局部脱离电解质，造成阳极电流分布不均匀，局部电流集中，形成偏流。

（2）炉底沉淀较多，厚薄不一，阴极电流集中。为维持电压稳定，阳极电流需与阴极电流分布匹配，因此阳极电流集中，形成偏流。

（3）抬母线时阳极卡具紧固得不一致，或有阳极下滑现象，未及时调整，也会引起阳极偏流。

（4）长包阳极的凸台进入铝液后会出现严重的偏流，并可能引起脱极。

（5）对于没有形成炉帮的新启动槽或炉帮化空的电解槽，如阳极与电解槽侧部之间集聚较多炭渣也容易引发偏流，造成脱极。

（6）电压保持不当造成长时间压槽，阳极与伸腿或沉淀接触造成偏流。

（7）阳极炭块本身质量或组装时存在缺陷造成电流分布不均或掉块。在阳极组装过程中，炭碗中的焦粉没有清理干净，阳极钢爪伸入炭碗的深度不够，这样的阳极容易脱落。

（8）由于阳极炭块本身抗氧化性能差、极上保温料太少、电解温度过高等原因，阳极氧化严重，炭碗周围的炭块全部被氧化掉，造成阳极脱落。

（9）因电解质水平过高，部分低残极全部被电解质浸没，或者发生阳极效应，这些情况都有可能造成阳极脱落。

（10）各种原因导致的阳极裂纹也可能造成脱极。

8.9.2　阳极脱落的处理及预防

处理阳极多组脱落的原则：出现阳极脱落，要及早发现、找出原因、及时处理、消除诱因，立即控制住继续脱落或重复脱落。否则会带来如下后果：一则熔化的磷生铁进入电解槽会降低原铝质量；二则出现阳极脱落会使阳极间承担的电流更加趋向不均匀，电流可能集中到另一组阳极上，造成阳极脱落的连锁反应，出现多组阳极脱落，以致被迫停槽。

为预防和及早发现阳极脱落，生产中需要坚持检查阳极工作状态，具体应包括以下几个方面：

（1）检查钢爪是否发红。阳极脱落的原因往往是某组阳极通过的电流过多，脱极前通常伴有钢爪发红现象。

（2）阳极脱落处火苗变黄，检查火苗是否发黄可以发现阳极脱落。

（3）阳极脱落常伴有电压摆，发现电解槽电压摆后应测量阳极电流分布。对电流分布波动或偏离正常范围的阳极应检查是否脱极。

（4）换极时检查相邻极是否脱落。

发现脱极时，尽快打开壳面将脱落的阳极取出来，装上新极或适当高度的残极。处理过程中应注意以下几点：处理时首先测未脱落阳极的电流分布，并调整使之导电尽量均匀，避免继续有阳极脱落；对于使用时间较短的脱极，原则上用新极替换，使用时间较长的则用残极替换；已有多组阳极脱落则取出一块装上一块，并一律装上热残极而不用新极，最好是从邻槽拔出的热残极。

若因处理多组阳极脱落，电解槽敞开面积大，电解质可能会很快收缩，沉于炉底，而铝液上漂，槽电压自动下降。此时绝不可硬抬电压，要待脱极处理完后，从其他槽内抽取热电解质灌入该槽，边灌边抬电压。当电解质达到一定高度后，立即测阳极电流分布，调整好各组极距，然后在阳极上部加冰晶石粉保温，同时切断正常加料。待槽温上升至正常范围，逐渐恢复正常加料，并适当减少在产铝量，使沉入炉底的电解质熔化，电解槽逐渐恢复正常。

8.10　阳极长包

8.10.1　阳极长包的原因

阳极长包是指由于各种原因导致的阳极底掌消耗不均匀，局部消耗速度迟缓，造成阳极的这个部位以锥体形态凸出的现象。阳极出现长包之后会出现阳极电流分布严重不均，导致电压摆、阳极掉块等后果。一旦阳极长包伸入铝液中，则电流通过该部位发生短路，造成电流空耗，使电流效率大大降低。

阳极长包的共同特点是电解槽不来效应，即使发生也是效应电压很低，而且电压不稳定。长包开始时，电解槽会有明显的电压摆动，一旦包伸入铝液，槽电压反而变得稳定，炉底沉淀迅速增加，电解槽逐渐返热，阳极工作无力。

阳极质量差、电解槽热平衡被破坏、出现冷行程或热行程、物料平衡遭到破坏、作业质量差或炉膛状况不好等因素都会引起阳极长包。但因行程不同，阳极长包的部位也有所不同，长包后引起的槽况变化也有差异。

阳极质量差，阳极各部位性质差异大，阳极各部位消耗速度差异大，可能导致长包。尤其是当槽内铝量少，电解槽内铝液导热能力差，各部位温度差异大时，阳极局部温度高，阳极消耗不均匀，长包将更为严重。

冷行程由于边部肥大、伸腿长，端头的阳极易接触边部伸腿，阳极长包大多发生在靠大面的一端。

热行程时长包大多是由于阳极底掌上黏附炭渣块阻碍消耗所致，所以长包大多发生在底掌中部，长包后槽温很高，长包的阳极处冒白烟。

物料平衡遭破坏后引起的阳极长包与热行程相似。

此外，由于作业质量差，换极过程中阳极底掌某部位粘着导电不良的电解质沉淀，阳极某部分由于出铝、降阳极等操作与炉底或伸腿上的沉淀接触也能导致阳极长包。

8.10.2 处理阳极长包的一般方法

发生了阳极长包，首先要确定长包的阳极。换极时，可以借助铁钎检查和发现相邻阳极上是否长包，也可以通过测量电流分布进行判断。如果某阳极电流分布远远大于其他阳极，或明显出现钢爪发红等现象时，可以提升该阳极进行检查以确认是否长包。

发现阳极长包，要根据具体情况及时处理。目前处理方法仍以打包为主，若阳极长的包小，用大耙将包刮掉后再将该阳极向上提升 1 ~ 2cm。如若阳极包较大，用大耙刮不掉，则可将该阳极提出，用锥子将包打掉后重新装上该阳极，并向上提升 1 ~ 2cm。如若阳极长包很大，将阳极提出后也无法打掉，则可用热残极将其换下。处理时尽可能不用新极替换，新极导电缓慢，装上新极会引起阳极导电不均，使其他阳极负荷增大而有脱落的危险；同时炭渣会迅速聚集在不导电的新极下面而引起新极长包。吊出阳极或换极过程中，应尽量将槽内浮游炭渣捞出，使电解质清洁。

处理完后立即进行阳极电流分布测定，调整好阳极设置高度，使电流分布均匀，并用冰晶石-氧化铝混合料覆盖阳极周围，一方面降低槽温，另一方面促使炭渣分离。在这里切不可用氧化铝保温，以免增加炉底沉淀，恶化电解质性质。

如果一次处理彻底，调整好了阳极电流分布，槽温将很快就恢复正常，阳极工作有力，炭渣分离良好，两天内即可恢复正常运行。如果处理不彻底，会出现循环长包，而且容易转化成其他形式的病槽。

8.11 阳极裂纹

阳极裂纹影响到阳极在电解槽上的正常使用。它使阳极掉渣、掉块、过量消耗，并使电解槽发热，阳极断层甚至可以造成电解槽重大事故。常见的阳极裂纹形式有角部裂纹、垂直裂纹、水平裂纹和不规则裂纹等。

角部裂纹是阳极进入到电解槽后出现的比较突出的一种裂纹。角裂纹是由于受热冲击而沿着阳极的等温线产生的。

水平面的张应力是引起阳极垂直方向裂纹的重要因素，另一个导致垂直裂纹的根源是组装操作不当。这种类型的裂纹通常发生在阳极换极周期的末期。由于阳极钢爪不再对炭块起夹持作用，炭块可能掉入电解质。

阳极的水平裂纹对电解槽运行最具破坏性，因为阳极较低的部分，大约是阳极高度的 $1/4 \sim 1/2$ 会掉入电解槽。大量纵向作用的张应力的发展是导致横向断裂的必要因素。

较小的裂纹掉块往往难以察觉，其对生产的影响大致和炭渣差不多。生产中只需要严格做好日常捞炭渣工作即可。若某段时间内，炭渣量激增且换出的残极体积明显变小，应及时排查是否存在阳极裂纹。

当阳极出现较大的裂纹掉块时，脱落的阳极块进入电解质后往往导致电解槽出现电压摆。掉块后的阳极组容易出现化钢爪，原铝铁含量上升等情况。一旦发现阳极出现较大的裂纹掉块，更换掉该阳极或根据具体情况缩短该极的使用周期。此外，利用换极作业的机会用工具探摸相邻的极，检查是否存在裂纹掉块。

复习思考题

8-1 正常生产槽特征有哪些？

8-2 电解铝生产过程中可能有哪些异常情况？

8-3 怎样处理电压摆？

8-4 简述冷行程的原因、危害及处理方法。

8-5 简述热行程的原因、危害及处理方法。

8-6 物料不平衡主要是指什么，有哪些类型，应该怎样处理？

8-7 简述压槽的原因、危害及处理方法。

8-8 简述电解质含炭的原因、危害及处理方法。

8-9 简述滚铝的原因、危害及处理方法。

8-10 简述阳极脱落的原因、危害及处理方法。

8-11 简述阳极长包的原因、危害及处理方法。

8-12 简述阳极裂纹的原因、危害及处理方法。

9 电解槽的破损和维护

9.1 电解槽的破损

9.1.1 电解槽破损的表现

（1）原铝液中铁、硅含量急剧升高。电解槽在正常生产期间，铝中的铁含量一般不超过0.08%，硅含量不超过0.04%（正常情况下，电解槽原铝杂质含量只跟所用原材物料中杂质的量有关，可以通过原材物料消耗量和其中的杂质含量计算）。若出现阳极钢爪熔化或槽外含铁物质掉入槽内，将使铝液中铁含量突然升高，但通过几次出铝后就会逐渐降低到正常范围。如果出现铝液中铁含量连续上升，并且没有稳定和下降趋势，同时硅含量也出现上升势头，那么此时就很可能已发生电解槽阴极内衬破损，并开始熔化阴极钢棒。

电解槽阴极炭块破损后，铝液和电解质熔体渗入破损部位，熔化阴极钢棒，使原铝中铁含量及硅含量在短时期内迅速上升并且持续较长时间，铁含量可达到0.5%以上，个别电解槽甚至能达到1.0%以上。电解槽阴极炭块破损的主要方式之一就是炭块横向断裂，在槽底表面沿长度方向形成若干大裂缝，靠边还产生许多小裂纹。阴极炭块断裂后，铝液漏入炭块底部，使阴极钢棒熔化，引起阴极铝液中铁含量上升，当熔体进一步向底部发展并腐蚀耐火层和保温层时，铝液中硅含量开始上升。另外，电解槽阴极炭块相邻间缝宽约40mm，槽周边与底部炭块相邻处有约400mm宽的边缝，这些缝都用炭糊扎固而成。如果扎缝糊发生层状剥离、开裂和脱落，也可能导致铝液和电解质熔体渗入破损部位，熔化阴极钢棒，使原铝中铁含量及硅含量持续上升，具体情形与炭块断裂时类似。对发生上述现象的破损槽进行刨槽后可发现，中间大裂缝大多已贯穿了炭块，炭块下面有较厚的Al-Fe合金层，阴极钢棒所剩无几。

（2）阴极棒孔漏槽。电解槽阴极炭块破损后，铝液和电解质熔体渗入破损部位，不但熔化阴极钢棒，使原铝中铁含量及硅含量迅速上升，渗漏熔体也可沿着阴极钢棒不断发展，直至阴极棒孔，引发漏铝停槽。另外，生产过程中，周边人造伸腿扎糊可能出现起层剥离、穿孔、纵向断裂，铝液与电解质熔体浸入缝隙中，并向阴极棒孔发展，引起周边扎固区局部直接穿孔漏铝，造成停槽。

（3）钢壳发红。熔体不断渗漏接近电解槽钢壳，所对应部位的槽壳温度局部上升，直至钢壳发红。钢壳发红比侧部与底部漏槽的严重程度要轻些，但如果不及时采取适当预防措施，就可能发展成为电解槽漏铝，不得不停槽大修。实际生产中最典型的钢壳发红的情况是侧部炭块被局部腐蚀，电解质和铝液直接接触侧部槽壳。一般来说，应尽可能早地发现并用压缩空气冷却钢壳发红的部位，同时用固体电解质块填补侧壁附近的部位，帮助侧部结壳（炉帮）的形成。

（4）底部破损漏槽。电解槽阴极炭块破损后，熔融电解质熔体和铝液漏入炭块底部，不但使得阴极钢棒熔化引起阴极铝液中铁含量上升，也可进一步穿透耐火砖层并腐蚀保温层，保温层受到电解质侵蚀后，其热传导迅速增加，进而加速熔体的渗漏与腐蚀。保温材料被破坏后，内衬的温度升高到铝的熔点以上，铝液会迅速渗入比较疏松的保温材料，直到槽底钢壳，致使槽底钢壳出现大面积发红，发现、救治不及时就会在此处很快形成空洞而流出，发生底部漏铝，被迫停槽。

（5）侧部破损漏槽。电解槽运行过程中，其侧部内衬可能发生断裂、化学与电化学侵蚀、剥落与氧化等，使得侧部内衬遭到破损，首先发生侧部发红，在处置不及时情况下发生侧部漏槽，严重时也迫使停槽。

（6）槽底隆起。阴极炭块隆起主要是由于炭素材料吸收钠而引起的，也可能是由于渗入到阴极炭块底部的电解质熔体与炭块底部的耐火材料发生反应，生成体积较大的称之为灰白层的化合物，其厚度可达 25~30cm。灰白层的生成使阴极内衬产生比较大的化学应力，导致阴极不断隆起，炭素材料的孔隙和裂纹扩大。停槽后对槽阴极内衬进行干刨，可观察到阴极炭块连同钢棒呈弯弓状，炭块和钢棒交织在一起，形成灰白色的 Fe-C 合金，碳块下部与耐火砖交界处沉积着较厚的铝和电解质，以及泡沫状的灰白层和类玻璃体。

有些情况下，电解槽阴极内衬破损后，阴极钢棒不但受到电解质和铝液的侵蚀，而且温度会迅速升高，当达到一定程度时，阴极钢棒可能向上弯曲，导致阴极炭素内衬局部向上隆起，严重时会导致电解槽外壳变形。

（7）电压摆频率较高。电解槽高频针振如果不是由于阳极长包，或者在阳极底掌有较大的悬浮炭渣团或阳极碎片，不断地发生局部短路所引起的话，就可能是由于槽底内衬发生破损所引起的。由于在破损处铝液水平、电流密度的大幅度变化，影响着槽内磁流体的稳定性，增加了铝液流速和湍流强度变化，致使针振频率增高。另外，由于在槽底破损处铝液电流密度的增高和二次反应的加强，会引起该处附近发生局部过热。对于达到一定寿命（如 1500 天以上）的电解槽，因连续生产时间长，容易形成较多的炉底硬沉淀，炉底不同程度地隆起上抬，炉膛的规整度和槽底的平整度变差，严重时形成畸形炉膛。槽底的偏斜与隆起都将改变铝液的循环运动方向，从而容易发生电压摆现象。

（8）槽底压降过高。电解槽槽底压降大幅上升，也是破损槽的一个特征。电解槽阴极压降一般随槽龄的延长而逐渐升高，但是如果阴极压降过大，达到 500~600mV 甚至更高，就可能是内衬破损的征兆。阴极某些部位破损后，铝液和电解质就可以渗入炭块的裂纹和裂缝中，伴随着产生炭块的膨胀和阴极炭块的隆起现象，膨胀后的炭块阴极压降增大，槽电压和电解槽能耗增加，即使电解槽并未漏铝或铁含量超标，也可能从电解生产的技术经济指标考虑，不得不对电解槽进行停槽大修。

（9）槽底存在冲蚀坑。在换阳极过程中，如果用钢钎检查阴极表面，有时不但会发现明显裂缝，还会发现存在大小不等的坑穴，此时阴极铝液中的铁硅含量可能并未明显升高。当坑穴逐渐向下发展贯穿炭块时，铝液渗漏进入炭块底部并熔化阴极钢棒，导致铝液中铁硅含量升高，也可能最终造成漏铝停槽。

刨槽后可发现，这些坑穴的形状一般为上大下小，表面很光滑，犹如口朝上的喇叭，并覆盖着一层白色氧化铝固体，可见坑穴主要是被冲刷而成的，因此这些坑穴也被称作冲蚀坑。正常生产中，冲蚀坑并不很常见，主要发生在炭块间的扎固缝上，少数在质量较差的炭块上。电解槽启动后，槽底炭素内衬发生局部层状剥落或开裂现象，剥落处、裂缝或其他机械损伤部位的阴极内衬进一步被腐蚀（主要是生成 Al_4C_3）和剥落，从而形成充满铝液的孔洞，在电磁力的作用下，孔洞处形成局部铝液旋涡。这些空洞因此可能发展成为很大很深的冲蚀坑。

（10）炭阴极层状剥落。电解生产过程中，由于阴极炭块质量缺陷或阴极内部各种作用力的作用导致阴极炭块层状剥落。发生层状剥落后，可在作业过程中打捞到剥落的炭块。

（11）槽壳变形。钢质槽壳向外膨胀，略呈椭圆形，底部钢板向下鼓出，甚至角部裂开。

9.1.2 电解槽破损的原因

引起电解槽破损的原因多种多样，错综复杂，有些破损是由一种原因引起，有些则为诸多因素共同影响的结果。下面是一些引起电解槽破损的常见原因：

（1）阴极内衬在组装与焙烧过程中产生裂纹。当采用磷生铁浇铸方式进行阴极炭块与阴极棒组装时，炭块受到猛烈热冲击而容易产生拐角裂纹和燕尾槽顶角裂纹。当采用捣固糊捣固方式进行阴极炭块与阴极钢棒组装时，捣固过程不存在磷生铁浇铸时的热冲击问题。但是，电解槽刚通电焙烧时，槽底温度低，捣固糊电阻率很高。阴极炭块组之间由高电阻率的侧部立缝糊相互隔离。由于捣固糊的电阻率随温度升高而快速降低，这时如果某一组或少数几组阴极炭块通过较高的电流，其相应产生较多的热量又使燕尾槽内捣固糊因温度升高而降低电阻率，于是该炭块组通过的电流更高。如此互为因果，槽底电流可能集中在个别阴极钢棒上。在炭糊固化温度范围内，钢棒、炭块和炭糊各自的热膨胀（收缩）性能有较大差异，一般要求钢棒与炭块间存在一定的压应力。但是，当压应力过大或产生剪切应力和拉伸应力时，就可能导致炭块产生燕尾槽顶角裂纹。如果电解槽焙烧过程中个别阴极炭块组电流集中，产生顶角裂纹的可能性就将明显增加。另外，电流集中也可导致个别阴极棒过热而发红，导致阴极棒头与阴极小母线间的焊接点断裂，特别是在新系列焙烧时容易发生这种现象。

槽底炭块在焙烧（目前普遍采用焦粒焙烧）过程中由于电流分布不均而局部过热，产生的热应力超出阴极材料承受范围时，就可能产生裂纹。

（2）捣固糊（底糊）破损。如果炭糊捣体与阴极炭块的热膨胀（收缩）性能不匹配，就很容易在炭糊捣体上产生收缩裂缝（一般出现在炉膛周边炭糊捣体上），金属铝和电解质熔体向裂缝渗透后就可能导致电解槽破损。

（3）钠侵蚀导致炭素内衬破损。钠渗透形成的层间化合物将从微观结构上降低炭素内衬中骨料颗粒和黏结相的强度，破坏其结构完整性，在电解槽运行过程中这种受到破坏的炭素内衬将更容易在其他因素作用下破损失效。

（4）熔体持续渗透导致槽底隆起和破损。生产过程中，铝和电解质不断向电解槽内衬中渗透。渗入内衬中的铝和电解质可以与耐火材料和保温材料发生作用，不但发生部分组元的偏析结晶，形成灰白层等，而且破坏槽底耐火保温结构，改变了槽底温度分布特征，当温度降低到一定程度后，渗透进入内衬的熔体可直接发生凝固。内衬材料中不断长大的晶体可导致内衬膨胀、变形和破裂。

（5）物理磨损和化学侵蚀导致冲蚀坑。在正常生产过程中，炭素阴极的磨蚀（包括物理磨损与化学腐蚀）速度较慢。相关试验表明，在不同磁场补偿与铝水平条件下，无定型炭块的整体磨蚀速度为每年 1 ~ 2cm；随着阴极石墨含量或石墨化程度的提高，其磨蚀速度增大；对于全石墨化炭块，其磨蚀速度达到每年 3cm；依此速度计算，电解槽寿命将达到 10 年以上。但是，电解槽常常因局部缺陷或操作原因，槽底某些部位的磨蚀速度明显加快，形成各种类型的冲蚀坑。冲蚀坑的不断发展将导致阴极钢棒直接与铝液和电解质熔体接触溶化，严重时漏铝停槽。

　　根据其形成和发展机理的不同，可将槽底内衬的冲蚀坑分为物理磨损型和化学侵蚀型两种。

　　1）物理磨损型。物理磨损型冲蚀坑的形成过程可归纳如下：炭素槽底上铝液流过局部缺陷时，如果其流速过大，铝液的流动状态变得不稳定，并在缺陷处产生局部漩涡，从而不断磨损槽底炭素内衬，形成坑穴。未溶解的 Al_2O_3 颗粒悬浮于旋流中，不断的擦抹去坑穴处炭块上的碳化铝膜和炭块本体。坑穴不断发展接近阴极钢棒，产生局部的电流较集中，较集中的电流导致作用于铝液运动的电磁力增强，于是坑穴处的涡流也加强，磨损加剧。

　　2）化学侵蚀。生产过程中，阴极表面可能生成碳化铝。碳化铝不断溶解到熔体中，逐渐形成侵蚀坑。特别需要指出的是，电解质对碳化铝的溶解能力要明显强于铝液。因此，要削弱化学侵蚀，就应该尽可能地避免病槽，一方面抑制碳化铝的生成，另一方避免电解质与其接触。

　　(6) 空气氧化导致侧部破损。在铝电解生产过程中，如果炉帮保护和上部氧化铝覆盖不佳，侧块（炭块或 SiC）就可能被空气氧化，严重时导致电解槽破损。

　　(7) 侧部内衬化学腐蚀导致侧部破损。在正常生产过程中，侧部内衬能够一直被炉帮保护，避免直接与电解质和金属铝熔体接触。但是，在电解槽结构设计不合理或非正常操作情况下（比如阳极效应时间过长），炉帮可能变薄甚至消失，侧部炭素内衬将与电解质熔体和金属铝液接触。失去保护的侧部内衬逐渐被侵蚀直至破损。

9.2　电解槽破损检查与维护

9.2.1　电解槽破损的检查与确认

　　电解槽正常生产期间，假如铝液中铁、硅含量正常且没有发现其他破损迹象，一般不进行侧部钢板、槽底钢板和阴极钢棒温度及阴极电流分布压降值的监测。当认为电解槽有破损的可能后，必须进行全面细致的检查，采取各种检测方法找出破损部位、确认破损程度，对防止漏炉停槽和早期停槽具有重要意义。

　　(1) 测量阴极钢棒电流分布及阴极钢棒温度。当炉底破损到一定程度后，会形成阴极炭块与阴极钢棒间的铝液通道，通过该处的电流量大增，导致阴极钢棒及与之相连母线的电压降大幅升高；同时，由于铝液直接接触阴极钢棒，亦会导致钢棒温度升高。因此，可对其进行电流分布和温度测量，并对异常值进行重点排查。

　　(2) 测量电解槽槽壳温度。测量槽壳温度，有助于探测电解槽的早期破损。电解槽在正常生产期间，槽底钢壳的温度会在一个稳定范围内。当铝液渗漏贯穿阴极炭块并腐蚀保温材料后，会使炉底钢板表面温度升高，当电解槽底部钢壳某一部位过热，其测量温度又高于其他同龄电解槽的同一部位时，就表明此处为异常，有可能炉底内衬已发生破损。当熔体严重侵蚀侧部内衬后，同样会使侧部槽壳温度异常偏高。通过对侧部槽壳温度的监测可以发现破损。

（3）换阳极时用铁钩探查槽底。为及时发现破损部位并采取相应措施，换极时应坚持探查炉底，将铁钩伸到阳极下面，钩尖向下，贴着炉底缓慢拖动探查，当检查到有坑或有缝的地方，将钩尖慢慢插入坑中或缝中，大致估计坑缝的深度和长度，并记录好大概位置，以方便对破损处进行修补。但是当用铁钩探查槽底时，特别是探查到有坑穴或发现阴极炭块或伸腿有松动脱落迹象时，应杜绝硬拉狠拽，否则易导致破损的阴极炭块或伸腿脱落，人为地加剧炉底破损。

（4）槽况的检查判断。电解槽炉底破损初期的主要特征是原铝中的铁含量缓慢升高或稳定在较高值上变化不大，此时的槽温一般不受影响。但随着阴极钢棒的大量熔化，阴极电流开始出现严重失衡，破损处的铝液水平、电流密度亦开始有明显的变化，严重影响电解槽内的磁场稳定性，增加铝液流速和湍流强度，导致铝的二次反应加剧，引起针振频率增高，出现局部炉底过热现象。通过上述槽况的分析，也可判断电解槽有破损的可能，从而采取相应措施。

9.2.2　破损电解槽的维护

早期检测出电解槽的破损方式与部位，只要积极采取措施控制，加强维护管理工作，完全能够有效维护并延长破损电解槽的寿命。生产实践中对破损槽的维护措施主要如下：

（1）电解槽破损部位的修补。

1）用氟化钙或氟化镁补槽。在槽底，氟化钙或氟化镁不熔于铝液而呈沉淀状态，它们对原铝质量不产生污染，是修补破损槽底的适宜物料。在补槽时，为了操作使用方便，先用玻璃纤维袋子把粉状氟化钙或氟化镁装成半袋，然后用铁工具把它送入槽内，准确地堆放在槽底内衬的裂缝和冲蚀坑上，然后尽可能地再将周围用沉淀围堆起来，以防止和减弱其被流动的铝液冲刷、熔化和移动位置。

2）用镁砂混合沉淀制块补槽。镁砂较重而又不易被电解质和铝液冲刷熔化，作为补槽底破损材料，比氟化镁和氟化钙更持久耐用。具体操作是，首先用槽内的热沉淀与镁砂混合制块，待冷却后就可以用它来补破损槽底；用铁钎等工具找准槽底破损部位，然后把送入槽的镁砂混合块堆放在槽底裂缝和冲蚀坑上补好。如果破损部位靠近槽侧部，补好以后可以再加入一些固体电解质块压实和冷却，促使其在破损裂缝处形成固体结壳覆盖层。生产操作中只要注意维护，用这种补槽料的一次补槽有效期可达半年以上。

3）用沉淀黏结镁砖碎块补槽。镁砖碎块用来补槽是比较理想的材料。为了能修补大小不同的破损裂缝，必须选用较小的镁砖碎块，然后用槽底沉淀黏结制成混合块，这样槽底较小的裂缝和冲蚀坑就可以被小块和沉淀堵塞。这种镁砖沉淀混合块耐腐蚀性好，又不易被电解质和铝液冲刷、熔化和移位，且对原铝质量无污染。

（2）切断破损处过负荷阴极钢棒小母线（断棒）。当槽底内衬的破损比较集中，且扩展较快，由于高温的铝液和电解质流入破损缝隙，熔化阴极钢棒，形成此处局部短路，引起阴极电流过负荷，此棒发生过热和化棒现象，并导致原铝中铁含量迅速上升。发生这种情况时，如果生产上不及时采取补救措施，很可能造成阴极钢棒熔化掉而导致棒孔漏槽的重大事故。为此，应及时采取补槽措施，可先用厂房内压缩空气吹风冷却局部过热和烧红的阴极钢棒或槽壳部分。如因过负荷而烧红的阴极钢棒不多，可及时将烧红棒的阴极小母线束切断，不使其继续通电受热，并使流入此处的铝液和电解质熔体冷却和凝固，防止进一步化棒或造成漏槽。一般来说，为防止化棒和漏槽事故的发生，切断过负荷棒数不超过电解槽阴极钢棒总数的5%，不会给电解槽的正常生产带来很大影响。

（3）严密监控。增加对破损槽原铝取样分析的频次，勤测阴极钢棒温度、炉底钢板温度、侧壁钢板温度和阴极电流分布，以此作为判断破损发展情况和后续补救工作的依据，并防止出现突发漏炉。

（4）做好停槽准备。对破损严重的电解槽，应做好对槽周重要设备设施的保护和随时停槽的应急准备工作。

（5）修补后破损槽的管理。为保证破损槽的补槽料完好，延长电解槽的使用期限和生产出较高品质的原铝，务必做好下列各项工作：

1）在破损槽上可适当提高铝液水平，保持较低的电解温度。

2）尽量避免发生阳极效应，因效应时产生大量的热量，可能使补槽料熔化。

3）在破损处及其附近禁止扒沉淀。

4）出铝量要均匀，不要非进度出铝或出铝量过多，保持稳定的铝液水平，防止产生热槽。

5）避免产生病槽，一旦发生不正常情况时应立即设法消除，不能拖延。对异常情况应当向有关人员交代清楚。

6）在含铁量下降的情况下，不得随便用铁工具勾摸槽底，以免碰伤破损处。如果为了掌握破损处情况而必须进行检查时，应固定专人进行，但严禁直接用铁工具插入破损处。

实践证明，如果对内衬破损处填补及时，维护妥善，破损电解槽仍可以维持较长的生产时间并生产出高质量的原铝。但也需要注意，破损严重的电解槽不必硬性修补，以避免最终大面积漏槽引起更大损失。

9.3　延长电解槽的使用寿命

为延长电解槽寿命，需要从以下几方面着手：

（1）优化设计。优化电解槽壳的热应力场设计。要求槽壳有足够的刚度以抵御由于阴极炭块热膨胀和渗钠所产生的强大外推力，长期保持槽壳不变形或少变形。

优化磁流体稳定性。磁场设计对槽寿命的影响主要是通过影响电解槽能量平衡及槽内熔体流动特性表现出来的。电磁场设计首先影响铝液流动特性，而铝液的流动特性又影响电解槽的热平衡状态，从而对槽侧部炉帮融化和侧部破损起决定作用。

优化热平衡设计。解决电解槽既要保温又要散热的矛盾，使电解槽内部具有合理的等温线分布，能够在最合理的热平衡条件下长期、稳定、高效运行。

（2）选用合适的高质量的筑炉材料。电解槽主要的筑炉材料包括阴极炭块、捣固糊、侧部炭块、保温材料和耐火材料等，通过长期生产实践的观察研究认为，目前筑炉材料选用的基本原则如下：

采用机械强度与孔隙度适中、热膨胀率较低、抗钠侵蚀能力强的阴极炭块，能够非常有效地提高内衬使用寿命。目前能够较好的满足上述质量要求的阴极炭块主要有半石墨质、半石墨化炭块和石墨化炭块。近年来我国采用质量较好的半石墨质炭块代替传统的无烟煤普通炭块，已收到了良好的效果。

使用原料质量好、配方合理、黏接能力强的炭间扎糊，可以有效地抵抗钠及电解质对扎固炭缝的侵蚀，使电解槽这一最薄弱环节满足使用要求。

提高侧部炭块中石墨质含量（如半石墨块），不但可以提高其抗钠、抗电解质侵蚀能力，同时也提高了炭块的耐冲击性能，加强了对边部加工振动破坏的抵御力；提高了炭块的致密程度，减少了热膨胀率，可以消除边部炭块上、下受热不均所引起的中间断裂现象，还提高了抗氧化能力。

采用 Si_3N_4 黏结 SiC 砖代替侧部炭块，不但材料本身具备良好的抗熔体侵蚀性、抗氧化性和抗磨损性，而且该材料具有良好导热性能，有利于炉帮的形成与保持，极大地减少了电解槽侧部破损的风险。

炭块下部采用优质耐火砖和保温砖砌筑，可以很好的抵御铝液和电解质的腐蚀，并起到很好的保温作用。

采用可耐火、防渗的干式防渗料取代电解槽内衬中的耐火砖及氧化铝层。

内衬材料的运输、保管必须符合技术要求，严防日晒雨淋、强烈振动和表面受潮。

（3）提高砌筑质量。阴极内衬砌筑质量不好，往往会引起早期破损而停槽。因此，电解槽的砌筑必须严格按各工序的施工规模和质量标准进行，注意以下问题：

从槽底钢板砌筑内衬时，首先应校平底部槽壳，使耐火材料平整。

保温暖砖、耐火砖铺设时必须结构严密，尤其铺其炭块的表面，不能有凹凸不平。

阴极钢棒窗口要密封严密，避免空气漏入氧化炭块。

阴极炭块组装时，采用石墨质炭糊扎固阴极钢棒，炭糊焙烧后产生一定的收缩，可以补偿阴极钢棒的热膨胀，从而避免炭块产生裂纹。扎固时钢棒、炭块、炭糊都应按要求预热到一定温度，以保证扎固紧密，黏接力强，减小钢-炭接触电阻，减小空隙，以降低在此沉积渗入的电解质、铝的可能性。

安装阴极炭块时，炭块摆放必须整齐，缝隙均匀。

炭糊扎固前，必须清扫干净缝隙，严禁残留杂物和粉尘。所有扎固缝都必须充分预热，扎固时保证炭糊具有一定温度；捣糊工艺中最关键的是捣固工人的捣固手法，扎固压力满足要求，扎固中必须按要求一层一层地扎，每层添料均匀，扎具移动均匀，扎固紧密，不能留任何死角或扎固不到位的地方；扎好后，人造伸腿表面必须光滑平整。

砌筑侧部炭块或 SiC 砖时要求砖缝隙要充分磨合，背缝也不需要充填物料，因焙烧时内衬膨胀可以将侧转与槽壳紧密压在一起，填充物料反而影响其传热。

电解槽砌筑好后，应及早启用。放置时间过长，内衬吸入大量水分，破坏材质结构，启动后会加速破损。

暂时不用的槽必须妥善保护，不要在槽内堆放物品，以防砸坏阴极表面；严禁将热残极、液体电解质等放入槽内，否则会严重损伤阴极表面，给启动后破损提供突破口。

（4）完善焙烧工艺，提高焙烧质量。焙烧电解槽的目的是使电解槽内衬温度达到适当的启动温度，并使阴极内衬（特别是炭糊捣体部分与阴极炭块）烧成一个整体，使各部温度均匀升高，基本接近正常生产条件。从理论上讲，电解槽内衬升温速度越慢越好，可以使内衬中挥发分、水分等均匀排出而不至于给内衬留下损伤。但电解槽焙烧又有一个经济问题，时间无限延长则焙烧费用过高，显得不经济。

（5）选择合理的启动方法。启动过程和启动后期管理均对槽寿命产生重要影响，主要表现在启动温度和时间两个方面。启动方法有效应启动和无效应启动两类，效应启动又分为湿法效应启动和干法效应启动两种，无效应启动只有采用湿法，不同的启动方法对电解槽寿命的影响程度不一样。

效应启动中，不管是干法还是湿法效应启动，均对电解槽内衬有不利影响。因为效应时产生大量热，使电解质温度急剧升高，对电解槽内衬的热冲击较大。另外在高温作用下，液体电解质也产生渗透，渗入到炭素材料晶格中，破坏了炭素晶格的完整性。因此，启动时应尽量控制好启动温度和时间。

无效应启动是采用向槽内注入适量的液体电解质，适当提高阳极，控制槽电压不超过8V，使电解质缓慢熔化，达到启动电解槽之目的。这种方法目前普遍采用，启动过程时间较长，其好处是电解质熔化均匀，温升速度均匀，对槽内衬无较强的热冲击，内衬材料的相对运动不那么剧烈，因此有利于延长槽寿命。

（6）做好生产过程管理。从以下几方面加强电解生产工艺的管理。

1）加强启动后期管理。从电解槽灌铝到炉膛形成技术条件达到正常范围称为启动后期，重要是形成坚实、规整的炉膛内型。炉膛形成的好坏，既关系到电解槽运行能否顺利走向正常，也关系到电解槽的使用寿命。

2）保证电解槽长期稳定运行。生产实践证明，各种病槽都不同程度地损伤阴极内衬，因此，保证电解槽长期稳定运行，可以有效地延长电解槽内衬使用寿命。生产中首先应从电解槽的能量平衡、电解槽的磁场分布、电解槽的生产工艺制度、电解用的阳极质量、自动化控制技术等方面，保证各项技术条件控制在要求范围，保持稳定的热平衡和炉膛内型，提高各项作业质量，及时消除可能引起病槽的潜在因素，使电解槽长期平稳运行。

3）保证稳定的电力供应。若系列电流供应不稳、过流或欠流，都将严重影响电解槽寿命。过流会使槽内热收入过多，破坏炉膛，成为热槽，导致侧部内衬破损。欠流则引起电解温度过低，出现冷行程，渗透到炭块中的电解质凝固，将促使炭块隆起或断裂；特别因电力短缺被迫停槽后，再进行二次启动，更会促使内衬破损，加速槽壳变形，大大缩短电解槽的使用寿命。因此，系列电力供应必须稳定，特别不允许任意降低电流或停电。

（7）加强破损槽管理。良好的破损槽维护和管理能够有效避免漏炉，延长电解槽的使用寿命。

复习思考题

9-1　电解槽破损有哪些表观特征？
9-2　导致电解槽破损的原因有哪些？
9-3　怎样检查确认电解槽破损？
9-4　破损槽管理过程中应注意什么？
9-5　怎样才能延长电解槽使用寿命？

10 电解铝生产事故处理及预防

铝电解常见的生产事故主要有停电、停风、漏炉、拔槽、压槽、通信中断、难灭效应、短路口事故等。

10.1 停电

电解厂房使用的电源分为两类：一种是交流电，也称为动力电；另一种是直流电。

10.1.1 电解铝生产对供电系统的要求

铝电解生产过程依靠不断地供给电解槽直流电能，工艺生产要求恒定的直流电流。若直流电流大幅度波动，会显著影响电解槽运行状态（尤其是热平衡）的平稳性，并干扰铝电解的正常控制过程，从而显著影响铝电解槽的技术经济指标。当发生系列降电流或停电事故时，如时间较长，除产生大幅度电流波动的严重影响外，还因电解槽逐渐冷却而危及槽子的正常寿命。一般来说，如果停电在 6h 及以上，电解槽中的电解质可能凝固。即使恢复供电，也会有很多电解槽无法恢复生产，电解槽也将大面积停产大修，造成的经济损失巨大。交流电是电解厂房设备正常运转的动力来源，一旦发生交流停电，所有设备都将停止运转，严重影响电解生产的正常进行甚至造成生产事故。

因此，只有保持长期、稳定的交流电、直流电供给，才能保证电解生产持续、稳定运行。

10.1.2 动力电停电的处置措施

动力电是指多功能天车、槽控机控制、通信及显示、电磁阀转换、阳极提升机构、照明等设施正常运行所需的交流驱动电源。

发生动力电停电后，立即停止厂房内一切作业。注意巡视电压（以槽控机上的指针式电压表的电压为主），在确认没有停风的情况下，利用电磁阀采取人工打壳下料，下料间隔和下料量尽量与自动状态下的 NB 间隔相吻合，防止效应发生，发生的效应要立即熄回。

对正在进行的下列工作应采取以下措施：换极过程中发生停电，天车无法运行应立即将残极上保温料上好，盖好槽罩，等恢复供电后再换极。抬母线过程中发生停电应立即上好小盒卡具，等恢复供电后再进行抬母线作业。出铝过程中发生停电应立即停止作业，并在出铝抬包区域设置警戒线，安排专人进行监护，等待送电后将出铝抬包缓慢放下。

应当特别指出：夜间停电对现场应急处置非常不利。如果停电发生在夜间，首要的任务是清点人数，确保人员安全。此外，应做好夜间停电的应急准备，效应棒、应急物料、照明设备等应该常备，且固定存放在规定的地点，便于取用。条件允许的情况下，应该对厂房照明电源采取双线路供电，一旦其中一条线路故障，可立即转到另一线路（另一线路可以从其他地方接入）。

10.1.3　直流停电的处置措施

发生直流停电后，必须立即停止对电解槽的所有作业，盖好所有槽罩。关闭厂房（地沟）内的所有窗户，减少电解槽的散热。如停电时正在换极，新极已装入槽中的槽应立即上好保温料，盖好槽罩，新极没有装入的立即坐回残极，并上好保温料，盖好槽罩。关闭所有电解槽自动 RC 控制。

如停电时间较短，只需要做好重新送电的准备工作即可。短时间停电后恢复供电的，要做好对破损槽、电解质偏低槽等电解槽的监控工作，防止出现漏炉和拔槽等恶性事故。送电过程中，控制好电解槽效应，保证系列电流尽快恢复正常。

如停电持续时间较长，加强电解槽保温，停运主排烟风机，用物料封堵电解槽下料口及出铝口，减少热量损失。同时，还要随时注意电解质收缩情况，当电解质收缩严重致使阳极和电解质脱离，要手动降阳极保证电解质和阳极接触，避免送电后电流分布不均匀造成脱极或电流断路诱发的其他事故。

长时间停电后，由于电解槽过度散热，电解质收缩严重，即使恢复供电，系列负荷也会远高于正常值，为保证系列的平稳恢复，必要时应做好停一部分电解槽的准备。这种情况下，停电后应将电解槽按照槽况和经济技术指标分类。如需停槽，优先停破损、稳定性不好、槽龄长、经济技术指标差的电解槽。

长时间停电后恢复供电的过程中应首先保证系列电流恢复正常。由于供电负荷的限制，需要控制电解槽的电压，切不可急于将部分电解槽电压控制到正常或者偏高，那对系列恢复是灾难性的。另外，应严格控制阳极效应，一旦发生效应，应尽快熄灭。

长时间停电后，电解槽电解质出现严重收缩。送电过程中，阳极可能出现严重偏流，甚至出现脱极和滚铝的情况。应急过程中，应做好相关准备。对于可能出现的脱极，应避免出现断路事故。对于可能出现的滚铝，应加强人员安全和短路口安全方面的工作，如准备挡板以保护操作槽控机的人员，用石棉布包裹短路口等。

恢复供电后，应根据情况调整作业制度。应当指出，不管是降负荷或送电，都应防止出现抬电压这一严重的误操作，避免出现拔槽。此外，电解系列应根据系统情况，科学划分事故等级，制定相应的应急预案。

10.2　停风

电解铝生产中，氧化铝的输送及电解槽的自动打壳、下料均要求系统持续提供满足一定要求（如压力、湿度等）的压缩空气。一般来说，企业都配备有专门的空气压缩设备为生产提供压缩空气。

停风时，应停止厂房内所有作业，包括出铝、换极、抬母线等一切作业。正在进行抬母线作业的，应立即停止作业，采用人工紧固卡具的方法紧好小盒卡具，防止阳极下滑等异常情况的发生。

停风时，及时将应急氧化铝和效应棒运至电解槽旁备用。停风期间，重点做好人工向槽内添加氧化铝的工作，保证电解槽正常供料。同时，做好巡视电压和及时熄灭阳极效应的工作。尤其要做好对破损槽及病槽的监控管理，防止发生恶性事故。

若来不及转运应急氧化铝，可利用铁锹等将极上氧化铝按时、按量推到下料口中。人工添加氧化铝时，应根据正常的氧化铝消耗速度和现阶段槽况决定加料的频率和数量，尽可能与计算机自动加料的情况一致，即单次加料量和加料频率与计算机自动控制加料时一致，避免一次性加料过多，造成炉底沉淀增加。

如果是计划停风，应提前做好相应物料的准备工作。停风后，按照上述措施开展应急处置工作。

10.3　漏炉

按照泄漏部位来分，有侧部漏炉和底部漏炉；按照初期漏出物质的种类来分，漏炉有漏电解质和漏铝之分。

10.3.1　漏炉的原因和危害

漏炉的类型不同，其原因和产生的影响不同，处置方式也有较大的差异。

一般而言，侧部漏炉有以下几种情况：

（1）电解槽侧部内衬设计不合理，如选用的材料理化性能不匹配，焙烧过程中，内衬各部位膨胀或收缩后出现缝隙。高温熔体从缝隙中通过，接触并烧穿侧部槽壳。

（2）材料质量差导致破损，引发漏炉。

（3）砌筑或糊料扎固质量差，内衬各部位之间存在缝隙，导致侧部漏炉。

（4）焙烧效果差，电解槽侧部内衬材料失效，出现裂缝，进而导致侧部漏炉。

（5）生产过程中管理不当造成炉帮熔化，高温熔体长时间直接接触侧部内衬材料。熔体侵蚀内衬导致内衬破损，进而发生侧部漏炉。

（6）槽壳变形后，槽壳与侧部内衬之间形成缝隙。有缝隙的部位导热不良，等温线外扩，炉帮熔化，进而出现漏炉，或者由于槽壳变形和热应力的共同作用，内衬材料失效，导致侧部漏炉。这些情况一般发生在槽龄较长或槽况剧烈变化的电解槽上。

底部漏炉也有以下一些情况：

（1）电解槽设计不合理导致底部内衬破损，引发漏炉，如阴极钢棒与炭块受热时膨胀程度不匹配导致阴极破裂漏炉，电解槽等温线分布不合理导致内衬局部热应力集中破坏内衬诱发漏炉等等。

（2）材料质量差导致破损，引发漏炉。

（3）砌筑或糊料扎固质量差，阴极表面存在缝隙，导致底部漏炉。

（4）焙烧效果差，电解槽底部内衬材料失效，出现裂缝，进而导致侧部漏炉。

（5）生产过程中管理不当导致电解槽炉底状况不好，局部区域经受较强的磨损和侵蚀，出现破损，导致漏炉。

一般来说，电解槽发生漏炉以前都会有以下征兆：

（1）原铝液中铁或硅含量上升，且无外部铁元素或硅元素来源。

（2）侧壁温度、阴极钢棒温度过高或出现发红现象。

（3）电解槽出现渗铝或电解质。

侧部漏炉以漏电解质的情况较多，但也不排除漏铝的可能。底部漏炉都是漏铝。

电解槽漏炉的危害极大。它将损坏电解槽，甚至可能烧断母线致使系列停电。漏炉会造成原材物料浪费，增加工人的劳动强度，并可能威胁到人员安全。

10.3.2　漏炉的处置措施

发生漏炉时，应根据漏炉的具体情况采取针对性措施。漏电解质的情况下，应急处置较为简单，主要是尽快止漏，而一旦发生漏铝，不但需要第一时间止漏，更要采取措施保护母线。

电解槽发生漏炉时，一般应重点做好以下几个方面的工作：

（1）监控槽电压，电压不得过高（各企业根据自己的情况制定标准）。电压过高时，应手动降阳极。如阳极到下限位或阳极提升系统故障，应从多处插入效应棒，利用效应棒碳化时产生的气体搅动熔体使之与阳极接触，避免拔槽；也可以将部分阳极下调，保持与熔体接触，避免拔槽。

（2）对附近母线安装保护装置。

（3）将应急结壳块或袋装氧化铝及效应棒搬到漏炉的电解槽附近。

（4）使用多功能天车配合作业人员止漏。

（5）准备停槽工具。

当侧部漏炉时，应重点扎漏炉边部。扎边部时，应边扎边加结壳块、袋装氧化铝或冰晶石，扎住后用风管冷却漏炉处槽壳，以使内侧电解质凝固，形成保护。

当炉底漏炉时，根据漏炉的严重程度，可松开可能破损部位的阳极卡具，将阳极座放在炉底，压住破损部位，减缓铝液漏出的速度。同时，应迅速作出判断，必要时应果断联系停槽。直到完成停槽，应安排专人监控好槽电压，控制电压不得超过上限。

处理漏炉要注意以下事项：

（1）防止铝液与水或潮湿的物料接触发生爆炸伤人。

（2）加强应急处置工作组织，防止发生人身伤害或拔槽等次生事故。

（3）漏炉可能导致母线烧断，影响系列送电。因此，在处理漏炉时应重点做好对母线的防护工作。电解车间最好能根据实际情况制作几套应急母线，以便在母线烧断的情况能够快速恢复送电，减小损失。

（4）可根据实际情况在地沟内破损槽周边用物料堆砌堰墙，防止漏炉时漏出的熔体流到相应区域，对其他设备设施构成威胁。

10.4　拔槽

10.4.1　拔槽的原因和危害

拔槽是指由于某些原因，电解槽阳极与电解质逐渐脱离接触，严重时发生断路。拔槽的危害极大，发现不及时或处理不当可能会导致阳极效应、阳极脱落、系列停电等严重后果，严重威胁人员、生产、设备的安全。

一般来说，下列情况可能导致拔槽：

（1）抬母线过程中，阳极随着水平母线上升导致拔槽。

（2）设备检修过程中，阳极提升电机线路接反，阳极提升机构的动作与控制系统指令动作方向相反导致拔槽。

（3）槽控机故障导致拔槽。

（4）直流电信号偏差导致拔槽。

（5）漏炉造成拔槽。

（6）误操作如出铝等，导致拔槽。

10.4.2　拔槽的处置措施

对于拔槽的处理，应根据造成拔槽的具体原因区别对待。

（1）抬母线过程出现拔槽。抬母线过程中，由于小盒卡具未按要求松开或阳极导杆弯曲变形，阳极导杆仍然与水平母线紧密连接，阳极随着水平母线上升，发生拔槽。

在抬母线过程出现拔槽时，应迅速在阳极底掌插入效应棒，利用效应棒碳化过程中产生的气体搅动电解质，使阳极与电解质保持接触。必要时联系紧急停直流电。

同时应立即停止抬母线作业，紧上小盒卡具，操作"降阳极"按钮将母线降至抬母线之前的位置，并指挥多功能天车吊走母线提升机。根据抬母线之前的画线位置将阳极逐个调整一致。待电解槽运行趋于平稳后，使用母线提升机将母线抬平。

（2）电路线接反导致拔槽。电路线接反时槽控机给出降阳极命令，因电机反转实际会升阳极。之后，槽控机依据采集到的电压值不断发出降阳极命令，而实际却将阳极越抬越高，出现拔槽现象。

当发现电路线接反而造成拔槽时，应立即将槽控机由自动转为手动状态，并降低阳极位置。同时，应及时对接反的线路进行处理。若拔槽引发效应，应及时降回阳极，并尽快熄灭效应。

（3）槽控机故障导致拔槽。槽控机故障导致拔槽分为两种情况，其一是控制程序紊乱导致槽控机给出错误指令而拔槽，另一种情况则是槽控机阳极动作的操作按钮出现黏连导致拔槽。

对于前一种情况，发现拔槽后，立即切断槽控机内的逻辑控制部分的电源，向阳极下插入效应棒防止阳极与电解质脱离接触。若情况紧急，应立即联系停电。待槽控机故障排除后，逐步恢复正常生产。

因接触器黏连造成拔槽而发生效应时，应立即切断槽控机内阳极提升电机电源开关，向阳极底掌下插入效应棒，及时熄灭效应并联系检修部门进行处理。

（4）直流电信号偏差导致拔槽。因交、直流窜流或电流采集有误造成电流偏差较大，槽控机判断电压相对偏低而持续抬电压造成拔槽。

发现槽控机电流显示异常且阳极不断上升时，应立即将槽控机转为手动状态，关闭自动 RC，以指针式电压表为准将电压降到原先设定值，发生效应立即熄灭。排除故障后，将槽控机转为自动状态，开通 RC。

（5）漏炉导致拔槽。电解槽漏炉时，由于发现不及时或槽内熔体漏出速度过快都可能导致拔槽。

这种情况下，应根据处理漏炉的相关要求，安排专人在槽控机前监控槽电压。电压过高时，应手动降阳极。如阳极到下限位或阳极提升系统故障，应从多处插入效应棒，利用效应棒碳化时产生的气体搅动熔体使之与阳极接触，避免拔槽；也可以将部分阳极下调，保持与熔体接触。必要时，应停电停槽。

（6）误操作导致拔槽。操作失误可能导致阳极不断提升而引起拔槽。一旦发现误操作导致拔槽，应及时将阳极降回原位。如发生效应，应在降回阳极后尽快熄灭。

若发生拔槽事故时可能伴有短路口打火现象，应立即组织人员撤离现场，并迅速停电。停电后检查短路口损伤情况，根据损伤情况制定方案进行修复，以保证尽快送电。如拔槽过程中出现阳极脱落，应用热残极将脱极换出。拔槽事故处理完毕，要尽快恢复正常的生产秩序。

发生拔槽事故后，不用停槽的，应做好以下工作：

（1）槽控机修复后，下降阳极进入电解质中 2 ~ 3cm，待送全电流后，逐渐将电压恢复到正常。

（2）处理异常阳极，对发生脱焊、脱落、爆炸焊片开裂的阳极用热的高残极临时交换。

（3）处理完异常极 1h 后，每 30min 测量一次阳极电流分布，调整阳极水平。

（4）终止当天的各项作业，加强极上保温。

（5）记录发生事故的槽号、发生时间、产生的后果以及采取的措施。

10.5　压槽

10.5.1　压槽的原因和危害

压槽对正常生产也有较大的危害。发现不及时或处理不当可能会导致熔体外溢、顶断阳极导杆、顶翻阳极提升机构等严重后果，严重威胁人员、设备的安全。

一般来说，下列情况可能导致压槽：

（1）设备检修过程中，阳极提升电机线路接反，阳极提升机构的动作与控制系统指令动作方向相反导致压槽。

（2）槽控机故障导致压槽。

（3）直流电信号偏差导致压槽。

（4）误操作导致压槽。

10.5.2　压槽的处置措施

这四种情况导致的压槽可以参照拔槽的相关处理方法进行处理。需要特别指出的是，这四种情况下均可能导致电解质大量外溢，因此在排除故障后升阳极的过程中要注意电解质的情况，防止拔槽。

10.6　通信中断

电解槽控制系统主要由上位机、工业接口机和槽控机构成。通信中断是指槽控机与电解槽或上位机失去联系的情况。

通信中断分为以下几种情况：

（1）槽控机与电解槽失去联系。这主要可能是因为槽控机的控制电源断电造成的。这种情况下，槽控机面板不能正常显示，电解槽失去自动加料、电压控制等控制功能。出现这种情况后，厂房语音报警会报警"通信中断"。

（2）槽控机与上位机失去联系。这种情况往往是由于上位机故障导致的。这种情况下，槽控机还能对电解槽进行单机控制，但无法对控制参数进行人工修正。

通信中断对电解生产有很大的影响，因此需要及时处理。

发现通信中断后，应及时查明原因，评估故障对生产的影响。当槽控机停电时，关闭自动 RC（考虑到恢复后槽况变化大，关闭 RC 可尽可能减小通信恢复后槽波动），以槽控机指针式电压表显示值为参考依据控制电压，做好人工加料。当槽控机电源恢复正常后，开通 RC，交由计算机自动控制。当上位机故障导致通信中断时，应及时排除故障，恢复通信。

应当注意的是，电解铝企业要做好槽控系统备件的储备工作。

10.7 难灭效应

由于槽况的原因或处理方法不当，阳极效应长时间难以熄灭，这就是难灭效应。

10.7.1 异常效应的分类

在正常生产过程中，电解槽发生阳极效应后一般持续几分钟就可熄灭。如果方法得当，甚至 1~2min 就能熄灭。但有时也会出现异常效应，主要有暗淡效应、闪烁效应、瞬时效应和难灭效应等。

暗淡效应指效应电压比正常效应电压低的效应。这种效应往往发生在电解温度较高的电解槽上。对于这种效应，只要电压稳定，随着效应时间的延长，电压会逐渐上升，在电压达到正常后，按正常阳极效应熄灭的方法操作即可熄灭。

闪烁效应是指效应电压不稳定，来回上下大幅摆动的效应，这种效应主要发生在炉膛内型不规整、电解温度低、炉底有结壳的电解槽上。处理这种效应，首先应该抬高电压，将电压保持在较高水平，不能急于熄灭效应，应待效应电压稳定后，再按正常效应的熄灭方法处理。

瞬时效应发生后能自动熄灭，有时会反复几次，这种效应一般发生在槽温低、沉淀多的电解槽上。如果效应自动熄灭回去了，可以不用采取措施处理。如果反复发生，则上抬阳极，使电压达到正常效应电压，待温度上升后按正常效应进行处理。

10.7.2 难灭效应的原因和危害

难灭效应的发生对正常生产极为不利。效应时间过长，电解槽在较短时间内集聚大量的热量，槽温升高，炉帮熔化，严重时可能导致漏炉。如处理不当，可能发生人身和设备事故。

一般情况下，引起难灭效应的原因有两种：一是电解质含炭；二是电解质中含有大量悬浮的氧化铝。由于这些原因，电解质的性能恶化，电解质对氧化铝的溶解性能变差，电解质中氧化铝的扩散变差，电解质对阳极的湿润性变差，最终导致难灭效应。

生产实践表明，电解质含炭所引起的难灭效应多发生在启动初期或炭渣多、电解质发黏的电解槽上。这类电解槽上电解质对氧化铝的溶解不好，氧化铝浓度不均匀，容易出现局部效应，进而发生效应。同时，因为效应处理过程中加入的氧化铝不能有效溶解和扩散，导致效应难熄灭。

正常情况下，难灭效应往往发生在电解质中氧化铝含量大，部分氧化铝未溶解而直接以颗粒状悬浮在电解质中的电解槽上。另外，难灭效应也常常发生在炉底沉淀多、电解质水平低的电解槽上。这是因为，这类槽氧化铝的沉降距离短，若再加上分子比低、电解质温度低，氧化铝溶解非常差。当这类槽发生效应时，如果熄灭时机掌握不好，液体电解质中氧化铝浓度还未达到熄灭效应的要求，过早插入效应棒，会将大量炉底沉淀搅起进入电解质中。进入电解质中的炉底沉淀迅速使电解质发黏，降低电解质对氧化铝的溶解性能，使投入的氧化铝更难以溶解，同时电解质的表面性质恶化，对阳极的湿润性变得极差，从而引发难灭效应。

电解质中含有悬浮氧化铝的原因如下：

(1) 铝水平过低，使槽内结壳沉淀露出铝液面，或覆盖在沉淀和结壳上面的铝液薄，铝液容易波动，由于铝液的波动而使沉淀进入电解质中造成氧化铝含量过大。

(2) 由于压槽出现电流分布不均而引起滚铝时，滚动的铝液将槽内沉淀带入电解质中，形成氧化铝含量过大。

(3) 由于炉膛极不规整，当发生效应时引起滚铝，使铝液滚动将沉淀卷起而带入电解质中形成悬浮氧化铝。

(4) 在电解槽发生效应时，由于电解温度低、熄灭效应方法不当而频繁人为造成下料过多，使其中一部分氧化铝悬浮于电解质中。

为尽可能避免出现效应难灭的情况，在生产中应尽可能地避免电解质含炭或存在悬浮氧化铝。

10.7.3　难灭效应的处置措施

难灭效应的处置措施有：

(1) 如果是因电解质含炭而发生难灭效应，处理时要向槽内添加大量铝锭和冰晶石冷却电解质。当炭渣分离出来后，立即熄灭效应。处理含炭槽的难灭效应时应注意熄灭效应时机的把握，不能等电解质温度过高再去处理，更不要在炭渣分离之前试图熄灭效应，这样做不但不能熄灭效应，反而使炭渣更不易与电解质分离，电解质含炭会更加严重。

(2) 因出铝后铝水平过低发生难灭效应，处理时必须抬起阳极，向槽内灌入液体铝或往沉淀少的地方加铝锭，将炉底沉淀和结壳盖住，然后再加入电解质或冰晶石，以便溶解和稀释氧化铝，降低温度，待电压稳定、温度适宜时再熄灭效应。

(3) 如果是因压槽导致滚铝而发生难灭效应，处理时必须首先将阳极抬高离开沉淀。在滚铝时不要向槽内添加冰晶石，当电压稳定后，可熔化一些冰晶石来降低电解质温度和提高电解质水平。另外，根据槽内铝液水平和沉淀结壳的具体情况，判定是否需要添加铝锭。如果估计效应回去后电压降不下去，则在效应时向槽内加铝，这样有助于效应的熄灭。这种原因引起的效应，在熄灭时不能太急，必须等电压稳定，电解质中悬浮的氧化铝已被溶解后，再熄灭效应。但不要过分地延长效应时间，因为发生滚铝时，电解质容易含炭，过长地延长效应时间将使含炭加重，对熄灭效应不利。

(4) 因炉膛不规整、炉底沉淀多引发的难灭效应应抬高阳极，局部炉帮空可用电解质块修补炉帮，待电压稳定后即可熄灭。

(5) 如果因电解质水平过低，使槽内沉淀多，人为造成难灭效应时，处理时必须提高电解质水平。方法是等效应持续一定时间，提供多余热量来熔化结壳的电解质，或加入热电解质来升高电解质水平，然后再熄灭效应。如果铝液水平过高无法保持高电解质水平，可把铝液抽出一部分，但要注意不能抽出过量的铝液，否则沉淀将会露出铝液面，反而使情况恶化。

　　（6）当在某一部位熄灭效应无效而引发的难灭效应应重新选择熄灭操作部位。新位置一般选择在两大面低阳极处。打开壳面，将木棒紧贴阳极底掌插入，不要直插炉底，以免再将沉淀搅起。情况严重时可多选一处，同时熄灭。

　　（7）当采取上述方法熄灭效应都不见效时，如果炉膛比较规整，可用两极短路方法熄灭效应。采用此方法时应避免阳极压到结壳或沉淀，防止电解质外溢烧损绝缘设施。若效应电压不高，可下放部分阳极使之与阴极短路达到熄灭效应的目的。另外，还可以利用降电流或停电的方法迫使效应熄灭。由于降电流或停电均会对系列其他电解槽产生影响，所以这是万不得已的时候才采取的方案。

　　难灭效应熄灭后，会出现电压偏高的情况。此时决不能以降低阳极来恢复电压值，否则会造成压槽。应让电压自动恢复，一定时间后电解质理化性能会逐渐好转，电压也会自动随之下降。

10.8　短路口事故

　　短路口事故是指短路口熔断、爆炸等影响整系列供电的事故。

　　常见的可能导致短路口事故的因素有以下几种：

　　（1）导电杂物搭接。连接螺栓金属杂物吸附、母线与槽间走台板导电杂物搭接、立柱母线与短路母线软带导电杂物搭接、滚铝、铝水飞溅造成短路口短路等。

　　（2）绝缘损坏。绝缘垫、绝缘套管、绝缘插板破损或烧损，绝缘材料质量不合格等引发短路口事故。

　　（3）设备故障。槽控机故障、上部提升机构失控、不停电停开槽装置故障等引发短路口事故。

　　（4）操作失误。连续手动升、降阳极，出铝操作失误，焙烧分流器安装不合格，软连接拆除方法操作顺序错误，多块阳极脱极未及时处理等引发短路口事故。

　　（5）母线移位。母线因地基下沉、受力偏移、横向移位等引发短路口事故。

　　（6）停槽短路口螺栓松动。

　　（7）其他原因造成的短路口事故，如电解槽漏炉时熔体熔断短路口等。

　　一旦发生短路口事故，应立即联系供电部门停电，然后根据事故的具体情况组织对短路口进行修复或铺设应急母线恢复系列供电。

　　生产管理中，必须加强短路口的安全管理，具体应注意以下几个方面的问题：

　　（1）加强短路口绝缘材料质量管控。根据电解系列工况，建立绝缘材料强制报废标准，明确绝缘材料使用周期、大修、小修等状态下更换及检测要求。

　　（2）加强短路口日常管理工作。定期对短路口进行目视检查，保持短路口绝缘板、绝缘管、绝缘垫圈无烧损、破裂，短路口部位无导电物体、杂物、积灰。定期测量生产槽短路口绝缘、温度及停槽短路口电压降。对查出存在问题的短路口，做好绝缘测试和监护运行，并尽快安排处理。

（3）加强电解槽停开槽短路口操作安全管控。停开槽安全操作中对短路口操作的安全防护隔离措施、人员安全注意事项、操作工器具、材料、测量仪表、操作质量及现场安全确认等内容有明确要求与规定。

（4）加强特殊状态短路口应急管控。所谓特殊状态是指抬母线作业过程异常、手动水平母线异常、动力电源异常、槽控系统故障等生产特殊状态。

（5）加强特殊槽短路口安全管控。此处的特殊槽指焙烧槽、启动槽、病槽、停槽。

（6）加强特殊短路口安全管控。所谓特殊短路口指厂房末端系列短路口、存在缺陷的电解槽短路口、系列回路临时母线短路口的安全措施。

复习思考题

10-1　电解铝生产中可能出现的事故主要有哪些？

10-2　停电有哪些类型，有哪些危害，应该如何处理？

10-3　停风有哪些危害，应该如何处理？

10-4　漏炉的原因是什么，有哪些危害，应该如何处理？

10-5　拔槽的原因是什么，有哪些危害，应该如何处理？

10-6　压槽的原因是什么，有哪些危害，应该如何处理？

10-7　通信中断该如何处理？

10-8　发生难灭效应的原因是什么，该如何处理难灭效应？

10-9　应该从哪些方面着手做好短路口的管理？

10-10　生产中应该从哪些方面着手预防短路口事故？

11 电解槽的计算机控制

11.1 计算机控制系统概述

11.1.1 计算机控制系统的发展

随着我国铝工业的飞速发展，日前已经大规模利用自动控制技术对铝电解生产过程进行控制。在电解厂房内，每台槽都进行着相同的连续生产过程，这就提供了设计相同控制程序、用计算机来控制生产状态和生产操作的可能。将计算机控制引入铝电解生产过程约半个世纪以来，充分地证明了它不仅使操作人员摆脱繁重的体力劳动，把劳动生产率提高数倍乃至数十倍，而且能把生产过程的各项技术参数精确地自动控制在设定的理想范围内，又将电解槽运行情况自动反馈给管理人员，使管理者能及时做出正确分析、判断，调整电解槽运行参数，让电解槽总处在最佳条件下工作，从而降低原材料和能量消耗，取得最佳生产技术经济指标。

11.1.2 电解铝生产对计算机控制系统的要求

控制好铝电解槽的物料平衡。由于氧化铝的添加是引起物料平衡变化的主要因素，因此最重要的是控制好氧化铝的添加速率（即下料速率），使氧化铝浓度的变化能维持在预定的一个很窄的范围内，既要尽量避免沉淀的产生，又要尽量避免阳极效应的发生。

控制好铝电解槽的极距与热平衡（包括分子比）。主要的目的是以移动阳极作为调整极距和改变输入电功率为手段，既要维持合适的极距，又要保持理想的热平衡。同时通过氟化铝添加控制，不仅保持电解质成分的稳定，而且为热平衡的稳定创造条件。

具备一定的槽况综合分析与辅助决策。由于至今铝电解槽上尚存在不能由计算机直接控制的操作工序和工艺参数，且存在一些检测不到的干扰因素和变化因素，并由于控制误差的积累，铝电解槽的物料平衡、热平衡，以及互有关联的物理场会发生缓慢的变化。这些变化积累到一定的程度后会导致电解槽正常的动态平衡的崩溃，即电解槽成为病槽。因此，计算机应该具有利用各种可获取的信息综合解析电解槽的变化趋势，并及时诊断病槽或尽早发现病槽形成趋势的能力，以便能及时地调整有关控制参数或提出人工进行维护性操作的建议。

11.1.3 计算机控制系统的组成

现代铝电解厂电解槽计算机控制系统符合控制功能分散与信息管理集中的原则，采用多级分布式控制和决策管理集中的结构形式。系统分为过程控制层、过程管理监控层及服务器信息共享层，将整个系列数据采集、过程监控、生产管理有机地结合在一起，并通过网络技术实现数据共享，使控制系统具有可靠性高、适应性强、灵活方便、信息共享等特点。目前，各电解厂计算机控制系统的配置选用的主机、槽控机型号或者信息传输方式虽然不尽相同，但其组成方式基本是一样的。

电解铝计算机控制系统由主计算机（也称上位机）、工业接口机、槽控机三部分组成，如图 11-1 所示。

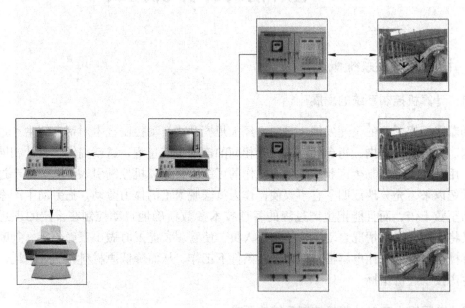

图 11-1　电解铝厂计算机控制系统示意图

主计算机也被称为中央控制机，由工业控制机或高容量微机、键盘输入设备、显示设备与打印机组成。它的作用主要是对槽控机的工作状态进行监视、协调、信息存储和电解槽运行的设定参数做统一或个别修改等，对槽控机的各控制软件开关进行开闭、制作各类管理报表。

工业接口机的作用是将主机对槽控机的各种命令传递给槽控机，同时将槽控机采集到的槽运行数据、槽控机解析的结果及命令执行的情况等收集起来，再传送给主机，以便主机进行信息储存和报表制作。

在集中式计算机控制系统中，槽控机的作用仅是执行主机的动作命令，而在分布式和集中-分布式计算机控制系统中，槽控机就要独立承担以下功能：槽电压的采样、处理和分析，生产工艺的控制，正常槽电阻的控制、槽电阻波动的检测和消除，氧化铝浓度的控制，阳极效应的控制，生产工艺过程的控制（如阳极升降、抬母线、边部加工、打壳加料、加氟盐、效应处理、出铝换阳极等），提取生产数据、生产报表和曲线记录，对运行数据的监视和信息，故障报警和事故保护等。

11.2　槽控机概述

11.2.1　槽控机的结构

槽控机及外围控制系统检测预警设备是电解槽计算机智能控制系统的槽前控制级，是电解生产计算机控制中的重要设备。槽控机硬件一般为上、下箱体结构（或左、右箱体结

构），上、下箱体结构槽控机简图如图 11-2
所示。

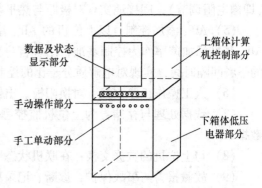

图 11-2　上、下箱体结构槽控机简图

下面以上、下箱体结构为例，说明槽控机的主要组成部分：

（1）逻辑部分。逻辑部分指槽控机的逻辑控制部分，由多块（整体结构）集成电路板及各种电子元件构成，被组装在上箱体内（分体结构），形成一个控制中心，来完成对电解槽的全部控制内容。这部分堪称槽控机的"大脑"。

（2）动力部分。动力部分通常占据整个下箱体，主要由动力电源开关、控制变压器继电保护器及各种接触器组成。通过它引入动力电源，向逻辑部分等其他部分提供能量，使槽控机得以运行。

（3）显示部分。显示部分一般安装在上箱体正面板的上端部位。显示分成三类：第一类为指针电压表，安装在面板的左上角，主要直观显示槽工作电压、效应电压；第二类为码管显示，安装在面板的正上方，它可以精确显示槽工作电压、系列电压、系列电流、故障信号及一些参数；第三类为显示灯，这些显示灯通过灯亮和灯灭将电解槽的各种控制和运行状态清楚地显示在面板上，操作人员可以直观地了解电解槽的运行情况及故障判断，及时调整工艺参数和排除故障。

（4）操作按钮部分。操作按钮部分一般安装在上箱体面板的下方，其作用是给操作人员提供手动操作的媒体。当操作人员把"手动/自动"开关切换到手动位置时，就可以按这些操作按钮对槽控机进行手动操作。

11.2.2　槽控机的功能

槽控机可完成系列电流、槽压的采集、过程的解析和过程的控制。可联网控制和脱网独立控制（脱网控制时控制参数由槽控机设定）。槽控机有联机、自动、手动、手工单动四种操作方式。

具体而言，槽控机主要控制功能有以下这些：

（1）数据采集：以 1~4Hz 的采样速率，同步采集槽电压及系列电流信号，并进行槽电阻的计算、滤波等。

（2）槽电阻解析及不稳定（异常）槽况处理：实时地分析槽电阻的变化与波动，并据此对不稳定及异常槽况（如电阻针振、电阻摆动、阳极效应趋势、阳极效应发生、下料过程的电阻变化异常、极距调节过程的电阻变化异常等）进行预报、报警和自处理。

（3）下料控制（即氧化铝浓度控制）：基于对槽电阻和其他与物料平衡变化相关的因素的解析，判断槽内物料平衡（氧化铝浓度）状态，并据此调节下料器的下料间隔时间，实现对下料速率的控制（即对氧化铝浓度的控制）。

（4）正常槽电阻控制（即极距与热平衡控制）：基于对槽电阻、槽电阻波动和其他与极距或热平衡相关的因素的解析，判断电解槽的极距与热平衡状态，并据此进行极距调节

（即槽电阻调节），间接地实现对极距与热平衡的控制。

（5）AlF_3 添加控制：以上位机的 AlF_3 添加控制程序给定（或直接由人工设定）的 AlF_3 基准添加速率作为控制基准，结合自身对槽况及相关事件的判断，调节 AlF_3 下料器的下料间隔时间，实现对电解质分子比的控制。

（6）人工操作工序监控：对换阳极、出铝、抬母线等人工操作工序进行监控。

（7）数据处理与存储：为上位机监控程序进行数据统计和记录，并制作和储存报表数据。

（8）与上位机的数据交换：在联机状态下通过通信接口与上位机交换数据。

（9）故障报警与事故保护：诊断、记录和显示自身的运行状态和故障部位，并采取相应的保护措施。

11.2.3　槽控机的操作

槽控机主要是通过主机和工业接口机控制而自动运行的。

槽控机的操作内容主要有：

（1）槽控机的开机、关机。槽控机开机后，其显示面板上的电源、槽电压和槽电流等指示灯都亮。若"自动/手动"按钮在联机状态下，则联机指示灯亮；若槽控机在进行自诊断，则定时器检测指示灯亮；若诊断出错误，则故障灯亮，并停止后续检测；若自诊断通过，则定时器检测灯熄灭，其他灯亮，表明可接收主机或操作按钮的操作控制命令。

（2）联机状态。槽控机通过接口机同主机联机，槽控机将采集到的数据及解析后的结果经接口机送到主机；主机也可经接口机向槽控机发布命令，槽控机接到主机发出的指令后实行相应的操作。

（3）脱机工作状态。槽控机脱离主机的控制，采集并解析数据，在接口机的协调控制下，完成电解生产过程控制。

（4）手工单动作状态下的操作。当槽控机上箱体出现故障，逻辑部分完全不能使用时，把下箱体内的空气开关拉到断开位置，槽控机就完全脱离逻辑控制进入手工单动工作状态。操作时根据需要，按下箱体上手工单动操作按钮就可以进行与按键相对应的操作。此时，某操作相应的动作时间与按键被按下保持的时间一致，松开单动操作按键，相应的操作也就结束。应特别注意的是：在手工单动状态下，槽控机升降阳极的一切保护功能都已失效。因此，在使用时一定要做到边按键边观察槽子状况，有异常时立即松开按键。

（5）手动工作状态下的操作。当操作面板上的操作按钮"自动/手动"处在手动位置时，手动指示灯亮，槽控机进入手动工作状态。操作人员可根据电解槽生产的需要按相应的功能操作键，槽控机便执行相应的操作控制，主要的操作有：正常处理的手动操作、效应处理的手动操作、升降阳极的手动操作、出铝的手动操作和换阳极的手动操作。

（6）运行程序转换的操作。操作人员在现场进行出铝、更换阳极、抬母线和扎壳面操作时，槽电压都会发生变化，若不通知计算机，当计算机检测到电压变化时就会按正常控制进行电压调整；而计算机或槽控机内设置有专门的出铝控制、更换阳极控制、抬母线控制、扎大面控制的程序，操作人员在进行这些作业前按一下相应的功能按钮，计算机或槽控机便转换到相应的程序上运行一定时间，待该作业完成后就自动转换到正常运行程序上来。

（7）故障自诊断。智能槽控机具有对自身硬件设备故障的诊断功能，一是软件定时和随机诊断；二是智能槽控机面板上设有"自检"按键，可人工操作检测。所有故障信息同步传送到上位机，及时方便地为操作人员提供设备工作状况，有效避免了由于智能槽控机自身故障所带来的误操作，并采取相应保护措施。

11.3 铝电解生产控制系统

11.3.1 控制系统的控制内容

电解槽系列的各种特性数据，如电流强度、槽电压、槽电阻、温度、氧化铝含量和电解质分子比等，以及它们随时间变化的关系都是实现上述项目自动控制的基础。在这些参数输入计算机后，计算机可以记录它们随时间的变化，而且，当其变化时，计算机可通过对反馈信息的解析得出是否需要进行修改。但是，电解质是一种高温强腐蚀性液体，检测手段受到很大限制，目前能够连续准确测出的电解槽工艺参数只有槽电压和系列电流，而氧化铝含量、电解质温度和分子比等信息还不能实现连续在线测量。因此，目前槽电压和系列电流是计算机控制电解槽内一切活动的唯一原始数据。利用测量到的槽电压和系列电流，采用控制槽内电阻保持平衡的数学模型，按照设定时间间隔自动投入氧化铝和氟化铝以控制槽内物料平衡。自动调节极距以控制槽内能量平衡。这些是铝电解计算机对电解槽控制的实际内容。

11.3.2 槽电压控制

工业上槽电压的实际控制是借助于槽电阻（表观电阻）的控制实现的。电解槽的槽电阻可以由式（11-1）进行计算：

$$R = (V - E)/I \qquad (11-1)$$

式中　R——槽电阻，Ω；

　　　　V——槽工作电压，V；

　　　　E——反电动势，V；

　　　　I——系列电流，A。

E 是一个设定常数，它可以视为是铝电解真实的反电动势的统计平均值。它应该依据槽电压(V)-系列电流（I）试验曲线在正常电流处的切线延伸至零电流处所截取的常值确定。由于槽型及技术条件的不同，各铝厂选用的 E 值不同，选值范围在 1.6 ~ 1.7V 之间。

槽电压控制的基本原理是由同步测量出的槽电压和系列电流计算出来的准电阻与设定的电解槽准电阻相比较，来控制和调节极距，实现控制和调节槽电压的目的。实际生产中，往往设定一个槽电压控制范围，当槽电压超出控制上限时，槽控机将进行下降阳极处理，反之则提升阳极。

应该说明的是，在设定槽电压的表观电阻时，应该考虑到各电解槽的运行状态是不一样的，它们的电阻也不一样，特别是它们的电阻会因电解槽槽龄的增加而增加，因此，设定的电阻应因槽而异，并应考虑到电阻，特别是阴极压降随槽龄延长而增加的因素。

　　此外，槽控机会对电解槽槽电压的不稳定或摆动情况进行判断，如果槽电压的摆动是由于系列电流的变化引起的，则计算机控制会对槽电阻或槽电压作任何调整；如果槽电压的摆动是由于铝液的摆动或极距过短、槽电压过低引起的，则这时反映在槽电阻的监测上会有较大的波动。此时，计算机控制软件应把该电解槽的设定电阻提高到适当值进行修正，将阳极提高，执行新的控制。当电解槽的槽电压出现较大的摆动时，电解槽槽电压的控制系统除自动地采取上述调整外，还要及时地向操作人员发出报警，操作人员根据报警，对引起槽电压摆动的原因进行检查和分析，并采取相应的技术措施，使电解槽的槽电压及时地恢复到原控制状态。

11.3.3　氧化铝浓度控制

　　目前，电解铝行业普遍采用基于槽电阻跟踪的氧化铝浓度控制方法。由于目前还没有能满足控制需要的氧化铝浓度传感器，因此采用准连续（或称半连续）下料制度的新型控制技术仍是以槽电阻作为主要控制参数。但与传统技术不同，新技术通过对槽电阻的跟踪，不仅完成常态极距控制，而且完成对氧化铝浓度的跟踪与控制。

　　当前各种新型技术的共同的理论依据是，在槽况正常稳定而且极距变化基本不改变阳极底掌形状时，表观槽电阻、氧化铝浓度、极距这三个参数之间存在着如图 11-3 所示的定性关系。从图中可见，在极距一定的条件下，氧化铝浓度与槽电阻的关系呈现为"凹型"曲线，即在中等氧化铝浓度区存在一个极值点。极低点的位置随电解质的组成与温度等工艺条件的不同在 3% ~4% 的范围内波动。当浓度从极值点走低时，过电位随浓度的降低而显著降低成为表观槽电阻随浓度的降低而显著降低的原因（到效应临界浓度时槽电阻会急剧升高直到发生阳极效应）；浓度从极值点走高时，过电位的变化不显著，而电解质电阻率随浓度的升高而

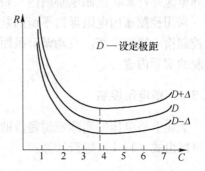

图 11-3　槽电阻(R)、Al_2O_3 浓度(C)、极距(D) 间的定性关系

升高成为槽电阻随浓度升高而升高的原因。当浓度升高到一定程度时，沉淀的产生还会成为高浓度区电阻升高的重要原因。极距与槽电阻的关系几乎是线性的关系。图中三条曲线分别对应极距在三个设定值时的槽电阻与氧化铝浓度关系曲线。理论估算表明，极距设定值的不同主要影响到槽电阻与氧化铝浓度关系曲线的高低，而对该关系曲线的形状影响很小。因此，如果忽略极距的变化（极距调整的短暂时间除外），控制系统就可以通过跟踪氧化铝浓度变化过程中的槽电阻变化来了解氧化铝浓度所处的状态。这是目前各类基于槽电阻跟踪的氧化铝浓度控制算法的理论基础。

　　目前，各种基于槽电阻跟踪的氧化铝浓度控制技术均将氧化铝浓度工作区设置在图中的槽电阻-Al_2O_3 浓度曲线极低点的左侧，即低氧化铝浓度区。将氧化铝浓度控制在低氧化铝浓度区不仅满足了现代采用"三低"技术条件的要求，而且由于在低氧化铝浓度区槽电阻对氧化铝浓度的变化很敏感，因此当有意识地将下料过程安排为"欠量下料"与"过量下料"周期交替地进行时，氧化铝浓度的变化就会反映到槽电阻的变化中，通过跟踪槽电阻及其变化速率（常称为斜率）便可以跟踪推测氧化铝浓度和进行欠量

与过量两种下料状态的切换，最终达到将氧化铝浓度的波动限制在预定的工作区内的目的。在一定时间内，槽电阻均值（或基值）的大小则反映极距的高低，因此可用于极距控制。极距调整及其他操作工序（如出铝、阳极更换）原则上只对氧化铝浓度跟踪产生短时间的干扰。

电解槽的加工分为以下几种：

（1）初始加工：正常控制过程结束后，也可进入此阶段。此阶段以初始 NB 进行欠加工处理，用于判断浓度变化趋势和效应趋势，以决策控制策略与加料寻迹阶段。每隔一定时间进行一次 AE 判定，若有非 W_1、W_2 加料器状态的效应趋势，转入过加工控制过程。否则，当电压变化超出一定范围后，转入相应的浓度控制过程。

（2）欠料加工：以欠基础加料间隔为基础进行加工处理。每隔一定间隔时间进行一次浓度解析，判断 AE 趋势和氧化铝浓度的变化情况，修正每次加料间隔时间，判断是否转入过加工控制过程等。

（3）过料加工：以过基础加料间隔为基础进行加工处理。每隔一定间隔时间进入更深的过加工控制，并修正每次加料间隔时间，直到加工间隔到一定范围、电压下降到浓度控制设定的电压范围或过加工时间到，则转入欠加工控制阶段。

（4）波动加工：包括电解工艺操作、电压摆、电流摆、功率下降，此过程退出浓度控制策略，以正常加工下料时 NB 间隔时间 + 附加 NB 间隔时间，或者按照基础 NB 时间的一定百分比进行加工。

（5）阳极效应预报、检出和处理：阳极效应的发生是以槽电阻取样值超过了 AE 判别值为标志的。在氧化铝浓度控制中，槽控机不断自动跟踪槽电阻的变化，若在一定时间（例如：1min）内，槽电阻达到一定标准（控制系统设定的效应电阻判定值），槽控机则发出 AEP（效应预报），并产生槽控信息实时记录，同时判断电解槽处于加料器状态，进行自动 AEPB（效应预报加工），按照系统设定值循环进行加料，以抑制 AE 趋势；否则，等待效应发生。

11.3.4 槽控机的实际应用

熟悉槽控机的结构，掌握日常打壳下料、效应处理、升降阳极、换极、出铝、抬母线等作业和应急情况处置是对操作者的基本要求。

（1）槽控机的正确启动与关闭。槽控机下箱体依次并排有三个空气开关，从左至右依次为 1DL、2DL、3DL。启动槽控机：按顺序依次推上 1DL、2DL、3DL 开关；关闭槽控机：按顺序依次拉下 3DL、2DL、1DL 开关。

（2）用槽控机查看当前时间及槽数据。

1）实时时钟显示：按下"时显"按钮，或者同时按下"数显加"与"数显减"按钮，槽控机进入时钟显示状态，5s 后槽控机就退出实时时钟设置操作。

2）当按数显加或数显减按钮时，槽控机进入数据显示状态，SM4～SM7 显示数据号，SM8～SM11 显示数据值。点动数显加或数显减时，数据号加一或减一变化。停止按数显加或数显减按钮 5s 以上，槽控机退出数据显示操作。

3）槽控机显示内容见表 11-1。

表 11-1　槽控机显示内容

数据号	显示内容	数据号	显示内容	数据号	显示内容
000	当前槽号	009	设定 NB	018	氧化铝量
001	设定电压	010	当前 NB	019	氟化盐量
002	目标电压	011	TAP 时刻	020	运行时间
003	折合电压	012	AC 时刻	021	温度
004	工作电压	013	IRF 时刻	022	电解质水平
005	平均电压	014	RRK 时刻	023	铝水平
006	设定电流	015	AE 时刻	024	分子比
007	AEW 间隔	016	AE 时间	025	出铝量
008	AE 后时间	017	AE 电压		

表 11-1 中 011~015 数据中都存在两个时间显示，其中显示 1 为最近一次时间，显示 2 为最近两次时间。

（3）正常处理。把槽控机打到手动，再按下正常处理按钮，可看到显示面板上的正常处理灯亮，槽控机执行一次正常处理（打壳，下料一次）。然后再按一下槽控机上手动操作开关板的自动/手动按钮，把槽控机恢复为自动。

（4）效应处理。把槽控机打到手动，再按下效应处理按钮，可看到显示面板上的效应处理灯亮，槽控机执行一次效应处理。然后再按一下槽控机上的手动操作开关板自动/手动按钮，把槽控机恢复为自动。

（5）升阳极。把槽控机打到手动，连续按下升阳极按钮，可看到显示面板上的提升机升、提升机工作、升阳极灯亮，阳极脉冲 A、阳极脉冲 B 灯闪亮，阳极连续上升。当阳极升到预想位置后，松开按钮，然后再按一下槽控机上的自动/手动按钮，把槽控机恢复为自动。

（6）降阳极。把槽控机打到手动，连续按下降阳极按钮，可看到显示面板上的提升机降、提升机工作、降阳极灯亮，阳极脉冲 A、阳极脉冲 B 灯闪亮，阳极连续下降，当阳极降到预想位置后，松开按钮，然后再按一下槽控机上的自动/手动按钮，把槽控机恢复为自动。

（7）氟化铝加料操作。把槽控机打到手动，再按下氟化铝加工按钮，这时可看到显示面板上的氟化铝加料灯亮，槽控机执行一次氟化铝加工。然后再按一下槽控机手动操作开关板上的自动/手动按钮，把槽控机恢复为自动。

（8）更换阳极操作。不论是自动或手动状态下，按一下手动操作开关板上的更换阳极按钮，置入更换阳极命令，可看到显示面板上的更换阳极灯亮，输入阳极更换命令后，应把槽控机维持在自动状态下。更换阳极过程中，槽控机禁止自动 RC 动作，但可以在手动状态下通过面板操作开关进行正常处理、效应处理、升阳极、降阳极操作，方法同手动操作步骤一样。完成手动操作后，应尽快把槽控机恢复到自动状态。如果要非正常退出更换阳极操作，按一下手动操作开关板上的清除按钮即可退出更换阳极操作。完成更换阳极操作后，到达设定时限槽控机会正常退出更换阳极。

（9）出铝操作。不论是自动或手动状态下，按一下手动操作开关板上的出铝按钮，置入出铝命令，可看到显示面板上的出铝灯亮，输入出铝命令后，应把槽控机维持在自动状态下。出铝过程中，在手动状态下可通过面板操作开关进行正常处理、效应处理、升阳极、降阳极操作，方法同手动操作步骤一样。完成手动操作后，应尽快把槽控机恢复到自动状态。如果要非正常退出出铝操作，按一下手动操作开关板上的清除按钮即可退出出铝操作。完成出铝操作后，槽控机会正常退出出铝操作。

（10）抬母线 A/B 操作。不论是自动或手动状态下，按一下手动操作开关板上的抬母线 A/B 按钮，置入抬母线 A/B 命令，可看到显示面板上的抬母线 A/B 灯亮，输入抬母线 A/B 命令后，应把槽控机维持在自动状态下。抬母线过程中，槽控机禁止自动 RC 动作，在手动状态下可通过面板操作开关进行正常处理、效应处理操作，方法同手动操作步骤一样。完成手动操作后，应尽快把槽控机恢复到自动状态。输入抬母线 A/B 命令后，把阳极框架在槽上放好，夹紧阳极，并且在已经松开所有固定 A/B 阳极的卡具后，可通过按下并保持升阳极或降阳极按钮进行 A/B 侧阳极的升降。当阳极框架到达合适位置，进行阳极的固定，移开抬母线框架。如果要非正常退出抬母线 A/B 操作，按一下手动操作开关板上的清除按钮即可退出抬母线 A/B 操作。完成抬母线 A/B 操作后，到达设定时限槽控机会正常退出抬母线 A/B 操作。

（11）应急开关的使用。

1）3DL 应急开关的使用。当上箱体操作按钮失灵，无法正常使用和退出，可能是计算机程序或电子元件有问题，这时应立即拉下 3DL（上箱体电源开关），再合上，即可正常使用。

2）2DL 应急开关的使用。当下箱体操作按钮失灵，无法正常使用和退出时，可将 2DL（下箱体电源开关）拉下，尽快联系维修。

3）1DL 应急开关的使用。当阳极自动上升或下降，可能是电子元件黏结或失灵，此时应立即拉下 1DL（总电源开关），切断总电源，以防发生事故，并及时联系进行处理。

4）下箱体应急按钮的使用。如果上箱体按钮失灵，也可使用下箱体应急按钮，使用方法是先拉下 3DL 开关，再使用。需要注意的是，在使用下箱体应急按钮时，升阳极或降阳极要同时按住 A 和 B 两个按钮，使 A 和 B 段阳极同时上升或下降。

（12）槽控机操作中的注意事项。

1）阳极上升、下降过程中，要经常观察指针式槽压表和数码显示的槽压是否变化正常。如果出现异常，立即停止提升、下降阳极操作，通知维修人员进行处理。如果发生阳极升/降失控现象，应迅速切断动力电源（1DL），在故障排除后再进行操作。

2）操作槽控机时，应先确认操作项目，再进行相应的操作。

3）在出铝或更换阳极操作完成后，无需按"清除"键退出，让程序自动退出。

4）在抬母线操作完成后，必须要按"清除"键退出。

5）在 AE 时间过长和长时间电压摆的情况下，不允许拉断槽控机 3DL。

6）槽控机在电解槽预热期间，为避免误操作，要拉下 2DL。

7）槽控机程序控制母线升降中，当槽控机回转计显示数到 20 时，终止母线提升；当回转计显示数到 398 时，终止母线下降。

8）在槽控机数码显示管无法正常显示槽电压时，可根据槽控机上的指针式电压表来判断电解槽的状态。

9）为避免高温直接辐射槽控机，槽控机附近更换阳极或电解槽启动时，要对槽控机显示面板进行防护。

（13）槽控机的故障分类及处理方法，见表 11-2。

表 11-2　槽控机故障分类及处理方法

故障名称	故障描述	基本处理方法
1 号故障	阳极升降机构主电源接触器不能接通	检查保险管；检查逻辑大板；检查 CPU 板；测量主电源电压和线路；检查三相电压检测器；检查主接触器；检查交流定时器
2 号故障	阳极升降机构主电源接触器不能断开	检查 1C 释放、接触器主触头
3 号故障	阳极升降机构升降接触器不能接通	检查三相电压检测器；检查槽压保护器；检查逻辑大板微型继电器；检查控制回路线路；检查升降接触器
4 号故障	阳极升降机构升降接触器不能断开	检查三相电压检测器；检查 2C/3C 主触头，特殊情况下可以按"清除"键清除故障并进行手动操作
5 号故障	无阳极脉冲或太少	检查槽上电机、脉冲发生器，特殊情况下可以按"清除"键清除故障并进行手动操作
6 号故障	提升机动作输入信号无效后仍有阳极脉冲	断开 3DL、2DL 和 1DL，检查电压线路、VFC 采集器
7 号故障	槽控机控制电源无效	检查槽控机下箱体 2DL、槽控机电磁阀电路、槽控机逻辑大板
8 号故障	交流定时器超时保护动作	检查 2C/3C、交流定时器、干扰信号、手动操作开关板、信号隔离板
9 号故障	直流定时器失效或时间太长	检查逻辑大板，特殊情况下可以按"清除"键清除故障并进行手动操作
10 号故障	直流定时器不能断开主电源	断开 3DL、2DL 和 1DL，检查 3C/4C、逻辑大板、三相电压检测器
11 号故障	直流定时器超时信号不复位	检查槽控机逻辑大板及其直流定时器
12 号故障	直流定时器复位后，主电源接触器没有接通	检查 1C/2C、三相电源检测器
13 号故障	提升机动作后，升/降动作前后槽电阻没有正/负变化	检查电源供电、槽上电机
14 号故障	直流定时器超时	检查槽控机逻辑大板
15 号故障	实时时钟故障	检查槽控机 CPU 板、通信
16 号故障	电流通道故障，影响槽控机自动控制	检查槽控机及中继器内 IP +/IP-线、槽控机逻辑大板、系列信号电流分配柜、槽控机 VFC 采集器、槽控机 CPU 板
17 号故障	槽控机重新上电后，数据初始化	检查 CPU 板电池及其跳帽
18 号故障	电压通道故障，影响槽控机自动控制	检查槽压保险以及接线端子、VFC、CPU 板、电压表

故障名称	故 障 描 述	基本处理方法
19 号故障	槽压上限保护动作（此条不在故障定义范围，属槽控机自我保护）	—
20 号故障	槽压下限保护动作（此条不在故障定义范围，属槽控机自我保护）	—
21 号故障	总线上无任何从站	检查中继箱通信模块和光纤跳线、故障槽槽控机 CPU 板
22 号故障	所选从站不存在（通信中断）	检查 3DL、开关电源输出的 5V 电源、CPU 板、通信线的输入和输出端线路、数码显示驱动板
23 号故障	从站应答超时	检查槽控机 CPU 板、通信线路、数码显示驱动板
24 号故障	CAN 芯片离线发送失败，无法接收、发送数据参数，监控电解槽当前状态	检查槽控机 CPU 板、通信线路、数码显示驱动板
25 号故障	站号超限	检查 CPU 板、管理机智能通信板
26 号故障	1min 未收到从站应答	检查槽控机 CPU 板、通信线路、中继箱通信模块、系列信号分配箱、数码显示驱动板

注：1. 特殊情况是指电解槽槽况异常，必须通过升降阳极来控制槽况。

2. 除规定的 4 号、5 号、9 号三个故障外，任何故障都不允许按"清除"键清除。

3. 除规定的 6 号、10 号和 6 号、8 号、10 号连续出现的故障现象外，任何情况下都不允许拉断 3DL。

11.3.5 计算机报表及其分析

常用报表大致可分成三类：状态报表、累积报表和计划报表。

（1）状态报表。状态报表包括班报、效应报、异常炉报、金属纯度报和供料情况报等，主要反映从打印时刻算起，过去 8h 或更长一点时间内槽子受控功能软开关的开闭情况，硬开关的转换情况，各电解槽控制项目的受控情况、打表时刻的槽电压、加料间隔和加料时间、效应间隔和效应发生时间、金属纯度、最新一次的电压调整等情况。这类报表是管理和操作人员使用频率最高的。

（2）累积报表。此类报表列出了较长一段时间内槽子的投入产出情况，并汇集了主要控制参数的平均值。这类报表有日报、旬报和月报，它既供车间统计核算使用，又可兼做这段时间的状态报表，供管理人员进行短期和长期分析使用。

（3）计划报表。这类报表是由管理人员利用计算机编制出的作业计划，与过去的过程控制无关，但对下一阶段的工作起指导作用。它包括阳极更换作业计划表、出铝指示量表等。

计算机报表进行综合分析是管理人员把握槽况、进行决策的重要依据和基础。根据分析目的的不同，对报表分析的内容和方法也有所不同，主要有排除干扰分析、长期分析和疗程分析等几种方法。

（1）排除干扰分析。管理和操作的目标总是尽量保持电解槽的热平衡和物料平衡，但因操作质量、设备故障、原材料质量或管理失误等因素的干扰，往往会打破这两个平衡。因此，排除干扰性分析就是通过班报、阳极效应报、日报和异常槽报等报表以及各种报警信息及时找出影响平衡的因素，将其一一排除，从而维持电解槽的热平衡和物料平衡。

（2）长期分析。长期分析则是管理人员通过对计算机日报、旬报、月报的分析，结合现场数据，在检查—总结—计划—执行—检查—总结的循环中，不断总结经验，找出最佳的管理方法，使电解槽在保持热平衡和物料平衡的基础上获得更高的电流效率和更好的技术经济指标，用更少的能量和原材物料的投入获得更多更好的产品，从而实现更好经济效益的长远管理目标。

（3）疗程分析。长期目标的实现过程，往往经历若干个检查—总结—计划—执行—检查—总结的小循环，一个小循环称为一个"疗程"。大型预焙槽的热惯性大，调整后的效果往往要经历一段时间才能看出来，因此，大型预焙槽一般将"疗程"定为五日。每五日小结一次，检查分析本疗程的小目标是否实现，由此确定下一个小疗程的目标。很显然，疗程分析是实现大目标的基础。

11.4　数据统计分析系统

随着电解铝工业的发展，生产管理逐渐由过去的经验管理转变为以数据为支撑辅以现场经验的管理模式，生产过程数据对生产管理越来越重要。日常生产中，各种生产数据被编制成报表供生产管理人员使用。因此，每天都产生许多份报表，且这些报表都以固定的格式表示生产的状况。一方面，在这些报表中隐藏着许多重要的信息；另一方面，当生产发生变化时，如某台槽发现异常、系统生产电压增大等，决策者需要迅速分析原因，指导生产。在这种情况下，原有的固定的报表无法实现这些功能，需要对这些数据重新排列，进行多角度的分析。

在这一背景下，一些生产控制系统也将一些常用的数据统计分析的方法整合到系统中，以适应这种趋势。对于数据统计和分析，一般不需要生产管理人员具备多深的理论知识储备，只要会使用系统中相关功能即可。

常用的数据分析方法有时间序列法、离散度分析法、控制图、曲线拟合等等。通过恰当的统计分析，能够准确地判断槽况发展，为制定合理的调整计划提供科学依据。

当用户发出分析请求时，服务器端的分析模块启动，进行多维分析，将结果以 ASP 网页的形式传至前端的用户。浏览器端采用 Microsoft 的图表控件 MSChart、MSHFlexGrid 将分析数据以图、表的方式显示给用户。

铝电解槽辅助分析希望能够通过多维角度查看铝电解槽数据，从多个角度分析、汇总数据，以各种图（直方图、折线图等）的方式查看，以表（计数、求和、求平均、计算百分比、合并单元、排序等）的方式浏览，并且基于浏览器技术，可与控制系统网无缝相联。具体如下：

（1）可以指定起始日期和结束日期，如 2012.1.5～2012.3.8。

（2）可以指定日期单位，可以以年、季、月、周、日、时、分、秒为日期单位。

（3）可以指定汇总单位，可以是以车间/工区/槽号为汇总单位。

（4）可以指定班次，以指定的班次为汇总单位。

（5）可以指定排序次序，指定分别按日期、班次、车间/工区/槽的先后次序和升降次序显示。

（6）可以选择要处理的件（因素），从所有可考虑的因素中选择若干个，如出铝量、

AE 电压、AE 持续时间等。

（7）每个件可以是数值型的，也可以是符号型的。

（8）可以指定处理件的方式，如是否求和、计数、求平均值；若为符号，则只能计数。

复习思考题

11-1 一般槽控机主要由哪些部分组成？

11-2 槽控机的主要操作和主要功能有哪些？

11-3 铝电解生产中，计算机怎样实现对电压、氧化铝浓度的自动控制？

11-4 槽控机操作的注意事项有哪些？

11-5 计算机报表有哪些类型？

11-6 常用的计算机报表分析方法有哪些？

12　电解铝生产主要经济技术指标

12.1　产品产量

按照电解铝生产企业的生产程序划分，铝的产品产量一般可分为铝液产量和商品铝产量两种。

（1）铝液产量。铝液产量是指电解铝生产单位或电解槽所出的铝液数量，是电解铝企业的中间产品，也是电解铝生产单位计算电流效率和各项单耗指标的基础。铝液产量等于一定时间内出铝量的总和。

（2）商品铝产量。商品铝产量是指原铝铸造单位的最终产品数量，是经过检验部门检验合格，包装入库或已办理入库手续的产品。

一般情况下，商品铝产量等于铝液产量减去铸造过程损耗量的差额。在实际生产统计中，商品铝产量等于检验合格的已入库的产品产量。

12.2　产品质量

对产品比较单一，只生产重熔用铝锭的企业来说，铝产品质量主要指铝锭 Al99.70%以上率。

铝锭 Al99.70%以上率是指报告期内生产的经检验合格交库的铝产量中含 Al99.70%以上铝锭产量占全部铝锭产量的百分比，计算公式为式（12-1）。

$$铝锭\ Al99.70\% = \frac{报告期含\ Al99.70\%\ 以上铝锭产量（吨）}{报告期铝产量} \times 100\% \qquad (12\text{-}1)$$

12.3　平均电流强度

平均电流强度是指用到铝电解槽系列的直流电流强度的平均值。按照报告期长度，分为日平均电流强度、月（年）平均电流强度。

（1）日平均电流强度。对于安装配置电压小时计和直流电量表的供电机组按式（12-2）计算：

$$日平均电流强度（A） = \frac{直流电量（kW \cdot h） \times 1000}{日电解系列平均电压小时值（V）} \qquad (12\text{-}2)$$

（2）月（年）平均电流强度。对于能够准确计算出直流电量的企业，按式（12-3）计算：

$$月（年）平均电流强度（A） = \frac{\Sigma\ 日（月）直流电总量（kW \cdot h） \times 1000}{\Sigma\ 日（月）系列总电压（V）} \qquad (12\text{-}3)$$

直流电是铝电解生产的电源和热源，电流强度是决定生产能力大小的主要指标，生产中应尽可能保持适宜而稳定的电流强度。

12.4 平均电压

平均电压是指每个槽昼夜的工作电压及分摊电压的平均值，它由工作电压、连接母线分摊电压和效应分摊电压组成。它是反映电能利用率的主要参数，它的高低与吨铝直流电耗有直接的关系，计算式为式（12-4）。

$$平均电压(V) = 工作电压 + 连接母线分摊电压 + 效应分摊电压 \qquad (12\text{-}4)$$

（1）工作电压。工作电压是指每台电解槽操控箱上的电压表所指示的电压值。工作电压不包含连接母线分摊电压和效应分摊电压，它的高低，取决于电解槽的结构、工作制度和管理水平等。计算式为式（12-5）。

$$工作电压(V) = \frac{每日各电解槽电压表指示的电压总和(V)}{报告期生产槽昼夜数} \qquad (12\text{-}5)$$

（2）效应分摊电压。效应分摊电压是指某一周期内分摊到每台电解槽的效应电压。需要注意的是，计算效应分摊电压时应该扣除电解槽的正常工作电压，计算式为式（12-6）。

$$效应分摊电压 = \frac{每次效应电压 \times 效应系数}{报告期生产槽昼夜数} \qquad (12\text{-}6)$$

（3）连接母线分摊电压。连接母线分摊电压是指系列中停槽线路和连接线路（如供电与电解车间之间的线路、不同厂房之间线路等）电压降的分摊值，计算式为式（12-7）。

$$\frac{连接母线}{分摊电压(V)} = \frac{总电压-总工作电压-总效应分摊电压-大修电压-停槽短路口电压-焙烧启动电压}{报告期生产槽昼夜数}$$

$$(12\text{-}7)$$

12.5 电流效率

电流效率是指铝电解生产中原铝的实际产量与理论产量的比值，以百分数表示。计算式为式（12-8）。

$$电流效率(\%) = 实际原铝产量／理论原铝产量 \times 100\% \qquad (12\text{-}8)$$

企业在日常统计中原铝实际产量按式（12-9）计算：

$$实际原铝产量(t) = 电解槽出铝量 \pm 开、停槽在产铝量 -$$
$$向电解槽中加入的周转铝、铝渣、切头等实物量 \qquad (12\text{-}9)$$

在编制生产计划或进行统计预测时，铝液实际产量也可按式（12-10）计算：

$$实际原铝产量(t) = 0.3355 \times 24(h) \times 平均电流强度(A) \times$$
$$生产槽昼夜(天) \times 电流效率 \times 10^{-3} \qquad (12\text{-}10)$$

铝理论产量是指一定电流强度的电解槽，通电 24h，理论上能在阴极析出的铝量。原铝理论产量按式（12-11）计算：

$$铝液理论产量(t) = 0.3355 \times 24(h) \times 平均电流强度(A) \times 生产槽昼夜(个) \times 10^{-3}$$

$$(12\text{-}11)$$

0.3355 为铝的电化学当量。根据法拉第定律可知，铝的电化学当量定义是电流为 1A、电解时间为 1h 时，阴极上所应析出的铝量，单位为 g/(A·h)。

电流效率是衡量一个生产过程的重要指标。生产过程电流效率的高低，直接影响企业的经济效益。在其他条件一样的情况下，电流效率越高，原铝产量越高，单位产品能耗越低，产品成本越低，企业的经济效益越好。

12.6　铝液氧化铝单耗

铝液氧化铝单耗是指报告期内生产每吨铝液所消耗的氧化铝量，计算式为式(12-12)。

$$铝液氧化铝单耗(kg/t) = \frac{报告期内氧化铝消耗总量(kg)}{报告期铝液产量(t)} \tag{12-12}$$

理论上，生产 1t 纯铝需要消耗氧化铝 1889kg。但是在实际生产中，一般需要消耗氧化铝 1920kg/t 左右。这主要有以下几个方面的原因：氧化铝原料纯度达不到 100%；氧化铝储运和使用过程中存在机械损失。要降低氧化铝消耗，须使运输管道、贮存、加料设备等严密不漏，操作过程中要减少氧化铝的损失。

氧化铝单耗量不包括游离水分，即在贮运过程中吸收的水分。一般在计算过程中企业根据氧化铝含水量大小与供应商达成一致意见后减去一定百分比的含水量。

12.7　铝液氟化盐单耗

铝液氟化盐单耗是指报告期内生产每吨铝液所消耗的氟化盐量，计算式为式(12-13)。

$$铝液氟化盐单耗(kg/t) = \frac{报告期内氟化盐消耗量(kg)}{报告期铝液产量(t)} \tag{12-13}$$

氟化盐为冰晶石、氟化铝、氟化钠、氟化钙、氟化镁等消耗的总称。因此，该式也可以计算这些添加剂各自的单耗。计算氟化盐单耗要减去电解槽焙烧、启动的补偿用料。

12.8　铝液阳极毛耗

铝液阳极毛耗是指报告期内生产每吨铝液所消耗的新阳极质量，计算式为式(12-14)。

$$铝液阳极毛耗(kg/t) = \frac{报告期内消耗新阳极质量(kg)}{报告期铝液产量(t)} \tag{12-14}$$

式中，报告期内消耗新阳极质量(kg) = 每块阳极质量（kg）×报告期生产用阳极块块数（进电解车间全部阳极块总块数 – 挂极用阳极块块数）。

12.9　铝液阳极净耗

铝液阳极净耗是指报告期内生产每吨铝液所消耗的阳极净耗量，计算式为式(12-15)。

$$铝液阳极净耗(kg/t) = \frac{报告期内消耗阳极净耗量(kg)}{报告期铝液产量(t)} \tag{12-15}$$

式中，报告期内消耗阳极净耗量(kg) = 阳极块净重(kg)×报告期生产用阳极块块数；阳极块净重 = 阳极块毛重 – 残极质量。

阳极块残极的质量在阳极规格尺寸基本不变的情况下经定期测定后确定一个值，在一段时间内要保持相对稳定。

12.10 铸造损失率

铸造损失率，也称铸造损耗，是指铝液在铸造过程中损失的铝量，也指从电解铝液到铝产品铸造过程中损失的金属量，通常以千分数表示，计算式为式（12-16）。

$$铸造损失率(‰) = \frac{铸造过程金属铝消耗量(t)}{报告期原铝液投入量(t)} \times 1000 \qquad (12\text{-}16)$$

原铝在铸造过程中，由于氧化和机械损失使原铝的数量降低，其损耗量可以根据计量统计得出，一般的原铝铸成普通铝锭时，原铝损失率不超过5‰。由于各电解铝厂装备水平和管理水平不同，铸造损失率也不尽相同。铸造损失率高，产品产量降低，生产成本上升。

12.11 铝液直流电单耗

铝液直流电单耗是指报告期内生产每吨铝液所消耗的直流电量。它与平均电压和电流效率的高低有关。

铝液直流电单耗的理论计算式为式（12-17）：

$$铝液直流电单耗(kW \cdot h/t) = \frac{平均电压(V)}{0.3355 \times 电流效率 \times 10^{-3}} = \frac{2.98 \times 平均电压(V)}{电流效率 \times 10^{-3}}$$

$$(12\text{-}17)$$

由上式可知，降低铝液直流电单耗应该从降低平均电压和提高电流效率两个方面进行。

生产统计上铝液直流电单耗通常用式（12-18）计算：

$$铝液直流电单耗(kW \cdot h/t) = \frac{报告期内电解原铝消耗的直流电量(kW \cdot h)}{报告期铝液产量(t)}$$

$$(12\text{-}18)$$

式中，报告期内电解原铝消耗的直流电量 = 直流电总量 − 停槽短路口分摊电量 − 焙烧启动用电量。

12.12 铝液交流电单耗

铝液交流电单耗是指生产每吨铝液消耗的交流电量。它既反映电解槽的技术状况和工艺操作水平，又反映整流效率，也称作可比交流电耗。计算式为式（12-19）。

$$铝液交流电单耗(kW \cdot h/t) = \frac{报告期内电解原铝消耗的交流电量(kW \cdot h)}{报告期铝液产量(t)}$$

$$(12\text{-}19)$$

式中，报告期内电解原铝消耗的交流电量 = 电解用交流总电量（即输入整流器的交流电总量）− 停槽短路口分摊交流电量 − 焙烧启动用交流电量。式中各部分的扣减要与铝液直流电单耗计算式中的扣减部分统计口径一致。

铝液交流电单耗也可以用式（12-20）计算：

$$铝液交流电单耗(kW \cdot h/t) = \frac{报告期内电解原铝消耗的\underline{直流电量}(kW \cdot h)}{报告期内铝液产量(t) \times 整流效率}$$

$$(12\text{-}20)$$

12.13   电解铝综合交流电耗

电解铝综合交流电耗是以单位产量表示的综合交流电消耗量，即用报告期内用于电解铝生产的综合交流电消耗量除以报告期内产出的合格电解铝交库量。计算式为式(12-21)。

$$电解铝综合交流电耗(kW \cdot h/t) = \frac{报告期内综合交流电消耗量(kW \cdot h)}{报告期交库电解铝总量(t)}$$

$$(12\text{-}21)$$

式中，报告期内综合交流电消耗量包括电解铝液生产、铸造及烟气净化、空压机、整流、物料输送、动力照明等辅助附属系统消耗的交流电量和线路损失；报告期交库电解铝总量包括商品电解铝产量与自用量。

12.14   提高电流效率的途径

12.14.1   铝电解电流效率降低的原因

在铝电解生产中，有10%左右的电流被损失掉，使电流效率降低。研究表明，铝电解过程中电流效率降低的主要原因有铝的溶解和再氧化损失、高价铝离子的不完全放电、其他离子放电和其他损失。

12.14.1.1   铝的溶解和再氧化损失

铝在电解质中的溶解及溶解的铝被阳极气体再氧化，即二次反应，导致了铝的损失，是铝电解电流效率降低的主要原因之一。

在工业铝电解槽上，一般认为，铝的溶解损失过程分为四个步骤：

（1）金属铝在与电解质的交界面上发生溶解反应；

（2）溶解的金属铝通过阴极表面扩散层扩散出来；

（3）通过扩散层扩散出来的金属传输到电解质熔体内部；

（4）溶解在电解质熔体中的金属铝与 CO_2 气体反应，反应式为式（12-22）。

$$2Al(溶解的) + 3CO_2 = Al_2O_3(溶解的) + 3CO \qquad (12\text{-}22)$$

铝的溶解有物理溶解和化学溶解两种形式。铝电解过程中，在处于高温状态的阴极铝液和电解质的接触面上也必然会有析出的铝溶解到电解质中，形成这种物理溶解。铝的化学溶解是铝与熔体中某些成分发生反应，以离子形式进入熔体。其中生成低价铝离子是化学溶解的主要形式。另外，铝也可能与 NaF 发生置换反应生成金属钠，反应式为式（12-23）和式（12-24）。

$$Al + 3NaF = 3Na + AlF_3 \qquad (12\text{-}23)$$

$$2Al + AlF_3 = 3AlF \qquad (12\text{-}24)$$

在上述四个步骤中，第二步是整个过程的控制步骤。在阴极铝液的表面，电解液层在电磁力的作用下,沿着铝液作水平方向运动,其紊流程度较小。但在阳极附近,由于阳极气体的排出,电解液做垂直方向的运动,产生较大的紊流,电解质携带的阳极气体把大部分溶解的铝氧化掉。

由于铝的溶解氧化损失速度取决于从铝液界面通过扩散层的扩散速度,因此与此关系较大的因素都明显影响电流效率,是铝电解工艺重点控制对象。主要包括:

(1) 槽温升高,铝的溶解度增大,扩散速度也加快。

(2) 槽内铝液面的面积扩大,铝液与电解质接触面增大,铝的溶解损失也增大。

(3) 槽内铝液、电解质不平静,进行强烈的对流循环,扩散层不断被破坏或减薄,大大加速溶解的铝通过扩散层进入电解质中而增加铝的损失。

12.14.1.2 高价铝离子的不完全放电

在铝电解过程中,在阴、阳极上还发生着高铝的电化学反应。

在阴极:
$$Al^{3+} + 2e \longrightarrow Al^+$$

当 Al^+ 转移到阳极时,又在阳极被重新氧化成高价铝离子,即:
$$Al^+ - 2e \longrightarrow Al^{3+}$$

这些反应反复进行,造成电流的空耗,引起电流效率降低。

12.14.1.3 其他离子的放电

钠离子放电。在较高的电解温度、较高的分子比、较大的阴极电流密度和较低的氧化铝浓度情况下,发生钠离子放电。钠离子在阴极析出,消耗了为铝离子析出所提供的电子,减少了铝离子析出的机会,从而引起电解过程中电流效率的降低。

另外,存在于电解之中的杂质元素如钒(V^{5+})、硅(Si^{4+})、磷(P^{5+})、铁(Fe^{3+})、钛(Ti^{4+})等离子,也在两极间进行高-低价的循环转移,降低了电流效率。

12.14.1.4 其他损失

其他损失包括:阴、阳极之间的局部短路(如阳极长包、铝水波动大)及电解槽侧部漏电等,造成电流空耗,电流效率降低;铝电解过程的抛洒损失;运输过程中铝的氧化、碳化铝的生成等。

12.14.2 电解生产中提高电流效率的途径

12.14.2.1 电解槽设计

电解槽设计与电流效率存在以下关系:减小电解槽的大面有利于提高阴极电流密度从而提高电流效率;小阳极替代大阳极有利于阳极气体的排放,因而有利于提高电流效率;采用点式下料和先进的控制技术,能保证电解槽在优化的情况下工作,有利于提高电流效率。

12.14.2.2 温度对电流效率的影响

电解温度是电解生产最重要的技术参数之一,对电解生产指标有非常大的影响。电解温度升高，会使炉帮结壳熔化，电解质分子比升高，氧化铝浓度和电解质水平上升，铝水平下降，阴极铝液面积增加，阴极平均电流密度降低，铝溶解损失增加，电流效率降低。所以，电解温度对电流效率的影响最为重要。研究表明，温度每升高10℃，电流效率大约降低1%～2%。因此，电解生产力求保持低温操作，有利于电流效率的提高。目前，半连续中间点式下料大型预焙电解槽下料间隔缩短，每次下料量少，氧化铝浓度控制在2%～3%，分子比在2.3～2.5，电解温度保持在940～960℃，有效减少了沉淀的产生，可使电解温度控制在高于初晶8～12℃条件下正常生产。降低电解温度的有效方法是降低电解质的初晶温度，初晶温度的降低可以采用酸性电解质和适当添加氟化钙、氟化镁、氟化锂等添加剂来实现。

电解温度的降低，必须与电解质的初晶温度相适应，电解质的初晶温度是由电解质的成分决定的。电解质温度过低，过热度偏小，导致电解质发黏，铝和电解质分离困难，易造成铝的损失，降低电流效率。另外，有可能使电解槽处于冷行程，氧化铝溶解速度降低，槽底出现大量沉淀，炉膛不规整，效应系数增加，极距降低，铝液面不稳定，铝损失增加，将严重影响电流效率。

因此，在电解质成分一定的条件下，有一个适宜的温度，高于或低于此温度，电流效率都会降低。

12.14.2.3　电解质分子比对电流效率的影响

电解质分子比是影响电流效率的主要因素之一。目前工业铝电解槽电解质的分子比一般在2.3～2.5之间。

一般来说，降低电解质的分子比，对提高电流效率的效果是很明显的，铝电解槽电流效率随分子比的降低而提高。分子比降低，可使电解质初晶温度降低，从而降低了电解温度。另外，低分子比会降低铝在电解质熔体中的溶解度和溶解速度，增加铝与电解质熔体之间界面张力，提高电解质熔体与炭阳极之间的表面张力，使阳极产生较大的阳极气泡并使阳极气体表面积减少，从而会减少阳极气体与铝的二次反应，降低铝的溶解损失，提高电流效率。

电解质分子比过低则会对铝电解生产产生不利的影响，使氧化铝的溶解速度和溶解度降低，氧化铝易沉积，在炉底形成沉淀结壳，破坏炉膛，影响电解槽正常运行，对电流效率产生不利影响。

12.14.2.4　氧化铝浓度对电流效率的影响

电解质与阴极铝液之间的表面张力，随着氧化铝浓度的降低而提高，因此这有利于减少铝的溶解损失和电流效率的提高。电解质的导电率会随着氧化铝浓度的降低而大幅度地提高，因此在相同的槽电压时，较低的氧化铝浓度会有较高的极距。在较低的氧化铝浓度时，电解质熔体与炭阳极之间的表面张力提高，致使阳极形成的气泡大，气泡与电解质的接触面积小，因而会减少铝的二次反应。较低的氧化铝浓度条件下，槽电压的变化对氧化铝浓度的变化更为敏感，有利于自动控制，促进槽况稳定。较低氧化铝浓度时，电解质对氧化铝的溶解能力更强，不容易产生沉淀，有利于电解槽长期稳定运行。目前，氧化铝浓度一般控制在1.5%～3.5%之间。

12.14.2.5 各种添加剂对电流效率的影响

目前工业电解槽使用各种添加剂，都是为了改善电解质的性质，提高经济效益。常用的添加剂有 LiF、CaF_2 和 MgF_2。

（1）LiF 添加剂。LiF 添加到电解质熔体中以后，会使得电解质熔体的物理化学性质发生改变，如：初晶温度降低；使电解质熔体密度降低；使铝在电解质熔体中的溶解度降低；提高电解质熔体的导电性能，使电解槽的极距增加；提高阴极铝和电解质熔体之间的界面张力，降低铝的溶解度。

上述这些电解质物理化学性质的变化，会使电解槽取得提高电流效率的明显效果，但是这种效果对电解质分子比较低、电流效率已经很高的电解槽，效果并不那么显著。

添加锂盐的缺点是使阴极金属铝中的 Li 含量增加。电解槽中添加锂盐的另一个缺点是其价格贵，因此电解槽是否使用锂盐添加剂，需要在若干电解槽上进行试验取得经验，从效益和成本上权衡考虑。

（2）CaF_2 添加剂。CaF_2 作为一种添加剂，除电解槽启动一次性添加以外，大部分是以 Al_2O_3 原料中的 CaO 杂质的形式进入到电解质熔体中的。

为此，电解质中 CaF_2 的浓度依原料中 CaO 杂质含量的多少而定。一般情况下，电解槽中的 CaF_2 浓度在 3%~6% 之间。对于个别的电解槽中当 CaF_2 的浓度较低时，也可向电解槽中添加一些化学级的萤石粉，以保证电解槽中有 5% 左右的 CaF_2 浓度。

铝电解槽中添加 CaF_2 会改进电解质的一些物理化学性质，从而达到提高电解槽电流效率的目的，如：能降低电解质的初晶温度；能增加阴极铝液与电解质熔体之间的界面张力；能降低铝在电解质熔体中的溶解度；能增加炭和电解质熔体之间的界面张力，提高炭渣的分离效果；增大阳极气泡尺寸，减少阳极气体的表面积，减少铝的二次反应。

CaF_2 添加剂的缺点是它会降低电解质的电导率，降低氧化铝的溶解度，增加电解质熔体的密度，因此，一般情况下，CaF_2 在电解质中的浓度一般不超过 6%。

（3）MgF_2 添加剂。由于氧化铝原料中镁元素杂质极低，因此它不会像钙元素杂质那样，会在电解质熔体中富集到很高的浓度，因此 MgF_2 必须从槽外加入。

MgF_2 添加剂具有与 CaF_2 添加剂相似的改善电解质物理化学性质，提高电流效率的功能。

这种添加剂在电解槽中具有很好的分离电解质中炭渣的效果，因此，可弥补电解质中由于加入 MgF_2 而引起的导电率的降低。实践表明，MgF_2 与 LiF 一起使用对提高电解槽的电流效率，比单独添加 MgF_2 的效果好。

MgF_2 添加剂的缺点与 CaF_2 添加剂的缺点是一样的，如使电解质的电导率和氧化铝溶解度降低等，因此 MgF_2 添加剂和其他添加剂一样都不能添加太多，也要把握好度。比较合理的电解质中 MgF_2 添加量应该根据电解质熔体中的 CaF_2 含量而确定。一般说来，MgF_2 和 CaF_2 两种添加剂的总量不宜超过 7%。

MgF_2 与 CaF_2 添加剂的另一个不同点是 MgF_2 属于酸性添加剂，也就是说，MgF_2 加入到电解槽中后，可使电解质分子比降低，酸性增加。

12.14.2.6 极距对电流效率的影响

在其他条件不变的情况下，槽电压的高低就表示着极距的大小。在温度不升高的条件下极距增加，电流效率提高。在极距较大时，再增加极距，电流效率提高并不明显，而且因极距增加，使电解质压降增大，槽电压升高，直流电耗增加，槽温升高，反而影响电流效率。

因此，不能单纯用提高电压的办法来提高极距，而应通过改善电解质成分，降低电解质的电阻等办法来提高极距。一般情况下，电解槽的极距在 4～5cm。

12.14.2.7　电流密度对电流效率的影响

一般来说，电流效率随着阳极电流密度的增大而降低，随着阴极电流密度增大而增大。这是因为阳极气体的排出量随着阳极电流密度增大而增加，对电解质-铝液界面的搅动就越强，增加铝的溶解损失，降低电流效率。阴极电流密度增大就意味着电解质-铝液界面的面积减小，铝的溶解量减小，有利于提高电流效率。

12.14.2.8　炉膛形状对电流效率的影响

电解槽炉膛由炉底、炉帮和伸腿组成，它是电解槽稳定生产，提高电流效率的基础。炉帮是由电解质凝固而成的，在接触液体电解质处起，沿槽壁形成一层结壳，在阳极四周形成一个近乎椭圆形的炉膛。规整的炉膛可以有效防止电解槽的侧部漏电造成的电流空耗，提高阴极电流密度，减少水平电流，减少铝的二次反应，从而提高电流效率。统计数据表明，在其他相同的条件下，规整炉膛的电解槽比不规整炉膛的电解槽电流效率提高2%～4%。另外，规整的炉膛减少了电解槽的热损失，同时也保护着电解槽侧部和阴极炭块，有利于槽寿命的延长，降低电解槽大修成本。

建立规整的炉膛内型，关键取决于电解槽焙烧启动及启动后期合理的技术条件以及与之相适应的操作制度，加之正常生产期间技术条件的合理保持。

12.14.2.9　铝水平和电解质水平对电流效率的影响

铝具有良好的导热、导电性能，其热容也较大，因此槽内保持较高的铝液水平，可以使阳极底部的热量散发出来，有利于降低电解温度，又能使侧壁形成坚固的炉膛，收缩铝液镜面，提高阴极电流密度，这两者都有利于提高电流效率。铝液水平高能减轻磁场对铝液的影响，减小铝液中的水平电流密度，使铝液保持稳定，提高电解槽的稳定性。但是过高的铝液水平会使槽侧部通过铝液层的散热量增大，容易在槽底生成结壳，阴极压降上升，导致电解槽走向冷行程，引发病槽，降低电流效率。因此，要根据电解槽容量的不同和自身特点，保持适当的铝水平，才能保持电解槽的平稳运行，获得较高的电流效率。一般电解槽铝水平出铝后保持在 20～22cm。

电解质水平在电解过程中起着溶解氧化铝、导电和保持热稳定性的作用。电解质水平高，则电解质量大，热稳定性好，氧化铝溶解性好，不易产生炉底沉淀，有利于电流效率的提高。但电解质水平过高，使阳极浸入电解质过深，容易熔化阳极钢爪，影响原铝质量。同时，易熔化侧部炉帮，阳极侧部导电增多，槽内水平电流增加，铝液波动大，铝的二次反应加剧，电解槽稳定性下降，降低了电流效率。电解质水平太低时，电解槽的热稳定性差，氧化铝溶解少，突发阳极效应增多，增加电耗，同时不易操作，易产生炉底沉淀，同样引发病槽，影响电流效率。一般大型预焙电解槽电解质水平保持在 18～20cm。

12. 14. 2. 10   电解质过热度对电流效率的影响

过热度是电解温度和电解质初晶温度的差值。保持适当的过热会使电解槽形成较好的炉帮结壳。较低的过热度可以在铝阴极表面沉积一层冰晶石壳膜，可阻止铝的溶解损失，提高电解槽的电流效率，但过热度太低时会引起过多的冰晶石沉积和沉淀，导致电解槽的不稳定。过热度大小与电解质初晶温度有关。在其他条件相同时，电解质的初晶温度的变化受电解质分子比变化的影响较大。过热度的选择要和电解槽热稳定性的好坏、电解槽的控制技术等结合起来。热稳定性较好的大型电解槽可选择较低的过热度，而电解槽控制技术水平较高的电解槽也可选择较低的过热度，这样可使电解槽获得较高的电流效率。一般大型预焙电解槽过热度保持在 $8 \sim 12 \, ^\circ\mathrm{C}$。

12. 14. 2. 11   稳定性对电流效率的影响

电解槽的稳定性是获得高电流效率和低电能消耗的基本条件和前提。电解槽各项技术条件确定以后，运行中依据这些条件建立起稳定的热平衡和物料平衡。一台稳定的电解槽，其基本特征是阴极铝液面是平稳的，它具有较小的铝液流速和液面波动，电解槽没有大的温度波动，电解质成分稳定，槽电压稳定，其他技术条件也保持相对稳定。生产中如果各项技术条件不稳定，调整频繁，电解槽经常处于波动之中，电流效率将很难提高。因此，稳定的供电制度、规整的炉膛、适宜的铝水平和槽内在产铝量、适宜的电解质水平、电解质成分和过热度等，是提高电解槽稳定性的重要保证。

12. 14. 2. 12   操作质量对电流效率的影响

电解槽合理的工艺参数确定之后，关键在于严格管理和精心操作。电解槽的各项操作质量，不仅影响电解槽的运行状态，而且影响电解槽的电流效率和其他生产指标。出铝量不准确，直接破坏电解槽技术条件，引起电解槽波动，降低电流效率。换极定位不准确，结壳块捞不干净，引发电压摆或其他异常情况，造成电流效率降低。抬母线质量不好，计量刻度不准确，引起极距过高或过低，影响电解槽的稳定，导致电流效率下降。作业过程中出现的误操作，不仅影响电解槽的稳定，还可能酿成大的生产事故，引起系列生产的不稳定，严重影响电解槽的电流效率和其他技术指标。

电流效率是铝电解生产中的重要指标，不仅影响铝产量，而且对电耗指标和其他消耗指标及生产成本有重要影响。它是电解槽设计水平、企业管理水平和技术水平的重要体现。在生产管理中，必须结合电解槽的自身特点和技术装备水平、人员素质等因素，探索出切合生产实际管理方法、技术条件和操作标准，严格管理，精心操作，才能使电解槽在长期处于最佳的条件下稳定运行，并获得较高的电流效率和其他技术经济指标。

12. 14. 3   几种估算电流效率的方法

电解槽的电流效率能综合体现电解生产过程的优劣，及时掌握电解槽电流效率对生产决策有重要意义。但对工业铝电解槽来说，精确地测定电解槽短时期内的电流效率是困难的，一般铝厂只是根据一段时间内的出铝量和槽内在产铝量的变化来计算出电解槽的电流效率，其计算式为式（12-25）。

$$电流效率 CE(\%) = \frac{期间出铝总量 + 期末在产铝量 - 期初在产铝量}{期间理论原铝产量} \times 100\%$$

$$(12\text{-}25)$$

统计期限内出铝总量和理论原铝产量能够非常方便的计算出来，因此准确地知道在产铝量成为了解决问题的关键。

目前，测量（盘存）槽内铝液量的方法一般采用简易盘存和稀释法盘存（主要为加铜盘存），它们各有优缺点。

简易盘存法是利用在槽周选择多个部位测出炉帮结壳厚度和伸腿长度及相应点的铝水平，再结合基建电解槽炉膛尺寸计算出槽内铝的体积和质量。在这种方法中，还要测出槽底沉淀厚度，在计量槽内铝量时要减去该槽底沉淀所占据的铝量。

这种方法操作简单易行，但是误差较大。其主要误差来源为测量误差和各部位炉膛差异带来的误差。

稀释法盘存是指利用一种惰性物质。所谓惰性物质是指能完全且很均匀地溶解在阴极铝液中，并不与电解质发生反应，在电解温度下没有蒸发损失，它的化合物在电极材料和原料中非常低，其在阴极铝液中的浓度非常低，且含量稳定。

常用的惰性金属有铜和银，但银很贵，所以实际上可用的惰性金属也只有铜。

阴极铝液中加 Cu 稀释，会增加 Cu 杂质含量，降低铝的品位，而且一旦阴极铝液中有了较大 Cu 杂质含量后，需要经过数十天才能使电解槽中阴极铝液中的 Cu 达到正常品位。

加铜盘存时，需要注意所加的铜最好以铝-铜合金的形式加入；在加铜盘存前，要对阴极铝液中的本底铜进行跟踪测量，以确定阴极铝液中 Cu 杂质的浓度是稳定的，没有其他的 Cu 杂质来源，在出铝后，要从多处将 Cu 加入到电解槽中，以便使其尽快、尽可能均匀地溶解到阴极铝液中；在保证精度的情况下，尽量选择较低的加 Cu 浓度；在加 Cu 及Cu 合金的位置，要消除槽底沉淀，防止加入的 Cu 及 Cu 合金沉埋入沉淀中；结束以前不能出铝。

加铜盘存大致的操作程序是电解槽出铝后加一定量的铜（称为底铜），一段时间（一般为 8h）后，每小时取一次原铝试样并做好试样标号，连续取 3 次；之后再加一定量的铜（称为本铜），一段时间（一般为 8h）后，每小时取一次原铝试样并做好试样标号，连续取 3 次；分析所取原铝试样的铜含量，计算电解槽在产铝量。生产中，也有不加底铜只加本铜的，但其原理和计算方法不变。

加铜盘存法电解槽在产铝量的计算式为式（12-26）。

$$Q = \frac{m_{Cu} \times (1 - w_{Cu1})}{w_{Cu2} - w_{Cu1}}$$

$$(12\text{-}26)$$

式中　Q——电解槽在产铝量，kg；

　　　m_{Cu}——加入电解槽的纯铜量，kg；

　　　w_{Cu1}——铝试样底铜含量（铜在试样中的质量百分比），%；

　　　w_{Cu2}——铝试样本铜含量（铜在试样中的质量百分比），%。

加铜盘存能够较为准确的测定电解槽在产铝量，操作也较为简单。

除上述常用的方法外，实际生产中往往用氧化铝消耗量简单估算电流效率，此外还可以根据阳极气体成分估算电流效率。但利用氧化铝消耗量或阳极气体成分仅能估算较为理想的生产过程的电流效率，可靠性差。

12.15 降低阳极毛耗的途径

在铝电解过程中，当电解反应全部生成 CO_2 时，每吨铝炭阳极的理论消耗量为333kg；当电解反应全部生成 CO 时，每吨铝炭阳极的理论消耗量为667kg。实际的消耗量介于两者之间。

在铝电解生产过程中，炭阳极除了要维持电化学反应而消耗以外，还有许多额外的影响因素导致阳极的消耗，包括化学消耗（阳极氧化）和物理消耗（掉块、掉渣、阳极故障导致的计划外换极等）。

生产中常用阳极毛耗和阳极净耗来表征阳极消耗。阳极毛耗是指一定周期内电解生产所使用的新阳极的质量与这段时间的原铝产量的比值。阳极净耗是指一定周期内电解生产过程实际消耗的阳极质量（新阳极质量 – 残极质量）与这段时间的原铝产量的比值。两者的区别在于是否考虑残极的质量。

关于阳极净耗，许多学者综合了各种因素对炭阳极消耗的影响，以预测工业炭阳极的消耗量。根据工业电解槽试验和经验数据建立了相应的数学模型，其中 Peruchoud 建立的数学模型更为接近实际，该模型为式（12-27）。

$$NC(净耗) = C + 334/CE + 1.2(BT - 960) - 1.7CRR + 9.3AP + 8TC - 1.5ARR$$

$$(12-27)$$

式中　NC——阳极净耗，kg；

　　　　C——电流效率影响因素（范围为 270 ~ 310）；

　　　CE——电流效率（范围为 0.82 ~ 0.95）；

　　　BT——电解质温度（范围为 945 ~ 985），℃；

　　CRR——CO_2 反应残存量（范围为 75 ~ 90），%；

　　　AP——空气渗透率（范围为 0.5 ~ 5.0），nPm；

　　　TC——热导率（范围为 3.0 ~ 6.0），W/(m·K)；

　　ARR——空气反应残存量（范围为 60 ~ 90），%。

降低阳极消耗的途径主要有以下几种：（1）提高电流效率；（2）提高阳极机械强度及抗氧化性能，减少氧化及掉块；（3）保持阳极工作正常，防止阳极过热，封好阳极保温料，防止电解质上面的阳极与空气接触，减少氧化；（4）加强对阳极的检查，防止过厚的阳极就换掉，保证阳极使用周期；（5）在保证不渐爪头的条件下延长阳极使用周期；（6）使用石墨保护环，延长换极周期。

12.16 降低平均电压

电解槽的平均电压由极化电压降、阳极压降、阴极压降、电解质压降、母线压降以及效应电压降的分摊值组成。

极化电压是克服电解产物所形成的原电池电动势，使氧化铝得以分解的外加电压。极化电压由氧化铝的理论分解电压、阴极过电压和阳极过电压组成。

铝电解槽阳极电压降同样由三部分组成：阳极炭块自身的电阻引起的电压降、阳极钢爪金属导体的电阻引起的电压降、钢爪与阳极炭块之间的接触电阻产生的电压降。

精确计算铝电解槽的阴极电压降是困难的。铝电解槽的阴极电压降不仅与设计时所选用的阴极内衬材料有关，而且也与筑炉质量、焙烧、启动和电解槽的操作管理有关系，更重要的是电解槽的阴极电压降会随槽龄的变化而改变。铝电解槽的阴极电压降是由炭块自身压降、钢棒自身压降和炭块与钢棒接触压降三部分组成的。

电解质电压降由电解质成分、电解质温度、阳极电流密度和极距共同决定。其他条件一样的情况下，电解质温度越高，阳极电流密度越小，极距越小，电解质电压降越小。电解质成分对其电压降的影响可参阅电解质成分对其电导率的影响的相关资料。

母线压降包括电解槽自身母线压降、联络母线压降和各段母线的接触压降。其中，接触压降主要是指电解槽短路口等压接处的压降。母线材料自身的压降随温度升高而升高，随电流密度增大而增大。

在平均电压的组成部分中，极化电压和电解质压降是最主要的两部分。可采取以下措施降低平均电压：

（1）降低极化电压。工业上主要是采用减小阳极电流密度（主要是增大其截面积），防止出现过低氧化铝浓度和过低的分子比以及过高的阳极焙烧温度。

（2）降低电解质电压降。在保证电解生产能够正常进行的前提下，适当缩短极距，减小电流密度，增大电解质导电性，提高电解质水平，净化电解质都有助于减小电解质压降。

（3）降低阳极电压降。换极时阳极定位准确，防止出现阳极底掌高低不平现象；打紧卡具，减少卡具压降；按要求浇注磷生铁，改善铁-炭电压降；维护好爆炸焊与有色焊；加强阳极保温料和壳面保温料工作，减少阳极氧化，降低炭阳极电压降。

（4）降低炉底电压降。减少或除去槽底沉淀；改进电解槽结构，使槽底对于铝液与电解质高度的稳定性，耐腐蚀性能良好，导热率高和导电率低（与炭块比）。在阴极结构方面，适当加宽底边，采用双阴极棒，以增加接触面积，适当增加阴极棒高度，减小电流导程；底块之间改扎缝为黏缝，以减小槽底薄弱环节，减缓槽底的破损；使用半石墨或高石墨阴极炭块等。

（5）降低母线电压降。及时清理母线上的物料并加强母线散热，提高各焊接点质量，紧固好各压接点。尽可能多开槽，降低连接母线电压分摊。

（6）降低效应分摊电压。降低阳极效应系数，缩短效应时间，控制效应电压。

（7）加强生产管理，确保稳定生产，减小波动，及时消除电压波动，降低电压。

12.17　电解铝的成本

12.17.1　电解铝的成本构成

根据电解铝的生产特点，铝的生产成本大致由下面几部分构成：

（1）原材料成本。电解铝的主要原材料有氧化铝、冰晶石、氟化铝、氟化镁、氟化钙、阳极炭块等，这些原材料的消耗费用均归为主要原材料成本。此外，还包括外购半成品和有助于产品形成的辅助材料。

（2）能源成本（燃料及动力费用）。铝电解生产必不可少的条件是直流电，另外还有动力用的交流电，因而直流电和交流电是构成铝成本中的主要动力费用。其次，还有直接用于产品生产中的各种燃料，如铸造混合炉保温用的天然气等。

（3）人力成本（工资及附加费用）。工资及附加费是指直接参加产品生产的工人的工资，以及按工资总额规定所提取的职工福利基金和奖金。为方便统计管理，往往也把管理人员的工资及附加包括在工资及附加费内。

（4）企业管理成本。企业管理成本是企业为组织和管理整个企业生产所发生的各项费用。成本分摊在车间单位成本上，即构成了铝的单位成本。

（5）其他费用。这些成本包括设备损耗及折旧、槽大修费用、财务费用、备品备件费用、劳动保护费用、运输费用及税收等。

由于市场方面的原因，上述各方面的成本均存在较大的变动，就各种子成本在总成本中所占的比例来说，能源成本和原材料成本占主要部分。

12.17.2　降低电解铝成本的途径

从铝成本的结构分析，降低铝成本的途径是多方面的，但主要从生产技术和经营管理两方面着手。

（1）提高生产技术指标，降低各种消耗，提高生产的机械化和自动化水平。生产实践表明，电解铝生产的机械化和自动化水平越高，各项技术经济指标就越好，工人劳动强度就越低，劳动生产率就越高。相应地，产品成本将随着机械化和自动化水平的提高而降低。因此，在电解铝生产过程中广泛采用先进技术，不断优化生产工艺，鼓励技术革新和技术改造，努力提高机械化和自动化水平。尤其是随着社会用工形势的深刻变化，用工成本日益增加，提高生产的机械化和自动化水平尤为重要。

（2）提高设备利用率，增加产品产量。做好设备检修维护保养工作，加强电解槽管理，调整好各项技术条件，减小电解生产的波动，保持生产长期平稳运行，延长电解槽寿命，是降低电解槽大修费用和设备检修费用、增加铝产品产量、降低生产成本的重要手段之一。

（3）提高产品质量。产品质量的好坏是衡量一个企业技术水平和管理水平的重要标志之一，同时也直接关系到企业的经济效益。产品质量好，不合格品少，生产成本自然低。同时，高质量的产品也有助于增强企业的市场竞争能力。相反，产品质量低劣造成原材物料浪费，增加生产成本。因此，提高产品质量是降低成本、提高经济效益的有效途径。

（4）科学管理，提高回报率。要加强成本核算工作，找出制约降低成本的短板，制定针对性的措施解决问题，降低产品成本。同时，要树立科学的成本管理理念，不一味强调某些环节的成本，从全局角度综合考虑成本问题，降低产品总成本。此外，科学合理的增加投入，往往能够收到投入小、回报大的效果，进而提高投入的回报率，实现成本的降低。

复习思考题

12-1　电解铝生产主要经济技术指标有哪些?
12-2　影响电流效率的因素有哪些?
12-3　怎样降低电解槽平均电压?
12-4　怎样提高电解槽的电流效率?
12-5　常用的在产铝量盘存方法有哪些?
12-6　降低阳极消耗的途径有哪些?
12-7　降低电解铝成本的途径有哪些?

13 氧化铝输送

13.1 氧化铝输送原理

13.1.1 氧化铝输送分类

在铝电解生产中，氧化铝输送主要有机械输送和气力输送两大类，其中气力输送较为普遍。

机械输送又可分为斗式提升机垂直提升、皮带式输送机输送、轨道式小车输送等几种形式。这几种输送形式广泛应用于各种工业生产中，技术上比较成熟可靠。机械输送的优点是输送过程中对氧化铝的物理性质影响较小，氧化铝颗粒不易破损，有利于电解生产。但机械输送也有其难以克服的缺点，主要是输送设备投资大，运行与维修费用高，输送过程中氧化铝的飞扬、泄漏损失较大，对设备的工艺配置有较高的要求，同时输送设备的基建投资费用也比较高。

气力输送是利用高速气流在输送设备管道中运送粉状、粒状物料，主要是靠物料具有良好的充气性和流动性来完成对物料的输送，用于输送如氧化铝、水泥、薯片、面粉、聚氯乙烯等。气力输送的优点是工艺配置比机械输送灵活，容易实现氧化铝的长距离、多方向输送；可长期连续运行；设备投资、运行、维修费用与机械式输送相比较更为经济；便于实现计算机自动化控制；气力输送设备的全封闭性也使整个输送过程无粉尘飞扬、无环境污染。缺点是不适宜输送潮湿的、易黏结的物料；风力或压缩空气动力消耗较大；操作不好时设备管道容易堵塞；输送过程中氧化铝颗粒运动速度快，对设备的磨损比较大，氧化铝颗粒本身的破损率也高于机械输送，且速度越快这个缺点表现越明显。

气力输送按照功能和技术特性可分为以下几种类型：

（1）按输送物料的方式分为：稀相输送、浓相输送、超浓相输送、斜溜槽输送；

（2）按输送物料的方向分为：水平输送、垂直输送、倾斜输送；

（3）按输送物料的过程分为：连续输送、间断输送；

（4）按输送物料的压力分为：高压输送、中压输送、低压输送；

（5）按输送物料的压力原理分为：负压吸引输送、正压压送输送、正-负压混合式输送；

（6）按输送物料的性质分为：粉状物料输送、颗粒状物料输送。

实际铝电解生产中采用稀相输送、浓相输送、超浓相输送、斜溜槽输送等不同原理的气力输送方式来实现氧化铝的输送。

13.1.2 氧化铝气力输送的压力原理

气力输送按输送的压力原理可分为负压吸引式（可应用于稀相输送，电解槽支烟管及净化系统的主烟管和总烟管也是类似的原理）、正压压送式（可应用于稀相输送、浓相输送，气力提升机的管道也是类似的原理）和正-负压混合式三种。

13.1.2.1　负压吸引式原理

输送管路中的压强低于大气压强的输送，称为负压吸引式输送。当风机启动后，整个系统内即形成一定的真空度（负压），使空气与物料一同被吸嘴吸入，物料随气流输送到指定地点后，经物料分离器分出后从卸料器排出，而分离出的含尘气流则经除尘器净化后由风机排至大气，流程如图 13-1 所示。这种输送形式的最大优点是供料简单方便，并且能从多处吸料。另外，因为系统在负压状态下操作，物料不会向外喷出，不影响环境卫生。但由于系统压力差不大，其真空度一般不超过 $49\sim59kN/m^2$，所以输送距离较短（一般不超过 100m），输送量较小，而且系统的密封性要求高，动力消耗比正压压送式大。

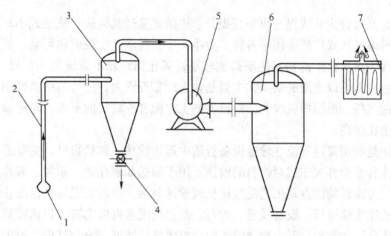

图 13-1　负压吸引式输送流程

1—物料（吸嘴）；2—输料管；3—卸料器；4—闭风器；5—风机；6—旋风除尘器；7—布袋除尘器

13.1.2.2　正压压送式原理

输送管路中的压强大于大气压强的输送，称为正压压送式输送。依靠鼓风机排出的高于大气压的气流，将由供料器供入的物料沿输料管输送，物料送到指定地点后，经分离器分出并可自动排出，分离出来的含尘气流再经除尘器净化后排入大气中，流程如图 13-2 所示。这种输送方式的特点与吸引式相反，它便于将物料从一处送到几处。由于系统内压差大（可高达 0.7MPa），故输送距离较长（可达 600～700m），输送量较大（可高达 300～500t/h）。另外，通过风机的是洁净空气，故风机的操作条件较好。其缺点是供料装置复杂，系统要严格密封，如果漏气会造成物料损失和粉尘飞扬，影响环境卫生。

13.1.2.3　正-负压混合式原理

它是吸引式和压送式气力输送装置的组合。风机之前属真空（负压）系统，风机之后属正压系统。它综合了吸引式和压送式的优点。由于系统比较复杂，所以一般生产上较少采用。

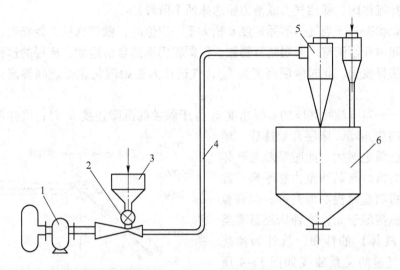

图 13-2　正压压送式输送流程

1—鼓风机；2—回转加料机；3—加料斗；4—输送管；5—旋风分离器；6—料仓

13.1.3　气力输送的流态化原理

流态化（又称流化）原理可用于超浓相输送、斜溜槽输送、气力提升机的料箱沸腾、除尘器的灰斗沸腾溢流循环。

在流态化时，通过床层的流体称为流化介质，包括气体和液体。

13.1.3.1　流态化现象

当气体以不同速度由下向上通过固体颗粒床层时，根据流速的不同，可能出现以下几种情况，如图 13-3 所示。

（1）固定床阶段。当气体实际速度较低时，颗粒所受的曳力较小，能够保持静止状态，气体只能穿过静止颗粒之间的空隙而流动，这种床层称为固定床。

（2）流化床阶段（狭义流化床特指该阶段。广义流化床泛指非固定床阶段的流固系

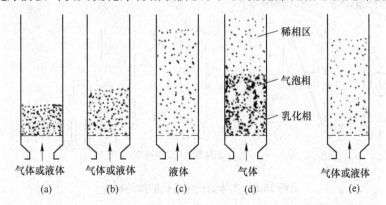

图 13-3　流态化现象

（a）固定床；（b）临界流化床；（c）散式流化床；（d）聚式流化床；（e）输送床

统，其中包括流化床、稀相气力或液力输送床两个阶段）。

临界流化状态——当气体实际速度 u 稍大于一定值时，颗粒床层开始松动，颗粒位置也在一定区间内开始调整，床层略有膨胀，但颗粒仍不能自由运动，床层的这种情况称为初始流化或临界流化。此时床层高度为 L_{mf}，气速称为初始流化速度或临界流化速度，以 u_{mf} 表示。

流化床——当颗粒间气体的实际速度 u_1 等于颗粒的沉降速度 u_t 时，固体颗粒将悬浮于气体中作随机运动，床层开始膨胀、增高，空隙率也随之增大，此时颗粒与气体之间的摩擦力恰好与其净重力相平衡。此后床层高度将随流速提高而升高，但颗粒间的实际流速恒等于 u_t，这种床层具有类似于流体（液体）的性质，故称为流化床。压降与气速的关系曲线如图 13-4 所示。原则上，流化床有个明显的上界面，要使固体颗粒床层在流化状态下操作，必须使气速高于临界流化速度 u_{mf}，而最大气速又不得超过颗粒带出速度。

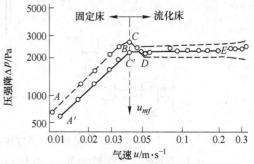

图 13-4　气体流化床实际压降与
气速的关系曲线

稀相输送床阶段——若流速再升高达到某一极限时（$u_1 > u_t$），流化床的上界面消失，颗粒分散悬浮于气流中，并不断被气流带走，这种床层称为稀相输送床，颗粒开始被带出的速度称为带出速度，其数值等于颗粒在该气体中的沉降速度。

在流化床中，气、固两相的运动状态就像沸腾的液体，因此流化床也称为沸腾床。流化床具有液体的某些性质，例如：具有流动性；无固定形状，随容器形状而变；可从小孔中喷出，从一个容器流入另一个容器；具有上界面，当容器倾斜时，床层上界面将保持水平，当两个床层联通时，它们的上界面自动调整至同一水平面；比床层密度小的物质被推入床层后会浮在床层表面上，如图 13-5 所示。这些类似于液体的特性，使操作易于实现输送连续化和自动化。

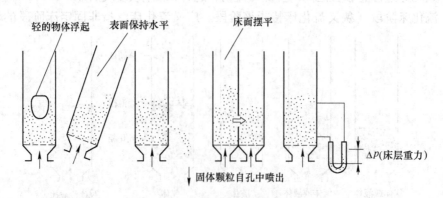

图 13-5　气体流化床类似液体的特性

流化床内的固体颗粒处于悬浮状态并不停地运动，这种颗粒的剧烈运动和均匀混合使床层基本处于全混状态，颗粒之间和颗粒与固体器壁之间产生强烈的碰撞与摩擦，造成颗粒破碎和固体壁面磨损；同时当固体颗粒连续进出床层时会造成颗粒在床层内的停留时间不均，导致固体产品的质量不均。

显然，流态化技术有优点也有缺点，掌握流态化技术，了解其特性，应用时扬长避短，可以获得更好的经济效益。

13.1.3.2 聚式流化

散式流化的特点是固体颗粒均匀地分散在流化介质中，接近于理想流化床，故亦称均匀流化。随流速增大，床层逐渐膨胀而没有气泡产生，颗粒间的距离均匀增大，床层高度上升，并保持稳定的上界面。通常，液-固或气-固两相密度差小的系统趋向于散式流化，所以大多数液-固流化属于散式流化。

对于密度差较大的气-固流化系统，一般趋向于形成聚式流化。在气-固系统的流化床中，超过流化所需最小气量的那部分气体以气泡形式通过颗粒层，上升至床层上界面时破裂，这些气泡内可能夹带有少量固体颗粒。此时床层内分为两相：一相是空隙小而固体浓度大的气固均匀混合物构成的连续相，称为乳化相；另一相则是夹带有少量固体颗粒而以气泡形式通过床层的不连续相，称为气泡相。由于气泡在床层中上升时逐渐长大、合并，至床层上界面处破裂，因此，床层极不稳定，上界面也以某种频率上下波动，床层压降也随之相应波动。

聚式流化床中，气泡相和乳化相的存在，将会导致气流的不均匀分布和气-固相接触不良，对传热、传质和化学反应不利，并且可能引发床层的不正常现象，如：腾涌现象、沟流现象。

（1）腾涌现象。若床层高度与直径之比值过大、气速过高，或气体分布不均时，会发生气泡合并现象。当气泡直径长到与床层直径相等时，气泡将床层分为几段，形成相互间隔的气泡层与颗粒层。颗粒层被气泡推着向上运动，到达上部后气泡突然破裂，颗粒则分散落下，这种现象称为腾涌现象。出现腾涌时，$\Delta p\text{-}u$ 曲线上表现为 Δp 在理论值附近大幅度的波动。这是因为气泡向上推动颗粒层时，颗粒与器壁的摩擦造成压降大于理论值，而气泡破裂时压降又低于理论值。流化床发生腾涌时，不仅使气-固接触不均，颗粒对器壁的磨损加剧，而且引起设备振动，因此，应采用适宜的床层高度与床径比以及适宜的气速，以避免腾涌现象的发生。

（2）沟流现象。沟流现象是指气体通过床层时形成短路，大部分气体穿过沟道上升，没有与固体颗粒很好地接触。由于部分床层变成死床，颗粒不是悬浮在气流中，故在 $\Delta p\text{-}u$ 图上表现为压力低于单位床层面积上的重力。沟流现象的出现主要与颗粒的特性和气体分布板的结构有关。粒度过细、密度大、易于粘连的颗粒，以及气体在分布板处的初始分布不均，都容易引起沟流现象。

13.1.3.3 提高流化质量的措施

流化质量是指流化床均匀的程度，即气体分布和气-固接触的均匀程度。聚式流化床中影响流化质量的因素很多，其中包括设备因素（高径比、直径、床层高、分布板等）、气固密度差、固相物性（黏附性）及气体物性。聚式流化床中气泡的存在造成流化床的不稳定，从而导致腾涌、沟流，流化质量不高。

（1）分布板（透气帆布）应有足够大的阻力。分布板（透气帆布）适用于水泥、氧化铝等粉料、粒状物料的气力输送，在冶金、建材、化工、电厂、食品和交通运输业中得到广泛应用。可用来作为流化床，使物料与气体混合，呈流化状态，具有良好的流动性，以提高输送效率。

分布板（透气帆布）耐温度瞬间可达到180℃，恒温下160℃左右。分布板一般是由陶瓷多孔板、棉织纱白帆布或合成纤维制成。新型透气帆布，采用优质耐热、耐腐蚀的化学合成纤维，在专用设备上按照特定要求纺织而成。产品特点：纹路清晰、平整、尺寸稳定、不变形；透气性好、气流均匀稳定；耐热、耐磨、耐腐蚀，吸湿性小；使用寿命长、耗能少、维修量极少。

在流化床中，分布板的作用除了支撑固体颗粒、防止漏料外，还分散气流使气体得到均匀分布。但一般分布板对气体分布的影响通常只局限在分布板上方不超过0.5m的区域内，床层高度超过0.5m时，必须采取其他措施，改善流化质量。

设计良好的分布板，应对通过它的气流有足够大的阻力，从而保证气流均匀分布于整个床层截面上，也只有当分布板的阻力足够大时，才能克服聚式流化的不稳定，抑制床层中出现腾涌和沟流不正常的现象。据研究，适宜的分布板压力降应等于或大于床层压力降的10%，并且其绝对值应不低于3.5kPa。床层压力降可取为单位截面上床层重力。

工业生产用的气体分布板型式很多，常见的有直流式、侧流式和填充式等。单层分布板结构简单，便于设计和制造，但气流方向与床层垂直，易使床层形成沟流；小孔容易堵塞，停机时也容易漏料。多层分布板能避免漏料，但结构稍微复杂。凹形分布板能承受固体颗粒的重荷和热应力，还有助于抑制腾涌和沟流。

（2）粒度分布采用小粒径。颗粒的特性，尤其是颗粒的尺寸和粒度分布对流化床的流动特性有重要影响。采用小粒径、宽分布的颗粒特别是细粉，能起"润滑"作用，可提高流化质量。经验表明，能够达到良好流化的颗粒尺寸在20~500μm范围内。

近几年来，细颗粒、高气速流化床在实践中得到重视和应用。它不仅提供了气-固两相较大的接触面积，而且增进了两相接触的均匀性。同时，高气速还可减小设备直径。

13.2　氧化铝输送方式

13.2.1　稀相输送

稀相输送是最传统的气力输送方式，单位管道面积上、单位时间内（s·m²）被输送物料的质量与输送气体的质量之比（固气比 R）较小，物料颗粒的间距大。稀相输送一般适用于被输送物料的质量和粒度较小、干燥和易流动、输送距离较短的场合，技术已相当成熟。

稀相输送一般固气比 $R < 20$，通常5~10。固气比 R 在这里用质量比表示，单位是 kg（料）/ kg（气）。另外，也有用质量：体积比表示的，单位是 kg(料)/m³(气)。

电解铝厂稀相输送属气力输送，通常气流速度在12~40m/s之间，物料在输送管道中流速很快，达到30m/s左右，对管道的磨损严重，氧化铝的破损率也很高，是浓相输送的

4~10倍。压缩空气耗量大，每吨 Al_2O_3 消耗压缩空气可达 $30m^3$。

气流速度较高，物料悬浮在铅垂管中呈均匀分布，在水平管中呈飞翔状态。物料的输送主要依靠由较高速度的空气所形成的动能，因而也称稀相动压输送。稀相输送过程中，微量粒度较小的 Al_2O_3 粉悬浮于压缩空气中移动，其摩擦类型则为沿管壁的滑动摩擦。

稀相输送设备作为物料的垂直提升，仍被广泛采用。其设备主要由以下三部分组成：一是作为供风设备的罗茨风机（10~100kPa）或空气压缩机；二是物料的输送管道；三是气力输送设备。

稀相输送设备具有以下特点：（1）提升高度高，常作为物料的垂直提升；（2）设备集中，占地面积小；（3）可以因地制宜靠近料仓敷设；（4）输送管道材料简单，普通碳钢管就可以使用；（5）供风设备噪声大，能耗大，提升效率低；（6）流速快对管道磨损严重，特别是管道弯头处需要进行特殊处理；（7）由于管道垂直敷设，管道更换维修不方便。

13.2.2 浓相输送

浓相输送是固气比大于 $20kg/kg$（通常是稀相输送的 5~30 倍）的气力输送过程。输送气速较低，用较高的气压压送。输送距离达到 500m 以上，适合远距离输送。不管是砂状氧化铝还是粉状氧化铝均可使用。该技术主要优点是自动化程度高，只须配备少量操作人员，但由于输送动力是高压风（0.45MPa 以上），氧化铝粉的硬度很高，在输送过程中造成浓相内管及外管的磨损以及管道的泄漏。

浓相输送系统分为如下两种基本类型：（1）流态化系统，压力罐设置沸腾板，配有流化装置、出料阀等，从罐体上部出料。这种系统的输送速度较高，但是比稀相系统还是要低很多。（2）没有流态化的系统，压力罐没有沸腾板，从罐底出料。它的特点是输送速度很低，从而使物料的破损、管道的磨损小一些。电解铝厂现在常用后一种，将新鲜氧化铝从卸料站输送到料仓内。

浓相输送系统的组成大致可分为供料系统和转运系统，其主要设备有料仓、压力罐、输送管道、各种电控元件、压缩空气管网、密封螺栓、支架等，压力罐如图 13-6 所示。浓相输送系统设备阀门较多，气动和电动设备多，输送压力高，管道尤其是喷嘴和转向器需采用耐磨材料防止磨损。

栓流式浓相输送管，由内、外管组成，内管用螺栓固定（或点焊）在外管的内壁上。内管由若干等长的小旁通管组成，用于输送压缩空气，小旁通管气流进口端被压扁，气流出口端向下弯曲一个角度，外管输送物料。固气混合的连续料流被内管进入的气流分开，分离出一段段移动的料栓，在输送管中得到气栓、料栓相间的状态，最终以料栓流的形式被输送到仓里。

理论上，物料在输送管线中是以"料栓状"向前输送，实际上从截面来看，并不是标准的"料栓状"，而是"沙浪状"。当气体流速降到某一临界值时，流动阻力陡然增大，固态物质停滞在管底，管道内气流的有效通道减少，气速在该段增大，将停滞的物料由表及里地吹走，随着管道有效截面积空间的增大，气流速度又将降低，固体物料又会停滞，如此循环往复，物料像沙浪式的状态向前移动，如图 13-7 所示。摩擦方式由稀相的物料

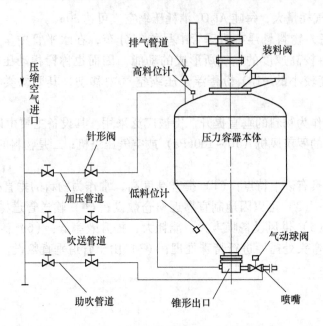

图 13-6　浓相输送系统压力罐示意图

摩擦管壁改变为物料摩擦物料。

　　垂直管道中物料运动的原理类似于水平管
道中的情况，即受到气流向上的推力作用，气
流速度必须大到足以克服物料悬浮的流速时，
输送方可进行。

　　与稀相输送技术相比，物料栓流式浓相输
送气流速度低、料速低、固气比高，有以下优
点：（1）由于管道中氧化铝以低速的状态化料
栓形式运动，破损程度小（仅为管道稀相输送
的 10% ~ 25%），细粉含量低，将对铝电解生

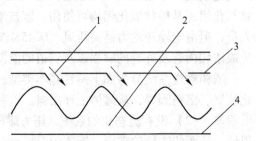

图 13-7　浓相管中沙浪状输送示意图
1—压缩空气；2—氧化铝；3—浓相管
内管；4—浓相管外管

产的溶解性、控制阳极效应带来有利影响，物料飞扬也减少；（2）使电解烟气净化系统的
净化效率提高，氧化铝破损程度小、细粉含量低，比表面积大，吸附能力强；（3）低料速
可以降低对管壁的磨损程度，提高设备和管道的使用寿命，因为氧化铝粉料本身就是一种
工业用研磨料；（4）由于气流速度小（仅为管道稀相输送的 1/3 ~ 1/8），固气比高，输送
单位质量氧化铝所需的压缩空气耗量小，因而输送能耗很低，相同条件下的输送能耗仅为
管道稀相输送的 1/3 左右；（5）由于输送管内采用了内管结构，使得系统有较强的排除管
道氧化铝堵塞的能力，因而系统自动化运行效率较高。

　　对于氧化铝的浓相输送，按"相"分类的界限其实是个很模糊的概念，这是因为输送
固气比 R 是变化的，当然主要过程处于浓相。随着固气比的逐渐减小，管中的浓相输送方
式将转化为稀相输送方式。对浓相输送系统来说，压力罐之后的管道内物料的输送状态为
浓相，在管道的末端进仓处物料的输送状态将变为稀相（压力罐的出口压力不管是多少，
在管道的末端，其压力接近大气压）；输送过程为浓相，吹扫管线中的残余料为稀相；内

管中压缩空气中含有少量氧化铝细粉会形成稀相输送（悬浮于压缩空气中移动），外管中的物料状态为浓相输送。

13.2.3 超浓相输送

超浓相输送是一种粉料、颗粒料远距离气力输送的技术，凡具有流态化特性的粉料、细颗粒均可以采用，广泛应用于电解铝厂氧化铝、建材、粮食加工和化工原料的输送。

超浓相输送是利用物料在流态化后转变成一种固-气两相流体，再根据流体动压能和静压能转化原理，使物料在输送溜槽内进行输送。输送溜槽被透气帆布分成上下两层，下层为气室，上层为料室，在料室上部间断设有排风及过滤平衡料柱。风机的低压风在气室中通过透气帆布均匀分布在上层中的氧化铝流化床层中，使其均匀地流态化，穿过氧化铝层的风则由平衡料柱排出。经过流态化的氧化铝床层转变为一种流体，具有良好的流动性，这样，供料仓内氧化铝的势能就能向流动方向传递，并形成压力梯度，其表现形式就是在各平衡料柱中形成不同高度的氧化铝料柱，推动物料向料柱低的方向流动，如图13-8所示。

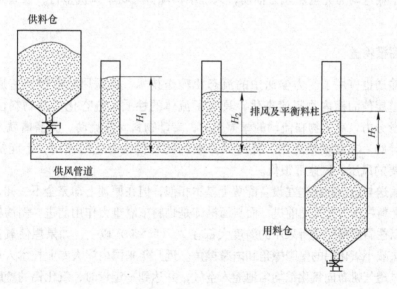

图13-8 超浓相输送示意图

超浓相输送系统由风机、筛子、料仓内出料溜槽、调压阀、输送溜槽、平衡料柱（起到平衡输送的作用）、控制盘等主要部件构成。输送溜槽如图13-9所示。

超浓相输送技术的主要优点是：有较高的物料浓度（固气比大于60kg/kg），输送效率高；物料流速慢并且平稳，可减少设备磨损、延长设备使用寿命；该系统可独立完成输送并形成一套完整的封闭系统，全部系统运行中无振动，泄漏量小；由于是水平安装，基建费用小，适合于空间有限且距离较短的厂房输送；操作简单，维修容易。另外，超浓相输送主风管压力一般为3000~7000Pa，输送过程中对粉料颗粒破损率小。在铝电解行业烟气干法净化中，应用这项技术向烟气中添加吸附用的新鲜氧化铝，输送方便可控，又能保证氧化铝颗粒尽量少破损，改善吸附效果，提高烟气净化效率。超浓相输送使用方便，安全可行，在铝电解生产中利用超浓相输送进行不同料仓之间转运，或者给每台电解槽加

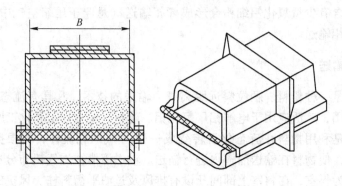

图 13-9　超浓相输送溜槽示意图

料，可使氧化铝原料直接从贮仓输送到每台电解槽料箱上，给电解槽加料速度快、自动化程度高，不仅可减轻工人劳动强度，还减少氧化铝飞扬损失，节约原料。

　　但该技术对设备安装精度、风力和物料要求较高，稍有不符，物料就无法输送或输送相当慢；由于输送动力完全靠风力推动，系统中得配备大功率风机多台，设备运行费用较高，能耗大。

13.2.4　斜溜槽输送

　　斜溜槽输送也应用了气力输送中的流态化输送技术。低压风从溜槽风室通过透气帆布，进入输送层使溜槽内物料流态化，具有了流体的性质。流态化后的物料由于重力作用，产生下滑分力，克服物料流动的摩擦阻力，带动物料向前流动。斜溜槽就是根据这一原理进行设计的。在溜槽输送中，低压风只起到使物料流态化的作用，不能推动物料流动，因此需要的风压、风速都很低。

　　斜溜槽输送与超浓相输送在设备配置上基本相似，但在原理上却完全不一样，超浓相是物料依靠平衡料柱压力差推动前进，而斜溜槽却是物料依靠重力作用前进。斜溜槽必须有一定的斜度。以往斜溜槽输送所采用的斜度大都在 2°（3.5%）以上，如果想使氧化铝流得更远，只有设法减小氧化铝的壁摩擦角和内摩擦角。近几年来国内广大专业技术人员进行技术攻关，当通过透气帆布向氧化铝均匀地通入空气，并达到一定量时，氧化铝的壁摩擦角和内摩擦角几乎可降至零度，这时斜溜槽只要很小的布置角度，就可使氧化铝流动，斜溜槽输送采用的角度也降低到 1.5°。重力在带有角度的斜溜槽中产生了水平定向分力，推动氧化铝粉作定向移动，配置的角度越大，水平分力就越大，反之就越小。这种分力就是氧化铝输送系统中的外力，这个外力与超浓相水平配置中氧化铝料柱产生的压力截然不同。

　　斜溜槽输送技术，充分利用物料的重力进行输送，输送量大、距离较远、能耗小，同时具有设备寿命长、安装简单、维护量小、氧化铝粉颗粒破损小、对物料要求不高等特点，目前普遍被应用。过去由于斜溜槽安装必须具有稍大的角度，要求必须有较大的厂房空间，增大了设备投资，现在安装角度下降，设备投资费用也减少很多。所以，目前斜溜槽技术仍然是大多数电解铝厂首选的氧化铝输送技术。

　　斜溜槽输送技术在得到改进后，应用于电解铝行业烟气净化部分的新鲜氧化铝分配和载氟氧化铝回收方面，同时也用于氧化铝在不同料仓之间转运和向每台电解槽送料。

斜溜槽输送设备主要由斜溜槽、压力平衡管、离心风机（5~8kPa）三部分组成。斜溜槽起物料输送作用，压力平衡管连接到烟管上之后利用烟管负压起到平衡料柱的作用，确保物料流动的稳定性，离心风机起到为物料输送供风的作用。其设备有以下特点：（1）利用烟道负压进行压力平衡，安全稳定，节省投资；（2）通用型风机运行稳定，维修方便；（3）供风压力低，对斜溜槽的磨损量小，维修量小；（4）利用斜溜槽自然的斜度来打破物料流动安息角进行输送，能耗小。斜溜槽输送示意图如图 13-10 所示。

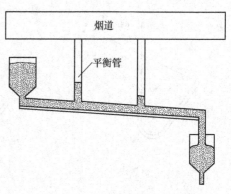

图 13-10　斜溜槽输送示意图

在实践中，在有限的空间尽量将溜槽倾斜，为物料的前进添加了重力因素。重力因素的加入可有效减缓物料在溜槽中的沉积，物料前进的阻力减小，大大增加了物料前进的流畅性。其次，在溜槽上不再采用帆布制作的平衡料柱，而是用钢管替换，钢管与电解排烟管道连接，起到压力平衡和收尘的作用，能有效解决粉状氧化铝、阳极焙烧烟气净化使用后含沥青焦油、黏度较高的氧化铝流动性差的问题。

13.2.5　其他输送方式

13.2.5.1　小车输送技术

净化后的氧化铝（载氟料）经过氟盐配比后，定量加入到输送小车料斗内，然后输送小车将配比后的氧化铝运输到指定的电解槽墙壁料箱内。该技术的主要优点在于氧化铝添加是单车单槽，氟盐配比精度高、能耗小、操作简单。但由于小车行走轨道暴露在高粉尘环境中，运行一段时间后轨道、接头、行走机构等磨损严重，应用范围有限，需要继续改进。

13.2.5.2　斗式提升机垂直提升

斗式提升机简称斗提机，它是一种实现较大垂直方向颗粒状、粉状物料输送的机械输送设备，广泛用于冶金、煤炭、粮食、饲料加工厂。斗式提升机的提升高度可达 30m，输送能力在 5~160t/h，有时可达 500t/h。其主要特点是：横向尺寸大、输送量大、提升高度大、能耗小，但工作时易过载、易堵塞、料斗易磨损、不能水平输送。

斗提机按安装形式可分为固定式和移动式，按牵引带不同又可分为带式和链式。结构部件包括：料斗、牵引带、驱动装置、张紧装置、逆止器、机架与罩壳。牵引带环绕在驱动轮和张紧轮上，每隔一定距离安装一个料斗，通过电机、驱动轮带动牵引带在罩壳中运行，完成物料提升。

其中，带式：料斗用特种头部的螺钉和弹簧垫片固接在带子上，带宽比料斗的宽度大 35~40mm，具有结构简单、运转平稳、速度高、噪声小等优点，适于提升载荷小、不潮湿、温度低的物料；链条式：常用的是板片、环链或衬套式滚子链条，其节距有 150mm、200mm、250mm 等，料斗固接在链条上。

料斗的形状有浅斗、深斗、尖角斗，如图 13-11 所示。浅斗用于潮湿、较黏稠物料；深斗由于排尽困难，适用于干燥易散的物料；尖角斗安装时没有间隔，侧壁相接，形成一个导槽，卸料时物料顺导槽而下，不易侧滚。浅斗与深斗安装时，每两个相隔 2.3 ~ 3 个斗深。

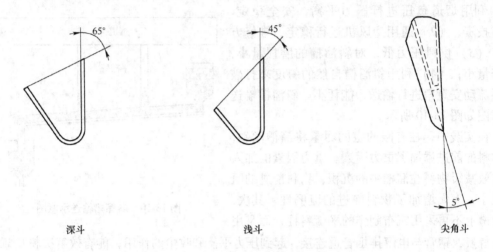

深斗　　　　　　　　　　浅斗　　　　　　　　　　尖角斗

图 13-11　料斗的形状

物料从斗式提升机底部供入，以一定间隔安装在牵引带上的料斗经过下端时，接受、掏取物料向上提升至头部，绕过上部驱动轮时依靠离心力或重力卸载。为了保证彻底卸出物料，料斗需要具有一定的速度。

装料方式有掏取式、喂入式或两种同时作用。掏取式是将物料由底部加入，再被运动着的料斗所掏取提升，这种方法适用于中小块度或磨损小的粒状物料。喂入式是物料由下部进料口直接加入到运动着的料斗中提升，这种方法适用于大块和磨损性大的物料，料斗速度低，一般不超过 1m/s。

卸料方式根据料斗的提升速度不同，有三种：重力式（重力大于离心力，物料沿料斗内壁向外流动）、离心式（离心力大于重力，物料沿料斗的外壁运动）和混合式（接近外壁的物料靠离心力抛出，接近内壁的物料靠自重卸出），如图 13-12 所示。

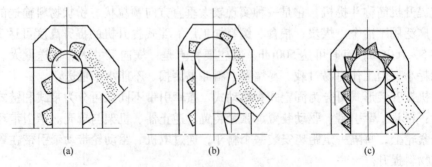

(a)　　　　　　　　　　(b)　　　　　　　　　　(c)

图 13-12　卸料方式示意图
(a) 离心式；(b) 混合式；(c) 重力式

斗式提升机使用与维护管理：（1）操作时必须遵守"无载启动，空载停车"的原则，也就是先开机，待运转正常后，再给料，停车前应将机内的物料排空；（2）工作时，进料应均匀，出料管应通畅，以免引起堵塞，如发生堵塞，应立即停止进料并停机，拉开机座插板法兰，排除堵塞物，注意此时不能直接用手伸进底座；（3）正常工作时，牵引带应在机筒中间位置，如发现有跑偏现象或牵引带过松而引起畚斗与机筒碰撞摩擦时，应及时通过张紧装置进行调整；（4）严防大块异物进入机座，以免打坏料斗，影响斗提机正常工作，输送没有经初步过滤的物料时，进料口应加设铁栅网，防止绳子等纤维性杂质进入机座引起缠绕堵塞；（5）应定期检查提升机牵引带的张紧程度，料斗与牵引带的连接是否牢固，如发现松动、脱落、料斗歪斜和破损现象，应及时检修或更换，以免发生更严重的后果；（6）如发生突然停机的情况，应先将机座内积存的物料排出后再开机。

13.2.5.3 气力提升机

气力提升机的管道是正压压送式、稀相输送原理，气力提升机的沸腾料箱采用了分布板（透气帆布），符合流态化原理，实际工作中简称为气提。

气力提升机是一种低压空气吹送的垂直提升气力输送设备。将粉状物料充气流态化后通过垂直管道输送到一定高度的料气分离器或料仓中，可用于连续均匀地输送干燥粉状物料如氧化铝、水泥等，但不适用易受潮结块的物料，在水泥、冶金、化工行业中被广泛应用。其输送能力较大且提升高度较高，在连续输送的工况下，提升量可达200t/h，高度可达60m。

电解铝企业使用的气力提升机是气力提升泵的改进形式，有方形箱体或圆形料柱形。一个具体实例是：采用的供气方式是罗茨风机供风，压力≤49kPa，提升量0～20t/h可调，提升高度35m。

（1）气力提升机结构：主要由箱体、输送管道及气源三部分组成。输料管的下端管口固定插在一个密封的沸腾箱内，在沸腾箱上固定有一个加料柱，在沸腾箱中设有一个将沸腾箱隔离为上下两个空间并且能够透气的沸腾透气帆布，透气帆布下方的空腔为气室，在气室上设有与其内腔相通的输送空气管和沸腾空气管，在沸腾板上安装有喷嘴。输送空气出口是喷嘴，对准输料管，沸腾空气与气室相连。

（2）工作流程：气力提升机利用了加料柱与输送管道中物料-空气混合物之间的连通效应，箱体透气帆布上的物料呈低压流态化，到达喷嘴正上方的输送管道内。由喷嘴高速喷出的空气流产生的牵引力引导已被流化的粉状物料沿着输料管及外接的管道提升至所需高度的料仓内，其输送能力随着料柱的升高而加大。同时，加料量应当控制，为此料柱上设有高料位计。

（3）优点：气力提升机没有运动构件，结构简单，安装方便，可节约工程投资费用；机体容积大，在来料不均匀的情况下，可削峰填谷，保证空气提升机能在设计输送量范围内正常运行；能耗低、对空气源要求不高、可靠性高、密封性能好、节约运行费用、改善工作环境、减轻劳动强度。

气力提升机输送出现送不上料的故障时，要检查：气提本体故障、气提供风不足、目标料仓排气、气提内物料太少、输送管内壁结垢。

13.3 氧化铝输送异常情况及处理

氧化铝输送常见的故障及排除方法，见表13-1。

表 13-1　氧化铝输送常见的故障及排除方法

故障名称	原　　因	排　除　方　法
溜槽输送量小	(1) 料仓出料量小； (2) 溜槽输送风压不在规定范围； (3) 溜槽收尘管堵塞	(1) 调节料仓出料阀门开度； (2) 调整输送风压至规定范围； (3) 清理堵塞收尘管
溜槽输送不畅	(1) 溜槽输送风压不稳定； (2) 溜槽供风管漏风； (3) 溜槽内太脏或有杂物； (4) 输送的料质太细	(1) 调节风压至规定范围； (2) 处理溜槽供风管漏风； (3) 检查并清理溜槽内杂物； (4) 控制工艺参数，减少物料破碎
溜槽快开孔漏料	(1) 风室压力过大； (2) 快开孔密封垫脱离或老化； (3) 变形关闭不严； (4) 正负压不匹配	(1) 调整风室压力至合适值； (2) 修复或更换密封垫； (3) 校正或更换； (4) 调整正负压力使其相匹配
溜槽风室进料	(1) 透气层破损； (2) 其他地方漏料通过供风管路吹入风室； (3) 溜槽间的连接板脱落	(1) 检查更换透气层； (2) 检查清理积料，处理漏料点； (3) 处理漏料重新上好连接板
平衡料柱积料	(1) 输送压力过大； (2) 布袋安装打折	(1) 调整供风压力； (2) 检查并安好
冲板流量计无法准确计量	(1) 冲板流量计故障； (2) 冲板流量计进料口有异物； (3) 溜槽负压不稳定	(1) 校检冲板流量计； (2) 清理冲板流量计进料口异物； (3) 调整收尘管阀门开度，消除负压影响
冲板流量计断料后不归零	(1) 冲板流量计本身不准确； (2) 进出溜槽的正负压风干扰	(1) 调节或校准； (2) 调整进出冲板流量计溜槽风量的平衡
管道插板阀或闸阀开关困难	(1) 螺纹部分进入氧化铝或锈蚀； (2) 插板阀或闸阀润滑质量差	(1) 清理螺纹上的物料，制作专用工具、维修改进阀板； (2) 加强润滑，保证润滑质量
斗式提升机底部漏料	(1) 料斗连接螺栓有松动或脱落； (2) 料斗脱落； (3) 张紧轮松动； (4) 自身有缺陷	(1) 按时检查料斗连接螺栓； (2) 脱落料斗及时恢复； (3) 张紧轮按时检查调整； (4) 设计安装时改进
气力提升机输送效率低	(1) 料室内喷嘴斜； (2) 输料管磨损泄压； (3) 气体风室进料	(1) 检查调正； (2) 检查更换或修复； (3) 清理积料并更换沸腾板
气力提升机管路法兰漏料	(1) 法兰垫老化； (2) 管路固定不稳，连接法兰松动； (3) 法兰连接错位	(1) 更换老化的法兰垫； (2) 固定管路定期检查连接法兰； (3) 对正连接
气力提升机工作时振动	(1) 进出料量不稳； (2) 气体管路内壁有积料； (3) 地脚螺栓固定不稳	(1) 调整料量，平稳给料； (2) 定期进行管路清理； (3) 检查紧固地脚螺栓
气力提升机供风管路安全阀泄压	(1) 气力提升机料箱投料过多； (2) 出料管堵死； (3) 风机管路阀门损坏关闭	(1) 合理平稳投料； (2) 清理管路； (3) 检查管路阀门

故障名称	原因	排除方法
气力提升机弯管内壁易结垢	(1) 氧化铝灼减度大； (2) 管道压力受阻； (3) 管道末端阻力大，物料不能及时输出	(1) 防止氧化铝受潮； (2) 清理结垢部位、合理分段； (3) 管道末端增加排空量，减少阻力
压力罐不送料	(1) 料位计故障； (2) 总供风管风压低； (3) 各阀门限位不到位； (4) 同一时刻运行压力罐多，未互锁； (5) 等待加料时间过长，超过几个小时； (6) V9阀（出料阀）阀芯损坏	(1) 检查料位计； (2) 联系空压站，提高风压； (3) 检查各阀门限位； (4) 等待运行压力罐工作完成后互锁； (5) 将控制室柜面板上的按钮打至手动位后，再打至自动位； (6) 更换V9阀（出料阀）
压力罐钟罩阀不能关闭	(1) 装料过多； (2) 插板阀故障； (3) 电控故障； (4) 无压缩风	(1) 调整装料量； (2) 检查插板阀被卡阻； (3) 检查料位计及控制电路； (4) 检查压缩风
压力罐钟罩阀漏料	(1) 转动部位密封垫损坏； (2) 罐体加压时锥体关不到位； (3) 法兰密封坏； (4) 阀体内密封圈坏	(1) 检查更换或修复； (2) 调节关闭气缸至到位； (3) 更换损坏的密封垫； (4) 更换阀体内密封圈
压力罐料位计失效	(1) 电源缺电； (2) 控制电路故障； (3) 料位计探头损坏	(1) 检查电源； (2) 检查处理控制电路状态； (3) 拆卸料位计并更换
压力罐线路信号无反馈	(1) 线路接触不良或断线； (2) 限位或感应开关坏	(1) 检查线路； (2) 更换限位或感应开关
压力罐各气缸不动作	(1) 无压缩风； (2) 控制电路无电； (3) 阀组卡滞	(1) 检查压缩风； (2) 检查确认控制电路； (3) 检修或更换阀组
物料出口阀打不开或关不上	(1) 风压太低或无风； (2) 阀芯或传动气缸机械故障； (3) 阀体内有异物卡住	(1) 检查确认风源风压； (2) 检查机械传动并确认良好； (3) 检查确认阀体内异物并取出
罐体压力低，无法送料	(1) 钟罩阀关闭不到位或密封圈损坏； (2) 风源风压太低； (3) 排空阀未关闭或漏风	(1) 调整锥体拉杆至合适位置，更换损坏密封圈； (2) 检查风源风压，是否满足输送要求； (3) 检查排空阀工作状况
电解槽料箱送不上料	(1) 载氟氧化铝仓料位低； (2) 200mm溜槽供风阀有关闭或风机出口压力低； (3) 200mm、80mm溜槽或气室过脏，溜槽帆布有破损； (4) 80mm溜槽中料有板结现象； (5) 200mm溜槽测压头有缺失，80mm溜槽测压头有缺失； (6) 溜槽或下料溜管有异物堵塞	(1) 浓相系统给载氟氧化铝仓补料，保证料仓料位在规定范围； (2) 确认溜槽供风阀门，提高风机出口压力； (3) 及时清理溜槽，破损帆布及时更换； (4) 用木棒敲打80mm溜槽破除板结现象，或联系维修处理； (5) 及时补齐测压头或堵住； (6) 清除堵塞，溜槽内加装筒形筛过滤

故 障 名 称	原　　因	排 除 方 法
料仓出料不均 （料质不均）	(1) 输送压力不稳； (2) 出料口未换位置； (3) 料仓料位落差大； (4) 细粉现象导致	(1) 严格控制输送压力； (2) 按时更换出料口位置； (3) 严格控制料仓料位，保持平稳； (4) 严格控制各项工艺参数，保持稳定
电解槽料箱内壁板结	(1) 电解槽料箱内载氟氧化铝细粉，在箱壁上结垢、有料但不下料	(1) 拆开料箱盖清理板结料； (2) 改善料质，减少细粉集中现象
电解槽下料时飘散	(1) 电解槽料箱内有足够料，筒式下料器单次下料时，细粉容易向四周飘散而落进打开的壳面，火眼里的有效料量少； (2) 所供物料质量差	(1) 供料时进行适量的氧化铝配比，防止黑料或载氟氧化铝过度循环，电解车间可对下料间隔进行适当调整； (2) 检查工艺系统的不足，及时调整各项工艺参数至规定范围
电解槽料箱 排风管漏料	(1) 溜槽供风压力大； (2) 打壳气缸密封不严，打壳时气缸内部分压缩空气进入料箱致使部分物料随压缩空气由料箱排风管排出	(1) 调整溜槽供风压力或另外排风、封闭排风管； (2) 处理打壳气缸漏风
输送弯管、 直管磨损	(1) 管路输送压力不均； (2) 管路安装位置不合理； (3) 管路使用年限太长	(1) 调节输送系统压力； (2) 联系维修，对不合理部分进行修正； (3) 对使用年限长的管路进行整体更换
稀相管路、转角 频繁损坏漏料	(1) 输送压力太大； (2) 管路转弯多； (3) 转角不合适，无转角加厚板或防磨损装置； (4) 管壁太薄	(1) 根据输送距离选择合适的压力； (2) 减少转弯次数； (3) 采用大半径转角，增加防磨损装置或板； (4) 采用合适的厚壁管
稀相压缩空气 管路磨损漏料	(1) 助吹管路安装不合理，导致风管进料； (2) 稀相竖管安装助吹管太多； (3) 操作方法不对	(1) 不合理的地方改进； (2) 助吹管加装单向阀； (3) 改进操作方法
稀相管路堵管	(1) 输送压力太低； (2) 加压过程中提早输送； (3) 输送中压力不稳； (4) 排风不畅	(1) 输送前确认压力； (2) 检查确认压力至输送值； (3) 消除输送中风源不稳； (4) 检查清理排风装置
风机响声较大	(1) 输送料量过大； (2) 出料不畅	(1) 调整料量； (2) 检查集料管、出料管工作状况
风机机体振动 及发热	(1) 轴承间隙过大； (2) 转子体间隙过小； (3) 润滑不良； (4) 负荷过大	(1) 更换轴承； (2) 调整间隙； (3) 检查润滑状况； (4) 调整设备工作状态
电机发热	(1) 输出负荷大； (2) 电机绝缘老化； (3) 电机轻微扫膛	(1) 调整负载； (2) 检查处理电机绝缘值； (3) 检查轴承及窜动量
皮带烧损	(1) 长时间超负荷； (2) 设备堵转或卡滞	(1) 控制工艺，避免超负荷； (2) 及时巡检，定期进行检修
输出压力低	(1) 转子体间隙变大； (2) 管路泄压； (3) 进风口不畅通	(1) 进行检修调整； (2) 检查密封管路； (3) 畅通进风口

13.4 储运、净化安全作业规程

为了使净化系统的各岗位人员在生产中能做到有章可循，提高作业人员的安全操作水平，必须遵守有关的安全生产规程。

(1) 员工进入作业现场时，必须严格遵守劳保品穿戴要求。

(2) 员工进入限制性区域时必须执行限制性区域作业程序和锁死程序，穿戴特种防护用品、佩戴安全照明工具和对外联络设备，至少两人同时进入，进入口外面必须有人监控。

(3) 储运系统设备在进行启停作业、更换润滑油（添加润滑油）作业、检修作业和正常维护作业时，必须严格执行设备能源锁死程序。

(4) 员工进入现场工作（巡视）必须走人行道，上下楼梯扶好扶手以防摔伤碰伤，严禁翻越护栏，夜间巡视必须佩戴照明工具。现场巡视时要注意上下管道、角铁支架、横拉筋，防止碰头或绊倒。上下溜槽时，需扶好扶手慢上慢下，防止撞到管道绊倒。

(5) 大风、大雨、大雪、打雷时禁止测上层仓料位、禁止溜槽巡视和使用直爬梯。小雨、小雪天上下楼梯扶好扶手，防止滑倒、摔伤。作业前对测料位的料位绳进行检查，发现不牢靠的要立即更换，防止断裂掉入仓内发生生产事故。测料位人员所带工具、劳保品、口袋内物品严防掉入仓内发生生产事故。测完料位后应把快开孔压盖和防雨罩盖好。

(6) 操作前检查各设备是否正常，控制系统是否完好，然后才可运行。系统在运行中，严禁进行检修，系统运行时，检查各管联接处螺栓紧固有无松动现象，管道各弯头处、变径处、法兰处的联接情况密封是否良好，保证无漏料、无破损。密封各管道弯头、法兰时严禁将身体探出护栏范围及翻越护栏。

(7) 巡视物料输送溜槽时，严禁在高架平台上打闹，天气变化，出现大风、大雨、大雪天应迅速撤离至斗提机室躲避，以防出现意外。

(8) 检查除尘器布袋或更换布袋时，两人工作，相互监督，上下楼梯要扶好楼梯，工作时间较长时，防止突然起立晕倒；大风、大雨、大雪天禁止执行更换布袋作业。禁止将废布袋、支撑金属笼从高处直接抛落地面，应该由人员经过梯子拿下来。工具和杂物必须及时回收，以防被风吹落砸伤下方人员。

(9) 斗式提升机的上、下部启动或点动操作箱按钮必须上锁，维修人员点检、检修斗式提升机时，必须执行锁死程序。生产员工进行轴承换油工作时，必须使用工具清理残油脂、添加新油脂，禁止用手触碰轴承。

(10) 清理筛子时开关筛子盖板要注意松紧，以防被盖板砸伤。

(11) 更换除尘器布袋时除尘器压盖应平放，不得斜靠在防护栏杆上，以防风刮倒砸伤人；必须将安全帽绳子系紧，以防安全帽掉入除尘器内出风口处。

(12) 在吊袋装料时，必须是半袋，严禁将料袋装满，每两袋料系成一组挂入钩头，同时袋口必须系紧。吊袋装料时，每次最多不得超过4袋（每袋料约25kg）。

(13) 擦拭设备时严禁触碰设备的传动部分，擦拭叶轮罩时，必须离开轴承10cm距离，抹布要收紧拿好不能散乱，防止搅入转动的叶轮内发生事故，使用后的抹布不得随意丢在现场，必须及时回收。

(14) 进入净化现场清理溜槽、密封箱和分料箱时，必须戴好呼吸器、防护眼镜、防护手套，工作服袖口、领口纽扣必须系好，尽量避免氟化物与皮肤的接触，减少身体对氟化物的直接吸收，严禁有对物料及氟化物过敏反应的员工从事此项工作。

（15）进入电解厂房检查槽料箱，保证绝缘鞋底干燥。检查槽料箱料位时只许拿干木棍，禁止拿湿木棍或金属物直接敲击料箱，以免发生触电事故。巡视或作业过程注意过往车辆（进行换极、出铝、抬母线等作业的天车，拖车和其他作业车辆）。

（16）测烟气流量、调整支烟管阀作业存在摔伤、电击风险，需要调整支烟管阀改变槽流量时，必须要使用绝缘性能良好的人字梯，不得使用金属材质的人字梯，严禁赤手作业，严禁踩在压缩空气配管、阀架上进行调整作业，调整时必须有监护人员。不得使用过长的铁制工具，防止发生触电事故。

（17）踩槽罩上槽作业必须要检查所踩槽罩是否安全可靠，槽罩有无损坏，支撑是否完好。

（18）上爬梯检查烟管末端是否有积料时，检查人员必须抓好扶梯扶手，同时在上下扶梯时脚踩牢固，不可急上急下，以防滑落。

（19）现场使用压缩空气吹灰时要抓好风管头，以免风管从手里脱落甩起伤人，严禁将风管对准自己和他人身体吹风。

（20）员工身体出现不适应，立即停止其各项现场作业。

复习思考题

13-1　气力输送的压力原理是什么？
13-2　气力输送的流态化原理是什么？
13-3　稀相、浓相、超浓相输送各有什么特点？
13-4　机械输送方式有哪些？
13-5　氧化铝输送常见故障怎样排除？
13-6　储运、净化有哪些安全注意事项？

14 电解烟气净化

14.1 电解烟气

14.1.1 电解烟气的组成

通常所指的铝电解烟气是指烟气和粉尘的混合物。所以，铝电解烟气中有气态和固态两种成分。

铝电解烟气中气态物质的主要成分是氟化氢（HF）及阳极效应时生成的 CF_4 与 C_2F_6 等。在电解生产过程中不断向外排出气态氟化氢、四氟化碳、二氧化碳、一氧化碳、二氧化硫等气体以及氧化铝粉尘、含氟粉尘、炭粒和沥青挥发物等有毒有害的固态物质。

铝电解烟气中的固态物质分两类：一类是大颗粒物质（直径大于 $5\mu m$），主要是氧化铝、炭粒和冰晶石粉尘，由于氧化铝吸附了一部分气态氟化物，一般大颗粒物质中总氟量约为15%；另一类是细颗粒物质（亚微米颗粒），由电解质蒸汽凝结而成，其中氟含量高达45%。根据槽型的不同，烟气的组成也略有变化，预焙槽烟气中的粉尘含量大约为 $20 \sim 40kg/t\text{-}Al$。

14.1.2 烟气污染物来源

烟气中的污染物主要来自如下几个方面：

（1）熔融的电解质蒸汽，主要成分是冰晶石、氟化铝（AlF_3），此外还有少量的冰晶石及其分解产物。

（2）随阳极气泡带出的微细电解质液滴。

（3）氟化盐水解产生的 HF、阳极效应时产生的 CF_4 及电解过程中的副反应物（如 H_2S 等）。

1）原材料和阳极等带入电解质中的水分水解冰晶石：

$$2Na_3AlF_6 + 3H_2O === Al_2O_3 + 6NaF + 6HF\uparrow \qquad (14\text{-}1)$$

$$2AlF_3 + 3H_2O === Al_2O_3 + 6HF\uparrow \qquad (14\text{-}2)$$

$$2NaF + H_2O === Na_2O + 2HF\uparrow \qquad (14\text{-}3)$$

空气中的水分也能与高温的电解质发生上述水解反应，其作用程度随氟化铝含量的增加而增加。

2）阳极效应时，在高电压作用下析出的初生态氟原子与阳极作用生成 CF_4：

$$C + 4F === CF_4/C_2F_6 \qquad (14\text{-}4)$$

临近阳极效应时气体中的 CF_4 量只有 $1.5\% \sim 2\%$，而在阳极效应时高达 $20\% \sim 40\%$。

3）原材料中二氧化硅等各种杂质，高温下在电解质中发生复杂的化学反应，生成

SiF_4 等气体：

$$4Na_3AlF_6 + 3SiO_2 =\!\!=\!\!= 2Al_2O_3 + 12NaF + 3SiF_4 \uparrow \tag{14-5}$$

$$4AlF_3 + 3SiO_2 =\!\!=\!\!= 2Al_2O_3 + 3SiF_4 \uparrow \tag{14-6}$$

$$S + O_2 =\!\!=\!\!= SO_2 \uparrow \tag{14-7}$$

$$2S + C + 2H_2O =\!\!=\!\!= 2H_2S \uparrow + CO_2 \uparrow \tag{14-8}$$

$$2S + C =\!\!=\!\!= CS_2 \uparrow \tag{14-9}$$

（4）加料时产生的原料粉尘：固态的氧化铝、冰晶石和氟化铝。

（5）运输过程中的粉尘飞扬。

14.2　干法净化原理

14.2.1　烟气干法净化原理

铝电解烟气净化方式主要有干法净化和湿法净化两种。湿法净化有碱法、氨法、酸法等。随着铝工业的发展，现在铝电解烟气净化方式主要采用烟气干法净化。

干法净化原理是以某种固体物质吸附另一种气体物质所完成的净化过程。具有吸附作用的物质称吸附剂，被吸附的物质叫吸附质。铝电解含氟烟气的干法净化是使用电解铝生产用的 Al_2O_3 作为吸附剂，吸附烟气中的 HF 等大气污染物来完成对烟气的净化。将含氟烟气通过装填有固体吸附剂的吸附装置，使氟化氢与吸附剂发生反应，达到除氟目的。

来自铝电解槽的含氟化氢烟气，通过烟管接近除尘器入口，与由加料器均匀加入的氧化铝粉末相混合，在管道中的高速气流带动下，氧化铝高度分散与氟化氢充分接触，在很短时间内完成吸附过程。吸附后的含氟氧化铝在袋式除尘器中被过滤、分离出来，在分离中进一步完成吸附过程，经袋式除尘器分离干净。分离出来的含氟氧化铝既可循环吸附，也可返回铝电解槽。从袋式除尘器中出来的净化后的烟气，经风机和烟囱排入大气。

氧化铝与烟气中的氟化氢接触后，吸附反应速度很快，反应几乎在 $0.25 \sim 1.5s$ 内即可完成。

干法吸附净化装置有输送床、沸腾床、管道、VRI 反应器等。

铝电解干法净化的特点如下：

（1）优点：流程简单，设备少，运行可靠，净化效率高；不需要各种洗液，不存在废水废渣及二次污染，设备也不需要特殊防腐；所用吸附剂是电解铝生产原料氧化铝，不需要专门制备，回收的氟可返回电解生产使用；干法净化可用于各种气候、气象条件，特别是缺水和冰冻地区；基建和运行费用较低，比较经济。

（2）缺点：净化二氧化硫效果差；原料氧化铝在净化过程中因多次循环容易带进杂质；吸附氟化氢后的氧化铝容易飞扬、损失较大。

14.2.2　吸附反应

14.2.2.1　吸附剂——氧化铝

（1）晶型。氧化铝常见的有 $\alpha\text{-}Al_2O_3$ 和 $\gamma\text{-}Al_2O_3$ 两种晶型，γ 型是一种多孔性物质、

孔隙率高，活性更高、吸附能力更强。

（2）粒度。我国生产的工业氧化铝多是中间状或粉状。氧化铝粒度的大小对铝电解和吸附净化都有一定的影响，在铝电解生产中，粒度大、孔隙多、比表面积大的氧化铝具有流动性好、吸附量大、吸附效率高等特点。

（3）比表面积和孔隙率。比表面积是指单位质量物料的表面积（包括内、外表面积），而孔隙率是指单位质量物料所具有的孔径的总体积。

氧化铝是一种多孔结构的物质，具有很大的内表面积，这给吸附质和吸附剂之间提供了接触机会，所以比表面积越大，接收吸附质的能力也越大，吸附量随比表面积的增加而增加。

氧化铝内部有许多微细孔道，孔径平均 6nm 以上，一般 3nm 以上为大孔，大孔为吸附分子提供通道，促使这些分子迅速到达氧化铝内部的微孔，有利于氟化氢的吸附。

14.2.2.2 吸附质——氟化氢

氟化氢无色、无味，沸点为 19.5℃，密度为 0.8g/L。气态氟化氢分子内的 H-F 核间距为 0.0966nm，F 的范德华半径为 0.133nm，H 的范德华半径为 0.1nm。

HF 的负电性很大，氢和氟的原子间隙是极性共价键，由于氢和氟的负电性差 1.9 之多（H 为 2.1，F 为 4），所以 H-F 键的极性是相当强的。

氟化氢分子有较大的极性和相当大的偶极矩，氢和氟间的成键电子强烈偏向氟的一边，因而可以形成氢键，使氟化氢有自身的结合现象。所有这些使氟化氢具有沸点低、化学性强且能与自身以及许多其他化合物结合的特性，而且氟化氢具有较高的表面活性，所以在一定的反应速度和反应推动力下，很容易被氧化铝吸附。

14.2.2.3 吸附反应过程

氧化铝吸附氟化氢以化学吸附（化学键力作用）为主、物理吸附（范德华力作用）居次。化学吸附的结果是在氧化铝表面每个氧化铝分子吸附 2 个氟化氢分子，产生吸附化合物氟化铝。对于化学吸附，除沸点外，吸附剂和吸附质的反应性也是至关重要的。对于物理吸附，吸附质沸点的高低具有决定意义。

吸附反应原理可表示为：

吸附反应式
$$3Al_2O_3 + 6HF \longrightarrow 3(Al_2O_3 \cdot 2HF) \tag{14-10}$$

转化反应式
$$3(Al_2O_3 \cdot 2HF) \longrightarrow 2AlF_3 + 3H_2O + 2Al_2O_3 \tag{14-11}$$

总反应式
$$Al_2O_3 + 6HF \longrightarrow 2AlF_3 + 3H_2O \tag{14-12}$$

在较低的温度下有利于上述反应向右进行。

由于这种化学吸附反应速率快，所以用氧化铝吸附 HF 属于气膜控制，HF 浓度越高，气相传质推动力越大，越有利于吸附过程的进行。因此，加强铝电解槽、烟管的密闭性，防止泄漏，尽量提高烟气中 HF 浓度，既有利于吸附，又改善了车间内的操作环境。

吸附反应具体过程包括如下几个步骤：

（1）HF 在气相中的扩散。

（2）扩散的 HF 通过氧化铝表面的气膜到达其表面。

（3）HF 被吸附在氧化铝的表面上。

（4）被吸附的 HF 与氧化铝发生化学反应，生成表面化合物（AlF$_3$）。

影响吸附效率的因素如下：

（1）流速的影响。吸附效率随管内气流速度增大而提高，但当流速达 16m/s 时，再提高流速吸附效率提高甚微，一般控制管内烟气流速为 15 ~ 18m/s。

（2）吸附时间和反应段长度的影响。为保证烟气和吸附剂有一定的接触时间，一般反应段长度在 10m 以上，可保证吸附效率。

（3）固气比的影响。烟气中 HF 浓度越高则要求固气比越大，一般氟浓度为 50mg/m^3 时，要求固气比 R 为 70 ~ 80g/m^3。

（4）颗粒大小的影响。氧化铝颗粒大、比表面积大，吸附能力强。

14.2.3　净化效率及排放标准

净化效率定义：净化装置入口、出口空气污染物浓度之差与入口空气污染物浓度比值的百分数。

净化效率表示装置净化效果的重要技术指标，有时称为分离效率。

$$\eta = \left(1 - \frac{S_o}{S_i}\right) \times 100\% \qquad (14\text{-}13)$$

式中　η——净化效率；

　　　S_o——除尘器出口污染物流量，g/m^3；

　　　S_i——除尘器入口污染物流量，g/m^3。

一般电解铝干法净化设计的净化效率为 99%。

环保排放标准自 2012 年起，采用 GB 25465—2010。烟囱出口含粉尘浓度 <20mg/m^3，烟囱出口含氟化物浓度 <3mg/m^3，烟囱出口含二氧化硫浓度 <200mg/m^3。

14.3　干法净化过程

14.3.1　干法净化工艺流程

14.3.1.1　排烟净化系统

所有电解槽均用小型活动槽罩和上部槽罩密闭，槽内烟气通过集气罩及上部的支烟管与排烟净化系统连接。每台电解槽的支烟管均接在室外架空的水平主管上，主管接至排烟总管道汇集在一起，进入净化系统的袋式除尘器，在这之前，采用两级加料，第一级把含氟氧化铝加入烟气系统，载氟氧化铝在烟道总管内与含氟浓度较高的烟气混合进行预吸附反应；第二级通过反应器，将新鲜氧化铝定量加入脉冲喷吹袋式除尘器前的各个烟道气流中，使新鲜氧化铝与烟气中氟化物更充分混合，发生吸附反应。

14.3.1.2　供配料系统

干法净化的供配料系统包括新鲜氧化铝和循环载氟氧化铝两部分的输送。新鲜氧化铝来自新鲜氧化铝仓，经风动溜槽、冲板流量计控制下料量，再经风动溜槽、均匀分料装置、反应器加到烟管内与氟化氢气体进行充分反应。循环氧化铝是从袋式除尘器回收下来的含氟氧化铝，经风动溜槽、密封箱、渣皮捕集器、分料箱、空气提升机等输送设备，一部分重返烟气总管，另一部分送至载氟氧化铝仓供电解槽使用。

供配料系统与排烟净化系统紧密关联，属于净化工艺流程的组成部分，但原理上利用的却是氧化铝输送。

14.3.2　粉尘的过滤

袋式除尘器主要由袋室、滤袋、框架、清灰装置等部分组成。袋式除尘器的除尘过程主要是由滤袋（布袋）完成的，滤袋是由各种滤料纤维织造后缝制而成，其过滤机理取决于滤料和粉尘层多种过滤效应。

14.3.2.1　粉尘的物理性质

粉尘的物理性质包括：粒径分布、密度、比电阻、可磨性、安息角、黏度、亲水性、爆炸极限、含水率、比表面积、粉尘形状。其中，粒径分布，亦称分散度，是指粉尘中各种粒径的粒子所占的百分比，粉尘颗粒的大小不同，不仅物理化学性质有很大差异，而且对人体和生物带来不同的危害，同时对除尘器性能的影响各有不同；粉尘形状有片状、纤维状、球形等。

14.3.2.2　滤料的过滤机理

含尘气体以 0.5～3m/min 的速度通过滤袋，粉尘粒在滤袋纤维层里运行时间仅 0.01～0.3s。在一瞬间，气体中的粉尘粒被滤袋分离出来，有两个步骤：一是纤维层对粉尘粒的捕集；二是粉尘层对粉尘粒的捕集。在某种意义上讲，后一种机制有着更重要的作用。由于气体中所含粉尘的尺寸往往比过滤层中的孔隙要小得多，因此通过筛分效应清除粉尘的作用很小。粉尘之所以能从气流中分离出来，主要是拦截、惯性碰撞和扩散效应，其次还有重力和静电力的一定作用，如图 14-1 所示。

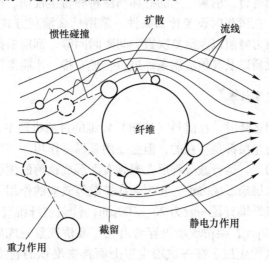

图 14-1　过滤机理示意图

（1）扩散效应：小于 0.2μm 的粉尘粒和气体分子互相碰撞后产生不规则运动，不规则运动中，一部分粉尘粒被纤维或粉尘层所阻留，这种现象称为扩散效应。

（2）惯性碰撞效应：若粉尘粒质量较大，当气体流经纤维层而被截住的机理称为惯性碰撞效应。

（3）直接拦截：当粉尘粒沿气流流线直接向纤维捕集运动时，由于气流流线离纤维表面的距离在粉尘粒半径范围内，则粉尘粒与纤维接触并被捕集，这种捕集机制称为直接拦截。当含尘气流接近滤料纤维时，较细粉尘粒随气流一起绕流，若粉尘粒半径大于粉尘粒中心到纤维边缘的距离时，粉尘粒即因与纤维接触而被拦截。

（4）静电吸引：气流冲刷纤维捕集体，摩擦作用可使纤维带电荷。由许多纤维编织的滤料，当气流穿过时，由于摩擦会产生静电现象，同时粉尘在输送过程中也会由于摩擦和其他原因而带电，这样会在滤料和粉尘粒之间形成一个电位差。当粉尘随着气流趋向滤料时，由于库仑力作用促使粉尘和滤料纤维碰撞并增强滤料对粉尘的吸附力而被捕集，提高捕集效率。

（5）重力沉降作用：当缓慢运动的含尘气流进入除尘器后，粒径和密度大的粉尘粒，可能因为重力作用而自然沉降下来。

（6）筛分效应：滤料间的间隙或滤料上粉尘间的空隙比粉尘粒小时有利于筛分阻留，即为筛分效应。很显然，粉尘粒越大，纤维空隙越小，被筛分的概率就越大。

（7）非稳定过滤的捕集：滤袋的过滤过程按时间序列可分为两个阶段，即稳定过滤阶段和非稳定过滤阶段。在稳定过滤阶段，假设忽略颗粒沉积产生对滤袋结构的变化，颗粒与纤维接触而被捕集，不考虑过滤机制的修正，因此，捕集效率不受过滤时间的影响。随过滤时间增加，在纤维表面逐步形成的颗粒导致非稳定过滤阶段产生，滤布孔隙率的改变及颗粒形成的链状沉积有利于纤维捕集能力的提高，导致捕集效率随过滤时间及颗粒沉积量的增加而增大。

（8）滤料清灰再生：滤料清灰再生是对于过滤过程积附于滤袋表面上的粉尘层进行破坏并将其中一部分清除、离开滤料，从而恢复滤料的正常过滤功能。清灰可以周期性的进行，也可以连续不断地进行。清灰作用的好坏与滤料和粉尘性质、过滤条件、反吹条件等许多条件相关。所以，在清灰时设定什么条件，采用什么清灰方式，反吹的风压、风量，反吹持续时间，喷吹压力峰值以及重复次数、间隔时间等，都应根据袋式除尘器的应用环境、工况参数、粉尘性质以及其他应用条件进行合理安排，才能得到理想的结果。

14.3.2.3　粉尘层的过滤机理

在袋式除尘器开始运转时，在滤料（滤布）纤维的过滤机理中，如扩散、重力、惯性碰撞、静电等作用对粉尘层都是存在的，但主要的是筛分作用。

新的滤袋上没有粉尘，运行数分钟后在滤袋表面形成很薄的尘膜。由于滤袋是用纤维织造成的，所以在粉尘层未形成之前，粉尘会在扩散等效应的作用下，逐渐形成粉尘在纤维间的架桥现象。滤袋纤维直径一般为 20~100μm，针刺毡纤维直径多为 10~20μm。纤维间的距离多为 10~30μm，架桥现象很容易出现。架桥现象完成后的 0.3~0.5mm 的粉尘层常称为尘膜或一次粉尘层。在一次粉尘层上面再次堆积的粉尘称二次粉尘层，如图14-2 所示。

平纹织物滤布本身的除尘效率为85%～90%，效率比较低，但是在滤布表面粉尘附着堆积时，可得到99.5%以上的高除尘效率。因而有必要在清除粉尘之后，使滤布表面残留0.3～0.5mm厚的粉尘层，以防止除尘效率下降。

基于粉尘层对除尘效率的影响，所以在粉尘层剥落部分，除尘效率就急剧下降。同时由于压力损失减少，烟气就在这部分集中流过。因此几秒钟后滤布表面又形成了粉尘层，除尘效率又上升了，即每一清除周期可排出一定量的粉尘。另一方面，若过滤风速设计得当，到了滤布表面过滤层有一定的压力损失（常为1000～1500Pa），即在所需的时间内过滤层达到一定的厚度时清除粉尘，这个时间与过滤风速成反比。

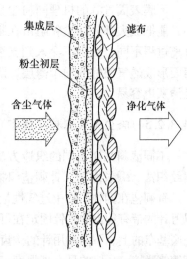

图14-2 滤布的过滤机理示意图

烟气与粉尘从滤布表面渗透穿过，同时用某种方法来清除粉尘，在滤布的内层（毛毡型）就形成了厚度为0.5～0.7mm、由灰尘和滤布纤维交缠而成的层，这就称为内层过滤层，相当于平纹织物的一次过滤层。如果采用非织布型针刺毡作为滤布，一般可采用1.5～2.5mm厚度的一次过滤层。然后烟尘重新在滤布表面上堆积而成为二次粉尘层。这样内过滤层同纤维交织在一起，与二次粉尘层相比其性质大为不同，所以清除的仅仅是二次粉尘层，内过滤层就易于完全保留。因此，清除粉尘后的除尘效率就不会下降。

粉尘在滤布上的附着力是非常强的，当过滤速度为0.28m/s时，直径为10μm的粉尘粒子在滤料上的附着力可以达到粒子自重的1000倍，5μm的粉尘粒子在滤料上的附着力可以达到粒子自重的4200倍。所以在滤袋清灰之后，粉尘层会继续存在。粉尘层的存在，使过滤过程中的筛分作用大大加强，过滤效率也随之提高。粉尘层形成的筛孔比滤料纤维的间隙小得多，其筛分效果显而易见。

粉尘层的形成与过滤速度有关，过滤速度较高时粉尘层形成较快；过滤速度很低时，粉尘层形成较慢。如果单纯考虑粉尘层的过滤效果，过滤速度低不一定是有利的。粉尘层继续加厚时，必须及时用清灰的方法去除，否则会形成阻力过高，或者粉尘层的自动降落，从而导致粉尘层间的"漏气"现象，降低捕集粉尘的效果。

14.3.2.4 表面过滤机理

基于粉尘层形成有利于过滤的理论，人为地在普通滤料表面覆上一层有微孔的薄膜以提高除尘效果。所以，过滤表面的薄膜又称人造粉尘层。

为了控制对不同粒子的捕集效率，不同用途的微孔表面薄膜其微孔孔径是变化的。例如，过滤普通粉尘时，微孔孔径通常小于2μm；过滤细菌时，孔径小于0.3μm。这种区别就像筛孔一样，根据筛上筛下的要求，选用不同筛孔的筛网。

表面过滤的薄膜可以覆在普通滤料表面，也可以覆在塑烧板的表面。目前滤料覆的薄膜都是采用氟乙烯膜，底布类型达20多种，薄膜却只有一种，薄膜的厚度在10μm左右，各厂家产品略有不同。

薄膜表面过滤的机理同粉尘层过滤一样，主要靠微孔筛分作用。由于薄膜的孔径很小，能把极大部分粉尘粒阻留在膜的表面，完成气固分离的过程。这个过程与一般滤料的分离过程不同，粉尘不深入到支撑滤料的纤维内部。其好处是在滤袋工作一开始就能在膜表面形成透气很好的粉尘薄层，既能保证较高的除尘效率，又能保证较低的运行阻力，而且清灰也容易。

14.3.2.5　除尘布袋滤料（滤布）

不同滤料采用不同的织造方法其使用性能和效果差别很大。织造方法有：平纹织法、斜纹织法、缎纹织物、针刺毡织物。

针刺毡在四种织物中透气性最好，除尘布袋效率高，是制造滤料最常用的织造方法。数以万计的带有钩齿的刺针固定在可上下快速动作冲刺的机器上，每根刺针把梳理好的纤维层在底基布的上、下两端用针的钩齿把每一根纤维冲刺到底基布之上及成堆的纤维中，彼此互相缠绕联接，形成的具有高强度三维毡体布状材料，经后处理和表面处理后即可以制成过滤毡滤料，即称为针刺毡。由于制作工艺不同，毡布较致密，阻力较大，容尘量小，但易于清灰，在工业上应用已较为普遍。现已生产的毛毡滤料有聚酰胺、聚丙烯聚酯等。

14.3.3　清灰

对袋式除尘器而言，清灰与过滤一样重要，因为只有过滤、清灰两个环节连续不断地交替进行才能组成完整的除尘过程。清灰因素比过滤因素变化更多、更为复杂。

14.3.3.1　滤布的流体阻力特点

滤布的流体阻力是衡量袋式过滤器的重要指标之一。滤布流体阻力的高低不仅决定除尘设备的动力消耗，而且影响到设备的清灰制度和工作效能。

在相同的流速条件下，由于滤布的编织结构不同，阻力系数不同，其阻力也不同，如针刺毡的阻力比玻璃丝布和工业涤纶绒布低 1/4 ~ 1/2 左右。

同一种滤布在过滤风速相同的条件下滤布表面粉尘负荷不同，其压力损失是不相同的。同种滤布在不同粉尘负荷下压力损失的变化情况如下：（1）在相同过滤风速下，随着滤布表面粉尘负荷的增加，气流通过滤布的流体阻力也增加，其增加程度与表面粉尘负荷密切相关；（2）当表面粉尘负荷大于 $800g/m^2$ 后，气流通过滤布的流体阻力随过滤风速增加而急剧增加，这对于确定除尘设备的反吹清灰制度有积极意义。

在粉尘负荷相同的条件下不同的滤料压力损失值也是不同的，原因是滤布上形成的粉尘层空隙率受粉尘的物理性质和负荷、滤布结构、过滤速度等因素的影响。所以，粉尘的阻力是很复杂的，从而出现各种清灰方式、清灰理论。

清灰是袋式除尘器正常工作的重要环节和影响因素。常用的清灰方式主要有三种，即机械清灰、脉冲喷吹清灰和反吹风清灰。对于难于清除的粉尘，也可同时并用两种清灰方法，例如采用反吹风和机械振动相结合清灰以及声波辅助清灰。

14.3.3.2　袋式除尘器振打清灰原理

机械清灰是指利用机械振动或摇动悬吊滤袋的框架，使滤袋产生振动而清灰的方法。

常见的三种基本方式如下：（1）水平振动清灰，有上部振动和中部振动两种方式，靠往复运动装置来完成；（2）垂直振动清灰，它一般可利用偏心轮装置振动滤袋框架或定期提升除尘骨架进行清灰；（3）机械扭转振动清灰，即利用专门的机构定期地将滤袋扭转一定角度，使滤袋变形而清灰。也有将以上几种方式复合在一起的振动清灰，使滤袋做上下、左右摇动。

机械清灰时为改善清灰效果，要求在停止过滤情况下进行振动，但对小型除尘器往往不能停止过滤，除尘器也不分室。因而常需要将整个除尘器分隔成若干袋室，逐室清灰，以保持除尘器的连续运转。

机械清灰方式的特点是构造简单、运转可靠，但清灰强度较弱，故只能允许较低的过滤风速，例如一般取 0.6～1.0m/min。振动强度过大对滤袋会有一定的损伤，增加维修和换袋的工作量，这正是机械清灰方式逐渐被其他清灰方式所代替的原因。机械清灰原理是靠滤袋抖动产生弹力使黏附于滤袋上的粉尘及粉尘团离开滤袋降落下来的，抖动力的大小与驱动装置和框架结构有关。驱动装置动力大，框架传递能量损失小，则机械清灰效果好。

14.3.3.3　反吹风清灰方式与机理

反吹风清灰是利用与过滤气流相反的气流，使滤袋变形造成粉尘层脱落的一种清灰方式。除了滤袋变形外，反吹气流速度冲击也是粉尘层脱落的重要原因。

采用这种清灰方式的清灰气流，可以由系统主风机提供，也可设置单独风机供给。按清灰气流在滤袋内的压力状况，若采用正压方式，称为正压反吹风清灰；若采用负压方式，称为负压反吸风清灰。

反吹风清灰多采用分室工作制度，利用阀门自动调节，逐室地产生反向气流。

反吹风清灰的机理，一方面是由于反向的清灰气流直接冲击尘块；另一方面由于气流方向的改变，滤袋产生胀缩变形而使尘块脱落。反吹气流的大小直接影响清灰效果。

反吹风清灰在整个滤袋上的气流分布比较均匀。振动不剧烈，故过滤袋的损伤较小。反吹风清灰多采用长滤袋（4～12m）。由于清灰强度平稳过滤风速一般为 0.6～1.2m/min，且都是采用停风清灰。

采用高压气流反吹清灰，如回转反吹袋式除尘器清灰方式，在过滤工作状态下进行清灰也可以得到较好的清灰效果，但需另设中压或高压风机。这种方式可采用较高的过滤风速。

每种滤布都有反吹清灰的最大流速，再超越该数值并不能明显地增加粉尘的脱离，而只能引起多余能耗。

从粉尘的分散方式和质量看，粉尘在滤袋上沿高度的分布是不均匀的。最粗的组分沉积在滤袋的下部和中间部分，难以分离的组分在上部。

试验表明，过滤周期开始阶段的净化效率主要取决于清灰程度。清灰后的阻力降为 230～270Pa 时，开始从滤袋层透出的含尘浓度高达清灰前的 7 倍之多（用石英粉尘对涤纶滤料做试验）。

反吹风持续 10～15s。过长时间的反吹将不会降低剩余阻力，而只会增加能耗和粉尘穿透率。所谓剩余阻力是指滤布在清灰后的剩余压差。剩余阻力是由粉尘颗粒引起的，它附着在滤布纤维上未被清除。

在某些情况下，为了改善微细尘部分的分离效果并降低反吹空气耗量，将反吹过程安排为间歇式的，中间有 1~2 次中断，每段反吹持续 4~6s。由于滤布的补充形变，粉尘的脱落状况能得到一定的改善。反吹次数超过 2 次以后，对阻力下降的影响就渐趋减弱。所以，间断只设计 1~2 次即可。

14.3.3.4　脉冲喷吹清灰方式与机理

脉冲喷吹清灰方式与机理如下：

（1）特点。脉冲喷吹清灰是利用压缩空气（通常为 0.15~0.7MPa）在极短暂的时间内（不超过 0.2s）高速喷入滤袋，同时诱导数倍于喷射气流的空气，形成空气波，使滤袋由袋口至底部产生急剧的膨胀和冲击振动，造成很强的清落积尘作用，如图 14-3 所示。

喷吹时，虽然被清灰的滤袋不起过滤作用，但因喷吹时间很短，而且滤袋依次逐排地清灰，几乎可以将过滤作用看成是连续的，因此可以采取分室结构的离线清灰，也可以采取不分室的在线清灰。

脉冲喷吹清灰作用很强，而且其强度和频率都可调节，清灰效果好，可允许较高的过滤风速，相应的阻力为 1000~1500Pa，因此在处理相同的风量情况下，滤袋面积要比机械振动和反吹风清灰要少。不足之处是需要充足的压缩空气，当供给的压缩空气压力不能满足喷吹要求时清灰效果大大降低。

（2）脉冲喷吹理论。脉冲喷吹清灰的机理通常有两种解释：一种观点认为粉尘从滤袋落下来是压力变化的结果，滤袋内外压力不同引起粉尘的脱落，并用压力峰值、压力变化和大小来判断；另一种观点认为瞬间的喷吹气流使袋产生运动、变形和冲击，从而使粉尘从滤袋脱落下来，并用

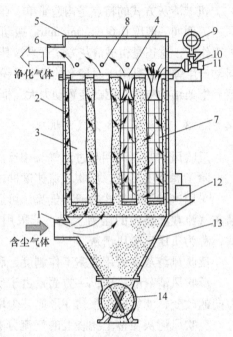

图 14-3　脉冲喷吹工作原理
1—除尘器入口；2—袋室；3—布袋；4—花板；
5—分室箱体；6—除尘器出口；7—布袋内骨架；
8—净气流；9—压缩空气管；10—喷吹管；
11—电磁脉冲阀；12—钢架；13—灰斗；
14—旋转卸料阀

最大加速度、气流峰值和压力上升速率来衡量。有人认为，脉冲喷吹清灰是压力变化和加速度同时作用产生的结果，因为压力理论难以解释粉尘离开滤袋时的速度问题，而加速度理论又无法说明塑烧板除尘器在塑烧板不产生加速度的条件下粉尘脱落的缘由。

（3）脉冲清灰试验。脉冲袋式除尘过程十分复杂，发生时间短，测量手段不完善，所以，对袋式除尘器实现清灰的机理众说不一。但总的来说，可归结为以下三种：反吹气流作用、惯性作用、弹性作用。

14.3.3.5　联合清灰机理

联合清灰是将两种清灰方式同时用在同一除尘器内，目的是加强清灰效果。例如，采

用机械振打和反吹风相结合的联合清灰袋式除尘器，以及脉冲喷吹和反吹风相结合的袋式除尘器等，都可以适当提高过滤风速和清灰效果。

联合清灰除尘器一般分成若干袋滤室，清灰时将该室的进排气口阀门关闭，切断与邻室的通路，以便在联合清灰作用下，使清下粉尘落入灰斗。

联合清灰方式部件较多，结构比较复杂，从而增加了设备维修的工作量和运行成本。

14.3.4　除尘器

14.3.4.1　除尘设施的分类

除尘设施的种类繁多，可以有各种各样的分类。通常按照捕集分离粉尘粒子的机理来分类，如重力、惯性力、离心力、库仑力、热力、扩散力等，可将各种除尘设施归为四大类。

（1）机械式除尘器。一般作用于除尘器内，含尘气体的作用力是重力、惯性力及离心力。这类除尘器又可分为：重力沉降室、惯性除尘器（又称惯性分离器）、离心力除尘器（旋风除尘器）。

（2）湿式除尘器（又称湿式洗涤器）。湿式除尘器是以水或其他液体为捕集粉尘粒子介质的除尘设施。按耗能的高低分为：低能湿式除尘器（喷雾塔、水膜除尘等）、高能湿式除尘器（文丘里除尘器）。

（3）过滤式除尘器。过滤式除尘器是含尘气体与过滤介质之间依照惯性碰撞、扩散、截留、筛分等作用，实现气固分离的除尘设施。根据所采用过滤介质和结构形式的不同，可以分为：袋式除尘器（又称为布袋除尘器）、颗粒层除尘器。

（4）电除尘器。利用高压电场产生的静电力，使粉尘从气流中分离出来的除尘设施称为静电除尘器，简称电除尘器。按照电除尘器的结构特点，可以有多种分类，这里只列举按集尘的形式分类：管式静电除尘器、板式静电除尘器。

实际上，在一种除尘器中往往同时利用几种除尘机制，所以一般情况是按其中主要作用机制而分类命名的。

此外，在除尘过程中是否用水或其他液体，还可将除尘器分为干式和湿式两大类。用水或液体使含尘气体中的粉尘（固体粒子）或捕集到的粉尘湿润的设施，称为湿式除尘器；把不湿润气体中的粉尘的设施，称为干式除尘器。

14.3.4.2　布袋除尘器分类

现代工业的发展，对布袋除尘器的要求越来越高，因此在滤料材质、滤袋形状、清灰方式、箱体结构等方面也不断更新发展。在除尘器中，布袋除尘器的类型最多，根据其特点可进行不同的分类。

（1）按过滤方向分类。

1）内滤式布袋除尘器。含尘气体由滤袋内侧流向外侧，粉尘沉积在滤袋内表面上，优点是滤袋外部为清洁气体，便于检修和换袋，甚至不停机即可检修。一般机械振动、反吹风等清灰方式多采用内滤形式。

2）外滤式布袋除尘器。含尘气体由滤袋外侧流向内侧，粉尘沉积在滤袋外表面上，其滤袋内要设支撑骨架,因此滤袋磨损较大。脉冲喷吹、回转反吹等清灰方式多采用外滤式。扁袋式除尘器大部分采用外滤式。

（2）按进气口位置分类。

1）上进风布袋除尘器。含尘气体的入口设在除尘器上部,粉尘沉降与气流方向一致,有利于粉尘沉降,除尘效率有所提高,设备阻力也可降低15%~30%。

2）下进风布袋除尘器。含尘气体由除尘器下部进入,气流自下而上,大颗粒直接落入灰斗,减少了滤袋磨损,延长了清灰间隔时间,但由于气流方向与粉尘下落方向相反,容易带出部分微细粉尘,降低了清灰效果,增加了阻力。下进风除尘器结构简单,成本低,应用较广。

（3）按除尘器内的压力分类。按除尘器内的压力可分为正压式、负压式和微压式除尘器。

（4）按滤袋形状分类。按滤袋形状可分为圆形袋、扁袋、双层袋和菱形袋除尘器。

（5）按清灰方法的不同分类。袋式除尘器分为五种类型:机械振动类、分室反吹风类、喷嘴反吹类、振动和反吹并用类、脉冲喷吹类。在这五类除尘器中应用最多的是分室反吹风类、脉冲喷吹类,而其他三类应用要少得多。到2000年后,新安装的袋式除尘器几乎全是脉冲袋式除尘器,这是因为脉冲袋式除尘器与分室反吹风袋式除尘器相比有明显的优点。

14.3.4.3　布袋除尘器工作原理

含尘烟气由进风口经中箱体下部进入灰斗;部分较大的粉尘粒由于惯性碰撞、自然沉降等作用直接落入灰斗,其他粉尘粒随气流上升进入各个袋室。经滤袋过滤后,粉尘粒被阻留在滤袋外侧,净化后的气体由滤袋内部进入箱体,再通过提升阀、出风口排入大气。灰斗中的粉尘定时或连续由螺旋输送机及刚性叶轮卸料器卸出。

随着过滤过程的不断进行,滤袋外侧所附积的粉尘不断增加,从而导致袋除尘器本身的阻力也逐渐升高。当阻力达到预先设定值时,清灰控制器发出信号,首先令一个袋室的提升阀关闭以切断该室的过滤气流,然后打开电磁脉冲阀,压缩空气由气源顺序经气包、脉冲阀、喷吹管上的喷嘴以极短的时间（0.065~0.085s）向滤袋喷射。压缩空气在箱内高速膨胀,使滤袋产生高频振动变形,再加上逆气流的作用,使滤袋外侧所附尘饼变形脱落。在充分考虑了粉尘的沉降时间（保证所脱落的粉尘能够有效落入灰斗）后,提升阀打开,此袋室滤袋恢复到过滤状态,而下一袋室则进入清灰状态,如此直到最后一个袋室清灰完毕为一个周期。长袋脉冲袋式除尘器是由多个独立的室组成的,清灰时各室按顺序分别进行,互不干扰,实现长期连续运行。上述清灰过程均由清灰控制器进行定时或定压自动控制。

除尘器的主体结构由箱体、袋室、灰斗、进出风口四大部分组成,并配有基础支柱、爬梯、栏杆、检修门、压缩空气气路系统、清灰控制系统、卸灰系统等,并可根据用户要求选配先进的设备运行监测系统。除尘器主要由上箱体、中箱体、灰斗、卸灰系统、喷吹系统和控制系统等几部分组成,并采用下进气分室结构。

布袋除尘器性能参数包括处理气体流量、除尘效率、排放浓度、压力损失、漏风率、耗钢量等。

14.3.5 主排烟风机

以 Y4-73-11No. 22F　630kW 为例

Y——引风机

4——风压系数，73——风量系数，4-73 是风机型号

11——前一个 1 代表单吸入，后一个 1 代表第一次设计

22——叶轮直径 22dm（2.2m）

F——联轴器传动，叶轮在两个轴承之间

Y4-73-11No. 22F 型主排烟风机主要技术性能参数如下：

流　　量	$Q = 332930\text{m}^3/\text{h}$
全　　压	3933Pa（3933N/m^2）
介质密度	0.745kg/m^3
轴 转 速	980r/min
电机功率	630kW
电机电压	10kV
介质温度	80℃

Y4-73 型引风机适用于锅炉及一般通风的引风机系统。引风机输送的介质为烟气，最高温度不得超过 250℃。在引风机前，必须加装除尘装置，以尽可能减少进入风机中烟气的含尘量。根据一般使用情况，除尘效率不得低于 85%。

风机的结构主要由叶轮、机壳、进风口、调节门、传动组等组成。

（1）叶轮：由 12 片后倾机翼斜切的叶片焊接于弧锥形的前盘与平板形的后盘中间。由于采用了机翼型叶片，保证了风机高效率、低噪声、高强度。叶轮成型后经静、动平衡校正，运转平稳。

（2）机壳：用普通钢板焊接成蜗形壳整体。引风机的机壳做成三种不同形式：整体结构不能拆开、两开式、No. 18 ~ 28 做成的三开式。对引风机、蜗形板作了适当加厚以防磨损。

（3）进风口：收敛式流线型的整体结构，用螺栓固定在风机入口侧。

（4）调节门：用以调节风机流量，轴向安装在风机进风口前面，调节范围 90°~0°，调节门必须润滑。

（5）传动组：由主轴、轴承箱、联轴器等组成。主轴由优质钢制成；No. 18 ~ 28 用两个独立的枕式轴承箱，轴承箱整体结构采用滚动轴承，轴承箱上装有温度计和油位指示器，用轴承润滑油润滑，加入油量按油位要求，轴承箱设水冷却装置、加装输水管。

电机启动后，通过联轴器带动主轴高速旋转，根据叶片的倾角，风从一端被吸进来，从另一端被排出，根据这一原理，将风机的进风口与除尘器、烟管连接，在设备内形成负压，将烟气与粉尘吸入净化除尘器过滤回收。

主排烟风机作为净化系统的主要设备之一，操作必须严格按照具体规程进行，以防造成设备事故。日常做好维护、维修工作，保证干法净化系统、电解槽送料能正常运行。

14.3.6　罗茨鼓风机

MJL 系列密集成套罗茨鼓风机，包括罗茨风机（主机）、电机、进出口消声器、逆止阀、减振器、挠性接头、安全阀、滤清器。

该系列风机具有结构紧凑、性能可靠、传动平稳振动小、噪声低、风量稳定、输送介质绝对无油、便于安装维修、运行安全等特点。密集型罗茨鼓风机介质为清洁空气（常用）、清洁煤气、二氧化硫及其他惰性气体，属容积回转式鼓风机，主要用于电力、石油、化工、冶炼、水泥、轻工、食品、纺织、污水处理等行业的气力输送。其最大特点是使用时具有强制输气的特征，当压力在允许范围内加以调节时，流量变动很微小，压力的选择范围很宽，用户可根据需要，在额定升压范围内调节气压力。

空气经空气滤清器过滤后进入进口消声器，再到罗茨风机进口，经过叶轮输送到风机出口，进入出口消声器，三通及挠性接头、安全阀，最后进入管道系统之中。

型号说明举例：MJL-200b

MJL——密集型系列罗茨鼓风机；200b——风口直径。

罗茨风机（主机）工作原理：罗茨鼓风机是容积式鼓风机的一种，它由一个类似椭圆形的机壳与两块墙板包容成一个气缸（机壳上有进气口和出气口），一对彼此相互"啮和"（因有间隙，实际上并不接触）的叶轮，通过齿轮的转动以等速反向旋转，借助两叶轮的"啮和"，使上部进气口与下方出气口互相隔开，在旋转过程中无内压缩的将气缸内的气体从进气口推移到出气口，叶轮旋转如图 14-4 所示。两叶轮之间，叶轮与墙板之间以及叶轮与机壳之间，均保持一定的间隙，以保证鼓风机的正常运行，如果间隙过大，则被压缩的气体通过间隙的回流增加，影响鼓风机的效率；如果间隙过小，由于热膨胀可能导致叶轮与机壳或叶轮相互之间发生摩擦碰撞影响鼓风机的正常工作。

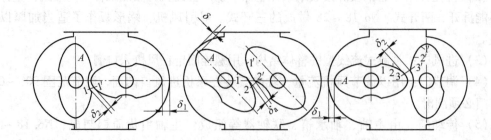

图 14-4　罗茨鼓风机叶轮旋转示意图

使用要求：介质（例如空气）中微粒杂质含量不得大于 $100\mathrm{mg/m^3}$，微粒最大尺寸不得超过最小工作间隙的一半，使用升压不得超过标牌规定的额定升压值。

14.4　净化系统异常情况及处理

净化系统常见的故障及排除方法见表 14-1。

表 14-1　净化系统常见的故障及排除方法

故　障　名　称	原　　因	排　除　方　法
除尘器反吹程序乱	(1) 程序异常； (2) 喷吹参数有变化	(1) 重新调整程序； (2) 修正喷吹参数
除尘器压差值过小	(1) 除尘器布袋有破损； (2) 差压变送器故障； (3) 单元室入孔密封不严； (4) 风机进口阀未开启	(1) 检查更换破损布袋； (2) 检查更换； (3) 检查单元室入孔按要求密封； (4) 检查风机进口阀并开至规定范围
除尘器压差值过大	(1) 压缩空气压力太小，喷吹不彻底； (2) 电磁阀堵塞或损坏，接线松动； (3) 除尘器出口阀坏，打不开； (4) 脉冲喷吹参数不合理； (5) 差压变送器故障； (6) 布袋板结或老化透气性差	(1) 检查压缩空气压力值是否在规定范围，喷吹系统有泄压及时处理； (2) 更换或清洗电磁阀，紧固接线； (3) 检修出口阀； (4) 修复调整脉冲间隔； (5) 检修差压变送器； (6) 检查更换布袋
除尘器布袋侧部破损	(1) 反吹风压超过规定工作压力； (2) 风压吹嘴斜； (3) 脉冲阀延时过长； (4) 布袋受烟气影响，工作时频繁摆动碰撞	(1) 检查反吹风压调整至规定数值； (2) 检查调整紧固； (3) 检查有卡滞的脉冲阀； (4) 调整布袋室进出阀，使烟气进出平衡
布袋内积料	(1) 布袋安装维修不正，相互之间摩擦破损； (2) 金属骨架不规范，反吹时被骨架磨破； (3) 布袋制作时存在缺陷	(1) 注意正确的安装； (2) 修复或更换不规范的骨架； (3) 更换布袋时对布袋检查
烟囱排放超标	(1) 除尘器布袋破损； (2) 隔板损坏； (3) 未按规定投料	(1) 检查更换除尘器布袋； (2) 损坏的隔板修复； (3) 调整投料量并进行 HF 监测
电解槽冒烟	(1) 支烟管负压低； (2) 烟管积料； (3) 电解槽密封损坏	(1) 调节单槽流量； (2) 清理积料； (3) 重新密封，减少泄漏点
氧化铝输送困难	(1) 过滤筛网下料、溜槽输送困难； (2) 流动性差，输送时需要更大的压力	(1) 清理杂物、有效过滤； (2) 细粉多，流动性差，调节工艺减少输送破损，并防止细粉集中输送
不同的氧化铝吸氟不一样	(1) 氧化铝晶型对吸附容量有很大影响，γ 型氧化铝吸附容量大； (2) 氧化铝的比表面积越大，吸附容量也越大； (3) 氧化铝湿度大小直接影响吸附净化能力	(1) 选用比表面积大的 γ 型或砂状氧化铝
氧化铝中的杂质	(1) 氧化铝在运输、生产输送中，有可能混入包装纸袋、绳子、柴棍子、铁渣、劳保品如手套等杂物； (2) 淋雨受潮导致结成大块； (3) 混有载氟料板结后的渣子	(1) 减少输送环节污染； (2) 合理存放避免受潮； (3) 生产过程中及时过滤

故障名称	原因	排除方法
高压风机噪声大	(1) 轴承干润滑； (2) 轴承损坏； (3) 叶轮磨损； (4) 坚固件松动或脱落； (5) 风机内有异物	(1) 加轴承油脂润滑； (2) 更换轴承； (3) 更换叶轮； (4) 拧紧紧固件； (5) 清除异物
高压风机振动大	(1) 轴承损坏； (2) 叶轮不平衡； (3) 主轴变形； (4) 工作状态进入喘振区； (5) 进出气口进滤网堵塞	(1) 更换轴承； (2) 清除叶轮中异物或校动静平衡； (3) 更换主轴； (4) 调整工作状态，避开喘振区； (5) 清理过滤网
罗茨风机噪声超过标准值	(1) 进出口消声器失效； (2) 负载过大； (3) 消声器衬筒小孔、滤料被灰尘阻塞； (4) 风机皮带老化	(1) 更换消声器； (2) 控制系统参数，降低负载； (3) 清理或重新更换消声器内筒壁及滤料； (4) 更换风机皮带
罗茨风机温度不正常	(1) 润滑油太脏； (2) 润滑油位过高或过低； (3) 罗茨风机运行负载太大	(1) 更换润滑油； (2) 调整润滑油位到规定范围； (3) 严格控制系统运行参数，降低负载
主排风机轴承温升过高	(1) 轴承箱剧烈振动； (2) 润滑脂质量不良、变质或填充过多和含有灰尘砂粒、污垢等杂质； (3) 轴承箱端盖、座连接螺栓预紧力过大或过小； (4) 轴承损坏； (5) 冷却水管路故障或循环水泵坏； (6) 风机轴扭弯	(1) 停机，检查轴承箱； (2) 停机，清洗轴承箱换油； (3) 调整螺栓的预紧力； (4) 停机，检查轴承，更换损坏轴承； (5) 检修冷却水管路，启用备用循环水泵； (6) 停机，检修校正、平衡风机轴
主排风机运行响声异常	(1) 风机轴与电机轴不同心； (2) 进风口与叶轮摩擦剐蹭； (3) 基础刚度不够或不牢固； (4) 叶轮铆钉松动或叶轮变形； (5) 机壳与转轴间密封损坏	(1) 调整同心； (2) 校正； (3) 加固； (4) 紧固校正或更换； (5) 更换密封件
主排风机剧烈振动	(1) 机壳与支架、轴承箱与支架、轴承箱与底座等连接螺栓松动； (2) 风机叶轮上有积灰； (3) 风机叶轮偏移； (4) 风机轴承磨损； (5) 风机出口阀未打开	(1) 紧固机壳与支架、轴承箱与支架、轴承箱与底座等连接螺栓； (2) 停机，清理叶轮上积灰； (3) 停机，调整叶轮并进行校检； (4) 停机，检查轴承，更换磨损轴承； (5) 检查出口阀开度
主排风机机壳周期性振动	(1) 出口阀开度太小； (2) 机壳变形或内部隔板有开焊的地方； (3) 叶轮平衡性不好； (4) 进风不稳定	(1) 调整出风口开度； (2) 检查机壳筋板开焊或内部隔板变形开焊并修复； (3) 对叶轮进行平衡性修复； (4) 检查进风状况并进行处理

故 障 名 称	原　　因	排 除 方 法
主排风机轴承箱转轴漏油	（1）轴承箱内油位较高； （2）轴承箱内挡油环前移； （3）风机运行振动； （4）端部密封盘根松动或损坏； （5）轴承座回油孔装在上部	（1）减少润滑油量至观察镜中线； （2）调整挡油环至合适位置； （3）检查紧固件，消除振动； （4）检查、紧固松动的盘根，更换损坏的盘根； （5）将轴承座回油孔调整到下部
主排风机进出口调节阀抖动	（1）制造安装时机械间隙大； （2）开度不合适； （3）调节装置松动或脱落	（1）重新安装调节机械间隙； （2）适度调节开度； （3）检查调节装置并紧固或修复
进出口调节阀电动执行器手摇不动作	（1）控制电源未断电； （2）处于自动状态； （3）传动机械机构损坏	（1）切断执行器电源； （2）关闭自动状态； （3）更换机械传动机构
主排风机启动电流过大	（1）启动时，出风口阀门未关； （2）电动机输入电压低和电源单相断电； （3）受轴承箱剧烈振动的影响； （4）联轴器连接不正	（1）关阀后重新启动； （2）检查配电装置和线路； （3）消除振动； （4）调整
主排风机电机运行电流过大或定子温升过高	（1）进口阀开度过大； （2）电动机输入电压过低或电源单相断电； （3）联轴器连接不正，弹性圈过紧或间隙不匀； （4）受轴承箱剧烈振动的影响	（1）调整进口阀开度； （2）停机，检查排除电路故障； （3）调节弹性圈； （4）停机，检查轴承箱
主排风机电机轴承运行温度高	（1）润滑不良； （2）加注的润滑脂太多； （3）轴承磨损严重，间隙变大； （4）运行中振动	（1）加注适量的润滑脂； （2）打开放油板，让废油流出； （3）更换轴承； （4）检查振动原因，消除振动
主排风机电机空转正常带负荷发热	（1）轴承磨损严重； （2）润滑不良	（1）更换同规格的轴承； （2）检查润滑状况

14.5　净化设备安全操作规程

14.5.1　主排风机安全操作规程

14.5.1.1　作业前

作业前主排风机安全操作规程如下：

（1）进入作业现场前，必须按照劳保品穿戴要求正确穿戴劳保用品。

（2）将准备启动的风机入口阀关闭，出口阀打开 50%，以免启动时负载。

（3）检查所有压紧螺栓的紧固性，检查风机轴承箱内的油量（油标的 1/2～2/3），检查各安全防护装置及温度计是否完好。

（4）检查冷却系统是否完好可用，启动冷却系统（油冷却：检查稀油站油位、压力表、泵油电机、供油管路是否完好，启动稀油站；水冷却：检查水箱水位、压力表、循环水泵、供水管路是否完好，启动水冷却系统）。

（5）检查风机现场控制柜电源转换开关是否在"0"位或"检修"位。

（6）盘车（手动试车试验）检查风机运转状况是否达到启动要求，如有卡阻现象必须立即联系现场检修人员进行检查处理。

14.5.1.2　作业中

作业中主排风机安全操作规程如下：

（1）送电后，将所启动风机的控制柜锁打开，将高压配电隔离开关拉下或将转换开关由"0"（"检修"）位扳向"1"（"就地"）位（主控室主风机"手动/自动"开关扳至手动挡）按启动按钮，启动风机。

（2）如果按启动按钮后，接触器未吸合，按停止按钮，待处理后，再行启动。

（3）电机在冷态下，只允许启动一次，风机二次启动的时间应间隔四个小时，待启动的第一台风机正常后，再按操作步骤启动第二台风机。

（4）风机运转正常后，要经常巡视检查，观察风机油位、温度（轴承温度不得高于80℃，电机温度不得高于75℃），振动及异常摩擦撞击等声音，对电机轴承温度要定时记录。

（5）风机启动后，达到正常转速时，打开出口调节阀，逐渐开大进风口阀门直到规定负荷为止。待风机启动正常后，风机控制柜执行锁死程序。

（6）发现下列情况之一者，必须进行紧急停车（就地紧急停车可将转换开关打到"中间"位。若还不能停机，可在配电室将相应控制柜电源开关旋至"OFF"位停车）。

1）风机有剧烈的振动和撞击现象时。

2）电机轴承温升超过80℃，风机轴承温升超过周围环境温度40℃时。

3）电机电流超过400A，调节阀门关闭无效时。

（7）进、出口阀的开、关情况要到现场检查，以确保烟道畅通。

14.5.1.3　作业后

作业后主排风机安全操作规程如下：

（1）缓慢关闭风机入口多叶阀至彻底关闭。

（2）关闭风机出口调节阀门至完全关闭。

（3）将所停运的风机控制柜锁打开，将高压配电隔离开关拉下或按停止按钮，将转换开关由"1"（"就地"）位扳向"0"（"检修"）位（主控室主风机"手动/自动"开关扳至自动挡）。将高压配电隔离开关拉下，挂上"禁止合闸"警示牌。待风机停机后，将风机控制柜执行锁死程序。

（4）停止冷却系统。

14.5.2　反吹风机安全作业规程

14.5.2.1　作业前

作业前反吹风机安全作业规程如下：

（1）进入作业现场前，必须按照劳保品穿戴要求正确穿戴劳保用品。

（2）检查各部位联接是否紧固良好；检查润滑油，油面不低于油位指示线；检查现场控制箱、仪表及接地线是否良好可靠。

（3）确认启动风机的现场电源接通；确认净化主控系统控制电源接通。

14.5.2.2 作业中

作业中反吹风机安全作业规程如下：

（1）现场控制时，将控制箱转换开关由"0"位打至"1"位。

（2）按下启动按钮，启动风机。

（3）在控制室启动时，首先将"定时/手动"开关打至自动挡，风机即可启动，风机控制盘和仪表指示灯开始显示。

（4）风机运转正常后，要经常巡视检查，确保反吹风机良好运行。

14.5.2.3 作业后

作业后反吹风机安全作业规程如下：

（1）现场控制时，首先将红色停止按钮按下，然后将控制箱转换开关由"1"位打至"0"位。

（2）主控室控制时，首先将启动停止转换开关由自动挡打到空挡，这时电流表指针归零，指示灯熄灭，然后依次将另外两台反吹风机停掉。

（3）反吹风机都停止后，将"差压/定时/手动"开关由定时扳至空挡。

14.5.3 罗茨鼓风机安全操作规程

14.5.3.1 作业前

作业前罗茨鼓风机安全操作规程如下：

（1）进入作业现场前，必须按照劳保品穿戴要求正确穿戴劳保用品。

（2）清除风机内、外的粉尘等杂物。

（3）检查各部位联接是否紧固良好；检查温度计、压力表是否安装完好；检查润滑油，油面不低于油位指示线；检查现场控制箱、仪表及接地线是否良好可靠。

（4）盘车，检查联轴器转动是否灵活及有无摩擦或碰撞现象。

（5）完全开启待启动的罗茨风机出口蝶阀，关闭备用罗茨风机出口的蝶阀，以防窜风。

（6）打开待启动的罗茨风机的排空阀，即快开口。

14.5.3.2 作业中

作业中罗茨鼓风机安全操作规程如下：

（1）送电后，打开罗茨风机现场控制柜锁，将转换开关打到"就地"位，按启动按钮，启动电机，检查主轴旋转方向是否与旋向标牌所示旋转方向一致。

（2）空载运转正常后，则可进行负载运转，这时需关闭排空阀。

（3）风机运行正常时，可在现场压力变送器或工控机上观察罗茨风机出口压力。

（4）检查风机振动情况、出口压力（罗茨风机压力不得大于额定压力），轴承温度不得高于80℃，并注意冬夏两季循环冷却水的正确使用。

（5）待罗茨风机启动正常后，现场控制柜执行锁死程序。

14.5.3.3　作业后

作业后罗茨鼓风机安全操作规程如下：

（1）停机前先停风动溜槽，让气力提升机空运行15～25min，待气力提升机压力降至7.5kPa以下，打开罗茨风机现场控制柜锁，按下停止按钮，并将转换开关打至"检修"位。完全打开排空阀进行卸压，关闭出口蝶阀。待停机工作完成后现场控制柜执行锁死程序。

（2）启动备用罗茨风机的操作。首先打开备用罗茨风机的出口蝶阀，打开排空阀；启动备用罗茨风机，空载运转正常后，再负载运行，关闭排空阀。

14.5.4　高压离心通风机安全操作规程

14.5.4.1　作业前

作业前高压离心通风机安全操作规程如下：

（1）进入作业现场前，必须按照劳保品穿戴要求正确穿戴劳保用品。

（2）清除风机内、外的粉尘等杂物。

（3）检查风机出口电动蝶阀是否开启，备用风机的出口电动蝶阀是否关闭。

（4）检查各部位联接是否紧固良好；检查温度计、压力表是否安装完好。

（5）检查润滑油，油面不低于油位指示线（有轴承箱的风机）；检查现场控制箱、仪表及接地线是否良好可靠。

（6）盘车，检查联轴器转动是否灵活及有无摩擦或碰撞现象（必要时需封闭进风口）。

14.5.4.2　作业中

作业中高压离心通风机安全操作规程如下：

（1）送电后，打开电机控制柜锁，将转换开关由"0"位扳向"1"位。

（2）按启动按钮。

（3）当风机运转正常后，逐渐开启风门。待风机启动正常后，控制柜执行锁死程序。

（4）现场操作人员勤巡视检查，有轴承箱的风机必须观察风机油位、温度、振动及异常摩擦撞击等声音，对电机轴承温度要定时记录。

（5）有下列情况之一，立即停车。

1）轴承温度超过80℃或电机温度超过50℃。

2）轴承振动较大或有异常声音。

14.5.4.3　作业后

作业后高压离心通风机安全操作规程如下：

（1）打开风机控制柜锁，按动停止按钮停机，切断电源。

（2）关闭出风口电动蝶阀。待停机完成后，风机控制柜执行锁死程序。

14.5.5 布袋除尘器安全操作规程

14.5.5.1 作业前

作业前布袋除尘器安全操作规程如下：

（1）进入作业现场前，必须按照劳保品穿戴要求正确穿戴劳保用品。

（2）检查过滤室，若有氧化铝堆积，应及时检查布袋是否脱落、破损和密封是否良好。

（3）检查各部位联接是否紧固良好；检查现场控制箱、仪表及接地线是否良好可靠。

（4）检查烟道、压缩气体管道完好无泄漏。

（5）检查反吹气缸动作是否灵敏可靠，电磁阀有无漏电短路、接地故障（菱形布袋除尘器）。

（6）检查反吹风机程序控制动作是否准确、符合工艺要求（菱形布袋除尘器）。

（7）检查布袋除尘器入口、出口阀是否灵敏可靠，处于关闭状态，管路畅通。

（8）必须有专人指挥、开启。

14.5.5.2 作业中

作业中布袋除尘器安全操作规程如下：

（1）在各种机械、电器设备处于正常状态下，按下中控室电脑控制喷吹启动按钮。

（2）启动罗茨风机—启动主排风机—待以上风机正常后，启动高压风机。

（3）待控制盘上各种仪表、指示灯都正常显示后，打开冲板流量计的插板阀开始给VRI反应器供料。

（4）运行中需经常检查控制闸门及管道，管道要畅通，各种控制阀门接收信号可靠，反吹（喷吹）运行良好。

（5）压缩空气压力大于 0.35MPa 时，无漏气现象，气水分离能够正常工作；压缩空气压力大于 0.25MPa 时，无漏气现象。

（6）运行中经常检查反吹风机、喷吹阀是否正常运转，有无漏风或不动作现象。

（7）更换布袋或检修时要打开除尘器检修孔，关闭进烟口。菱形布袋除尘器微开引风机的多叶阀，保持通风良好；脉冲袋式除尘器换布袋时，先将布袋室出口阀门关闭，打开布袋室门，进行更换。

（8）布袋除尘器异常时的处理操作。

1）在规定时间内设备阻力达不到设定值时，确认有布袋破损应更换。

2）若压差为 0 时，气缸密封圈损坏或气缸压盖脱落，应及时处理。

3）反吹风机控制失灵时，可将开关转至手动位置，进行手动反吹程序控制。

14.5.5.3 作业后

作业后布袋除尘器安全操作规程如下：

（1）切断新鲜氧化铝，按下中控室电脑控制喷吹停止按钮。

（2）停止反吹，主排风机，罗茨风机。

14.5.6　气力提升机安全操作规程

14.5.6.1　作业前

作业前气力提升机安全操作规程如下：

（1）进入作业现场前，必须按照劳保品穿戴要求正确穿戴劳保用品。

（2）检查输送料管是否畅通。

（3）打开气力提升机的检查口，检查气室是否有料。

（4）检查微波开关是否显示正常，检查沸腾床是否完好无损。

14.5.6.2　作业中

作业中气力提升机安全操作规程如下：

（1）启动有关的收尘系统。

（2）启动给气力提升机供风的罗茨风机。

（3）启动现场高压风机给气提机供料。

（4）随时查看罗茨风机的出口压力，保持在 32kPa 以下。

（5）定时查看气力提升机的料位，保持在中低料位。

14.5.6.3　作业后

作业后气力提升机安全操作规程如下：

（1）停止氧化铝的供给。

（2）保持气力提升机空转 15min 左右。

（3）关闭给气提机供风的罗茨风机。

复习思考题

14-1　铝电解烟气组成及危害有哪些？

14-2　铝电解烟气净化原理是什么？

14-3　吸附反应原理和步骤是什么？

14-4　滤料的过滤机理如何？

14-5　清灰原理是什么？

14-6　布袋除尘器工作原理是什么？

14-7　净化系统常见故障怎样排除？

15　铝及铝合金熔铸基础知识

铝是地壳中蕴藏量最多的金属元素，铝的总储量约占地壳总量的 7.45%。铝及铝合金的产量在金属材料中仅次于钢铁材料而居于第二位，是有色金属材料中用量最多、应用范围最广的材料。

15.1　铝及铝合金的分类

按化学成分和制造工艺的不同，铝及铝合金一般分为铸造铝合金和变形铝合金。

纯铝是强度低、塑性好的金属，在纯铝中加入各种合金元素，就能制造出满足各种性能、功能和用途的铝合金。经常加入的合金元素有 Cu、Mg、Zn、Si、Mn 等，此外还有 Cr、Ni、Ti、Zr 等辅加元素。

铝合金如果根据状态图来区分，如图 15-1 所示，位于 D′点成分之右的合金属于铸造铝合金，其组织中存在共晶体，适于铸造。位于 D′点左边的合金均可用加热的方法使之变成单相组织，有加工变形的可能，称之为变形铝合金。在变形铝合金中，成分在 F 点以左的合金，其固溶体成分不随温度变化，不能通过热处理强化，为不可

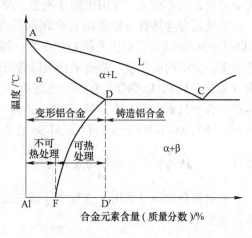

图 15-1　铝合金相图

热处理强化的铝合金；成分在 FD′两点之间的合金，其固溶体成分随温度变化，可通过热处理强化，为可热处理强化的铝合金，这类铝合金通过热处理能显著提高力学性能。

15.1.1　铸造铝合金

铸造铝合金是指可用金属铸造成型工艺直接获得零件的铝合金、铝合金铸件。该类合金的合金元素含量一般多于相应的变形铝合金的含量。铸造铝合金的力学性能不如变形铝合金，但铸造铝合金有良好的铸造性能，可以制成形状复杂的零件，不需要庞大的加工设备，并具有节约金属、降低成本、较少工时等优点。

15.1.1.1　铸造铝合金的分类

铸造铝合金按合金成分中铝之外的主要元素 Si、Cu、Mg、Zn 分为四大类。

（1）铝硅系合金。有良好铸造性能和耐磨性能，热胀系数小，在铸造铝合金中品种最

多，是用量最大的合金，含硅量在 10% ~ 25% 。有时添加 0.2% ~ 0.6% 镁的硅铝合金，广泛用于结构件，如壳体、缸体、箱体和框架等。有时添加适量的铜和镁，能提高合金的力学性能和耐热性。此类合金广泛用于制造活塞等部件。

（2）铝铜合金。含铜 4.5% ~ 5.3% ，合金强化效果最佳，适当加入锰和钛能显著提高室温、高温强度和铸造性能，主要用于制作承受大的动、静载荷和形状不复杂的砂型铸件。

（3）铝镁合金。密度最小（2.55g/cm³），强度最高（355MPa 左右）的铸造铝合金，含镁 12% 强化效果最佳。合金在大气和海水中的抗腐蚀性能好，室温下有良好的综合力学性能和可切削性，可用于作雷达底座、飞机螺旋桨、起落架等零件，也可作装饰材料。

（4）铝锌系合金。为改善性能常加入硅、镁元素。在铸造条件下，该合金有淬火作用，即"自行淬火"。不经热处理就可使用，变质热处理后，铸件有较高的强度。经稳定化处理后，尺寸稳定，常用于制作模型、型板及设备支架等。

铸造铝合金具有与变形铝合金相同的合金体系，具有与变形铝合金相同的强化机理（除应变强化外）。它们主要的差别在于：铸造铝合金中合金化元素硅的最大含量超过多数变形铝合金中的硅含量。铸造铝合金除含有强化元素之外，还必须含有足够量的共晶型元素（通常是硅），以使合金有相当的流动性，易于填充铸造时铸件的收缩缝。目前基本的铸造铝合金只有以下 6 类：（1）Al-Cu 合金；（2）Al-Cu-Si 合金；（3）Al-Si 合金；（4）Al-Mg 合金；（5）Al-Zn-Mg 合金；（6）Al-Sn 合金。

15.1.1.2　铸造铝合金牌号的表示方法

铸造铝合金牌号采用三位数字（或三位数字加英文字母）加小数点再加数字的形式表示，如图 15-2 所示。

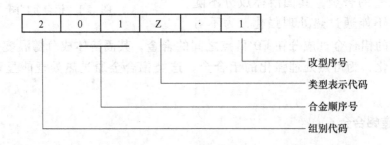

| 2 | 0 | 1 | Z | · | 1 |

改型序号
类型表示代码
合金顺序号
组别代码

图 15-2　铸造铝合金牌号示意图

牌号的第一位数字表示合金组别，合金组别按主要元素来确定，牌号的第二、三位数字为合金顺序号，用以标识同一合金组中不同的铸造合金锭。小数点后的数字为改型序号，用来标识化学成分近似相同的同种族合金中，个别组成元素（如细化晶粒用合金元素）相异或元素含量有微小差别的不同改型合金。位于牌号最前面或小数点前面的英文字母为类型标识代码，用来标识化学成分近似相同的同种铝合金锭的不同类型。铸造铝合金牌号表示法见表 15-1。

表15-1 铸造铝合金牌号表示法（GB/T 8733—2007）

组 别	牌 号 系 列
以铜为主要合金元素的铸造铝合金锭	2××.×
以硅、铜和（或）镁为主要合金元素的铸造铝合金锭	3××.×
以硅为主要合金元素的铸造铝合金锭	4××.×
以镁为主要合金元素的铸造铝合金锭	5××.×
以锌为主要合金元素的铸造铝合金锭	7××.×
以钛为主要合金元素的铸造铝合金锭	8××.×
以其他元素为主要合金元素的铸造铝合金锭	9××.×
备用合金组	6××.×

15.1.1.3 铸造铝合金制品对锭坯的要求

铸造铝合金制品对锭坯的要求如下：

（1）铸造铝合金的化学成分应符合表15-2的要求。

（2）食品、卫生工业用铸锭，其杂质Pb、As、Cd的质量分数不得大于0.01%。

（3）外观质量。铸锭表面应整洁，不允许有霉斑及外来夹杂物，但允许有轻微的夹渣及修整痕迹或因浇铸收缩而引起的轻微裂纹存在。

（4）针孔度。铸锭针孔度（不包括疏松和缩孔）不大于JB/T 7946.3的三级。

（5）断口组织。铸锭断口组织应致密，不允许有熔渣及夹杂物。

（6）铸锭形状、规格应便于包装、运输及使用。

（7）合金锭表面应整洁、无油污、无腐蚀斑、无熔渣及非金属夹杂物。

（8）合金锭断口组织应致密，无严重偏析、缩孔、熔渣及非金属夹杂物。

（9）对于高纯度合金链及有特殊质量要求的合金锭，可以根据需要测定气体含量和进行低倍组织检查。

（10）合金锭每块质量相差应在10%以内。

（11）合金锭每块均应用钢印标识批号（或炉号）及合金锭代号。

（12）合金锭应按炉号包装。

15.1.2 变形铝合金

15.1.2.1 变形铝合金的分类

变形铝合金的强度和塑性一般比较高，可通过锻造、辊轧、碾压、挤压等方法给铝合金施以外力，即压力加工法，使其产生变形而成为各种不同形状、尺寸、性能的材料或制品。

变形铝合金的分类方法，目前，世界上绝大部分国家通常按以下三种方法进行分类：

（1）按合金状态图及热处理特点分为可热处理强化铝合金和不可热处理强化铝合金两大类。可热处理强化铝合金有：Al-Mg-Si、Al-Cu、Al-Zn-Mg系合金等；不可热处理强化铝合金有：纯铝、Al-Mn、Al-Mg、Al-Si系合金等。

表 15-2　铸造铝合金牌号及化学成分

序号	合金牌号	对应 ISO3522:2006 (E) 的合金类型 (Alloy Group)	化学成分（质量分数）/%															原合金代号
			Si	Fe	Cu	Mn	Mg	Ni	Zn	Sn	Ti	Zr	Pb	其他杂质		Al	
														单个	合计		
1	201Z.1		0.30	0.20	4.5~5.3	0.6~1.0	0.05	0.10	0.20	—	0.15~0.35	0.20	—	0.05	0.15	余量	ZLD201
2	201Z.2		0.05	0.10	4.8~5.3	0.6~1.0	0.05	0.05	0.10	—	0.15~0.35	0.15	—	0.05	0.15		ZLD201A
3	201Z.3	AlCu	0.20	0.15	4.5~5.1	0.35~0.8	0.05	—		Cd:0.07~0.25	0.15~0.35	0.15	—	0.05	0.15		ZLD210A
4	201Z.4		0.05	0.13	4.6~5.3	0.6~0.9	0.05	—	0.10	Cd:0.15~0.25	0.15~0.35	0.15	—	0.05	0.15		ZLD204A
5	201Z.5		0.05	0.10	4.6~5.3	0.3~0.5	0.05	B:0.01~0.06	0.10	Cd:0.15~0.25	0.15~0.35	0.05~0.20	V:0.05~0.30	0.05	0.15		ZLD205A
6	210Z.1		4.0~6.0	0.50	5.0~8.0	0.50	0.30~0.50	0.30	0.50	0.01	—	—	0.05	0.05	0.20		ZLD110
7	295Z.1		1.2	0.6	4.0~5.0	0.10	0.03	—	0.20	0.01	0.20	0.10	0.05	0.05	0.15		ZLD203
8	304Z.1	AlSiMgTi	1.6~2.4	0.50	0.08	0.30~0.50	0.50~0.65	0.05		0.05	0.07~0.15	0.05	0.05	0.05	0.15		—
9	312Z.1	AlSi12Cu	11.0~13.0	0.40	1.0~2.0	0.30~0.9	0.50~1.0	0.30	0.20	0.01	0.20	—	0.05	0.05	0.20		ZLD108
10	315Z.1	AlSi5ZnMg	4.5~6.2	0.25	0.10	0.10	0.45~0.7	Sb:0.10~0.25	1.2~1.8	0.01	—	—	0.05	0.05	0.20		ZLD115
11	319Z.1	AlSi5Cu	4.0~6.0	0.7	3.0~4.5	0.55	0.25	0.30	0.55	0.05	0.20	Cr:0.15	0.15	0.05	0.20		

续表 15-2

序号	合金牌号	对应 ISO3522:2006 (E)的合金类型 (Alloy Group)	Si	Fe	Cu	Mn	Mg	Ni	Zn	Sn	Ti	Zr	Pb	其他杂质 单个	其他杂质 合计	Al	原合金代号
12	319Z.2	AlSi5Cu	5.0~7.0	0.8	2.0~4.0	0.50	0.50	0.35	1.0	0.10	0.20	Cr:0.20	0.20	0.10	0.30	余量	
13	319Z.3	AlSi5Cu	6.5~7.5	0.40	3.5~4.5	0.30	0.10	—	0.20	0.01	—	—	0.05	0.05	0.20		ZLD107
14	328Z.1	AlSi9Cu	7.5~8.5	0.50	1.0~1.5	0.30~0.50	0.35~0.55	—	0.20	0.01	0.10~0.25	—	0.05	0.05	0.20		ZLD106
15	333Z.1		7.0~10.0	0.8	2.0~4.0	0.50	0.50	0.35	1.0	0.10	0.20	Cr:0.20	0.20	0.10	0.30		—
16	336Z.1	AlSiCuNiMg	11.0~13.0	0.40	0.50~1.5	0.20	0.9~1.5	0.8~1.5	0.20	0.01	0.20	—	0.05	0.05	0.20		ZLD109
17	336Z.2	AlSiCuNiMg	11.0~13.0	0.7	0.8~1.3	0.15	0.8~1.3	0.8~1.5	0.15	0.05	0.10~0.35	Cr:0.10	0.05	0.05	0.20		—
18	354Z.1	AlSi9Cu	8.0~10.0	0.35	1.3~1.8	0.10~0.35	0.45~0.65	—	0.10	0.01	Ti+Zr: 0.15	—	0.05	0.05	0.20		ZLD111
19	355Z.1	AlSi5Cu	4.5~5.5	0.45	1.0~1.5	0.50	0.45~0.65	Be:0.10	0.20	0.01	0.08~0.20	—	0.05	0.05	0.15		ZLD105
20	355Z.2	AlSi5Cu	4.5~5.5	0.15	1.0~1.5	0.10	0.50~0.65	—	0.10	0.01	0.10~0.20	—	0.05	0.05	0.15		ZLD105A
21	356Z.1	AlSi7Mg	6.5~7.5	0.45	0.20	0.35	0.30~0.50	Be:0.10	0.20	0.01	Ti+Zr: 0.15	—	0.05	0.05	0.15		ZLD101
22	356Z.2	AlSi7Mg	6.5~7.5	0.12	0.10	0.05	0.30~0.50	0.05	0.05	0.01	0.08~0.20	—	0.05	0.05	0.15		ZLD101A

化学成分（质量分数）/%

续表 15-2

序号	合金牌号	对应ISO3522:2006(E)的合金类型(Alloy Group)	化学成分(质量分数)/%												其他杂质		Al	原合金代号
			Si	Fe	Cu	Mn	Mg	Ni	Zn	Sn	Ti	Zr	Pb	单个	合计		
23	356Z.3		6.5~7.5	0.12	0.05	0.05	0.30~0.40	—	0.05	—	0.10~0.20	—	—	0.05	0.15	余量	
24	356Z.4		6.8~7.3	0.10	0.02	0.02	0.30~0.40	Sr:0.020~0.035	0.10	—	0.10~0.15	Ca:0.003	—	0.05	0.15	余量	—
25	356Z.5		6.5~7.5	0.15	0.20	0.05	0.30~0.45	—	0.10	—	0.10~0.20	—	—	0.05	0.15	余量	—
26	356Z.6	AlSi7Mg	6.5~7.5	0.40	0.20	0.6	0.25~0.40	0.05	0.30	0.05	0.20	—	0.05	0.05	0.15	余量	ZLD114A
27	356Z.7		6.5~7.5	0.45	0.10	0.10	0.50~0.65	—	—	—	0.10~0.20	—	—	0.05	0.15	余量	—
28	356Z.8		6.5~7.5	0.50	0.30	0.10	0.40~0.6	Be:0.15~0.40	0.30	0.01	0.10~0.30	Zr:0.20 B:0.10	0.05	0.05	0.20	余量	ZLD116
29	A356.2		6.5~7.5	0.12	0.10	0.05	0.30~0.45	—	0.05	—	0.20	—	—	0.05	0.15	余量	—
30	360Z.1		9.0~11.0	0.40	0.03	0.45	0.25~0.45	0.05	0.10	0.05	0.15	—	0.05	0.05	0.15	余量	—
31	360Z.2		9.0~11.0	0.45	0.08	0.15	0.25~0.45	0.05	0.10	0.05	0.15	—	0.05	0.05	0.15	余量	—
32	360Z.3	AlSi10Mg	9.0~11.0	0.55	0.30	0.55	0.25~0.45	0.15	0.35	0.05	0.15	—	0.10	0.05	0.15	余量	—
33	360Z.4		9.0~11.0	0.45~0.9	0.08	0.55	0.25~0.50	0.15	0.15	0.05	0.15	—	0.15	0.05	0.15	余量	—
34	360Z.5		9.0~10.0	0.15	0.03	0.10	0.30~0.45	0.15	0.07	0.01	0.15	—	0.15	0.03	0.10	余量	—
35	360Z.6		8.0~10.5	0.45	0.10	0.20~0.50	0.20~0.35	—	0.25	0.01	Ti+Zr:0.15	—	0.05	0.05	0.20	余量	ZLD104

续表 15-2

序号	合金牌号	对应ISO3522:2006(E)的合金类型(Alloy Group)	化学成分(质量分数)/%											其他杂质		Al	原合金代号
			Si	Fe	Cu	Mn	Mg	Ni	Zn	Sn	Ti	Zr	Pb	单个	合计		
36	360Y.6	AlSi10Mg	8.0~10.5	0.8	0.30	0.20~0.50	0.20~0.35	—	0.10	0.01	Ti+Zr:0.15	—	0.05	0.05	0.20	余量	YLD104
37	A360.1		9.0~10.0	1.0	0.6	0.35	0.45~0.6	0.50	0.40	0.15	—	—	—	—	0.25		—
38	A380.1		7.5~9.5	1.0	3.0~4.0	0.50	0.10	0.50	2.9	0.35	—	—	—	—	0.50		—
39	A380.2		7.5~9.5	0.6	3.0~4.0	0.10	0.10	0.10	0.10	—	—	—	—	0.05	0.15		—
40	380Y.1		7.5~9.5	0.9	2.5~4.0	0.6	0.30	0.50	1.0	0.20	0.20	—	0.30	0.05	0.20		YLD112
41	380Y.2	AlSi9Cu	7.5~9.5	0.9	2.0~4.0	0.50	0.30	0.50	1.0	0.20	—	—	—	—	0.20		—
42	383.1		9.5~11.5	0.6~1.0	2.0~3.0	0.50	0.10	0.30	2.9	0.15	—	—	—	—	0.50		—
43	383.2		9.5~11.5	0.6~1.0	2.0~3.0	0.10	0.10	0.10	0.10	0.10	—	—	—	—	0.20		—
44	383Y.1		9.6~12.0	0.9	1.5~3.5	0.50	0.30	0.50	3.0	0.20	—	—	—	—	0.20		—
45	383Y.2		9.6~12.0	0.9	2.0~3.5	0.50	0.30	0.50	0.8	0.20	—	—	—	0.05	0.30		YLD113
46	383Y.3		9.6~12.0	0.9	1.5~3.5	0.50	0.30	0.50	1.0	0.20	—	—	—	—	0.20		—
47	390Y.1	AlSi17Cu	16.0~18.0	0.9	4.0~5.0	0.30~0.50	0.50~0.65	0.30	1.5	0.30	—	—	—	0.05	0.20		YLD117
48	398Z.1	AlSi20Cu	19~22	0.50	1.0~2.0	0.30~0.50	0.50~0.8	RE:0.6~1.5	0.10	0.01	0.20	0.10	0.05	0.05	0.20		ZLD118

续表 15-2

序号	合金牌号	对应ISO3522:2006(E)的合金类型(Alloy Group)	化学成分(质量分数)/%											其他杂质		Al	原合金代号
			Si	Fe	Cu	Mn	Mg	Ni	Zn	Sn	Ti	Zr	Pb	单个	合计		
49	411Z.1	AlSi(11)	10.0~11.8	0.15	0.03	0.10	0.45	—	0.07	—	0.15	—	—	0.03	0.10	余量	—
50	411Z.2		8.0~11.0	0.55	0.08	0.50	0.10	0.05	0.15	0.05	0.15	—	0.05	0.05	0.15		—
51	413Z.1	AlSi(12)	10.0~13.0	0.6	0.30	0.50	0.10	—	0.10	—	0.20	—	—	0.05	0.20		ZLD102
52	413Z.2		10.5~13.5	0.55	0.10	0.55	0.10	0.10	0.15	—	0.15	—	0.10	0.05	0.15		—
53	413Z.3		10.5~13.5	0.40	0.03	0.35	—	—	0.10	—	0.15	—	—	0.05	0.15		—
54	413Z.4		10.5~13.5	0.45~0.9	0.08	0.55	—	—	0.15	—	0.15	—	—	0.05	0.25		—
55	413Y.1		10.0~13.0	0.9	0.30	0.40	0.25	—	0.10	—	—	0.10	—	0.05	0.20		YLD102
56	413Y.2		11.0~13.0	0.9	1.0	0.30	0.30	0.50	0.50	0.10	—	—	—	0.05	0.30		—
57	A413.1		11.0~13.0	1.0	1.0	0.35	0.10	0.50	0.40	0.15	—	—	—	—	0.25		—
58	A413.2		11.0~13.0	0.6	0.10	0.05	0.05	0.05	0.05	0.05	—	—	—	—	0.10		—
59	443.1	AlSi(5)	4.5~6.0	0.6	0.6	0.50	0.05	Cr:0.25	0.50	—	0.25	—	—	—	0.35		—
60	443.2		4.5~6.0	0.6	0.10	0.10	0.05	—	0.10	—	0.20	—	—	0.05	0.15		—
61	502Z.1	AlMg(5Si)	0.8~1.3	0.45	0.10	0.10~0.40	4.6~5.6	—	0.20	—	0.20	—	—	0.05	0.15		ZLD303

序号	合金牌号	对应ISO3522:2006(E)的合金类型(Alloy Group)	化学成分(质量分数)/%											其他杂质		Al	原合金代号
			Si	Fe	Cu	Mn	Mg	Ni	Zn	Sn	Ti	Zr	Pb	单个	合计		
62	502Y.1	AlMg(5Si)	0.8~1.3	0.9	0.10	0.10~0.40	4.6~5.6	—	0.20	—	—	0.15	—	0.05	0.25	余量	YLD302
63	508Z.1	AlMg(8)	0.20	0.25	0.10	0.10	7.6~9.0	Be:0.03~0.10	1.0~1.5	—	0.10~0.20	—	—	0.05	0.15		ZLD305
64	515Y.1	AlMg(3)	1.0	0.6	0.10	0.40~0.6	2.6~4.0	0.10	0.40	0.10	—	—	—	0.05	0.25		YLD306
65	520Z.1	AlMg(10)	0.30	0.25	0.10	0.15	9.8~11.0	0.05	0.15	0.01	0.15	0.20	0.05	0.05	0.15		ZLD301
66	701Z.1	AlZnSiMg	6.0~8.0	0.6	0.6	0.50	0.15~0.35	—	9.2~13.0	—	—	—	—	0.05	0.20		ZLD401
67	712Z.1	AlZnMg	0.30	0.40	0.25	0.10	0.55~0.70	Cr:0.40~0.6	5.2~6.5	—	0.15~0.25	—	—	0.05	0.20		ZLD102
68	901Z.1	AlMn	0.20	0.30	0.25	1.5~1.7	0.20~0.30	RE:0.03	0.20	—	0.15	—	—	0.05	0.15		ZLD501
69	907.1	AlRECuSi	1.6~2.0	0.50	3.0~3.4	0.9~1.2	0.20~0.30	0.20~0.30	0.20	RE:4.4~5.0	—	0.15~0.25	—	0.05	0.20		ZLD207

注:1. 表中含量有上下限者为合金元素;含量为单个数值者为最高限;"—"为未规定具体数值;铝为余量。
2. "其他杂质"一栏系指表中未列出或未规定具体数值的元素。
3. 铝的质量分数为100%与质量分数等于或大于0.010%的所有元素含量总和的差值。

（2）按合金性能和用途可分为：工业纯铝、光辉铝合金、耐热铝合金、低强度铝合金、中强度铝合金、高强度铝合金（硬铝）、超高强度铝合金（超硬铝）、锻造铝合金、防锈铝合金及特殊铝合金等。

（3）按合金中所含主要元素成分可分为：工业纯铝（1×××系）、Al-Cu 合金（2×××系）、Al-Mn 合金（3×××系）、Al-Si 合金（4×××系）、Al-Mg 合金（5×××系）、Al-Mg-Si 合金（6×××系）、Al-Zn-Mg 合金（7×××系）、Al-其他元素合金（8×××系）及备用合金组（9×××系）。

这三种分类方法各有特点，有时互相交叉，相互补充。在工业生产中，大多数国家按第三种方法，即按合金中所含主要元素成分的 4 位数码分类。这种分类方法能比较本质地反映合金的基本性能，也便于编码、记忆和计算机管理。

15.1.2.2　变形铝合金牌号表示方法

变形铝合金牌号表示方法见表 15-3。

表 15-3　变形铝及铝合金牌号表示方法（GB/T 16474—2011）

组　别	牌号系列
纯铝（铝含量不小于 99.00%）	1×××系
以铜为主要合金元素的铝合金	2×××系
以锰为主要合金元素的铝合金	3×××系
以硅为主要合金元素的铝合金	4×××系
以镁为主要合金元素的铝合金	5×××系
以镁和硅为主要合金元素并以 Mg_2Si 为强化相的铝合金	6×××系
以锌、镁为主要合金元素的铝合金	7×××系
以其他合金为主要合金元素的铝合金	8×××系
备用合金组	9×××系

（1）纯铝的牌号命名法：铝含量不低于 99.00% 时为纯铝，其牌号用 1××× 系列表示。牌号的最后两位数字表示最低铝百分含量，当最低铝百分含量精确到 0.01% 时，牌号的最后两位数字就是最低铝百分含量中小数点后面的两位。牌号第二位的字母表示原始纯铝的改型情况。如果第二位的字母为 A，则表示为原始纯铝；如果是 B~Y 的其他字母（按国际规定用字母表的次序选用），则表示为原始纯铝的改型，与原始纯铝相比，其元素含量略有改变。

（2）铝合金的牌号命名法：铝合金的牌号用 2××× ~8××× 系列表示。牌号的最后两位数字没有特殊意义，仅用来区分同一组中不同的铝合金。牌号第二位的字母表示原始合金的改型情况。如果牌号第二位的字母是 A，则表示为原始合金；如果是 B~Y 的其他字母（按国际规定用字母表的次序选用），则表示为原始合金的改型合金。

15.1.2.3　变形铝合金化学成分

变形铝合金化学成分见《变形铝及铝合金化学成分》（GB/T 3190—2008），由于牌号品种较多，这里不再详述。

15.2　铝及铝合金的性质

15.2.1　铝的密度

铝在室温时的理论密度为 $2.69872g/cm^3$，工业纯铝为 $2.705g/cm^3$。凡是金属经过冷加工以后，其密度必然减小，而退火作用通常可使其密度增加，但如果金属中的杂质由固溶体中发生析出，则密度反而会降低。各种加工状态对铝的密度影响情况见表 15-4。

表 15-4　加工状态对工业用铝的密度影响

铝材种类	纯度/%	密度/g·cm⁻³（20℃）		
		铸造状态	冷加工状态	退火状态
铝　棒	99.97		2.6989	2.6996
铝块（冷铸）及片	99.95	2.7003	2.7001	
铝锭（有孔隙）及片	99.75	2.686	2.7031	2.7030
铝　线	99.5		2.7046	2.7055
铝　片	99.2		2.7078	2.7069
铝块（冷铸）	98.2	2.7279		

铝的密度主要受添加元素的密度影响。一般来说，在铝中加入重金属元素，则密度增加，例如：在铝中加入4%的锌（密度 $7.1g/cm^3$），其密度增加2.6%。在铝中加入轻金属元素，则密度降低，例如：在铝中加入4%的镁（密度 $1.74g/cm^3$），其密度为 $2.65g/cm^3$，加入10%的镁，其密度为 $2.58g/cm^3$；在铝中加入1%的锂（密度 $0.534g/cm^3$），其密度降低约3%。硅的密度（ $2.329g/cm^3$ ）比铝小，铝中加入硅时随加入量的增加，在一定范围其密度反而略有增加，而后使其密度降低。

15.2.2　熔化温度

熔化温度是指物体从固态转变为液态的温度，也称熔点。铝的熔点对纯度十分敏感，纯度越高，则熔点越高。一般工业纯铝，其熔点在660℃上下，纯度减低，则熔点下降。从表15-5可以看出，在铝中加入合金元素，铝合金熔化温度都会降低。

表 15-5　铝的纯度与熔点的关系

纯度/%	99.20	99.50	99.60	99.97	99.996
熔点/℃	657	658	658.7	659.8	660.37

铝合金的熔化温度范围，依具体合金系统以及合金元素的含量而定。如铝中加入4%的镁，熔化温度范围为 579～641℃；铝中加入5%的硅，熔化温度范围为 577～629℃，加入12%的硅，熔化温度范围为 574～584℃。铝中加入5%的硅、1.25%的铜和0.5%的镁，熔化温度范围为 579～627℃。铝中加入4%的铜、2%的镍、1.5%的镁、0.4%的铁和0.4%的硅，熔化温度范围为 535～629℃。

15.2.3　铝的化学性质

15.2.3.1　铝与空气的反应

在常温下，铝与空气中的氧气反应，生成一层致密而坚固的氧化铝薄膜。因此，在许多氧化性介质、水、大气、大部分中性溶液和许多弱酸介质与强氧化性介质中，铝具有相当高的化学稳定性。但是，氧化膜容易被碱离子和氯离子破坏。因此，铝制品应避免在碱、盐酸、氯化物、碳酸盐等介质中使用。

15.2.3.2 铝与非气体物质的反应

在熔炼过程中，液态铝一般要与耐火材料、熔剂等非气体物质接触，而耐火材料主要成分是氧化物，如氧化硅、氧化铝、氧化镁等。普通黏土耐火砖中二氧化硅很容易与铝发生反应，生成的氧化铝和硅进入液态铝中，污染铝熔体，在炉壁上结瘤，腐蚀炉衬，影响熔炉寿命。

15.2.3.3 铝与氯化物或氟化物的盐类反应

在熔炼过程中常使用熔剂、覆盖剂、精炼剂、变质剂，这些熔剂大都由氯化物或氟化物的盐类组成。在铝液中加入氯盐时，铝能置换出氯盐中的金属，生成氯化铝。该物质是一种挥发性气体，能将铝液净化。被置换出来的金属，可能溶于铝，也可能不溶于铝。这些置换出来的金属影响铝及铝合金的性质，不能采用。因此，在生产铝合金产品时，要根据所生产合金的品种，有针对性地选择适合的熔剂、覆盖剂、精炼剂、变质剂。

15.2.4 铝的流动性

一般来说，液体金属或合金的黏性越小，其流动性越大（锌除外）。在铸造生产中，其流动性取决于：（1）金属的黏性、表面张力等；（2）铸型材料的物理、化学性质，型腔的状态和几何形状；（3）浇铸条件（浇注温度、浇注系统以及是否外加压力等）。液态金属的表面张力越小，其流动性越大。不溶于液态金属的悬浮夹杂物会减低其流动性。液态金属的氧化膜，对表面张力和液态金属的纯洁度都有影响。因此氧化膜越少，则液态金属的流动性越大。但是，能溶解的夹杂物，尤其是当它们与金属形成易熔的液相时，会提高流动性。

铝合金熔体的流动性，随其组成而异。铝硅二元合金熔体的流动性，随硅含量的变化而不同。硅含量在5%时的合金流动性较差，硅含量增加到约12%时，合金熔体的流动性缓慢增加，过共晶合金的流动性急剧增加，至25%时流动性的增加又趋于平缓。用金属钠做铝硅二元合金的变质处理，可稍改善其流动性。用磷做变质处理的铝硅合金，流动性稍有下降。

15.3 铝及铝合金的性能

15.3.1 导电性能

纯铝的导电性能良好，仅次于银和铜的电导率。铝的导电性能与其纯度有密切的关系，纯度为99.990%的铝在20℃的导电性能：电阻率为$2.6548 \times 10^{-8} \Omega \cdot m$；纯度为99.971%的铝在20℃的导电性能：电阻率为$2.6409 \times 10^{-8} \Omega \cdot m$。在低温时，铝的导电性能对纯度十分敏感，纯度在99.996%以上的铝在$1.1 \sim 1.2K$时可成为超导体。

铝的导电性能受加工状态影响。单纯的冷作硬化，可使铝的电导率稍稍降低。若对金属铝进行退火处理，由于退火作用使金属再结晶，可使导电性能稍稍提高。纯铝的电阻率与温度无关。

合金元素对纯铝的导电性能影响很大，在实际应用中很重要。纯铝中添加的合金元素，显著地增加纯铝的电阻。显著降低电导率的元素有铬、锂、锰、铍、锆、钛；有所降低电导率的元素有硅、锌、铜、锡、钙、铁、银、铋、锗、镍、锑、钼；介于两者之间的元素有镁、钨。

铝合金的电阻率随添加元素含量增加而呈线性增大，增大速度依钠、锡、铅、镍、铁、锌、硼、铜、硅、镁、钛、锰、钒、铬、锆顺序增大。实际生产中对电阻率影响显著的元素有钛、钒、铬、锰、硼等。

在合金中存在杂质钛、铬、钒、锰，为了提高铝合金的电导率，可以加入硼，硼和这些杂质形成不可溶解的化合物，并从固溶体中析出来，使合金的电阻率稍有降低。添加硼时，在数量上必须使之与在合金中所含杂质形成化合物，例如硼与钛形成 TiB_2，并使其稍多一些，因为部分硼与铝形成 AlB_2 相。

在铝中加入混合稀土，对铝的导电性能影响较小，但在高纯铝中加入稀土元素，会降低其导电性能。工业纯铝中加入稀土元素，由于减少了硅的固溶度，改变了杂质的分布状态，可改善其导电性能，各种稀土加入量约为 0.1% 为好。稀土的加入可用中间合金来进行，中间合金的制取可以利用稀土氧化物直接加入铝电解槽生产出稀土中间合金。

在铝中，杂质含量越多，电阻率增加越明显。杂质元素对铝的导电性能的影响与合金元素的影响是一致的。铝中的主要杂质是铁和硅，次要杂质是钛、铬、镁、钒、锰、银、铜、镍、锌、镓等元素。

15.3.2　力学性能

铝是强度不高而塑性很好的金属。它的强度和硬度随铝的纯度降低而增大，其伸长率却相反。铝合金的力学性能与成分及组织结构有很大关系。一般来说，抗拉强度和硬度随合金元素的增加而较为迅速的增长，而伸长率则往往开始时略有增加，随后下降。

铝合金在高温加热淬火时形成过饱和固溶体，再在一定温度下保温（或在室温下长时间放置）而使其强度、硬度升高的过程，称为时效。用此方法来提高合金的强度，就称为时效强化。在所有的金属强化方法中，细化晶粒是目前唯一可以做到既提高强度，又改善塑性和韧性的方法。因此，近些年来细化晶粒工艺受到高度重视和广泛应用。在铸造生产中采用的变质处理是常采用的细化晶粒的方法。变质处理不仅能使基体晶粒细化，而且也能使过剩相和少量有害相得以细化。对于纯铝和变形铝合金来说，还可以采用形变强化使其强度增加。随着塑性形变量增加，金属的流变强度也增加，这种现象称为形变强度或加工硬化。形变强化是金属强化的重要方法之一，它能为金属材料的应用提供安全保证，也是某些金属塑性加工工艺所必须具备的条件。

纯铝的强度很低，仅为 50MPa。通过上述的强化措施可以使铝合金的屈服强度达到500MPa。在实际应用中，采用何种方法来强化铝合金，应综合考虑材料的使用要求。例如导电用的铝合金应考虑导电性能，变形铝合金应考虑加工性能、抗蚀性以及其他特殊要求的性能。目前大部分铸造铝合金的强度大约为 240～300MPa，部分高强度铸造铝合金为 300～400MPa，少数铸造铝合金的强度可达 400～500MPa。部分铸造铝合金还有良好的热强性，可在 200~300℃下工作，少数耐热铸造铝合金还可在 350~400℃下工作。

15.3.3　铝的工艺性能

铝与氧的亲和力很大，液态铝很容易与空气中的氧形成致密的氧化膜覆盖于铝液表面，能阻止铝液继续氧化。但是氧化膜容易混入铝液中成为非金属夹杂物，降低产品质量，对产品物理性能和力学性能都有不利影响，在熔铸过程中必须采取有效防护措施。

铝液很容易吸收氢，并且很容易与大气中的水分反应生成氧化物，同时吸收所生成的氢。当铝液凝固时，氢在铝中的溶解度将发生急剧下降，在 660℃时铝液中氢的溶解度为 $0.68cm^3/(100gAl)$，而在固态铝中氢的溶解度为 $0.036cm^3/(100gAl)$，溶解度下降 18 倍；而纯镁和纯铜液凝固时氢的溶解度仅分别下降为 0.4 倍和 1.85 倍。这说明铝液凝固时氢析出的倾向比铜和镁更为强烈，使铝铸件产生针孔缺陷。因此，在熔铸工艺上必须采取严格的措施。

铝可以用任何一种方法铸造。铝有较大的热容和凝固潜热，大部分铸造铝合金均有较小的结晶温度间隔，而且其组织中也常含有相当数量的共晶体，其线收缩也比铸镁、钢和铜合金低。所以，铸铝一般均有良好的充型能力，较小的热裂和缩松倾向，易于铸造复杂的大型薄壁零件。

铝在凝固时体积的变化较大，其体积收缩率约为 6.6%。铝有着良好的塑性，便于加工成材，加工速度快；可轧成薄板和箔材；可拉拔成管材和细丝；能挤压成各种复杂断面的型材；可以运用大多数机床所能达到的最大速度进行车、铣、镗、刨等机械加工。

铝中杂质元素和铝合金的某些合金元素，对其工艺性能有着不同的影响。在铝和大多数变形铝合金中，铁和硅是常见的杂质，当铁和硅的比例不当时，会引起铸件产生裂纹。一般来说，提高铁含量，使铁大于硅含量，可缩小结晶温度范围，减少裂纹倾向性。例如，铁∶硅≥2~3 时有利于铝板的冲压。

钛是铝合金中常见的微量添加元素，主要作用是细化铸造组织和焊缝组织，减少开裂倾向，提高材料力学性能，如果和硼一起加入，效果更为显著。钛、硼比例可为（5∶1）~（100∶1），无严格限制。钠在铝中几乎不溶解，最大固溶度小于 0.0025%，钠熔点低（97.8℃），合金中存在钠时，凝固过程中吸附在枝晶表面或晶界。热加工时，晶界上的钠形成液态吸附层，产生脆性开裂，即所谓"钠脆"。当有硅存在时，形成 NaAlSi 化合物，无游离钠存在，不产生钠脆。但如果有镁存在，镁夺取硅，析出游离钠，产生钠脆。镁含量超过 2% 时，就会产生这种反应。因此，高镁合金不允许使用钠盐熔剂。在原铝生产中，采用熔融钠盐作为电解质，使原铝中含较多的钠。在原铝的熔炼与铸造过程中，应采取有效措施，严格控制铝中钠的含量。防止钠脆的方法有：用氯化方法使之生成氯化钠排入渣中；加铋使之生成铋化钠进入金属基体；加锑生成锑化钠或加稀土亦可起到相同作用。

在变形铝合金中，特别是在熔炼含镁的铝合金时，铍可改善氧化膜的结构，加入 0.005% 以下的铍，由于铍扩散至熔体表面，生成致密的氧化膜，从而减少合金在熔炼和铸造过程中的烧损和污染。铍为有毒元素，能使人产生过敏性中毒，使用过程中应采取防护措施。钙在铝中的固溶度较低，能改善铝合金的切削性能。在 Al-Zn-Mg-Cu 系合金中加入锑可改善热压和冷压工艺性能。有些元素会影响铝及铝合金的表面处理性能，如铜会使阳极氧化着色层色泽不均一，铬使阳极氧化膜呈黄色。

因此，从铝及铝合金的工艺性能来考虑，为了提高产品的质量和加工成品率，要求对原铝中的杂质含量严格控制。在原铝的熔炼与铸造过程中，应采取必要而有效的措施来降低其中的杂质含量，并调整它们的合理比例关系。

15.3.4 铝合金在熔铸过程中的金属烧损

铝合金在熔炼过程中的氧化是造成金属损耗的主要原因。金属的氧化与合金的种类、炉料状态、熔炼温度、保温时间、炉气性质及熔池中熔体表面的覆盖程度等因素有关。

铝合金中含有容易氧化的成分，如镁等合金元素，金属的氧化损失就大一些。在 Al-Mg-Li 合金中加入 0.2% 的铍，锂的烧损大大减少，未加铍时锂的烧损很大。合金一定时，熔炼温度高，保温时间长，熔池中熔体表面覆盖不充分，则金属损耗大。炉气性质对金属烧损量的影响也是很大的。用低频感应电炉熔炼铝合金时，其烧损率为 0.4% ~ 0.6%；用电阻反射炉熔炼合金时，其烧损率为 1.0% ~ 1.5%；用火焰反射炉熔炼铝合金时，其烧损率为 1.5% ~ 3.0%。感应电炉的金属烧损率最小，火焰反射炉的金属烧损率最大。

在铝合金的熔炼过程中，炉料不同其烧损率也大大不同。对于火焰炉熔炼铝合金，当炉料为重熔用铝锭时，其烧损率为 0.8% ~ 2.0%；打捆薄片废料的烧损率为 3% ~ 10%；大块废料的烧损率为 1.5%，碎屑的烧损率可达到 13% ~ 30%。这是因为返炉废料表面黏附着大量的水分和油污，并且其比表面积大，与炉气接触的面积增加。

在熔炼过程中，同一合金中各元素的烧损率是不同的，合金元素的烧损率见表 15-6。

表 15-6　熔炼时合金元素的烧损率

合金种类	合金元素烧损率/%							
	Al	Cu	Zn	Si	Mg	Mn	Ni	Ti
铝合金	1.0 ~ 5.0	0.5 ~ 1.5	1.0 ~ 3.0	1.0 ~ 10.0	2.0 ~ 4.0	0.5 ~ 2.0	0.5 ~ 1.0	10.0 ~ 20.0

综上所述，在铝合金熔铸过程中防止金属氧化，对产品质量和生产企业的经济效益以及社会效益都是至关重要的。

15.4　合金元素在铝合金中的作用

变形铝合金中的添加元素在冶金过程中相互之间会产生物理化学作用，从而改变材料的组织结构和相组成，得到不同性能、功能和用途的新材料，合金化对变形铝合金材料的冶金特性起重要作用。下面简要介绍铝合金中主要合金元素和杂质对合金组织性能的影响。

15.4.1 铜元素

在共晶温度 548℃时，铜在铝中的最大溶解度为 5.65%，温度降到 302℃时，铜的溶解度为 0.45%。铜是重要的合金元素，有一定的固溶强化效果。此外，时效析出的 $CuAl_2$ 有着明显的时效强化效果。铝合金中铜含量通常在 2.5% ~ 5%，铜含量在 4% ~ 6.8% 时强化效果最好，所以大部分硬铝合金的含铜量处于这个范围。

铝铜合金中可以含有较少的硅、镁、锰、铬、锌、铁等元素。

15.4.2　硅元素

在共晶温度 577℃时，硅在固溶体中的最大溶解度为 1.65%。尽管溶解度随温度降低而减少，但这类合金一般是不能热处理强化的。铝硅合金具有极好的铸造性能和抗蚀性。

若镁和硅同时加入铝中形成 Al-Mg-Si 系合金，强化相为 Mg_2Si，镁和硅的质量比为 1.73∶1。设计 Al-Mg-Si 系合金成分时，基体上按此比例配置镁和硅的含量。有的 Al-Mg-Si 合金，为了提高强度，加入适量的铜，同时加入适量的铬以抵消铜对抗蚀性的不利影响。

变形铝合金中，硅单独加入铝中只限于焊接材料，硅加入铝中亦有一定的强化作用。

15.4.3　镁元素

镁在铝中的溶解度随温度下降而快速减小，但在大部分工业用变形铝合金中，镁的含量均小于 6%，而硅含量也低，这类合金是不能热处理强化的，但是可焊性良好，抗蚀性也好，并有中等强度。

镁对铝的强化是明显的，每增加 1%镁，抗拉强度大约升高 34MPa。如果加入 1%以下的锰，可起补充强化作用。因此加锰后可降低镁含量，同时可降低热裂倾向。另外，锰还可以使 Mg_5Al_8 化合物均匀沉淀，改善抗蚀性和焊接性能。

15.4.4　锰元素

在共晶温度 658℃时，锰在固溶体中的最大溶解度为 1.82%。合金强度随溶解度增加不断增加，锰含量为 0.8%时，伸长率达到最大值。Al-Mn 合金是非时效硬化合金，即不可热处理强化。

锰能阻止铝合金的再结晶过程，提高再结晶温度，并能显著细化再结晶晶粒。再结晶晶粒的细化主要是通过 $MnAl_6$ 化合物弥散质点对再结晶晶粒长大起阻碍作用。$MnAl_6$ 的另一作用是能溶解杂质铁，形成（Fe、Mn）Al_6，减小铁的有害影响。

锰是铝合金的重要元素，可以单独加入形成 Al-Mn 二元合金，更多的是和其他合金元素一同加入，因此大多铝合金中均含有锰。

15.4.5　锌元素

在共晶温度 275℃时，锌在铝中的溶解度为 31.6%，而在 125℃时其溶解度则下降到 5.6%。锌单独加入铝中，在变形条件下对铝合金强度的提高十分有限，同时存在应力腐蚀开裂倾向，因而限制了它的应用。

在铝中同时加入锌和镁，形成强化相 $MgZn_2$，对合金产生明显的强化作用。$MgZn_2$ 含量从 0.5%提高到 12%时，可明显增加抗拉强度和屈服强度。镁的含量超过形成 $MgZn_2$ 相所需的超硬铝合金中，锌和镁的比例控制在 2.7 左右时，应力腐蚀开裂抗力最大。

如在 Al-Zn-Mg 基础上加入铜元素，形成 Al-Zn-Mg-Cu 系合金，其强化效果在所有铝合金中最大，也是航天航空工业、电力工业上的重要的铝合金材料。

15.5　微量元素与杂质对铝合金性能的影响

15.5.1　微量元素的影响

15.5.1.1　铁和硅

铁在 Al-Cu-Mg-Ni-Fe 系锻铝合金中，硅在 Al-Mg-Si 系锻铝合金中和在 Al-Si 系焊条及铝硅铸造合金中，均作为合金元素添加。在其他铝合金中，硅和铁是常见的杂质元素，对合金性能有明显的影响，它们主要以 $FeCl_3$ 和游离硅存在。当硅大于铁时，形成 β-$FeSiAl_3$（或 $Fe_2Si_2Al_9$）相，而铁大于硅时，形成 α-Fe_2SiAl_8（或 $Fe_3Si_2Al_{12}$）。当铁和硅比例不当时，会引起铸件产生裂纹，铸铝中铁含量过高时会使铸件产生脆性。

15.5.1.2　钛和硼

钛是铝合金中常用的添加元素，以 Al-Ti 或 Al-Ti-B 中间合金形式加入。钛与铝形成 $TiAl_3$ 相，成为结晶时的非自发核心，起细化铸造组织和焊缝组织的作用。Al-Ti 系合金产生包晶反应时，钛的临界含量约为 0.15%，如果有硼存在则减小到 0.01%。

15.5.1.3　铬

铬是 Al-Mg-Si 系、Al-Mg-Zn 系、Al-Mg 系合金中常见的添加元素。600℃时，铬在铝中溶解度为 0.8%，室温时基本上不溶解。

铬在铝中形成($CrFe$)Al_7 和($CrMn$)Al_{12} 等金属间化合物，阻碍再结晶的形核和长大过程，对合金有一定的强化作用，它还能改善合金韧性和降低应力腐蚀开裂敏感性，但会增加淬火敏感性，使阳极氧化膜呈黄色。

铬在铝合金中的添加量一般不超过 0.35%，并随合金中过渡元素的增加而降低。

15.5.1.4　锶

锶是表面活性元素，在结晶学上锶能改变金属间化合物相的行为。因此，用锶元素进行变质处理能改善合金的塑性加工性能和最终产品质量。由于锶的变质有效时间长、效果和再现性好等优点，近年来在 Al-Si 铸造合金中取代了钠的使用。对挤压用铝合金中加入 0.015% ~ 0.03% 锶，使铸锭中 β-AlFeSi 相变成 α-AlFeSi 相，减少了铸锭均匀化时间 60% ~ 70%，提高了材料力学性能和塑性加工性，改善了制品表面粗糙度。对于高硅（10% ~ 13%）变形铝合金中加入 0.02% ~ 0.07% 的锶元素，可使初晶硅减少至最低限度，力学性能也显著提高，抗拉强度 σ_b 由 233MPa 提高到 236MPa，屈服强度 $\sigma_{0.2}$ 由 204MPa 提高到 210MPa，延伸率 δ_5 由 9% 增至 12%。在过共晶 Al-Si 合金中加入锶，能减小初晶硅粒子尺寸，改善塑性加工性能，可顺利地热轧和冷轧。

15.5.1.5　锆元素

锆也是铝合金的常用添加剂，一般在铝合金中加入量为 0.1% ~ 0.3%。锆和铝形成 $ZrAl_3$ 化合物，可阻碍再结晶过程，细化再结晶晶粒。锆也能细化铸造组织，但比钛的效果小。有锆存在时，会降低钛和硼细化晶粒的效果。在 Al-Zn-Mg-Cu 系合金中，由于锆对淬火敏感性的影响比铬和锰的小，因此宜用锆来代替铬和锰细化再结晶组织。

15.5.1.6　稀土元素

稀土元素加入铝合金中，使铝合金熔铸时增加成分过冷，细化晶粒，减少二次枝晶间距，减少合金中的气体和夹杂，并使夹杂相趋于球化，还可降低熔体表面张力，增加流动性，有利于浇注成锭，对工艺性能有着明显的影响。

各种稀土加入量约为 0.1% 为好。混合稀土（La-Ce-Pr-Nd 等混合）的添加，使 Al-0.65% Mg-0.61% Si 合金时效 GP 区形成的临界温度降低。含镁的铝合金，能激发稀土元素的变质作用。

15.5.2　杂质元素的影响

在铝合金中有时还存在钒、钙、铅、锡、铋、锑、铍、钠等杂质元素。这些杂质元素由于熔点高低不一，结构不同，与铝形成的化合物也不相同，因而对铝合金的性能产生的影响各不一样。

钒在铝中形成难熔化合物，在熔铸过程中起细化晶粒作用，但比钛和锆的作用小。钒也有细化再结晶组织、提高再结晶温度的作用。

钙在铝中固溶度极低，与铝形成 $CaAl_4$ 化合物，钙又是铝合金的超塑性元素，大约 5% 钙和 5% 锰的铝合金具有超塑性。钙和硅形成 $CaSi_2$，不溶于铝，由于减小了硅的固溶量，可稍微提高工业纯铝的导电性能。钙还能改善铝合金切削性能。$CaSi_2$ 不能使铝合金热处理强化。微量钙有利于去除铝液中的氢。

铅、锡、铋元素是低熔点金属，它们在铝中固溶度不大，略降低合金强度，但能改善切削性能。铋在凝固过程中膨胀，对补缩有利。高镁合金中加入铋可防止钠脆。

锑主要用作铸造铝合金中的变质剂，变形铝合金很少使用，仅在 Al-Mg 变形铝合金中代替铋防止钠脆。锑元素加入某些 Al-Zn-Mg-Cu 系合金中，可改善热压与冷压工艺性能。

铍在变形铝合金中可改善氧化膜的结构，减少熔铸时的烧损和夹杂。铍是有毒元素，能使人产生过敏性中毒。因此，接触食品和饮料的铝合金中不能含有铍。焊接材料中的铍含量通常控制在 8×10^{-4}% 以下，用作焊接基体的铝合金也应控制铍的含量。

钠在铝中几乎不溶解，最大固溶度小于 0.0025%，钠的熔点低（97.8℃）。合金中存在钠时，在凝固过程中，吸附在枝晶表面或晶界，热加工时，晶界上的钠形成液态吸附层，产生脆性开裂，即"钠脆"。当有硅存在时，形成 NaAlSi 化合物，无游离钠存在，不产生"钠脆"。当镁含量超过 2% 时，镁夺取硅，析出游离钠，产生"钠脆"。因此，高镁铝合金不允许使用钠盐熔剂。防止"钠脆"的方法有氯化法，使钠形成 NaCl 排入渣中，加铋使之生成 Na_2Bi 进入金属基体；加锑生成 Na_3Sb 或加入稀土亦可起到相同的作用。

氢气在固态熔点的条件下比在固态条件下溶解度高，所以在液态转化固态时就会形成气孔，氢气也可以用铝还原空气中的水而产生，也可以从分解碳氢化合物中产生。固态铝和液态铝都能吸氢，尤其是当某些杂质，如硫的化合物在铝表面或在周围空气中最为明显。在液态铝中形成氢化物的元素能促进氢吸收，但其他元素如铍、铜、锡和硅则会降低氢的吸收量。

除了在浇铸中形成孔隙外，氢又导致次生孔隙、气泡以及热处理中高温变坏（内部气体沉积）。氢在铝合金中是一种极其有害的杂质，熔体中的氢含量应当采用在线除气装置加以限制。

15.6　变形铝合金制品对锭坯的要求

随着铝加工技术的发展以及科技进步对材料要求的不断提高，铝合金铸锭质量对铝合金材料性能至关重要。因而铝合金材料对铸锭组织、性能和质量提出了更高的要求，尤其是对铸锭的冶金质量提出越来越高的要求。

15.6.1　对化学成分的要求

随着铝合金材料组织、性能均匀和一致性的要求，材料对合金成分的控制和分析提出了很高的要求。首先为了使组织和性能均匀一致，对合金主元素采取更加精确控制，确保熔次之间主元素一致，铸锭不同部位成分偏析最小。同时为了提高材料的综合性能，对合金中的杂质和微量元素进行优化配比和控制。其次，对化学成分的分析的准确性和控制范围要求越来越高。

15.6.2　对冶金质量的要求

铸锭的冶金质量对材料后序加工过程和最终的产品起着决定作用。长期生产实践表明70%的缺陷是铸锭带来的，铸锭的冶金缺陷必将对材料产生致命的影响。因此，铝合金材料对铝熔体净化质量提出了更高的要求，主要是以下三个方面：

（1）铸锭氢含量要求越来越低，根据不同材料要求，其氢含量控制有所不同。一般来说普通制品要求的产品氢含量控制在 $0.15 \sim 0.2 mL/(100gAl)$ 以下，而对于特殊要求的航空航天材料、双零箔等氢含量应控制在 $0.1 mL/(100gAl)$ 以下，由于检测方法的不同，所测氢含量值会有所差异，但其趋势是一致的。

（2）对于非金属夹杂物要求降低到最大限度，要求夹杂物数量少而小，其单个颗粒小于 $10\mu m$，而对于特殊要求的航空航天材料、双零箔等制品非金属夹杂的单个颗粒应小于 $5\mu m$。非金属夹杂一般通过铸锭低倍和铝材超声波探伤定性检测，或通过测渣仪定量检测。当今科技发展通过电子扫描等手段对非金属夹杂物组成进行分析和检测。

（3）碱金属控制。碱金属主要是金属钠对材料的加工和性能造成一定危害，要求在熔铸过程中要尽量降低其含量，因此，碱金属钠（除高硅合金外）一般应控制在 $5 \times 10^{-4}\%$ 以下，甚至更低，达 $2 \times 10^{-4}\%$ 以下。

15.6.3　对铸锭组织的要求

铸锭组织对铝及铝合金材料性能有着直接影响，一般来说铸锭组织缺陷有光晶、白斑、花边、粗大化合物等组织缺陷，这些缺陷固然对材料性能造成相当大的影响，因此材料不能有这些组织缺陷。但随着铝加工技术的发展，材料对铸锭组织提出更高的要求，一是铸锭晶粒组织更加细小和均匀，要求铸锭晶粒一级以下，甚至比一级还小，使铸锭晶粒尺寸（直径）达到 $160\mu m$ 以下，仅为一级晶粒的一半以下，对于铸锭生产来说是很难达到的；其二是铸锭的化合物尺寸不仅要求小而弥散外，而且对于化合物形状也提出不同的要求；此外，随着铝材质量要求不断提高，对铸锭的组织提出了更新更高的要求。

15.6.4　对铸锭几何尺寸和表面质量的要求

随着铝加工技术的发展，为了提高铝材成材率，对铸锭几何尺寸和表面质量提出了更高的要求，铸锭表面要求平整光滑，减少或消除粗晶层、偏析瘤等表面缺陷，铸锭厚差尽可能小，减少底部翘曲和肿胀等，使铸锭在热轧前尽可能少铣或不铣面。挤压等加工前减少车皮或不车皮。

15.7　铝合金熔铸技术的发展

近年来，我国铝材的需求量持续快速增长，铝材被广泛应用于航天、航空、建筑、交通、运输、包装、电子、印刷、装饰等众多国防和民用领域。铝加工技术得到了迅速的发展和提高，国内企业开发出了 PS 板基、制罐料、高压电子箔、波音飞机锻件等技术含量和附加值较高的产品，填补了国内空白，替代了进口。然而，由于我国铝加工业起步晚，规模小，技术落后，不仅要面临国内竞争，而且还要与国外发达国家的大企业进行更激烈的竞争，这就要求国内铝加工企业不断加大投入，推动铝加工技术迅速向前发展，缩小与国外先进水平的差距，在竞争中生存和发展。

熔铸是铝加工的第一道工序，为轧制、锻造、挤压等生产提供合格的锭坯，铸锭质量的高低直接与各种铝材的最终质量密切相关。20 世纪 90 年代以来，国内熔铸技术得到了迅速的发展和提高，某些方面甚至达到了国际先进水平。但在整体上，我国的熔铸技术水平同国际先进水平相比，还有较大的差距。

15.7.1　熔铸设备

多年来熔铸设备的发展一直追求大型、节能、高效和自动化。在国外，大型顶开圆形炉和倾动式静置炉得到广泛应用，容量一般达 30 ~ 60t，高的达 200t 以上，熔铝炉装料完全实现机械化。铸造机通常使用液压铸造机，大型液压铸造机可铸 100t/次以上，最大铸锭质量达 30t。熔炼炉燃烧系统一般采用中、高速烧嘴，加快炉内燃气和炉料的对流传热，燃烧尾气通过换热器将助燃空气加热到 350 ~ 400℃，从而将熔炼炉的热效率提高到 50%以上。燃烧系统的新发展是使用快速切换蓄热式燃烧技术，即所谓的"第二代再生燃烧技术"，它采用机械性能可靠，迅速频繁切换的四通换向阀和压力损失小、比表面积大且维护简单方便的蜂窝型蓄热体，实现了极限余热回收和超低 NO_x 排放。同时，用计算机控制熔铸生产全过程已较为普遍。

另外，为了使熔化炉内铝熔体的化学成分更均匀，减轻劳动强度，发达国家通常都在炉底安装电磁搅拌器，国内也有企业应用这项技术。

15.7.2　晶粒细化

众所周知，在铝液中加入晶粒细化剂，可以明显改善铸锭的组织。晶粒细化的方法有多种，使用最广泛的是二元合金 Al-Ti 和三元合金 Al-Ti-B，国内产品主要有 Al-4Ti 和 Al-5Ti-1B 块状细化剂，在调整好铝熔体成分后加入，而国外多将细化剂做成棒状，在铸造流槽中加入，细化效果显著提高，产品有 Al-5Ti-1B、Al-5Ti-0.2B、Al-3Ti-1B、Al-6Ti 等。

国内很多厂家在生产高质量产品时，多使用进口的棒状细化剂。

15.7.3　熔体净化和检测

多年来，铝合金制品对铸锭的内部质量尤其是清洁度的要求不断提高，而熔体净化是提高铝熔体纯洁度的主要手段，熔体净化可分为炉内处理和在线净化两种方式。

15.7.3.1　炉内处理

炉内熔体处理主要有气体精炼、熔剂精炼和喷粉精炼等方式。炉内处理技术的发展较慢，国内只有 90 年代中期出现的喷粉精炼相对较新，其除气、除渣效果较气体精炼和熔剂精炼稍好，但因精炼杆靠人工移动，精炼效果波动较大。

国外先进的炉内净化处理都采用了自动控制，较有代表性的有两种，一种是从炉顶或炉墙向炉内熔体中插入多根喷枪进行喷粉或气体精炼，但由于该技术存在喷枪易碎和密封困难的缺点未广泛应用；另一种是在炉底均匀安装多个可更换的透气塞，由计算机控制精炼气流和精炼时间，该方法是比较有效的炉内处理方法。

15.7.3.2　在线净化

炉内处理对铝合金熔体的净化效果是有限的，要进一步提高固溶体的纯洁度，尤其是进一步降低氢含量和去除非金属夹杂物，必须采用高效的在线净化技术。

A　在线除气

在线除气装置是各大铝熔铸厂重点研究和发展对象，种类繁多，典型的有 MINT 等采用固定喷嘴的装置和 SNIF、Alpur 等采用旋转喷头的设备。我国从 1980 年末有不少厂家先后从国外购买了一些 MINT、SNIF、Alpur 等装置，此后，在引进装备的基础上，也自行开发了多种除气设备，如西南铝的 SAMRU、DFU、DDF 等。这些除气装置都采用 N_2 或 Ar 作为精炼气体，能有效去除铝熔体中的氢，如在精炼气体里加入少量的 Cl_2、CCl_4 或 SF_6 等物质，还能很好地除去熔体中碱金属和碱土金属。然而，上述除气装置的体积都较大，铸次间放干料多或需加热保温，运行费用高昂。除气装置新的发展方向是在不断提高除气效率的同时，通过减小金属容积，消除或减少铸次间金属的放干，取消加热系统来降低运行费用，如 ALCAN 开发的紧凑型除气装置 ACD，该装置是在一般流槽上用多个小转子进行精炼，转子间用隔板分隔。该装置在铸次间无金属存留，无需加热保温，运行费用有大幅下降，除气效果较传统装置相当或更好。另一种有前途的装置是加拿大 Casthouse Technology Lit 研制的流槽除气装置，该装置的宽度和高度与流槽接近，在侧面下部安装固定喷嘴供气，该装置占地极少，又极少放干料，操作简单，除气效率高。

B　熔体过滤

过滤是去除铝熔体中非金属夹杂物最有效和最可靠的手段，过滤方式有多种，效果最好的有过滤管和泡沫陶瓷过滤板。

床式过滤器体积大，安装和更换过滤介质费时费力，仅适用于大批量单一合金的生产，因而使用的厂家较少，在我国目前还少有应用，其最新的进展是挪威科技大学等正在研制的紧凑深床过滤器。该装置中，铝液向下流动，装置底部中央有一透气塞加入惰性气体，与透气塞上方的铝液上升管形成一个气体提升泵，可调节出口金属水平，目的是在提高过滤效率的同时，更有效的利用过滤球，此装置小巧紧凑，易于装填、清空和移动。

刚玉管过滤器过滤效率高，但价格较昂贵、使用不方便，在日本应用较多。西南铝业（集团）有限责任公司曾在 80 年代研制成了刚玉管过滤器，但因装配质量等原因过滤效果不稳定，在 90 年代已不再使用。

泡沫陶瓷过滤板使用方便，过滤效果好，价格低，在全世界广泛使用。在发达国家 50% 以上的铝合金熔体都采用泡沫陶瓷过滤板过滤。该技术发展迅速，为满足高质量产品对熔体质量的要求，过滤板的孔径越来越细，国外产品已从 15ppi、20ppi、30ppi、40ppi、50ppi 发展到 60ppi、70ppi，同时还有不少新品种面世，较有前途的一个是 Selee 公司的复合过滤板，该过滤板分为上下两层，上面 25mm 厚的孔径较大，下面 25mm 厚的孔径较小，品种有 30/50ppi、30/60ppi、30/70ppi 等。复合过滤板比普通过滤板的效率高，通过的金属量更大；另一种是 Vesuvius Hi-Tech Ceramics 生产的新型波浪高表面过滤板，此种过滤板的表面积比传统过滤板的多 30%，金属通过量有所增加。国内在 90 年代初开始研制生产泡沫陶瓷过滤板，目前生产厂家众多，规模都较小。

对于较高质量要求的制品，发达国家普遍采用双级泡沫陶瓷过滤板过滤，其前面一级过滤板孔径较粗，后一级过滤板孔径较细，如 30/50ppi、30/60ppi，甚至 40/70ppi 配置等，国内西南铝业（集团）有限责任公司对双零铝箔、PS 版基、制罐料等产品的熔体也采用 30/50ppi 双级泡沫陶瓷过滤板过滤。

15.7.3.3 检测技术

铝熔体和铸锭内部纯洁度的检测有测氢和测夹杂物两种。前者的种类很多，目前世界上使用的测氢技术有 20 多种，例如减压凝固法、热真空抽提法、载气熔融法等，但应用最广泛的是以 Telegas 和 ASCAN 为代表的闭路循环法，该法数据可靠，是目前唯一适合铸造车间使用的检测方法。

在我国，对铝合金夹杂物检测的研究较少，使用的方法仅限于铸锭的低倍和氧化膜检查两种，对铝熔体的非金属夹杂物检测几乎是空白。而国外对铝熔体的夹杂物检测研究很多，比较成熟的方法有 POPFA、LAlS 和 LiMCA。其中前两种都是以过滤定量金属后，过滤片上的夹杂物面积除以过滤的金属量作为指标，不能连续测量，LiMCA 是一种定量测量方法，其第二代产品 LiMCA II 可同时测量过滤前后的夹杂物含量，过滤前使用硅酸铝取样头，过滤后使用带伸长管的硼硅玻璃取样头，伸长管可减少除气装置产生的悬浮气泡对测量结果的影响。LiMCA 可连续检测熔体中的 $20 \sim 300 \mu m$ 的夹杂物，是目前最先进、测量速度最快、测量结果最直观的夹杂物检测仪。

氢含量和夹杂物含量检测可有效监控铝熔体净化处理的效果，为提高和改进工艺措施提供依据，对提高铝材质量意义重大。

15.7.4 铸造技术

半连续铸造是世界上应用最普遍、历史最悠久的铝合金铸造技术，我国从 20 世纪 50 年代初从前苏联引进了此技术。对于铝合金铸造，除达到铸锭成型的基本目的之外，各铝加工企业和研究机构，一直致力于提高铸锭表面质量，即使铸锭表面尽可能平整光滑，减少或消除粗晶层偏析瘤等表面缺陷，减少铸锭厚差及底部翘曲和肿胀等等，使铸锭在热轧前尽可能少铣或不铣面，提高成材率。

铸造技术的新进展和有前途的技术有：脉冲水和加气铸造、电磁铸造、气滑铸造、可调结晶器、低液位铸造（LHC）、ASM 新式扁锭结晶器等。

15.7.4.1　脉冲水和加气铸造

在铸造开始阶段，采用脉冲水冷却，降低直接水冷强度，可减少铸锭底部翘曲和缩颈。该技术产生于 20 世纪 60 年代中期，当今的脉冲水，采用自动化控制和最新旋转脉冲阀，具有快的脉冲速度而无水锤现象。加气铸造与脉冲水铸造具有同样的效果，即在铸造开头阶段，在冷却水中加入二氧化碳或空气、氮气，将这种加气冷却水喷到铸锭表面上时在铸锭表面上形成一层气体隔热膜，从而减缓了冷却强度，之后再逐步减少气体量，不断增加冷却效率。

15.7.4.2　电磁铸造

电磁铸造最早是由前苏联研究成功，它采用电磁结晶器取代传统的直冷式结晶器。由于电磁铸造结晶器不像直冷结晶器那样同熔融金属直接接触，铸锭表面极为光滑，内部组织非常均匀，几乎无粗晶层，铸锭可不铣面或少铣面，热轧后的切边量大大减少，但该技术投资巨大，对整个铸造过程和各项参数需要非常严格的控制，目前在国外只有少数实力雄厚的铝加工企业使用，如瑞铝、美铝等。

15.7.4.3　气滑铸造

20 世纪 80 年代初研制成功的热顶铸造，使铸锭表面质量和生产效率大为提高，为铸造技术的发展带来了一次新的革命。气滑铸造是在热顶铸造的基础上增加油气润滑系统而成。该技术的优点是铸造速度快，铸锭表面光滑，与电磁铸造铸锭接近，较为著名的是Wagstaff 的圆锭气滑铸造工具。

15.7.4.4　可调结晶器

可调结晶器是用一套结晶器可生产多种宽度的扁锭，铸锭平直度提高，截面厚差小于5mm，粗晶层减少至 8mm 以下，满足多品种少批量生产的要求，大幅度降低铸造工具制造费用，提高生产效率。可调结晶器有两种：直边可调结晶器和厚度变化的可调结晶器。

15.7.4.5　低液位铸造技术

低液位铸造技术是在传统 DC 结晶器内壁衬镶一层石墨板而成，石墨板采用连续渗透式润滑或在铸造前涂油脂均可，铸造过程使用液面自动控制系统。使用该技术生产的铸锭表面光滑，粗晶层厚约 1mm，可减少铣面量 50% 以上，减少热轧切边量 17%，同时该技术可使铸造速度大大提高。

15.7.4.6　新式扁锭结晶器

新式扁锭结晶器采用最佳的结晶器有效高度，使一次冷却与二次冷却更加接近，提高冷却水冲击点，同时在结晶器上部设置保温环，使在一次水冷上部能保持一次的熔体高度以解决低金属水平带来的铸造安全问题。润滑系统和润滑油分配板能提供连续润滑，将润滑油直接加到铸锭的弯液面上，减少了润滑油的消耗，该结晶器生产出的铸锭表面光滑，粗晶层薄而均匀，可将铸锭的铣面深度减少到与电磁铸锭相当的水平，减少铸锭铣面量50%以上。

复习思考题

15-1　简述铸造铝合金、变形铝合金牌号的表示方法。
15-2　铝及铝合金的性能有哪些？
15-3　合金元素在铝合金中的作用是什么？
15-4　微量元素和杂质对铝合金的性能有哪些影响？
15-5　变形铝合金对锭坯的要求有哪些？
15-6　铝合金熔炼技术有哪些发展？

16 铝及铝合金熔炼技术

16.1 概述

16.1.1 铝合金熔炼的目的

铝合金熔炼的基本目的是：熔炼出化学成分符合要求，并且获得纯洁度高的铝合金熔体，为铸造成各种形状的铸锭创造有利条件。具体如下：

（1）获得化学成分均匀并且符合要求的合金。合金材料的组织和性能，除受生产过程中的各种工艺因素影响外，在很大程度上取决于它的化学成分。化学成分均匀指的是金属熔体的合金元素分布均匀，无偏析现象。化学成分符合要求指的是合金的成分和杂质含量应在国家标准范围内。此外，为保证制品的最终性能和加工过程中的工艺性能（包括铸造性能），应将某些元素含量和杂质控制在最佳范围内。

（2）获得纯洁度高的合金熔体。熔体纯洁度高是指在熔炼过程中通过熔体净化手段，降低熔体中的含气量，减少金属氧化物和其他非金属夹杂物，尽可能避免在铸锭中形成气孔、疏松、夹杂等破坏金属连续性的缺陷。

（3）复化不能直接回炉使用的废料使其得到合理使用。不能直接回炉使用的废料包括部分外购废料、加工工序产生的碎屑、被严重污染或严重腐蚀的废料、合金混杂无法分清的废料等。这些废料通过复化重熔，一方面可以提高金属纯洁度，避免直接使用合金污染熔体，另一方面可以获得准确的化学成分，以利于使用。

16.1.2 铝合金熔炼的特点

铝合金熔炼的特点可以概括如下：

（1）熔化温度低，熔化时间长。铝合金的熔点低，可在较低的温度下进行熔炼，一般熔化温度在 700~800℃。但铝的比热和熔化潜热大，熔化过程中需要热量多，因此熔化时间较长。与铁相比，虽然铝比铁的熔点低得多，但熔化同等数量的铝和铁所需热量几乎相等。

（2）容易产生成分偏析。铝合金中各元素密度偏差较大，在熔化过程中容易产生成分偏析。因此，在合金熔炼过程中应加强搅拌，并针对添加合金元素的不同，采用不同的搅拌方法。

（3）铝非常活泼，能与氧气发生反应，在熔体表面生成 Al_2O_3。这层表面薄膜在搅拌、转注等操作过程中易破碎，并进入熔体中。铝及铝合金的氧化，一方面容易造成熔炼过程中的熔体烧损，使金属造成损失，另一方面因 Al_2O_3 的密度与金属熔体接近，其中质点小、分散度大的 Al_2O_3 在熔体中呈悬浮状态难以除去，易随熔体进入铸锭造成夹杂缺陷。因此，在熔化过程中应加强对熔体的覆盖，减少氧化物的生成。

（4）吸气性强。铝具有较强的吸气性，特别在高温熔融状态下，金属熔体与大气中的水分和一系列工艺过程接触的水分、油、碳氢化合物等，都会发生化学反应。一方面可增加熔体的含气量，另一方面其生成物可污染熔体。因此，在熔化过程中必须采取一切措施尽量减少水分，并对工艺设备、工具和原辅材料等都严格保持干燥和避免污染，并在不同季节采取不同形式的保护措施。

（5）任何组元加入后均不能除去。铝合金熔化时，任何组元一旦进入熔体，一般都不能去除，所以对铝合金的加入组元必须严格控制。误加入非合金组元或组元加入过多或过少，都可能出现化学成分不符，或影响制品的铸造、加工或使用性能。如误在高镁铝合金中加入钠含量较高的熔剂，则会引起"钠脆性"，造成铸造时的热裂性和压力加工时的热脆性；向 7075 合金中多加入硅，则会给铸锭成型带来一定的困难。

（6）熔化过程易产生粗大晶粒等组织缺陷。铝合金的熔铸过程中容易产生粗大晶粒、粗大化合物一次晶等组织缺陷，熔铸过程中产生的缺陷在加工过程无法补救，严重影响材料的使用性能。适当地控制化学成分和杂质含量，以及加入变质剂（细化剂），可以改善铸造组织，提高熔体质量。

16.1.3　熔炼炉

铝合金熔炼炉的基本任务是熔化炉料，配置铝合金。对现代铝合金熔炼炉的基本要求是：在热工特性方面，要求熔化速度快，隔热密封性能好，热效率高，炉衬寿命长，对燃料变化的适应性强；在冶金质量方面，要求熔体表面积与熔池深度之比合理，炉温均匀，炉温、炉压、炉内气氛可以方便调节控制，熔炼损耗少；在操作方面，要求装料、搅拌便于实现机械化、自动化作业，工艺操作和合金转换方便，辅助时间短，生产效率高，设备维护检修方便；在环境保护方面，要求设备噪声低，排放达标，设备在点火、燃烧、熄火过程中要有可靠的安全保障；在性能价格方面，要求设备占地面积小，单位产量的设备投资低，操作成本和维护成本低。

16.1.3.1　按加热能源分类

熔炼炉按加热能源不同可分为燃料加热式和电加热式。

（1）燃料加热式。所用燃料包括天然气、石油液化气、煤气、柴油、重油、焦炭等，利用燃料燃烧时产生的高温气体的热量对金属料进行加热熔化。

（2）电加热式。电加热式由电热体（电阻丝或带）发热，将此热量通过辐射传热的方式传给被加热的金属熔体，使金属熔化或保温。

16.1.3.2　按加热方式分类

按加热方式的不同，可将熔炼炉分为直接加热式和间接加热式。

（1）直接加热式。燃料燃烧时产生的热量或电阻组件产生的热量直接传给炉料的加热方式，其优点是热效率高，炉子结构简单。但是燃烧产物中含有的有害杂质对炉料的质量会产生不利影响；炉料或覆盖剂挥发出的有害气体会腐蚀电阻组件，降低其使用寿命；炉料熔化过程中容易产生熔体局部过热现象。

（2）间接加热式。间接加热方式有两类：第一类是燃烧产物或通电的电阻组件不直接加热炉料，而是先加热辐射管等传热中介物，然后热量再以辐射和对流的方式传给炉料；第二类是让线圈通交流电产生交变磁场，以感应电流加热磁场中的炉料，感应线圈等加热组件与炉料之间被炉衬材料隔开。间接加热方式的优点是燃烧产物或电加热组件与炉料之间被隔开，相互之间不产生有害的影响，有利于保持和提高炉料的质量，减少金属烧损。感应加热方式对金属熔体还具有搅拌作用，可以加速金属熔化过程，缩短熔化时间，减少金属烧损，但是由于热量不能直接传递给炉料，所以与直接加热式相比，热效率低，炉子结构复杂。

16.1.3.3　按操作方式分类

按操作方式的不同，可将熔炼炉分为连续式和周期式。

（1）连续式。连续式炉的炉料从装料侧装入，在炉内按给定的温度曲线完成升温、保温等工序后，以一定的速度连续或按一定时间间隔从出料侧出来。连续式炉适合生产少品种大批量的产品。

（2）周期式。周期式炉的炉料按一定周期分批加入炉内，按给定的升温曲线完成升温、保温等工序后将炉料全部运出炉外。周期式炉适合于生产多品种、多规格的产品。

16.1.3.4　按炉内气氛分类

按炉内气氛的不同，可将熔炼炉分为无保护气体式和保护气体式。

（1）无保护气体式。炉内气氛为空气或者是燃料自身燃烧气氛，多用于炉料表面在高温能生成致密的保护层，能防止高温时被剧烈氧化的产品。

（2）保护气体式。如果炉料氧化程度不易控制，通常把炉膛抽为低真空，向炉内通入氮、氩等保护气体，可以防止炉料在高温时剧烈氧化。随着产品内外质量要求不断提高，保护气体的使用范围不断扩大。

16.1.4　铝合金熔炼方法

16.1.4.1　分批熔炼法

分批熔炼法是一个炉次或一个熔次的熔炼，即一个炉次或一个熔次单独进行，完成入料、熔化混合、搅拌、扒渣、调整成分、净化处理和铸造等一个流程后，重新再装炉进行下一个炉次的生产。该方法常用于铝合金成品铸锭或整炉配料的各类合金系铸造工艺。

16.1.4.2　半分批熔炼法

半分批次就是每次完成熔炼进行铸造时，炉料不是全部排出，而是根据需要，在炉内保留一定液位的液体炉料（1/5 或 1/4），剩余炉底料随后再进行入料配料。该方法常用于使用固体原料作为制备合金熔体的工厂，可以加快熔化速度，减少烧损，提高混合炉寿命等。常用于中间合金及产品等级要求较低的纯铝产品。

16.1.4.3　半连续熔炼法

半连续熔炼法类似于半分批熔炼法，不同点是炉内熔体料量保留 2/3 或 3/4，每次出炉熔体料量不多,新添加的原料可以快速浸入炉内熔体进行熔化,便于入料和出料的相互连续。该方法主要用于熔炼金属屑和可回收废品的生产工艺。

16.1.4.4　连续熔炼法

连续熔炼法是入料连续进行,间歇出炉,连续熔炼法灵活性小,仅适用于纯铝的熔炼。

铝合金熔炼时,要尽量缩短熔体在炉内的停留时间。熔体停留时间过长,尤其是在较高的熔炼温度下,大量的非自发晶核活性衰退,容易引起铸锭晶粒粗大缺陷,同时也增加了熔体吸气和氧化倾向,使熔体中非金属夹杂和含气量增加。因此,分批熔炼法是最适合于铝合金成品铸锭生产的熔炼方法。

16.2　熔炼过程中的物理化学作用

工业化铝合金的熔炼,大部分都是在大气状态下进行,随着熔炼温度的升高和熔体的流动,金属表面与大气进行接触后发生一系列的物理化学作用。由于熔体温度、环境温度和金属性质不同,金属与气体进行的物理化学反应不同,生产的产物也不同。

16.2.1　炉内气氛

炉内气氛主要指熔炼炉内气体的组成,一般包括氢气、氧气、水蒸气、二氧化碳、一氧化碳、氮气、二氧化硫和各种碳氢化合物等。由于熔炼炉的炉型、结构、燃料及供热方式不同,炉内的气氛比例也大不相同,表16-1是几种典型炉型炉内气氛组成。

表 16-1　几种典型炉型炉内气氛组成

炉　型	气体组成（质量分数）/%						
	O_2	CO_2	CO	H_2	C_mH_n	SO_2	H_2O
电阻炉	0 ~ 0.40	4.1 ~ 10.30	0.1 ~ 41.50	0 ~ 1.40	0 ~ 0.90		0.25 ~ 0.80
燃煤反射炉	0 ~ 22.40	0.30 ~ 13.50	0 ~ 7.0	0 ~ 2.20		0 ~ 1.70	0 ~ 12.60
燃油反射炉	0 ~ 5.80	8.70 ~ 12.80	0 ~ 7.29	0 ~ 0.20		0.30 ~ 1.40	7.50 ~ 16.40
外热式燃油干锅炉	2.90 ~ 4.40	10.80 ~ 11.60				0.40 ~ 2.10	8.0 ~ 13.50
预热式燃油干锅炉	0.20 ~ 3.90	7.70 ~ 11.30	0.40 ~ 4.40			0.40 ~ 3.00	1.80 ~ 12.30

从表16-1可以看出,炉气组成中除氧及碳氧化合物外,还有大量的水蒸气。

16.2.2　液态金属与气体的相互作用

大部分与金属有一定结合力的气体,都能不同程度的溶解于金属中。与金属没有结合能力的气体,只能进行吸附而不能溶解,气体与金属之间的结合力不同,气体在金属中的溶解度也不相同。金属吸气主要通过吸附、扩散和溶解三个过程。铝合金熔体主要溶解气体的组成见表16-2。

表 16-2 铝合金溶解的气体组成（体积分数） （%）

H_2	CH_4	H_2O	N_2	O_2	CO_2	CO
92.2	2.9	1.4	3.1	0	0.4	
95.0	4.5		0.5			
68.0	5.0		10.0		1.7	15.0

16.2.2.1 氢气的溶解

氢是铝及铝合金熔体中最容易溶解的气体之一。铝所溶解的气体，按照溶解能力，其顺序为氢气、碳氢化合物、二氧化碳、一氧化碳、氮气。在溶解气体中，氢占 90% 左右。氢的来源见表 16-3。

表 16-3 氢的主要来源

来 源	途 径	溶入方式
水 分	炉气、大气、炉衬、炉料、溶剂、工具、涂料、煤制物	$2Al + 3H_2O = Al_2O_3 + 6H$
油 脂	炉料、工具	$(4/3)mAl + C_mH_n = (m/3)Al_4C_3 + nH$
铝 锈	炉 料	$2Al(OH)_3 = Al_2O_3 + 3H_2O$
		$2Al + 3H_2O = Al_2O_3 + 6H$

氢是结构比较简单的气体，其分子和原子都较小，在高温下扩散速度较快，它是一种极易溶解在铝熔体中的气体。氢与铝不发生反应，在达到气体饱和溶解之前，熔体温度越高，氢分子溶解速度越快，扩散速度也越快，铝熔体中含氢量越高。在压力为 0.1MPa 下，不同温度时氢在铝中的溶解度见表 16-4。

表 16-4 不同温度下氢在铝中溶解度

温度/℃	氢在铝中的溶解度/mL·(100gAl)	温度/℃	氢在铝中的溶解度/mL·(100gAl)
850	2.01	658（固态）	0.034
658（液态）	0.65	300	0.001

从表 16-4 中看出，在压力一定的情况下，温度越高，氢在铝熔体中的溶解度就越大，温度越低，则情况反之。在固态时，氢几乎不溶于铝。

16.2.2.2 与氧的作用

在熔炼条件下，铝合金熔体直接与空气中的氧接触。铝是化学活性很强的金属元素，与氧的亲和力很强。铝熔体与氧接触后，发生强烈的氧化作用而生成氧化铝，其反应式为：

$$4Al + 3O_2 = 2Al_2O_3 \tag{16-1}$$

氧化铝是一种稳定的固态物质，它形成致密的氧化膜，连续覆盖在铝表面上。由于这种氧化膜的阻碍作用，可防止铝进一步氧化，减少氧化损失，但若熔体中氧化物存在过多，混入熔体内，容易造成产品的夹杂缺陷。同时氧化铝的形成，增加了铝熔体的氧化损失。

降低氧化烧损主要从熔炼工艺着手，一是在大气下的熔炉中熔炼易烧损的合金时尽量选用熔池面积小的炉子；二是采用合理的加料顺序，快速装料以及高温快速熔化，缩短熔炼时间，易氧化烧损的金属尽可能后加；三是采用覆盖剂覆盖，尽可能在熔剂覆盖下的熔池内熔化；四是正确地控制炉温及炉气性质；五是配入的炉料应清洁干燥。

16.2.2.3　与水的作用

熔炼炉的炉气中虽然含有不同程度的水蒸气，但以分子状态存在的水蒸气并不容易被金属吸收，因为水在金属中的溶解度很小。在低于 250℃ 时，铝和空气中水蒸气接触发生反应。

$$2Al + 6H_2O \Longrightarrow 2Al(OH)_3 + 3H_2 \uparrow \tag{16-2}$$

$Al(OH)_3$ 是一种白色粉末，没有防氧化作用且易于吸潮，称为铝锈。铝锭在露天长期存放易产生这种铝锈。在高于 400℃ 时，铝与水气发生反应，生成游离态原子 [H]，极易溶于水中，此反应为铝液吸氢的主要途径，也是造成铸锭气孔、疏松等缺陷的根源。这种反应即使是在水蒸气分压力很低的情况下，也可以进行。

$$Al + 3H_2O \longrightarrow Al_2O_3 + 6[H] \tag{16-3}$$

水分主要来源于以下几个方面：

（1）空气中的水分。空气中含有大量的水蒸气，尤其是在潮湿季节，空气中的水蒸气含量更大，空气中水分含量受地域和季节的因素影响。

（2）原材料带来的水分。用于生产合金的原材料（含回炉废料）及精炼用的各类溶剂或覆盖剂，特别是一些除渣剂和配料用中间合金。

（3）燃料中的水分及燃烧后生成的水分。燃料中的水是指燃料本身携带的水分；燃烧后的水分是指燃烧气体中所含氢或碳氢化合物与氧燃烧后生成的水分。

（4）熔炼炉和净化导流工具（溜槽、除气除渣设备）提供的水分。对于新修或大中小修的熔炼炉，筑炉材料中携带和吸附大量的水分，在烘炉不彻底刚投入使用较短时间内，熔体中含气量会明显升高。

16.2.2.4　与氮的作用

氮是一种惰性气体元素，它在铝中的溶解度很小，几乎不溶于铝，工业生产就是利用它的这个特性，进行铝及铝合金的净化处理。但也有人认为，在较高的温度时，氮可能与铝结合成氮化铝，其反应式如下：

$$2Al + N_2 \longrightarrow 2AlN \tag{16-4}$$

同时，氮还能和合金组元镁形成氮化镁，其反应式为：

$$3Mg + N_2 \longrightarrow Mg_3N_2 \tag{16-5}$$

氮溶于铝中，与铝及合金元素反应，生成氮化物，形成非金属夹渣，影响金属的纯洁度。

还有人认为，氮不但影响金属的纯洁度，还能直接影响合金的抗腐蚀性和组织上的稳定性，这是由于氮化物不稳定，它遇水后，马上由固态分解产生气体：

$$Mg_3N_2 + 6H_2O \longrightarrow 3Mg(OH)_2 + 2NH_3 \uparrow \qquad (16-6)$$

$$AlN + 3H_2O \longrightarrow Al(OH)_3 + NH_3 \uparrow \qquad (16-7)$$

16.2.2.5 与碳氢化合物的作用

任何形式的碳氢化合物在较高的温度下都会分解为碳和氢，其中氢溶解于铝熔体中，而碳则以元素形式或以碳化物形式进入液态铝，并以非金属夹杂物形式存在。其反应式如下：

$$4Al + 3C \longrightarrow Al_4C_3 \qquad (16-8)$$

例如天然气中的 CH_4 燃烧，在熔炼温度下则发生下列反应：

$$CH_4 + 2O_2 \longrightarrow CO_2 + 2H_2O \uparrow \qquad (16-9)$$

$$3H_2O + 2Al \longrightarrow Al_2O_3 + 3H_2 \uparrow \qquad (16-10)$$

$$3CO_2 + 2Al \longrightarrow 3CO \uparrow + Al_2O_3 \qquad (16-11)$$

$$3CO + 6Al \longrightarrow Al_4C_3 + Al_2O_3 \qquad (16-12)$$

当碳氢化合物以油脂形式进入铝熔体中时，由于形成大量原子氧、碳化物、氧化物及其他气体，严重污染熔体。因此，应尽可能避免。

16.2.3 影响气体含量的因素

影响气体含量的因素如下：

（1）合金元素的影响。金属的吸气性是由金属与气体的结合能力所决定的。金属与气体的结合力不同，气体在金属中的溶解度也不同。

蒸气压高的金属与合金，由于具有蒸发吸附作用，可降低含气量。与气体有较大的结合力的合金元素，会使合金的溶解度增大；与气体结合力较小的元素则与此相反。增大合金凝固温度范围，特别是降低固相线温度的元素，易使铸锭产生气孔、疏松。

铜、硅、锰、锌均可降低铝合金中气体溶解度，而钛、锆、镁则与此相反。

（2）温度的影响。熔体温度越高，金属与气体分子运动速度越快，气体在金属内部的扩散速度也增加。一般情况下，气体在金属中的溶解度随温度的升高而增加，图 16-1 所示是氢在铝液中溶解度随温度变化的关系。

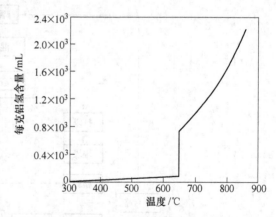

图 16-1　纯铝(99.99%)中氢的溶解度与温度变化关系

（3）压力的影响。压力和温度是两个互相关联的外界条件。对于金属吸收气体的能力而言，压力因素也有很重要的影响。随着压力的增大，气体溶解度也增大，其关系式如下：

$$S = K\sqrt{P} \qquad (16-13)$$

式中　S——气体的溶解度（在温度和压力一定的条件下）；

　　　K——平衡常数，表示标准状态时金属中气体的平衡溶解度，也可称为溶解常数；

P——气体的分压。

公式表明，双原子气体在金属中溶解度与其分压平方根成正比。真空处理熔体以降低其含气量，就是利用了这个规律。

（4）时间因素。任何化学反应，时间因素总是有利于一种反应的持续进行，最终达到金属对气体溶解的饱和状态。因此，金属熔体在大气中暴露时间越长，吸气的几率越大，吸气就越多，特别是在高温状态下长时间暴露，金属吸气就越多。金属含气量与时间的关系如图 16-2 所示。

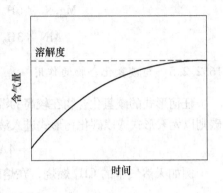

图 16-2　金属含气量与时间变化的关系

16.3　熔炼工艺流程及操作标准

16.3.1　普通纯铝的熔炼工艺流程及操作标准

16.3.1.1　普通纯铝的熔炼工艺流程

普铝生产工艺流程如图 16-3 所示。

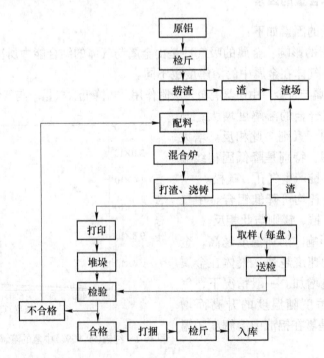

图 16-3　普铝生产工艺流程图

16.3.1.2　普通纯铝的操作标准

（1）工艺技术条件。炉温：690～780℃；浇铸温度：680～750℃。

（2）配料。根据化学成分控制标准进行配料，配料规程如下：

1）根据出铝任务，分析三天之内的电解槽预分析报告，并检查上一班次的成品报告是否有变料现象；

2）根据上一班次生产的炉底情况，明确本班生产的产品品种，根据电解槽品位正确排包；

3）将符合规定的原铝液排好配料单；

4）准备好配料和降温用的铝锭，并将固体铝的品位、块数及熔炼号记录下来；

5）将生产工具、流槽等预热准备好；

6）将每一包铝的浮渣捞干净（真空包除外），然后倒入混合炉内。

（3）浇铸、打渣。

1）浇铸过程中时刻测定铸模内铝液面的高度，保持铝锭大小一致，每块质量应在 $20\pm2kg$；

2）用渣铲打去铝锭表面渣子及氧化皮，渣铲应从铸模的一边（长边）推过去，从另一边（长边）拉过来，打出的渣要轻磕在渣箱内；

3）在每捆铝锭最上层的铝锭中至少有一块铝锭大面上的流水号、日期等标识要清楚，可以二次打印；

4）混合炉温度控制在 690~780℃（可根据流槽长短调整），浇铸的铝锭应呈银白色，表面不允许有大的铸瘤和夹渣，不允许有严重的飞边、波纹、气孔和缩孔，不允许有严重的油污，不允许用铁器等硬质工具修饰，不允许有除铝以外的其他金属或非金属杂物；

5）铝锭表面发生严重波纹时立即停机，设备处理正常后再进行生产；

6）每盘铝锭年、月、日、熔炼号必须相同、清晰，严禁混号；

7）每捆54块，每捆质量应在 972~1100kg。铝锭应用钢带采用"井"字形打捆包装，并保证铝锭不散捆。

16.3.2 铝合金熔炼工艺流程及操作标准

16.3.2.1 铝合金熔炼工艺流程

铝合金熔炼工艺流程如图16-4所示。

16.3.2.2 铝合金熔炼操作标准

（1）配料。根据合金化学成分标准含量以及所生产合金牌号进行中限配料，合金配料除执行普铝生产规程以外，还须掌握下述操作标准。

（2）炉前分析。取料前应扒去表面浮渣，在两侧炉门取试样，打开炉眼后再取试样，送检合格后方可生产。

（3）精炼、静置。用高纯氮气＋无毒粉末精炼剂对所配合金炉料进行除气、除渣处理，注意炉料的边角精炼，然后扒去铝液表面浮渣。

（4）浇铸、打渣。根据合金品种将炉温控制在 690~800℃、浇铸温度控制在 680~750℃。浇铸的合金锭表面应整洁，不允许有霉斑、熔渣及夹杂物。

（5）打印。每盘合金锭年、月、日、熔炼号必须相同、清晰。

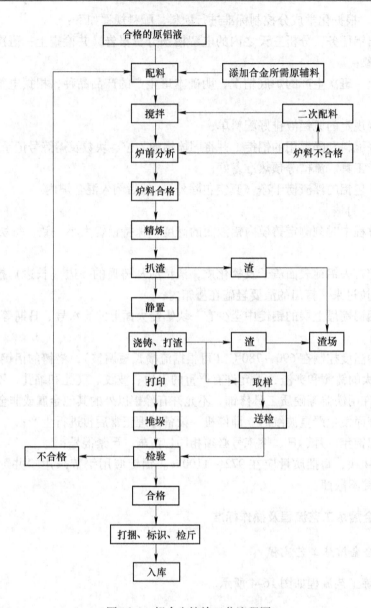

图16-4　铝合金熔炼工艺流程图

16.4　熔炼炉工艺操作标准

为保证金属合金的铸锭质量，尽量延长熔炼炉的使用寿命，在实际生产过程中必须做好熔炼炉的各项准备工作，包括装炉、烘炉、洗炉、清炉、搅拌、扒渣和精炼作业。

16.4.1　装炉

熔炼时，装入炉料的顺序和方法关系到熔炼时间、金属烧损、能源消耗，还会影响熔体的质量和炉子的使用寿命。装炉的原则如下：

（1）装炉顺序应合理，要根据所加炉料的性质与状态，还要考虑物料的熔化速度；

（2）先装小块或薄块废料，铝锭和大块料装中间，最后装中间合金；

（3）熔点低、易氧化的中间合金装在下层，高熔点的中间合金装在最上面，炉内上部温度高有利于充分熔化和扩散，使中间合金分布均匀，有利于成分控制；

（4）所加炉料均匀分布在熔池中，同时熔化速度一致，防止偏重造成金属过热；

（5）炉料尽量一次入炉，多次添加会增加熔体的吸气量；

（6）电炉装料时应注意炉料最高点与炉顶加热器的安全距离，防止触电和损坏加热设施，必要时停电进行操作。

16.4.2　烘炉

凡是新修或中小修的炉子，在进行生产使用前需要进行烘炉，以便除去炉中的水分，不同的炉型采用不同的烘炉制度。一般烘炉时注意以下几点：

（1）确认炉门、链条、升降操作系统是否完好；

（2）检查确认天然气管路各焊接点、接口、阀门及助燃风、放散阀等所有部位是否有漏气现象，如有漏气应立即处理，处理完毕后，再次确认没有异常后，方可进行点火作业；

（3）建立和填写好启动炉的档案跟踪记录；

（4）严格按照烘炉制定的曲线和烘炉制度进行作业；

（5）注意观察炉底、炉腔及侧壁的温度变化并与升温曲线进行对比；

（6）禁止大火短时间升温和急速降温操作。

16.4.3　洗炉

洗炉的目的是将残留在熔池内各处的金属和炉渣清除炉外，以免污染另一种合金，确保新配合金的化学成分。对于新投入使用的炉子（新修、中修和大修），通过洗炉清理出大量的非金属杂质。长期停歇的炉子，根据炉内清洁情况和要生产的合金牌号决定是否进行清洗，前一炉的合金元素为后一炉的杂质时，必须进行洗炉，杂质高的合金转换成纯度较高的合金时需要洗炉。

洗炉用料原则：生产高纯度或特殊合金转换时，必须用高纯原铝或铝锭，新炉开炉或一般合金转换时，可采用低品位或一级废料，洗炉后必须彻底放干炉料，洗炉时要配合进行搅拌作业，以保证洗炉的效果。

16.4.4　清炉

清炉就是将炉内残存的结渣彻底清除炉外，以减少熔体被非金属夹杂物污染的机会，并保持炉子原来容积的工艺过程。根据生产工艺和设备的具体情况，可采用不同的清理办法和周期。清炉要注意以下几点：

（1）普通原铝液连续生产的炉型，每班进行一次清理，5～15 炉次进行一次彻底清理；

（2）更换合金品种时，一般进行彻底清炉；

（3）清炉时，为了有效的清理出残渣，清炉前应均匀向炉内撒入清渣剂，并升高温度至 800℃左右，利用扁铲或机械扒渣车对炉膛结渣进行彻底清理。

16.4.5　扒渣与搅拌

搅拌和扒渣的目的和作用：

（1）熔化过程中为了防止熔体过热损失，特别是燃气炉熔炼时，炉膛温度升温较快，容易产生局部过热，搅拌可以降低局部过热的现象。

（2）当炉料熔化后，要进行必要的搅拌，使熔池内各处的温度均匀升温，同时也有利于快速熔化。

（3）制备合金时，必须进行搅拌作业，确保合金辅料的均匀分布和溶解，减少化学元素的偏析缺陷。

（4）在取样之前，调整化学成分之后，都应进行搅拌，其目的是使合金成分均匀分布和熔体温度趋于一致。一些密度较大的金属元素容易沉淀，另外金属元素的加入不可能均匀，造成熔体出现局部或区域出现不均匀现象，搅拌不彻底，容易造成熔体换血元素不均匀。

（5）进行二次成分调整配料时，搅拌就更为重要。扒渣作业前，应先在熔体上均匀撒入粉状溶剂，使渣和金属有效分离，有利于扒渣，可以少带出金属，减少金属损失。扒渣时要求平稳，防止渣卷入熔体内，扒渣要彻底，浮渣的存在会增加熔体含气量，污染金属。

扒渣与搅拌作业是熔炼过程重要的两个过程。当炉料在熔炼炉内充分熔化，熔体温度达到熔炼温度时，即可进行搅拌和扒渣作业，扒出熔体表面的大量浮渣。

16.4.6　精炼

精炼的作用是从熔体中除去气体、夹杂物和有害元素，以获得高品质铝液的工艺方法和操作过程，称为精炼，也可以称为净化。精炼的方法通常分为：（1）炉内精炼和在线炉外精炼；（2）溶剂精炼和惰性气体精炼；（3）溶剂和惰性气体混合精炼法。

16.4.7　铝锭质量

目前电解铝厂生产的原铝大部分以重熔用铝锭为最终产品投入市场，所以，电解铝产品的质量就是指原铝及重熔用铝锭质量的控制。铝合金熔体的质量通常根据熔体的化学成分、含氢量、固态非金属夹杂物的含量、熔体温度和变质处理的效果进行综合评价。一般原则是：熔体化学成分符合标准，熔体温度在工艺规定的范围内，含氢量、含渣量越少，变质效果越明显，则熔体质量越好。

16.4.7.1　铝锭质量标准

铝锭是加工和生产其他合金制品的主要原料。为了适应各种铝合金制品的需要，对铝锭的要求是严格和全面的。具体要求如下：（1）要求其杂质元素含量尽可能的低，品位尽可能高；（2）要求铝锭中气体和非金属杂质含量尽可能少。铝锭质量直接影响工厂的经济效益，质量品级高，销售价格也相应提高。目前对重熔用铝锭化学成分的质量标准执行GB/T 1196—2008，见表16-5。

表 16-5 重熔用铝锭的化学成分（GB/T 1196—2008）

牌 号	Al,不小于	化学成分(质量分数)/%								
		杂质，不大于								
		Fe	Si	Cu	Ga	Mg	Zn[a]	Mn	其他每种	总和
Al99.90[b]	99.90	0.07	0.05	0.005	0.020	0.01	0.025	—	0.010	0.10
Al99.85[b]	99.85	0.12	0.08	0.005	0.030	0.02	0.030	—	0.015	0.15
Al99.70[b]	99.70	0.20	0.09	0.01	0.03	0.02	0.03	—	0.03	0.30
Al99.60[b]	99.60	0.25	0.16	0.01	0.03	0.02	0.03	—	0.03	0.40
Al99.50[b]	99.50	0.30	0.22	0.02	0.03	0.05	0.05	—	0.03	0.50
Al99.00[b]	99.00	0.50	0.42	0.02	0.05	0.05	0.05	—	0.05	1.00
Al99.7E[b,c]	99.70	0.20	0.07	0.01	—	0.02	0.04	0.005	0.03	0.30
Al99.6E[b,d]	99.60	0.30	0.10	0.01	—	0.02	0.04	0.007	0.03	0.40

注：1. 铝质量分数为100%与表中所列有数值要求的杂质元素实测值及等于或大于0.010%的其他杂质总和的差值，求和前数值修约至与表中所列极限数位一致，求和后将数值修约至0.0X%，再与100%求差。

　　2. 对于表中未规定的其他杂质元素含量，如需方有特殊要求时，可由供需双方另行协议。

　　3. 分析数值的判定采用修约比较法。数值修约规则按GB/T 8170的有关规定进行，修约数位与表中所列极限数值一致。

　　a. 若铝锭中杂质锌含量不小于0.010%时，供方应将其作为常规分析元素，并纳入杂质总和；若铝锭中杂质锌含量小于0.010%时，供方可不作常规分析，但应监控其含量。

　　b. Cd、Hg、Pb、As元素，供方可不作常规分析，但应监控其含量，要求$w(Cd + Hg + Pb) \leqslant 0.0095\%$，$w(As) \leqslant 0.009\%$。

　　c. $w(B) \leqslant 0.04\%$；$w(Cr) \leqslant 0.004\%$；$w(Mn + Ti + Cr + V) \leqslant 0.020\%$。

　　d. $w(B) \leqslant 0.04\%$；$w(Cr) \leqslant 0.005\%$；$w(Mn + Ti + Cr + V) \leqslant 0.030\%$。

16.4.7.2 铝锭中的杂质

　　铝锭中的杂质分为三类：（1）单质元素，主要是铁和硅，其次有铜、钙、镁、钛、铅等元素；（2）非金属固态杂质，如氧化铝、氮化铝和碳化铝；（3）气体，主要是氢气、二氧化碳、一氧化碳和氮气等。

　　铝锭中的杂质来源如下：

　　（1）来自于原料，如氧化铝、炭阳极、氟化盐等；

　　（2）电解过程中的物理化学反应，如阳极反应、阴极反应等；

　　（3）铝液转运或倒转，铝液落差大等造成氧化；

　　（4）铝液输送设施（如流槽、除气设备、过滤设备）产生非金属物质；

　　（5）操作过程与铝水接触的工具等；

　　（6）回炉废品或合金添加剂带入。

16.4.7.3 影响原铝质量的因素

　　原铝中杂质来源有以下几种途径：

　　（1）从原料如氧化铝、炭素阳极、氟化盐中带入；

　　（2）操作用铁制工具在高温下熔化而进入铝液中；

（3）管理不当，引起阳极钢爪熔化而使铁进入铝液中；

（4）炉底破损，阴极方钢熔化和筑炉材料中的铁硅氧化物被铝还原而使杂质进入铝液中；

（5）风沙尘土等杂物进入槽中；

（6）铝液中气体的来源是由于高温的作用，铝与碳和空气中的氮发生化学反应，以及阳极气体（一氧化碳和二氧化碳）溶解在铝液中，使铝液受到污染。

16.4.7.4　提高原铝质量的途径

要提高原铝质量，在生产中就要做到：

（1）要把好原料质量关，坚持使用符合国家标准和行业标准的原材料。

（2）严格操作管理，避免铁硅等杂质由于操作失误而进入槽内。

（3）在阳极更换或处理电解槽异常情况时，铁制工具如大钩大耙等不得在液体电解质或铝液中浸泡太久，发红变软后应立即更换，以免出现熔化而污染原铝。提高阳极更换质量，准确无误设置阳极精度，尽量避免因设置不准确出现熔化钢爪，使熔融铁水进入槽中。

（4）要掌握好电解槽各项技术条件，尤其是电解质水平，防止电解质水平过高而浸泡即将更换的低阳极钢爪引起熔化。

（5）中间下料预焙槽的打壳锤头也可能因长期磨损而脱落掉入槽中。因此，必须随时观察运动部件的磨损情况，及时更换，掉入槽内的必须及时拿出。

（6）避免病槽的产生。原料中的杂质有相当多部分沉积在炉膛边部的电解质结壳中，对正常运行的电解槽，炉膛稳固，这些杂质不会进入液体铝中，但一旦电解槽变热，造成炉膛熔化，沉积在边部结壳中的杂质便会进入液体电解质中，随着电解的进行最终进入铝液，引起原铝中杂质含量升高。

（7）电解槽底部一般会有不同程度的裂纹，在电解槽正常运行时，这些裂纹被沉积物所填充并固化，在一定程度上起着保护炉底的作用，但电解槽处于热行程时，高温使这些沉积物熔化，裂纹会继续扩展并加深，穿透底部炭块而引起阴极方钢熔化，而且通过裂缝进入的铝液会还原耐火材料中的铁、硅氧化物，使铁进入铝液中，使其杂质含量升高。所以，电解槽建立起稳定的热平衡，保持正常运行，不仅可以高产低耗，而且铝质量有保证。

（8）生产中应保持厂房干净，地坪完好，窗户完整，防止尘土进入槽内污染原铝。

（9）控制回炉的铝制品，防止混入铁及其他金属或非铝金属杂质进入原铝。

（10）对于品级较低的铝液或回收废铝，熔炼后采用外铸工艺，铸造成配料进行批量回炉，避免因低品级原料用量过大造成整炉变料。

16.5　炉内配料及控制

16.5.1　配料的定义

根据铝合金本身的工艺性能和该合金加工制品的技术条件要求，在标准规定的化学成分范围内，确定合金的配料标准（计算成分）、炉料组成和元素配比，计算生产出满足质量标准所需要的原料和添加辅料或中间合金的质量，根据计算结果对物料进行准备和过程的工艺，称为配料。

16.5.2 配料的作用

配料的作用如下：

（1）控制合金成分和杂质含量，使之符合产品质量标准；

（2）合理的计算和利用炉料（含回炉废品），降低生产成本；

（3）准确入料，提高合金元素的实收率和降低能耗；

（4）正确备料，为提高熔铸产品的质量和成品率创造条件。

16.5.3 配料的基本程序

配料的基本程序如下：

（1）明确配料任务（合金牌号、制品状态和用途、所需辅料或中间合金质量）；

（2）明确熔炼炉内剩余炉料的相关信息（合金牌号、质量、化学成分、温度等）；

（3）确定合金中各元素的计算成分；

（4）确定炉料组成及各种原料的品级、配比和金属损失率,掌握每种元素的化学成分范围；

（5）计算每炉次的总质量和每种添加辅料的需要质量；

（6）保证炉料及相关添加辅料的准确检斤。

16.5.4 配料依据

配料依据如下：

（1）生产任务计划；

（2）出铝任务；

（3）原铝分析报告；

（4）混合炉炉底各主要元素的含量；

（5）混合炉存料量；

（6）配料用固体添加物（废料和添加辅料）中各主要元素含量。

16.5.5 配料计算

$$G = \frac{A - B}{C - A} W \tag{16-14}$$

式中　A——配料要求达到的杂质含量,%；

　　　B——原铝液中的杂质含量,%；

　　　C——配料用固体添加物中的杂质含量,%；

　　　W——原铝液质量，kg；

　　　G——所加配料铝液质量，kg。

配料时要将主要的几项杂质元素同时考虑，但如果其中一项杂质含量比另一项杂质含量大得多，小的一项对配料影响可忽略不计，只计算大的一项就可以了。

16.5.6 配料的控制工艺（炉料组成和配比基本原则）

在确定炉料组成和配比时，必须遵循以下原则：

（1）成分原则。所用炉料要保证熔炼后合金的化学成分合格,有害杂质控制在允许范围之内,对于杂质含量要求较高的合金,所使用的原料品级应较高且配比较大来满足成分要求。

(2) 质量原则。炉料组成和配比的确定要保证产品的质量要求。对特殊用途和要求的合金制品,应选择品位较高、配比较大的新金属料;对于一般质量要求较低的合金制品,则选用低品位的废料或回收金属作为原料。

(3) 工艺原则。在确定炉料组成和配比时,要考虑合金的熔炼工艺特性和设备性能,保证产品质量。对于合金中范围狭窄的合金元素,应选用中间合金或元素添加剂作为炉料,不能使用纯金属,从而保证溶解后成分的均匀。

(4) 经济原则。在保证产品质量和性能的前提下,尽可能采用低品位新金属或利用废料和回收料。对于没有特殊要求的合金制品,允许以同系列低成分合金的废料或洗炉料代替原铝锭作为新铝使用;当炉料全为一二级废料时,可以不使用新铝;在一些新建电解铝系列启动初期,可以进行高、低品位配合使用。

(5) 物料平衡原则。新旧料比要均衡,以保证制品质量稳定、工艺稳定。

16.6　铝液测氢

检验熔体的含氢量方法很多,普遍使用测氢仪、物理或化学方法进行产品含氢量的测定、控制和最终判定。通常的检测方法有定性法(包括工艺试样法、密度测定法、减压凝固法)和定量法(包括第一气泡法、气相色谱法)。以下就密度测量法的应用方法和原理以及工艺操作规范进行介绍。

密度测量需要的主要设备及工具见表 16-6。

表 16-6　密度测量需要的主要设备及工具

设　备　名　称	用　　途	设　备　名　称	用　　途
真空仪	试样制备	小坩埚	凝固容器
试样镊子	运送坩埚、试样	密度天平	密度测量

真空仪主要用于测量铝合金试样制备,铝合金熔体倒入预热的小坩埚内,将小坩埚放入真空室内的绝热托盘上,密封真空室之后立即开动真空泵进行抽真空工作。随着抽真空工作的进行,密闭室内逐渐趋于真空状态,在一定的真空度和设定的时间内,溶解在铝液中的氢气开始析出,从熔体表面逸出气泡,同时在试样成气泡,凝固试样出现凹陷或凸起现象。抽真空作业结束后,将凝固的试样进行水冷冷却,擦拭干净后进行密度测量。

密度天平主要用于在线检测除气后铝水的含氢量。密度的测定原理是浸入液体的任何物体减少的质量等于排开液体的质量来进行试样的密度测定。

密度测量法与针孔度判定的差异分析见表 16-7。

表 16-7　密度测量法与针孔度判定的差异分析

比较项目	密　度　测　量	针孔度判定
时效性	在线检测和监控,现场随时监测和控制铝水含氢量	判定结果滞后性,一般为浇铸完毕后进行取样判定
	如果测量结果不合格,立即可以停止作业并查找分析原因,避免大量不合格废品的产生	由于检验结果滞后,如果检验结果为不合格,会产生大量废品

比较项目	密 度 测 量	针孔度判定
操作性	操作方便，不需要锯切、抛光和酸碱浸泡等操作工序	操作程序复杂，通常需要锯切铝锭，需要抛光和酸碱浸泡作业
可控性	在浇铸过程中控制铝水除气的效果和质量，可控性强	整炉取样，分析结果滞后，可控性差
取样频次	取样间隔根据实际需要进行取样检测，数据的代表性强	一炉取 2～3 块试样（一般为铝锭切片），代表性差

16.7　铝合金熔体净化工艺

16.7.1　熔体净化的定义

所谓熔体净化，就是利用一定的物理化学原理和相应的工艺措施，去除铝合金熔体中的气体、夹杂物和有害元素的过程，它包括炉内精炼、炉外精炼及过滤等过程。精炼就是向熔体中通入氯气、惰性气体或某种氯盐去除铝合金中的气体、夹杂物和碱金属。

铝及铝合金对熔体净化的要求与材料用途有关。一般来说，对于一般要求的制品，其氢含量宜控制在 $0.15\sim0.2\text{mL}/100\text{gAl}$ 以下，非金属夹杂的单个颗粒应小于 $10\mu\text{m}$；而对于特殊要求的航空材料，双零箔等氢含量应控制在 $0.1\text{mL}/100\text{gAl}$ 以下，非金属夹杂的单个颗粒应小于 $5\mu\text{m}$。由于检测方法的不同，所测氢含量值会有所差异。非金属夹杂一般通过铸锭低倍和铝材超声波探伤定性检测，或测渣仪定量检测。碱金属钠一般应控制在 $5\times10^{-4}\%$ 以下。

16.7.2　铝及铝合金熔体净化原理

16.7.2.1　脱气原理

脱气的主要方法有三种：分压脱气、预凝固脱气和振动脱气。

（1）分压脱气。利用气体分压对熔体中气体溶解度影响的原理，控制气相中氢的分压，造成与熔体中溶解气体平衡的氢分压和实际气体的氢分压间存在很大的分压差，这就产生了较大的脱氢驱动力，使氢很快的排除。如向熔体中通入纯净的惰性气体，或将熔体置于真空中，因为最初惰性气体和真空中氢的分压 $P_{\text{H}_2}\approx0$，而熔体中溶解氢的平衡分压 P_{H_2} 远大于 0，在熔体与惰性气体的气泡间及熔体与真空之间，存在较大的分压差，这样熔体中的氢气就会很快的向气泡或真空中扩散，进入气泡或真空中，复合成分子状态排除。这一过程一直进行到气泡内氢分压与熔体中氢的平衡分压相等，即处于一种新的平衡状态时为止，该方法是目前应用最广泛最有效的方法。

（2）预凝固脱气。影响金属熔体中气体溶解度的因素除气体的分压外，就是熔体的温度。气体的溶解度随着金属温度的降低而减小，特别在熔点温度上气体溶解度变换最大。根据这一原理，让熔体缓慢冷却到凝固，这样就可使熔体中的大部分气体自行扩散析出，然后再快速重熔，即可得到气体含量较低的熔体。但要特别注意熔体的保护，防止重新吸气。

（3）振动脱气。振动除气的基本原理就是液体分子在极高频率的振动下发生移位运动。在运动时，一部分分子与另一部分的分子之间的运动是不和谐的，所以在液体内部产生无数显微空穴都是真空的，金属液体中的气体很容易扩散到这些空穴中去，结合形成分子态，形成气泡而上升逸出。金属液体在振动状态下凝固时，能使晶粒细化，这是由于振动能促使金属中产生分布很广的细晶核心。实验也表明振动能有效的达到除气的目的，而且振动频率越大效果越好。一般使用 5000 ~ 20000Hz 的频率，可使用声波、超声波、交变电流或磁场等方法作为振源。

16.7.2.2　除渣原理

目前主要的除渣方法有澄清除渣、吸附除渣和过滤除渣三种方法。

（1）澄清除渣。一般金属氧化物与金属本身之间的密度总是有差异的。如果这种差异较大，再加上氧化物的颗粒也较大，在一定的过热条件下，金属的悬混氧化物渣可以与金属分离，这种分离作用也叫澄清作用。在铝合金精炼过程中，首先要用这一简单的方法来将一部分固体杂质和金属分开。一般静置炉的应用就是为了这个目的，当然静置炉的作用不仅是为澄清分离，还有保温和控制铸造温度的作用，所以有时也称保温炉。

（2）吸附除渣。吸附净化主要是利用精炼剂的表面作用，当气体精炼剂或熔剂精炼剂在熔体中与氧化物夹杂相遇时，杂质被精炼剂吸附在表面上，从而改变了杂质颗粒的物理性质，随精炼剂一起被除去。因为铝液和氧化夹杂物 Al_2O_3 是相互不润湿的，即金属与杂质之间的接触角 $\theta \geqslant 120℃$，所以铝液中的夹杂物 Al_2O_3 能自动吸附在精炼剂表面上而被除去。

（3）过滤除渣。由于上述两种方法都不能将熔体中的氧化夹杂物分离得足够干净，常给铝加工材的质量带来不良影响，所以近代采用了过滤除渣的方法，获得了良好的效果。过滤除渣主要分为机械除渣和物理化学除渣。机械除渣的作用主要靠过滤介质的阻挡作用、摩擦力或流体压力使杂质沉降及堵滞，从而净化熔体。物理化学除渣主要是熔体通过一定厚度的过滤介质时，由于流速的变化、冲击或者反流作用，杂质较容易被分离。通常过滤介质的间隙越小，厚度越大，金属熔体的流速越低，过滤效果越好。

16.7.2.3　炉内净化处理

炉内净化处理亦称为分批处理。根据净化机理，炉内净化处理可分为吸附净化和非吸附净化两大类。

吸附净化依靠精炼剂产生的吸附作用达到去除氧化夹杂和气体的目的。下面就介绍几种常见的吸附净化法。

（1）惰性气体吹洗法。惰性气体是指与熔融铝及溶解的氢不起化学反应，又不溶解于铝中的气体，通常使用的是氮气或氩气。氮气被吹入铝液后，形成许多细小的气泡，气泡在从熔体中通过的过程中与熔体中的氧化夹杂物相遇，夹杂被吸附在气泡的表面并随气泡上浮到熔体表面，已被带至液面的氧化物不能自动脱离气相而重新融入铝液中，停留在铝液表面就可以聚集除去。由于吸附是发生在气泡与熔体接触的界面上，只能接触有限的熔体，除渣效果受到限制。为提高净化效果，吹入精炼气体产生的气泡量越多，气泡半径越小，分布越均匀，吹入的时间越长除渣效果越明显。通氮气时铝液温度控制在 710 ~

720℃，以免氮气和铝液发生反应形成氮化铝。

（2）活性气体吹洗。对于铝来说，实用的活性气体主要是氯气，氯气本身也不溶于铝液，但氯和铝及溶于铝液中的氢都能发生下列化学反应：

$$Cl_2 + H_2 \longrightarrow 2HCl\uparrow \qquad (16-15)$$

$$3Cl_2 + 2Al \longrightarrow 2AlCl_3\uparrow \qquad (16-16)$$

反应生成物 HCl 和 AlCl₃ 都是气态，不溶于铝液，它和未参加反应的氯一起都能起到精炼作用，因此净化效果比吹氮要好得多，同时除钠效果也显著。虽然氯气的精炼效果好，但对人体的伤害大，污染环境，易腐蚀设备及加热组件，且易使合金铸锭的结晶组织粗大，使用时应注意通风和防护。

（3）混合气体吹洗。单纯用氮气等惰性气体精炼效果有限，而氯气精炼效果虽好但又对环境及设备有害，所以将二者结合采用混合气体精炼，既提高了精炼效果，又减少了其有害作用。

混合气体有两气混合，如 N_2-Cl_2，也有三气体混合，如 N_2-Cl_2-CO。N_2-Cl_2 的混合气比采用9∶1或8∶2效果较好，三气混合 N_2-Cl_2-CO 混合比为8∶1∶1。为了减少环境污染，采用2%~5% Cl_2 作为混合气体的组成，使用效果没有差异，但对减少环境污染有利。

（4）氯盐净化。许多氯盐在高温下可以与铝发生反应，生成挥发性的 AlCl₃ 而起到净化作用：

$$Al + 3MeCl \longrightarrow AlCl_3\uparrow + 3Me \qquad (16-17)$$

式中，Me 表示金属。常用的氯化盐有氯化锌、氯化锰、六氯乙烷、四氯化碳，四氯化钛等。氯盐有吸潮的特点，使用时要特别注意脱水和保持干燥。部分铝合金对锌含量有限制，使用时注意用量。

（5）无毒精炼剂。无毒精炼剂的特点是不产生有刺激气味的气体，并且有一定的精炼作用。它主要由硝酸盐等氧化剂和碳组成。在高温下发生下列反应：

$$4NaNO_3 + 5C \longrightarrow 2Na_2O + 2N_2\uparrow + 5CO_2\uparrow \qquad (16-18)$$

反应生成的 N_2 和 CO_2 起到精炼作用，加入六氯乙烷、冰晶石、食盐及耐火砖粉是为了提高精炼效果和减慢反应速度。

（6）熔剂法。铝合金净化所用的熔剂主要是碱金属的氯盐和氟盐的混合物。熔剂精炼的作用主要是靠其吸附和溶解氧化夹杂物的能力。其吸附作用根据热力学应满足下列条件：

$$\sigma_{金-杂} + \sigma_{金-剂} > \sigma_{剂-杂} \qquad (16-19)$$

式中　$\sigma_{金-杂}$——熔融金属与杂质之间的表面张力；

　　$\sigma_{金-剂}$——熔融金属与熔剂之间的表面张力；

　　$\sigma_{剂-杂}$——熔剂与杂质之间的表面张力。

即要求 $\sigma_{金-杂}$、$\sigma_{金-剂}$ 越大，$\sigma_{剂-杂}$ 越小，熔剂的精炼效果越好，但是单一的盐类难以满足上述要求，所以常常根据熔剂的不同用途和其对工艺性能的要求，用各种盐类配制成各种成分的熔剂。实践证明，氯化钾、氯化钠等氯盐的混合物对氧化铝有极强的润湿及吸附能力。氧化铝特别是悬混于铝液中的氧化膜碎屑，为富凝聚性及润湿性的熔剂吸附包围后，便改变了氧化物的性质、比重及形态，从而通过上浮更快的被排除。

16.7.2.4　炉外净化处理

一般而言，炉内熔体净化处理对铝合金熔体净化是相当有限的，要想更进一步提高铝合金熔体的纯洁度，更主要的是靠炉外在线净化处理，才能更有效的除去熔体中的有害气体和非金属夹杂物。

炉外净化处理根据处理的方式和目的，又可分为以除气为主的在线除气，以除渣为主的在线熔体过滤处理，以及两者兼而有之的在线处理。根据产品质量的要求不同，可以采用不同的熔体在线处理方式，下面就实践中常用的几种在线处理方式做简要介绍。

在线除气种类繁多，典型的有采用透气塞的过流除气方式 Air-Liquicle 法、采用固定喷嘴方式的 MINT 法，以及应用更广、除气稳定可靠的旋转喷头除气法，下面就几种常见的在线除气方式和效果加以简介。

（1）Air-Liquicle 法。Air-Liquicle 法是炉外在线处理的一种初级形式，主要工作机理是在装置底部铺有透气砖，氮气通过透气砖形成微小的气泡，在熔体中上升，气泡在和熔体接触及运动的过程中吸附气体，同时吸附夹杂物，带出表面，产生净化效果，但效果不理想，一般除气率达到 15% ~ 30%。

（2）MINT 法。MINT 法装置图如图 16-5 所示。铝熔体从反应器的入口以切线进入圆形反应室，使熔体在其中旋转，反应室下部装有气体喷嘴，分散喷出小气泡，靠旋转熔体使气泡均匀分散到整个反应器中，产生较好的净化效果，熔体从反应室进入陶瓷泡沫器中，可进一步除去金属夹杂物。净化气体一般为氩气。

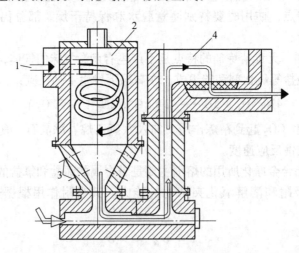

图 16-5　MINT 法装置图
1—入口；2—反应器；3—嘴子中心线；4—陶瓷泡沫器

（3）SAMRU 法。SAMRU 除气装置采用矩形反应室，其梯形底部装有 12 ~ 18 个喷嘴，反应室静态容量为 1 ~ 1.5t，处理能力为 320 ~ 600 kg/min，与泡沫陶瓷板联合使用。

（4）Alpur 旋转除气法。Alpur 法是利用旋转喷嘴，使精炼气体呈微小气泡喷出分散于熔体中，但与 SINF 的喷嘴不同，它同时能搅动熔体进入喷嘴内与气泡接触。

（5）SNIF 旋转喷头法。SNIF 法是旋转喷嘴惰性气体浮游法的简称。此装置在两个反应室设有两个石墨的气体旋转喷嘴，气体通过喷嘴转子形成分散细小的气泡，同时转子搅动熔体使气泡均匀地分散到整个熔体中去，从而产生除气、除渣的熔体净化效果。

此法避免了单一方向吹入气体造成气泡的聚集，上浮形成气体连续通道，使气体与熔体接触时间缩短，而影响净化效果，吹入气体为 Ar 或 N_2（Ar 为最佳），为了提高净化效果可混入 2% ~5% Cl_2，也可添加少量溶剂。

（6）DFU 与 DDF 旋转喷头除气法。DFU（Deagssing and Filtration Unit）是旋转喷头除气与泡沫陶瓷过滤相结合的熔体净化装置。它的除气原理与 SNIF 法和 Alpur 法相近，它的除气箱采用单旋转喷头法除气，内部由隔离板分为除气和静置区，内置浸入式加热器，可在铸造或非铸造期间对金属熔体进行加热和保温，它采用的是氩气或氮气，加入 1% ~3% 的 Cl_2 或 CCl_4 气体，可提高净化效果。

（7）熔体过滤。过滤是去除铝熔体中非金属夹杂物最有效的和最可靠的手段，从原理上讲有饼状过滤和深过滤之分。过滤的方式多种多样，最简单的是玻璃丝布过滤，效果最好的是过滤管和泡沫陶瓷过滤板，下面就各种过滤方式和常见的过滤装置做简要介绍。

1）玻璃丝布过滤。用玻璃丝布过滤铝熔体在国内外已广泛应用，一般用于转注过程和结晶器内熔体过滤，国产玻璃丝布孔眼尺寸为 1.2mm × 1.5mm，过流量约为 200kg/min，此法特点是适应性强，操作简便，成本低，但过滤效果不稳定，只能拦截而除去尺寸较大的夹杂，对微小的夹杂几乎无效。所以，用于要求不高的铸锭生产，且玻璃丝布只能使用一次。

2）床式过滤器。床式过滤器是一种过滤效果较好的过滤装置，它的体积庞大，安装和更换过滤介质时费力，仅适用于大批量单一合金的生产，因而使用厂家较少。

3）刚玉管过滤。刚玉管过滤器过滤效率高，能有效的除去熔体中体积较小的非金属夹杂物，适合于加工锻件、罐料和双零箔等产品使用，但刚玉管过滤器价格昂贵，使用不方便。

4）泡沫陶瓷过滤板。泡沫陶瓷过滤板因使用方便，过滤效果好，价格低，被广泛应用。泡沫陶瓷过滤板一般厚为 50mm，长宽为 200 ~600mm 的过滤片，孔隙度高达 0.8 ~0.9mm。它过滤不需要很高的压头，初期为 100 ~150mm，过滤后只需要 2 ~10mm，过滤效果好且价格低，但是泡沫陶瓷过滤板较脆，易破损，一般情况下只使用一次，若使用两次以上必须采用熔体保温措施，但使用一般不超过 7 次，48h 内必须更换新的过滤板。不同规格过滤板对应的铝液流量及可过滤总量见表 16-8。

表 16-8　不同规格过滤板对应的铝液流量及可过滤总量

尺寸规格（in）		9 × 9	12 × 12	15 × 15	17 × 17
铝液流量 /kg · min^{-1}	孔隙率（20ppi）	40 ~120	80 ~240	120 ~360	160 ~480
	孔隙率（30ppi）	30 ~80	60 ~160	80 ~240	110 ~320
可过滤总量/t		10	15	25	35

注：1in = 25.4mm。

16.7.3　熔体净化技术的发展趋势

各大铝加工企业为提高产品质量，不断追求提高材料的冶金质量，不断研发熔体净化技术，以达到提高熔体纯洁度的目的。

16.7.3.1　炉内处理的发展趋势

炉内熔体处理主要有气体精炼、熔剂精炼等方式。炉内处理技术由于受到条件的限制，其发展较慢，绝大多数企业基本停留在炉内气体精炼的方式，只有少数一些比较先进的企业在炉内处理方面有所发展，较有代表的有两种，一种是从炉顶或炉墙向炉内插入多根喷枪或旋转喷头进行气体或喷粉式气体精炼。该技术最大的缺点就是喷枪易碎和密封困难，因而没有广泛使用，另一种是在炉底均匀的安装多个透气砖，由计算机控制精炼气体和精炼时间，该方法是比较有效的炉内净化处理方法。

16.7.3.2　炉外在线净化技术的发展

由于炉内处理净化技术发展有限，各铝加工熔铸企业重点研究发展对象是炉外熔体在线净化技术，其主要的发展方向是不断提高熔体纯洁度，不断地追求高效、廉价的净化技术，满足铝加工熔体净化技术的发展需求。

目前，使用的 MINT、SINF、Aplur 等除气装置，其除气效果均满足产品质量要求，但这些装置体积较大，铸次需放干或加热保温，运行费用昂贵。除气装置新的发展方向是在不断提高除气效率的同时，通过减小金属处理容积，消除或减少铸次间金属的放干，取消加热系统来降低运行费用。

熔体过滤也是铝熔体净化处理发展的重要对象，同样提高过滤效果、有效除气，非金属夹杂物是熔体过滤发展的重点。前面所提到的各种过滤方法，都是很有效的过滤方式。目前各国所研究的熔体过滤方式各种各样，但研究较多的还是泡沫陶瓷过滤板，有不少新的品种出现。为提高过滤精度，过滤板的孔径由 50ppi 发展到 60ppi、70ppi，并出现了复合过滤板，即过滤板分为上下层，上面 25mm 的孔径极大，下面 25mm 孔径较小，品种规格有 30/50ppi、30/60ppi、30/70ppi。复合过滤板过滤效率高，通过的金属量更大。

当前，在一些铝加工发达的先进企业，采用双级泡沫过滤板过滤，其前一级过滤板孔径较粗，后一级过滤板孔径较小，如 30/40ppi、30/50ppi、30/60ppi 甚至 40/70ppi 等配置。

总之，随着铝加工产品质量的提高，熔体质量要求不断翻新，其熔体净化技术不断进步，以满足产品质量要求，这也是铝熔体净化发展的必然趋势。

复习思考题

16-1　简述熔炼的目的及方法。

16-2　简述液态金属与气体的相互作用有哪些？

16-3　简述普通纯铝和合金熔炼工艺流程。

16-4　简述配料的基本程序和依据。

16-5　简述测氢的主要设备和方法。

16-6　简述铝及铝合金熔体脱气原理。

16-7　常用的在线除气方法有哪些？

17　铝及铝合金铸造技术

17.1　铝铸造工艺对铸锭质量的影响

铸造工艺参数主要有铸造温度、铸造速度、冷却强度，其次是液位高度、铸造开始与结束条件等。

17.1.1　铸造温度

铸造温度通常是指液体金属从保温炉通过转铸工具注入铸模过程中具有良好流动性所需要的温度。铸造温度最高不宜超过熔炼温度。铸造温度过高会导致铸造开始时漏铝、底部裂纹与拉裂，还可能产生羽毛晶组织缺陷，又因转铸工具长度不同而液体温降不同，铝液体在转铸过程中温度变化较大，所以科学规范的铸造温度应指注入结晶器内的液体温度。一般情况下铸造温度比合金的实际结晶温度高 50 ~ 70℃，1×××、3××× 系铝合金在铸造过程中过渡带较窄，铸造温度宜偏高；而 2×××、7××× 系合金的过渡带较宽，铸造温度宜偏低。

17.1.2　铸造速度

连续铸造时，单位时间内铸锭成型的长度称为铸造速度。铸造速度的快慢对铸锭裂纹、铸锭表面质量、铸锭组织和性能有很大影响，在保证铸锭质量的前提下，应采用最高的铸造速度。铸造速度的选择是依据所生产合金的特性与铸锭截面尺寸而定。一般规律是冷裂纹倾向性较大的合金及铸锭规格，应提高铸造速度，而热裂纹倾向较大的合金及铸锭规格，则应降低铸造速度。

17.1.3　冷却强度

冷却强度也称为冷却速度。冷却强度不但对铸锭的裂纹有影响，而且对铸锭的组织影响更大。随着冷却强度的增大，铸锭结晶速度提高，晶体结构更加细化；随着冷却强度增大，铸锭液穴变浅，过渡带尺寸缩小，使金属补缩条件得到改善，减少或消除了铸锭中的疏松、气孔等缺陷，铸锭致密度提高，减小了区域偏析的程度。

冷却强度对冷却水温度的要求是不可忽视的。通常情况下，冷却水温设定在 20 ~ 28℃。但是由于地区气候的条件，供水设施及环境温度等不同导致变化较大，因而出现地区性或季节性铸锭质量缺陷。现代结晶器供水系统带有脉冲或交叉变相功能，均由工艺编程决定，因此冷却强度可依据铸造工艺需要设定为曲线，特别是针对某些低温塑性不好的硬合金，铸造时冷裂纹和热裂纹几乎同时存在，附加挡水板系统，使铸锭表面温度升高到拉伸变形塑性温度，消除铸锭冷裂纹，工艺上再采取防止热裂纹措施，即可以获得优质铸锭。

17.2　铝锭铸造工艺及设备

17.2.1　铝锭铸造机

重熔用铝锭铸造机大多采用20kg铝锭铸造机组。

该铸造机组为固定式设备。从混合炉中流出的铝液经出铝流槽和浇铸流槽流入分配器，从而使铝水均匀地注入安装在水平链式铸造机的铸模内。对铸模的底部进行水浴冷却，直到使受到间接冷却的铝锭内部达到充分冷却而凝固后，再移到冷却运输机上进行二次直接水冷却。然后把20kg重的成品锭按规定的排列形状自动地堆成垛，在成品运输机上用气动打捆机进行打捆，然后入库。其设备组成如下：

（1）出铝流槽。出铝流槽是为了将从混合炉流出的铝液引向铸造机而设置的，混合炉的出口处设有铝液流量的自动控制装置，为了使铝液在流槽中能顺利流动，将流槽铸有一定的斜度。

流量调节器。在出铝流槽出口和船形浇注流槽间做有流量自动调节器，它是一个浮子杠杆装置，其原理是利用杠杆原理和浮力原理，通过对流量的检测，自动控制出铝流槽出口的大小，从而使铝液流量稳定、均匀。

船形浇铸流槽安装在铸造机的机架上，正常工作情况下，铝液流向分配器。紧急情况下，可在气缸的作用下进行倾翻，使铝液改向，流入铸机侧面的金属容器内，金属容器的容量应大于出铝流槽中全部铝水的体积。

回转分配器是一个圆形的金属构件，通过中心部位设有的轴孔，将其架设在铸造机之上，在铸模的带动下作回转运动。回转分配器可使铝液连续不断、均匀而又平稳地流入铸模。

（2）铸造机。这是一个水平鳞板运输机式的铸造机，来自出铝流槽的铝水经船形浇注流槽和分配器连续不断地注入20kg铝锭铸造机的铸模内，并使之冷却、凝固成型。铸模的底部浸在水里，以达到对铝锭进行间接冷却的目的。铸造机的组成大致可分为铸模、运输、冷却、打印、脱模等几个部分。

（3）铸模。铸模被安装在运输机链条的附件上，是一个接受铝液并使其冷却凝固的容器，它为铸造20kg铝锭所专用。

（4）运输机部分。这是能使链条及安装在链条附件上的铸模作平移运动的装置，运行速度可调，根据铸造机产能的大小、操作者可以通过改变操作盘上的旋钮位置来调整电动机的转速，从而获得在规定范围内的任意铸造速度。传动装置包括调速电动机、减速器和传动链条。

（5）冷却部分。在铸造运输机机架的内部安装有水槽，铸模的底部浸在水面下作平移运动，从而实现了对铝锭的间接冷却。经过澄清冷却水，自厂房外面的冷水池用管道送到铸造机旁，然后又分四处从水槽的底部进入水槽内，对铸模进行冷却。热水经溢流堰流出并汇集于溢流口进入下水道，回到冷水池。

（6）自动打印机部分。自动打印机安装在铸造机的机架上，可以把产品的批号和生产日期的数码打印在铝锭的端头，一次可打出7个数码。打印机由打印头、转臂和气缸三部分组成。浇铸铝锭时，每过一个铝锭，打印一次。

（7）脱模装置。其装置安装在铸造机的头部，由气缸驱动抬起或下落脱模装置的锤击臂，从而带动锤头锤击铸模背后，使铝锭离型。脱锭效果好坏与锤击的力量、锭块在模内的结晶状态和冷却程度有关。每过一个铸模锤击一次。

（8）冷却运输机。从铸造机头部落下来的铝锭，通过接收装置被放到冷却运输机的链条上，然后被拖进水槽，进行直接水冷后再送到堆垛机上进行堆垛。

（9）堆垛机。这是一个将从冷却运输机送来的铝锭按照事先设计好的程序进行堆垛的自动化装置。它可分为牵引、翻转、整列和堆垛等部分。

（10）成品运输机。将一排整齐的铝锭用夹具将其从整列运输机上移放到堆垛运输机上来，按照规定的程序进行堆垛。堆垛运输机实际上是一个链条式的平板运输机。在运输机上每隔一定距离设置一组凸出板面的台，这一凸台既便于夹具的张开，又便于打捆时穿钢带和叉车叉板的插入。整个运输机上共设有 12 个台，在运输机的板面上总会保持有 6 个台，可以同时停放 6 垛铝锭。运输机由摆线减速机作间歇移动。

（11）半自动气动打捆机。气动打捆机安装在堆垛运输机的上方，可沿其工字形轨道移动，能在堆垛运输机的全长范围内工作，但通常情况下是在第二、三、四垛处进行打捆作业，第一垛正在堆入，而第五、六垛已捆好待运，每垛铝锭共 11 层 54 块，沿纵向捆一道，横向捆两道。

气动打捆机由人工操作，将钢带进行拉紧，锁扣和切断由打捆机来完成，当压缩空气变为 0.6MPa 时，将对钢带产生 1kN 的拉力，铝带断面尺寸变为：宽 × 厚 = 32mm × 0.9mm，气动打捆机用钢丝绳吊装在弹簧式的平衡器下面。

（12）液压系统。液压系统由油泵、阀件、接头、软管等组成，性能先进可靠，使用维护方便，系统设有冷却、过滤循环系统等，具有压力、流量调节，过滤器堵塞报警，温度自动控制保护等功能。

17.2.2　铝锭铸造工艺

利用虹吸现象把铝液从抬包中注入混合炉。虹吸现象是由于存在压力差而使高处容器中的液体通过 U 形管流入低处容器中，要使虹吸现象持续发生，就必须使 U 形管内充满液体。虹吸管就是通过压缩空气喷射装置使管内产生负压，在大气压的作用下，使管内充满铝，从而把铝液压入混合炉。

17.2.2.1　重熔用铝锭生产工艺技术

重熔用铝锭生产工艺技术条件如下：
（1）炉温：690～780℃；
（2）浇铸温度：680～750℃；
（3）浇铸速度：40～45Hz；
（4）压缩空气压力：使用压力 0.5MPa；
（5）压缩空气耗量：75m³/h；
（6）冷却水压力：0.25MPa；
（7）冷却水 pH 值：7.6～8；
（8）冷却水温：≤32℃。

17.2.2.2　重熔用铝锭铸造作业

重熔用铝锭铸造作业是将电解槽生产出的液体原铝用真空抬包运至铸造车间后，利用虹吸倒入混合炉进行配料，经过精炼、扒渣、化验分析确定铝液合格后，在铸造机组上冷却、凝固、成型、脱模，经冷却运输机送入冷却水槽中再次冷却，然后进行堆垛、打捆、称重后入库的生产过程。

（1）作业准备。

1）准备好作业设备、工具、材料。

2）穿戴好齐全有效的劳保品。

（2）原铝配料。

1）明确所生产产品化学成分控制标准。

2）根据混合炉内存铝量和炉底化学成分，将符合生产计划的电解原铝液经计算进行排包。

3）按排包顺序进行虹吸入炉配料。

4）扒去铝液表面浮渣，并根据炉内铝液温度进行调温。铝液温度应控制在750℃左右，如铝液温度低，关闭炉门，开启加热装置进行升温；如铝液温度高，加入固体冷料进行降温。如液体配料的杂质成分不能满足生产要求时，要加入中间合金进行固体配料。

5）加入冷料时要确认冷料是否含有水分，如含水分过多，在炉门处烘烤一段时间再将其推入炉门。

6）混合炉铝液铸造完毕后，用扒渣车对混合炉炉内进行扒渣。

7）出铝结束后，打扫现场卫生，工具、虹吸体归位，摆放整齐。

（3）虹吸。

1）根据混合炉内铝液和抬包内铝液杂质含量，将出铝车开到入料混合炉前炉指定位置，并切断混合炉天然气。

2）打开抬包盖和卡子，启动虹吸葫芦，将U形虹吸管吸入管和排出管分别对准抬包口和前炉流口，缓慢下降U形管到离抬包底150mm处，确认无误后，缓慢打开压缩空气阀，将抬包内的铝液吸入混合炉。

3）虹吸结束后，将U形管缓慢提升至离抬包口200~300mm的高度，指挥出铝车撤离混合炉前炉。

（4）开机。

1）分别接通动力电源和控制电源。

2）打开压缩空气总阀。

3）打开液压系统冷却水阀。

4）启动液压系统，使油泵运转。

5）将打印机选择手动工作方式，打印臂抬起。

6）将铸造机置于半自动工作方式，缓慢旋动铸机调速旋钮，运行铸机。

7）船型流槽处于浇铸状态。

8）对船型流槽、分配器和铸模进行预热。

9）浇铸开始，向铸模内注入铝液后方可打开冷却水阀。

10）将堆垛机选择手动工作方式，并调节计数器归零。

11）分别将堆垛机、事故排锭和铸造机选择自动工作方式。

12）当铸模中的铝锭通过打印位置时，将打印机选择为自动工作方式进行打印。

（5）打炉眼。

1）确认各岗位人员是否到位并做好打眼准备。

2）打眼作业应由两人完成，一人搬开压板并用手扶住塞子杆尾部，一人使用大锤向外击打塞子杆。

3）塞子杆拔出后，一人使用塞子杆对炉眼进行清理，将炉眼周围粘铝及堵套碎片清理干净，用塞子杆将炉眼彻底通开；另一人使用泥塞子迅速将炉眼堵住，并调整好出铝流量，压好压板。

4）当流槽内液位下降（或上升）时，使用链板轻轻向外（或向内）敲击泥塞子，将铝液流量调大（或调小），使流槽液位恢复到标准高度。

5）生产过程中，每半小时对流槽内的浮渣清理一次。

6）生产结束后，使用带堵套的塞子杆（带两个堵套）将炉眼堵住，并使用大锤向内击打塞子杆将炉眼堵死。确认炉眼周围无铝液渗出后，将流槽内残铝清理干净，然后用滑石粉浆对流槽进行粉刷。

（6）浇铸、打渣。

1）在流槽出口和船型浇包之间安装好铝水浮漂。

2）当铝液由流槽出口流向船型浇包时，通过调整浮漂杠杆控制流槽出口铝液流量的大小，从而使铝液流量稳定、均匀地流入船型浇包。

3）铝液通过船型浇包流入转动的分配器，并使铝液连续不断、均匀而又平稳地流入铸模。

4）用渣铲打去铝锭表面浮渣及氧化皮，渣铲应从铸模的一边（长边）推过去，从另一边（长边）拉过来，将渣轻磕在渣箱内。

5）控制浇铸温度在720～750℃，浇铸速度在40～45Hz（每小时12～15t），冷却水压在0.25MPa。

6）浇铸过程中时刻保持铸模内铝液面的高度，使铸锭大小一致。

7）浇铸的铝锭应呈银白色，表面不允许有大的积渣和夹渣，不允许有严重的飞边、波纹、气孔和缩孔，不允许有严重的油污，不允许用铁器等硬质工具修饰，不允许有除铝以外的其他金属或非金属夹杂物。

8）生产结束，拆除浮漂并放置在指定位置，用钩子将堵头上的粘铝清理干净。使用塞子杆将分配器内的铝皮拉出，并将分配器导流管内清理干净。将船型浇包清理干净并刷上滑石粉浆。

（7）自动打印。

在浇铸前关闭打印气缸，将带有产品批号和生产日期的打印锤（预装钢字码）分别安装在铸造机两边的打印臂上，开动自动打印开关，每过一块铸锭，分别在铸锭正面打上清晰的产品批号和生产日期。

（8）脱模。

1）开启接收臂，将铝锭大面朝下整齐平稳的摆放在冷运机链条的滑道上。接收臂下放铝锭时，应缓慢放在链条滑道上，不能砸到滑道上。

2）冷运机链条滑道应每隔半小时抹一次黄油。

3）生产过程中如果有不脱模现象，利用手锤轻击铸模边缘，使铝锭脱离铸模。

4）随时观察铸模中的铝锭，发现有铝锭存在严重表面缺陷时，使用坯料钳将其翻转，使其大面朝上。

5）随时注意二次冷却水槽内的铝锭是否拉斜，发现铝锭拉斜时，立即用铝锭钩子将拉斜铝锭扶正。

6）生产完毕后，关闭打印锤开关，关闭一次和二次冷却水阀。

7）待二次冷却水槽内的水自然放空后，清理冷运机水槽内的铝渣及杂物。

（9）冷却运输。热铝锭由冷却运输机拉入冷却水槽进行冷却，对位置不正常的铸锭进行校正。

（10）排锭。确认大面朝上的铸锭，对外观质量不合格的铸锭进行人工排除。

（11）堆垛。

1）观察冷运机水槽内的铝锭是否整齐摆放在冷运机链条上，摆正到达冷运机末端拉锭处时的铝锭，保证铝锭顺利通过翻转器。

2）每半小时对拉锭滑道进行一次润滑。

3）每盘第一层四块铝锭均大面朝上，经过翻转器翻转后，将其在铝锭支架滑道摆整齐。

4）将一排整齐的铝锭用夹具将其从整列架上移放到堆垛运输机上，按照设定的程序进行堆垛。

5）生产过程中，油泵降温循环水必须保持在打开状态。

6）生产结束后，将液压站油泵停止，将废品叉运至炉台，打扫现场卫生。

（12）打捆。打捆机安装在堆垛运输机的上方，可沿其工字形轨道移动，能在堆垛运输机的全长范围内工作。铝锭打捆形式采用"井"字形。

1）打捆前应首先确认铝锭堆垛是否整齐。

2）第一堆垛处铝锭堆垛完成后，自动进入到第二堆垛处，沿运输机横向（与第一层铝锭垂直）打两道。

3）横向打捆完成后，沿运输机纵向再打两道。

4）打捆结束后，要仔细检查钢带松紧度，保证铝锭在运输过程中不散捆。

5）如果打捆较松，应将钢带剪断，重新打捆。

6）生产结束后，应将废钢带砸成片，堆放到指定位置，并将现场卫生打扫干净。

7）每捆铝锭共 11 层 54 块，每捆质量应在 972～1100kg，打好捆的铝锭应美观、整齐。

（13）铝锭下线。铝锭打捆完毕后，进行下线作业。

（14）关机。

1）停止冷却水泵。

2）停止铸造机。

3）停止堆垛。

4）停止油泵。

5）将铸造机、堆垛机、打印机选择手动工作方式。

6）切断控制电源、动力电源、压缩空气。

（15）成品检验、入库。成品铝锭在铝锭暂存区摆放要横平竖直、规范有序。待化验结果出来后，贴上合格证，检斤入库。

17.3　圆锭铸造工艺及设备

17.3.1　气滑圆锭铸造生产线构成

气滑圆锭铸造生产线主要设备有熔炼炉、液压倾翻保温炉、桥式天车、WAGSTAFF 气滑圆锭铸造机（包含 1 套液压柱塞系统、1 套循环水控制系统、1 套油气控制系统、1 套自动控制系统、1 套 SCADA 主机）。生产线所有设备全部采用以太网技术进行联网。另外，附属设备有制氮机、空压机、冷干机、自动圆锯床、在线除气装置、过滤箱等。

17.3.2　气滑圆锭铸造工艺流程

气滑圆锭铸造工艺流程：电解原铝→入炉→配料→精炼→扒渣→转炉倒料→调温静置→浇铸→吊运→锯切→打捆→检斤→标识→入库。其关键工序介绍如下：

（1）配料。配料计算是根据合金的加工性能和使用性能的要求，控制合金的成分和杂质，确定各种炉料品种及配料比，从而计算出每炉的全部投料量，它是决定合金产品质量和成本的重要环节。

1）配料要点。

① 配料计算和备料应准确无误。

② 按照不同类型的合金和不同规格的铸锭对化学成分和杂质含量的要求进行配料，可有效的避免铸锭裂纹。

③ 采用干净适宜的炉料可改善铸锭的组织状态，纯洁度和工艺塑性。

④ 在保证铸锭的化学成分和性能的前提下，尽可能多的使用低品位铝、可代用新铝的废料、外厂废料等，可显著降低生产成本。

2）配料基本程序。

① 明确产品牌号和基本要求。

② 确认每包原铝及回炉固体冷料的质量和杂质含量。

③ 根据电解槽出铝指示量与原铝预分析报告，计算入炉原铝的成分及加入冷料成分。待铝液完全混合搅拌后取分析试料。

④ 对杂质含量高的电解原铝优先入炉，便于杂质在铝液中均匀分布。

3）配料计算的原则。

① 铁、硅含量相差较大时，按大者进行计算，再核算另一个及总和。

② 铁、硅含量相近时，可以总和为计算标准，再核算大者。

③ 配料时，若要提高产品的品位，则加入高品位的固体冷料；降低品位时，加入低品位固体冷料。

（2）熔炼。

1）工作前检查混合炉运转是否良好，并确认入料时炉温。

2）配料前先确定配料标准，查看炉内铝液量（如果炉内有铝液，要取样做炉前分析以备配料参考），并做好配料前的准备工作。

3）确认配料锭含量，严格按照配料标准配料，防止发生变料。

4）混合炉入满后，根据炉底化学成分及入铝量，计算后加入配料所需的合金锭及镁锭。

5）将炉内铝液充分搅拌，做到化学成分均匀，搅拌时必须将混合炉断电或断气。

（3）转炉倒料。经取样分析确认配料、铝液温度达到要求可进行转炉。通过流槽将铝液从熔炼炉转至倾动炉。

1）检查确认流槽及倾动炉畅通。

2）对流槽进行预热。

3）打开熔炼炉出铝口放出铝液，控制适当的铝液流量。

4）观察铝液流动情况及倾动炉状况，当倾动炉快满时，堵住熔炼炉出口。

5）倾动炉不准接料过满，至少要留出 3 ~ 5t 容量。

6）清理流槽残铝，转炉结束。

（4）铝液净化。炉内处理：

1）精炼温度：720 ~ 760℃。

2）精炼时间：20 ~ 40min。

3）精炼剂用量：2 ~ 3kg/吨铝。

4）精炼结束 10min 后除去表面浮渣。

5）熔炉温度 720 ~ 850℃，炉前分析合格后方可倒料。

6）铝水倒入倾翻炉后再进行二次精炼，精炼完后用氮气在炉内均匀吹 10 ~ 20min 进行除气。精炼时氮气流量不要开得太大，精炼剂要缓慢均匀打入铝熔体内，确保精炼均匀。精炼所用氮气压力必须达到 0.3MPa 以上，氮气纯度要求 99.99% 以上。炉内取化学试样时要确保炉料均匀，取料点均匀。扒渣前 10min，必须在铝液表面均匀覆盖低温除渣剂。

7）配料、扒渣工作结束后必须将铝液静置 20 ~ 40min。浇注前炉内铝液温度控制在 715 ~ 725℃。

（5）浇铸。铸造前对分流盘、流槽、过滤箱进行预热，确保全部流槽、金属传感器设备和液流控制装置干燥。检查冷却水流量和结晶器喷水分布状况，确保每个结晶器和圆棒都足够的冷却。选择并核实自动化系统相应品种规格的铸造工艺参数菜单。

1）引锭头的顶部低于铸造环底部 0 ~ 3mm，确认顶板是否飘移。

2）更换准备足够用量的普通铝钛硼丝，并检查安装到位。

3）浇铸前流槽内放置 10 ~ 20kg 普通级铝钛硼丝铺底（将铝钛硼丝切成 2 ~ 3m 长线杆平放在流槽内 10 ~ 15 根）。

4）正确安装泡沫结构板，确保安装牢固，无缝隙、无破损，并加热过滤板 30min。

5）铸造前，升起顶板，用压缩空气吹干净引锭头上的水和杂物，在每个引锭头上喷上植物油。

6）引锭头必须洁净，无裂纹和锈蚀。

7）浇铸铝液温度控制在 690 ~ 700℃。

8）浇铸进入稳态后不得在流槽、过滤箱、浇铸盘面铝液中随意搅动、捞渣或加入其他物质。

9）流槽内取化学试样时必须保证足够深度，打去表面氧化膜。

10）浇铸结束后对圆锭进行 10min 冷却。

11）排干平台冷水腔中存水。

12）立起铸造平台，确保平台立起到位。

13）将顶板上升，使成型圆锭上部高出井口 1.5~2m。

14）检查圆锭吊具，确保各部位紧固。

15）将吊环寇在圆锭上端 1m 处，指挥天车起吊。

16）将圆锭平放至圆锭锯床平台上，等待锯切。

（6）锯切打捆。

1）开机前检查圆锯床是否正常，检查圆锯片是否有裂纹或掉齿。

2）严格执行锯切要求，锯切长度符合规定（一般要求 +5~+7mm）。

3）锯口光滑，棒子不允许有毛刺、飞边和油污、明显印记。

4）打捆符合打捆规定，钢带必须打紧，间距保持均匀。

5）宏观分析切片必须按照规定，在任意棒锭中切取，锭头、锭尾各取一片。

6）一般情况下，锭头切去长度不得少于 300mm，锭尾切去长度不得少于 200mm。

17.4 扁锭铸造生产工艺及设备

近年来，各生产厂家逐步采用国际上先进的 WAGSTAFF 低液位扁锭铸造技术和国内最先进的连铸连轧铸造技术，以达到节能、环保和提高经济效益的多重功效。

17.4.1 扁锭铸造生产线构成

扁锭铸造生产主要设备有熔炼炉、液压倾翻保温炉、桥式天车、美国 WAGSTAFF 扁锭铸造机（包含 1 套液压柱塞系统、1 套循环水控制系统、1 套油气控制系统、1 套自动控制系统、1 套 SCADA 主机）。生产线所有设备全部采用以太网技术进行联网。另外，附属设备有制氮机、空压机、冷干机、高速铝扁锭锯床、悬臂吊、在线除气装置、过滤箱等。

17.4.2 扁锭铸造工艺流程

扁锭铸造生产工艺流程：电解原铝→入炉→配料→精炼→扒渣→转炉倒料→调温静置→浇铸→吊运→锯切→打捆→检斤→标识→入库。其关键工序介绍如下：

（1）配料。配料计算是根据合金的加工性能和使用性能的要求，控制合金的成分和杂质，确定各种炉料品种及配料比，从而计算出每炉的全部投料量，它是决定合金产品质量和成本的重要环节。

1）配料要点。

① 配料计算和备料应准确无误。

② 按照不同类型的合金和不同规格的铸锭对化学成分和杂质含量的要求进行配料，可有效的避免铸锭裂纹。

③ 采用干净适宜的炉料可改善铸锭的组织状态，纯洁度和工艺塑性。

④ 在保证铸锭的化学成分和性能的前提下，尽可能多的使用低品位铝、可代用新铝的废料、外厂废料等，可显著降低生产成本。

2）配料基本程序。

① 明确产品牌号和基本要求。

② 确认每包原铝及回炉固体冷料的质量和杂质含量。

③ 根据电解槽出铝指示量与原铝预分析报告，计算入炉原铝的成分及加入冷料成分。待铝液完全混合搅拌后取分析试料。

④ 对杂质含量高的电解原铝优先入炉，便于杂质在铝液中均匀分布。

（2）熔炼。

1）工作前检查熔炼炉运转是否良好，并确认入料时炉温。

2）配料前先确定配料标准，查看炉内铝液量（如果炉内有铝液，要取样做炉前分析以备配料参考），并做好配料前的准备工作。

3）电解原铝在出铝抬包内捞渣，防止浮渣、电解质入炉。

4）确认配料锭含量，严格按照配料标准配料，杜绝变料。

5）混合炉入满后，根据炉底化学成分及当班入铝量，计算后加入配料所需的钛剂、铁剂、铬添加剂及镁锭。

6）将炉内铝液充分搅拌，做到化学成分均匀，搅拌时必须将混合炉断电或断气。

（3）转炉倒料。

1）经取样分析确认配料、铝液温度达到要求可进行转炉。通过流槽将铝液从熔炼炉转至倾动炉。

2）检查确认流槽及倾动炉畅通。

3）对流槽进行预热。

4）打开熔炼炉出铝口放出铝液，控制适当的铝液流量。

5）检查铝液流动及倾动炉状况，当倾动炉快满时，堵住熔炼炉出口。

6）倾动炉不准接料过满，至少要留出 3~5t 容量。

7）清理流槽残铝，转炉结束。

（4）铝液净化。

1）炉内处理：

① 精炼温度：720~760℃。

② 精炼时间：20~40min。

③ 精炼剂用量：2~3kg/吨铝。

④ 精练结束 10min 后除去表面浮渣。

⑤ 熔炉温度 720~850℃，炉前分析合格后方可倒料。

⑥ 铝水倒入倾翻炉后再进行二次精炼，精炼完后用氮气在炉内均匀吹 10~20min 进行除气。

2）扁锭精炼必须使用无钠精炼剂，钠含量必须控制在 0.0003% 以下。

3）精炼时氮气流量不要开得太大，精炼剂要缓慢均匀打入铝熔体内，确保精炼均匀。

4）精炼所用氮气压力必须达到 0.3MPa 以上，氮气纯度要求 99.99% 以上。

5）炉内取化学试样时要确保炉料均匀，取料点均匀。

6）扒渣前10min，必须在铝液表面均匀覆盖低温除渣剂。

7）配料、扒渣工作结束后必须保温静置铝液20~40min。

8）浇注前炉内铝液温度控制在715~725℃。

（5）浇铸。

1）铸造前对分配流槽预热，确保全部流槽、金属传感器设备和液流控制装置干燥。

2）检查冷却水流量和结晶器喷水分布状况，确保每个结晶器都足够的冷却。

3）选择并核实自动化系统相应品种规格的铸造工艺参数菜单。

4）更换准备足够用量的特级铝钛硼丝，并检查安装到位。浇铸前流槽内放置10~20kg铝钛硼丝铺底。

5）正确安装泡沫结构板，确保安装牢固，无缝隙、无破损，并加热过滤板30min。

6）检查、清理分配流槽、浇管，确保畅通无杂物和凝铝，并检查预热控制销。

7）正确安装分配袋。

8）对结晶器石墨环打铸造用油，保持15~20min，擦拭干净，重复该步骤三次。

9）铸造前，升起顶板，用压缩空气吹干净引锭头上的水和杂物，在每个引锭头上喷上植物油。

10）引锭头必须洁净，无裂纹和锈蚀，结晶器漏水孔水网必须畅通。

11）对中引锭头和结晶器，将引锭头上升至石墨环以下5~10mm位置。

12）检查在线除气温度，确保在710~730℃。

13）检查液态氩气压力、供气管路、石墨转子、电气操作是否正常。

14）测氢仪气瓶充满高纯氮气，要求压力10MPa以上，纯度99.999%。

15）正确安装测氢探头和测氢仪热电偶。

16）浇铸铝液温度控制在680~695℃。

17）扁锭铸造下降正常后，将在线除气打到自动控制，打开液态氩供气开关和增压阀门，使压力达到800~1600kPa，使石墨转子开始下降，预热2~3min后进入铝液进行除气。

18）在铝液表面预热测氢仪探头10min，打去铝液表面浮渣，打开吹洗，将测氢仪探头垂直探入铝液。

19）正确设置合金系列，开始测氢，要求氢含量小于0.15mL/100gAl。

20）流槽内取化学试样时必须保证足够深度，打去表面氧化膜。

21）浇铸进入稳态后不得在流槽、过滤箱、扁锭铝液表面随意搅动、捞渣或加入其他物质。

22）浇铸结束后必须确保扁锭有足够的冷却时间，一般设定为10min。

23）下降铸造顶板，使扁锭离开结晶器，等平台冷水盘腔内水排干后打开翻起铸造平台，确保平台翻起到位。上升顶板，使扁锭上端高出铸井井口1~1.5m。

24）检查专用吊具的机械系统、液压系统是否完好，并吊出扁锭。

25）将扁锭平放在平台上等待锯切。

（6）锯切。

1）严格执行锯切要求，锯切长度符合规定（+5 ~ +7mm）。

2）锯口光滑，扁锭不允许有毛刺、飞边和油污、明显印记。

3）宏观分析切片必须按照规定，在任意扁锭中切取，锭头、锭尾各取一片。锭头切去长度不得少于300mm，锭尾切去长度不得少于200mm。

4）切口必须与铸锭纵向中心线垂直。

17.5　电工圆铝杆铸造工艺及设备

17.5.1　连铸连轧机生产线构成

连铸连轧机生产线由熔炼炉、保温炉、连续浇铸机、校直牵引机、液压剪、工频加热器、连轧机、收线装置、电控系统等组成。

17.5.2　连铸连轧机工艺

连铸连轧机工艺流程：电解原铝→入熔炼炉→配料→精炼→扒渣→保温炉→调温静置→轧制→打捆→检斤→标识→入库。

17.5.2.1　工艺技术条件标准

（1）直径偏差、不圆度：见表17-1。

表17-1　电工圆铝杆直径偏差、不圆度（GB/T 3954—2008）

直径/mm	偏差、标准直径/%	不圆度[①]
7.9 ~ 9.0	±5	0.6
>9.0 ~ 11.0	±5	0.9
>11.0 ~ 14.0	±5	0.9
>14.0 ~ 17.0	±5	1.0
>17.0 ~ 22.0	±5	1.0
>22.0 ~ 25.0	±5	1.2

① 不圆度为电工圆铝杆垂直于轴线的同一截面上测得的最大和最小直径之差。

（2）配料标准：$Si \leqslant 0.10\%$；$Fe \leqslant 0.25\%$。

（3）炉温：680 ~ 800℃。

（4）粉末精炼剂用量：每吨铝2 ~ 6kg。

（5）精炼时间：20 ~ 40min。

（6）静置时间：20 ~ 40min。

17.5.2.2　连铸连轧生产操作标准

（1）配料操作标准。

1）配料依据：生产任务；出铝任务单；原铝分析单；混合炉炉底Fe、Si含量；混合炉存料量；配料用固体添加物中Fe、Si含量。

2）配料计算：

$$G = \frac{A - B}{C - A} W \tag{17-1}$$

式中　A——配料要求达到的杂质含量,%；

　　　　B——原铝液中的杂质含量,%；

　　　　C——配料用固体添加物中的杂质含量,%；

　　　　W——原铝液质量,kg。

一般需要将杂质铁和硅同时考虑,但如果其中一项杂质含量比另一项杂质含量大得多,小的一项对配料影响可忽略不计,只计算大的一项。

3) 配料步骤:

① 工作前检查混合炉运转是否良好,并确认炉底化学成分。

② 根据生产计划及原铝情况,将符合连铸连轧机生产要求的原铝进行排包。

③ 准备好配料和降温用的铝锭,并将固体铝的品位、块数、质量及熔炼号记录下来。

④ 将每包铝的浮渣捞干净后倒入混合炉内。

⑤ 混合炉入满后,将铝液搅拌,做到化学成分均匀。

⑥ 取试样进行炉前分析,调整化学成分在规定的范围内。

⑦ 将准备好的粉末精炼剂罐通入氮气,通过氮气压力将粉末精炼剂打入铝液中不断地搅动,将炉内四角精炼好。

⑧ 精炼完后,扒去铝液浮渣。

⑨ 及时调整混合炉温度,并保持在规定的范围内。

⑩ 按规定静置铝液。

⑪配料结束后,整理现场,并填写记录。

(2) 连铸连轧工艺技术条件标准。

1) 炉温: 680~800℃。

2) 浇铸温度: 660~780℃。

3) 冷却水压: 0.01~0.40MPa。

4) 冷却水温: 40℃以下。

5) 乳液温度: 30~75℃。

6) 浇铸速度: 450~900r/min。

7) 轧机速度: 300~480/0.20~0.50V/kA。

8) 入轧温度: 420~600℃。

9) 力学性能和电性能符合表17-2和表17-3的要求。

表17-2　电工圆铝杆力学性能和电性能 (GB/T 3954—2008)

材料牌号	型号	状态	抗拉强度/MPa	伸长率/% (不小于)	电阻率(20℃) /nΩ·m(不大于)
1B97　1B95	B	O	35~65	35	27.15
1B93　1B90	B_2	H14	60~90	15	27.25
1A60	A	O	60~90	25	27.55
	A_2	H12	80~110	13	27.85
	A_4	H13	95~115	11	28.01
	A_6	H14	110~130	8	28.01
	A_8	H16	120~150	6	28.01

表 17-3　电工圆铝杆力学性能和电性能（GB/T 3954—2008）

材料牌号	型号	状态	抗拉强度/MPa	伸长率/%（不小于）	电阻率（20℃）/nΩ·m(不大于)
1R50	RE-A	O	60 ~ 90	25	27.55
	RE-A₂	H12	80 ~ 110	13	27.85
	RE-A₄	H13	95 ~ 115	11	28.01
	RE-A₆	H14	110 ~ 130	8	28.01
	RE-A₈	H16	120 ~ 150	6	28.01
6101	C①	T4	150 ~ 200	10	35.00
6201	D①	T4	160 ~ 220	10	36.00

① 自然时效 7 天以上检测。

10）每卷质量：电工圆铝杆应成卷供货，大卷大于 1000kg，小卷为 300 ~ 1000kg。

11）电工圆铝杆大卷每卷不超过 2 根，小卷每卷应为 1 根，不允许焊接或扭接。

（3）连铸连轧操作标准。

1）启动铸机进行空载联动，检查铸机是否运转正常。

2）检查铸机是否有异音，检查压辊、钢带、擦水器、脱模铲安装是否可靠，冷却水管是否畅通。

3）启动液压剪，检查是否正常。

4）安装中间包和浇包，并在中间包内安装过滤板，中间包下安装导流管。

5）每班必须用水砂纸或锉刀将结晶轮铸腔变形部分进行打磨修复。

6）安装天平浮子，用天然气预热中间包和浇包。

7）打开内外冷却水，使水压表显示在规定范围内。

8）打开炉眼，放下长流槽，使铝水放入台包内，将温度控制到 650℃ 以上，堵住中间包流眼，抬起长流槽。

9）缓慢调整天平浮子，使铝水稳定进入结晶轮铸腔，此时缓慢启动铸机，待浇铸正常后，将铸速调至规定范围之内。

10）在浇铸过程中，及时调整各项工艺参数，使之达到工艺标准，铸出合格的坯料。

11）浇铸出的坯料不得有飞边、毛刺、裂纹，在浇铸时不要欠充。

12）用坯料钳扶正坯料，经引桥后进行剪切坯料。

13）坯料入轧前，先进行连续剪切，剪掉的坯料长度不得小于 3m。

14）将坯料温度控制到规定范围后，用坯料钳将坯料缓慢送入轧机，此时启动绕线电机，并置于一定旋转速度。坯料有飞边和毛刺时，要用刮刀刮掉。

15）坯料入轧时，轧机速度不可太快，待铝线出现在料框时方可将速度调至正常。

16）在轧制时注意铸机速度与轧机速度的配合，保持速度平稳。

17）当坯料有裂纹时，要启动液压剪将其剪去，严禁将有裂纹的坯料入轧。

18）在轧制过程中，及时测量入轧温度、出轧温度及乳液温度，使之保持在规定的范围内。

19）及时调整绕线和料框距离，使它们处于同心。

20）给穿线管加黄油时，添加量不得少于管径的 1/3。

21）交换料框时，调整好绕线直径，快速启动小车，剪断两料框间的铝线。

22）对铝线进行打印、取料。

23）每盘铝线不允许超过两个断头。

24）每盘铝线按四等分打四道钢带，并吊放在规定区域堆放整齐。

25）轧出的铝圆杆直径和直径偏差要符合规定，不得有错圆、飞边、裂纹、扭结及其他对使用有害的缺陷。

26）生产过程中每盘产品测量两次（每盘起轧的 10%、60% 位置）工艺技术条件并记入工艺参数记录表中。

27）轧制结束后，将轧机乳液、油泵关闭，并切断外围电、气、水、油动力源。

28）打扫现场卫生，将轧机设备擦拭干净。

17.6 铝母线（铝排）铸造工艺及设备

铝母线（铝排）铸造是将电解槽生产出的液体原铝用真空抬包运至铸造车间后，利用虹吸倒入混合炉进行配料，经过精炼、扒渣、化验分析确定铝液合格后，经出铝流槽流入中间包，再经导流板导流到结晶器内冷却结晶，在拉坯机的牵引下，铝母线连续不断地从结晶器内结晶成型的过程。目前，铝母线生产设备为 SBE800 同水平横向母线铸造机组。该机组由出铝流槽、加丝装置、中间包、导流板、结晶器、拉坯机、冷却水系统、同步锯组成。其特点是：（1）连续生产；（2）工艺流程简单，投资少，见效快；（3）不受几何形状限制，可以生产任何规格截面的产品；（4）配备有同步锯，可在连续生产的情况下，切割成任意长度；（5）切头废品少，生产效率高。

17.6.1 铝母线铸造工艺流程

铝母线铸造生产工艺流程如图 17-1 所示。

17.6.2 铝母线生产工艺技术条件

（1）炉温：750~800℃。

（2）浇铸温度：730~760℃。

（3）铸造速度：100~500mm/min。

（4）冷却水压力：0.20~0.3MPa。

（5）化学成分：执行表 17-4 铝母线化学成分标准。

表 17-4 铝母线化学成分

牌 号	Al (不小于)	化学成分（质量分数）/%								
		杂质（不大于）								
		Fe	Si	Cu	Ga	Mg	Zn[a]	Mn	其他每种	总和
Al99.7E[b,c]	99.70	0.20	0.07	0.01	—	0.02	0.04	0.005	0.03	0.30
Al99.6E[b,d]	99.60	0.30	0.10	0.01	—	0.02	0.04	0.007	0.03	0.40

牌　号	Al （不小于）	化学成分（质量分数）/%								
		杂质（不大于）								
		Fe	Si	Cu	Ga	Mg	Zn[a]	Mn	其他每种	总和
1070-1	99.70	0.15	0.10	0.01	0.03	0.02	0.03		0.03	0.30
1070-2	99.70	0.15	0.10	0.01	0.03	0.02	0.03		0.03	0.30

注：1. 铝质量分数为 100% 与表中所列有数值要求的杂质元素实测值及等于或大于 0.010% 的其他杂质总和的差值，求和前数值修约至与表中所列极限数位一致，求和后将数值修约至 0.0X% 再与 100% 求差。

2. 对于表中未规定的其他杂质元素含量，如需方有特殊要求时，可由供需双方另行协议。

3. 分析数值的判定采用修约比较法。数值修约规则按 GB/T8170 的有关规定进行，修约数位与表中所列极限数值一致。

  a. 若铝锭中杂质锌含量不小于 0.010% 时，供方应将其作为常规分析元素，并纳入杂质总和；若铝锭中杂质锌含量小于 0.010% 时，供方可不作常规分析，但应监控其含量。

  b. Cd、Hg、Pb、As 元素，供方可不作常规分析，但应监控其含量，要求 $w(Cd + Hg + Pb) \leqslant 0.0095\%$，$w(As) \leqslant 0.009\%$。

  c. $w(B) \leqslant 0.04\%$；$w(Cr) \leqslant 0.004\%$；$w(Mn + Ti + Cr + V) \leqslant 0.020\%$。

  d. $w(B) \leqslant 0.04\%$；$w(Cr) \leqslant 0.005\%$；$w(Mn + Ti + Cr + V) \leqslant 0.030\%$。

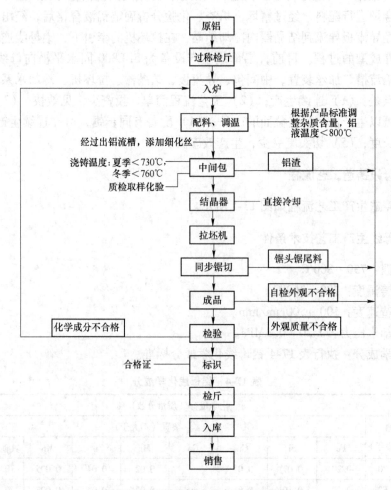

图 17-1　铝母线铸造生产工艺流程图

17.6.3 质量要求

（1）铝母线的内部组织应致密、均匀，无裂纹、气孔、夹杂等缺陷。铝母线表面不应有明显的油污、外伤等。

（2）铝母线横向明显冷隔长度应小于10mm，宽度应小于1mm，深度应小于1.5mm，不允许有横向裂纹，纵向裂纹（沿电流方向）宽度不得超过1mm。当母线长度≤5000mm时，裂纹长度不得超过300mm；当母线长度＞5000mm时，裂纹长度应小于母线长度的10%，且不大于1200mm，每根铝母线纵向裂纹不多于2处。

（3）铝母线尺寸偏差及要求应符合下列规定。

1）高、宽尺寸允许偏差为±3mm。

2）长度允许偏差为0～20mm。

3）铝母线应平直，不得有急剧折弯。直线度允许偏差为每米±3mm，全长为±15mm。

4）铝母线不应有扭曲，其平面度允许偏差为±3mm，全长为±15mm。

17.7 铝及铝合金铸锭均匀化与加工

17.7.1 均匀化退火的目的

均匀化退火的目的是铸锭中的不平衡共晶组织在基体中分布趋于均匀，过饱和固溶元素从固溶体中析出，已达到消除铸造应力的目的，提高铸锭塑性，减小变形抗力，改善加工产品的组织和性能。

17.7.2 均匀化退火对铸锭组织与性能的影响

产生非平衡结晶组织的原因是结晶时扩散过程受阻，这种组织在热力学上是亚稳定的，若将铸锭加热到一定温度，提高铸锭内能，使金属原子的热运动增强，不平衡的亚稳定组织逐渐趋于稳定组织。均匀化退火的过程实际上就是相的溶解和原子的扩散过程。空位迁移是原子在金属和合金中主要的扩散方式。

均匀化退火时，原子的扩散主要是在晶内进行的，使晶内化学成分均匀。它只能消除晶内偏析，对区域偏析影响很小。由于均匀化退火是在不平衡固相线或共晶线以下温度中进行的，分布在铸锭各晶粒间的不溶物和非金属夹杂缺陷，不能通过溶解和扩散过程消除，所以，均匀化退火不能使合金中基体晶粒形状发生明显变化。在铸锭均匀化退火过程中，除原子扩散外，还伴随着组织上的变化，即富集在晶粒和枝晶边界上可溶解的金属间化合物和强化相的溶解及扩散，以及过饱和固溶体的析出和扩散，从而使铸锭组织均匀，加工性能得到提高。

17.7.3 均匀化退火的温度和时间

17.7.3.1 温度

均匀化退火基于原子扩散运动。根据扩散第一定律，单位时间通过单位面积的扩散物质（J）正比于垂直该截面 X 方向上该物质的浓度梯度，即：

$$J = -D\partial C\partial X \tag{17-2}$$

扩散系数 D 与温度的关系可用阿伦尼乌斯方程表示，即：

$$D = D_0 \exp(-Q/RT) \tag{17-3}$$

此式表明，温度升高将使扩散程度大大增加，因此为了加速均匀化过程，应尽可能的提高均匀化退火温度。通常采用的均匀化退火温度为 $0.9 \sim 0.95 T_m$，T_m 表示铸锭实际开始融化温度，它低于平衡相图上的固相线。

17.7.3.2　保温时间

保温时间基本取决于非平衡相溶解及晶内偏析所需的时间，由于这两个过程同时发生，故保温时间并非此两过程所需时间的代数和。实验证明，铝合金固溶体成分充分均匀化的时间仅稍长于非平衡相完全溶解的时间。多数情况下，均匀化完成时间可按非平衡相完全溶解的时间来估算。

非平衡相在固溶体中溶解时间（t_s）与相的平均厚度（m）之间有下面经验关系：

$$t_s = am^b \tag{17-4}$$

式中，a、b 为系数，依均匀化温度及合金成分而改变。对铝合金，指数 b 为 $1.5 \sim 2.5$。

随着均匀化过程的进行，晶内浓度梯度不断减小，扩散的物质量也会不断的减少，从而使均匀化过程有自动减缓的倾向。

17.7.3.3　加热速度及冷却速度

加热速度的大小以铸锭不产生裂纹和不发生大的形变为原则。冷却速度值得注意，例如，有些合金冷却太快会产生淬火效应，而冷却过慢又会析出较粗大的第二相，使加工时易形成带状组织，固溶处理时难以完全溶解，因此减小了时效强化效应。对生产建筑型材 6063 合金，最好进行快速冷却或在水中直接冷却，这样有利于阳极氧化着色处理时获得均匀的色调。

17.7.4　常见的均匀化要求

表 17-5 和表 17-6 列出了工业上常用的铝合金铸锭均匀化退火要求。

表 17-5　铝合金扁锭均匀化退火要求

合金牌号	厚度/mm	制品种类	金属温度/℃	保温时间/h
2A11、2A12、2017、2024、2012、2A14	200 ~ 400	板材	485 ~ 495	15 ~ 25
2A06	200 ~ 400	板材	480 ~ 490	15 ~ 25
2219、2A16	200 ~ 400	板材	510 ~ 520	15 ~ 25
3003	200 ~ 400	板材	600 ~ 615	5 ~ 15
4004	200 ~ 400	板材	500 ~ 510	10 ~ 20
5A03、5754	200 ~ 400	板材	455 ~ 465	15 ~ 25
5A05、5083	200 ~ 400	板材	460 ~ 470	15 ~ 25
5A06	200 ~ 400	板材	470 ~ 480	36 ~ 40
7A04、7075、7A09	300 ~ 450	板材	450 ~ 460	35 ~ 50

表 17-6 铝合金圆锭均匀化退火制度

合 金 牌 号	厚度/mm	铸锭种类	制品名称	金属温度/℃	保温时间/h
2A02		实心、空心	管、棒	470～485	12
2A04、2A06		所有	所有	475～490	24
2A11、2A12、2A14		空心	管	480～495	12
2017、2024、2014		实心	锻件变断面	480～495	10
2A11、2A12、2017	$\phi 142～290$	实心		480～495	8
2024	$<\phi 142$		要求均匀化	480～495	8
2A16、2219	所有	实心	型、棒、锻	515～530	24
2A10	所有	实心	线	500～515	20
3A21	所有		空心管、棒	600～620	4
4A11、4032、2A70、2A80、2A90、2218、2618	所有		棒、锻	485～500	16
2A50	所有	实心	棒、锻	515～530	12
5A02、5A03		实心	锻件	460～475	24
5A05、5A03、5B06、5083		实心、空心	所有	460～475	24
5A12、5A13		实心、空心	所有	445～460	12
6A02		实心、空心	锻件、棒	525～540	12
6A02、6063		实心、空心	管、棒、型	425～540	12
7A03	实心		线、锻	450～465	24
7A04			锻、变断面	450～465	24
7A04	实心、空心		管、型、棒	450～465	12
7A09、7075	所有		管、型、棒	455～470	24
7A10	$>\phi 400$		管、型、棒	455～470	24

17.7.5 铸锭机械加工

铸锭机械加工的目的是消除铸锭表面缺陷，使其成为符合尺寸和表面状态要求的铸坯，它包括锯切和表面加工。

17.7.5.1 锯切

通过熔铸生产出的方、圆铸锭多数情况不能直接进行轧制、挤压、锻造等加工。一方面是由于铸锭头尾组织存在很多硬质点和铸造缺陷，对产品质量和加工安全有一定的影响；另一方面受加工设备和用户需求的制约，因此锯切是机械加工的首要环节。锯切的内容有切头、切尾、切毛皮、取试样等，如图17-2所示。

（1）扁锭锯切。根据热轧产品的质量要求，对扁锭的头尾有三种处理方法：

1）对于表面质量要求不高的产品，可以保留铸锭头尾原始形状，即热轧前不对铸锭头尾作任何处理，以最大限度的提高成材率，降低成本。

2）对表面质量要求较高的产品，如5052、2A12等普通制品以及横向轧制的坯料应将铸锭底部圆头部分或铺底纯铝切掉，浇口部的锯切长度根据合金特性和产品质量要求而异，但至少要切掉浇口部的收缩部分。

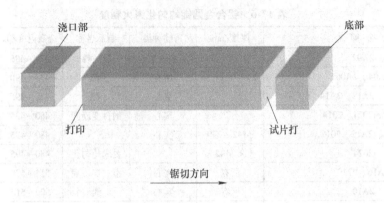

图 17-2　扁锭锯切示意图

3）表面质量要求极高的产品，如 PS 板基料、铝箔毛料、3104 制罐料探伤制品等应加大切头、切尾的长度，一般浇口部分应切掉 50～150mm，底部应切掉 150～300mm，确保最终产品质量要求和卷材质量。

如今大型铝加工熔铸设备都向铸锭的宽度和长度进行发展，以最大限度的提高铸造生产效率和产品率，减少头、尾锯切损失。因此，一根铸锭就有可能组合了两个或两个以上的毛坯，在切去头尾的同时还需根据轧制设备的工作参数和用户的需求，对毛坯进行锯切，毛坯锯切过程中应满足三个基本要素：

1）切掉铸锭上不能修复的缺陷，如裂纹、拉裂、成层、夹杂、弯曲、偏析等。

2）按长度要求锯切，严格控制在公差范围内。

3）切斜度符合要求。

部分扁锭锯切规定见表 17-7。

表 17-7　部分扁锭锯切规定

合　　金	规格厚度/mm	切头/mm	切尾/mm	长度公差/mm	斜切度/mm	齿痕深度/mm
2A12、7A04 等普通制品	400	≥120	≥180	±5	10	≤2
7A52、2D70、7B04 等探伤制品	400	≥120	≥300	±5	10	≤2
软合金	所用	≥80	≥150	±5	10	≤2

大多数铝合金扁锭，在锯切加工中不需要切去试片进行分析，但随着高质量产品的需求，同时也为了轧制前及时发现不合格的铸锭，减少损失，越来越多的制品在锯切工序进行试片切取，根据不同要求进行低倍、显微疏松、高倍晶粒度、氧化膜等检查。试片的锯切部位一般选择在铸锭的底部端，试片的切取厚度通常按照下列要求进行：

1）低倍试片厚度为（25±5）mm。

2）氧化膜试片厚度为（55±5）mm。

3）显微疏松、高倍晶粒度、固态测氢试片厚度约 15mm。

一根铸锭中同时有多个试验要求时，可在一块试片中取样，不用重复切取。试片切取后应及时打上记印，记印的编号应与相连的毛坯一致，便于区别，确保试验结果有效。

（2）圆锭锯切。与扁锭一样，圆锭头尾组织存在很多铸造缺陷，因此需要经过锯切将头尾切掉。与扁锭加工有一定差别的是，一个圆锭一般需要加工多个毛坯，并且在试片切取方面有更多的要求。圆铸锭的锯切一般从浇口部开始，顺序向底部进行，浇口部、底部的切除及试片取切量根据产品的规格、制品的用途以及用户的要求而有所区别。

由于圆锭在铸造过程中液体流量小，铸造时间长，可能产生更多的铸造缺陷，因此对试片的切取有严格的要求。一般试片包括低倍试片、氧化膜试片、固态测氢试片等。

对低倍试片的要求：

1）所有不大于 250mm 的纯铝及部分 6×××系列小圆锭，可按窝切取低倍试片。

2）7A04、7A09、2A12、2A12 大梁型材用锭，6A02、2A14、2214 空心大梁型材用锭，2A70、2A02、2A17、7A04、7A09、7075、7050 合金直径不小于 405mm 的一类一级锻件用锭必须 100% 切取低倍试片。

3）除此之外，每根浇口部、底部切取低倍试片。

对氧化膜试片：

用于锻件的所有合金锭、用于大梁型材的 7A04、7A09、7075、2A12 合金以及挤压棒材的 2A02、2B50、2A70 合金的每根铸锭都必须按照规定部位和顺序切取氧化膜和备查氧化膜试片。

1）备查氧化膜试片在底部毛坯的另一端切取，但对于长度小于 300mm 的毛坯料，应在底部第二个毛料的另一端切取。

2）氧化膜试片厚度为（55±5）mm。

3）氧化膜及备查氧化膜试片的印记与其相连毛料印记相同。

固态测氢试片的锯切一般是根据制品要求或液态测氢值对照需要进行切取。

圆锭通过低倍试验会检查出一些低倍组织缺陷，如：夹杂、光晶、花边、疏松、气孔等，这些组织缺陷将直接影响产品性能，因此必须按规定切除一定长度后再取低倍复查试样，根据产品的不同要求，分为废毛毛料切低倍复查和保毛料切低倍复查，直至确认产品合格或报废。

17.7.5.2　表面加工

扁锭、圆锭经过锯切后需进行表面加工处理，表面加工的方法主要有扁锭的刨边、铣边、铣面，圆锭的车皮、镗孔等。

（1）铣面。除表面质量要求不高的普通用途的纯铝板材，其铸锭可以用蚀洗代替铣面外，其他所有铝及铝合金铸锭均需铣面。一般来说，普通产品表面铣削厚度为每面 6～15mm，3104 罐体料和 1235 双零箔用锭的铣面量通常在 12～15mm。

铣面后坯料表面质量要求如下：

1）铣刀痕控制，通过合理调整铣刀角度，使铣削后料坯表面的刀痕形状呈平滑的波浪形，刀痕深度不大于 0.15mm，避免出现锯齿形。

2）铣面后的坯料表面不允许有明显深度和锯齿状铣刀痕及粘刀引起的表面损伤，否则需重新调整和更换刀体。

3）铣过第一层的坯料上，发现有长度超过 100mm 的纵向裂纹时，应继续铣面，再检查，若仍有超过 100mm 长裂纹时，继续铣至条件产品厚度。

4）铣面后的坯料，其横向厚度差不大于 2mm，纵向厚度差不大于 3mm。

5）铣面后的坯料，及时消除表面乳液、油污、残留金属削。

6）铣面后的坯料，其厚度应符合表 17-8 的规定。

表 17-8　铝及铝合金扁锭铣面厚度尺寸要求

合　金	坯料厚度/mm	铣面后合格品厚度（≥）/mm
所有合金	300	280
	340	320
	400	380
软合金	480	460
PS 板、阳极氧化板、制罐料等特殊用途坯料	480	445

（2）刨边、铣边。镁含量大于 3% 的高镁铝合金锭、高锌合金扁锭坯料，以及经顺压的 2×× 系列合金扁锭坯料小面层在铸造冷却时，富集了 Fe、Mg、Si 等合金元素，形成了非常坚硬的质点以及氧化物、偏析物等，热轧时随着铸锭的减薄或滚边压入板坯边部，致使切边量增加，严重时极易破损开裂，影响板材质量。因此，该类铸锭热轧前均需刨边或铣边，一般表层极冷区厚度约 5mm，所以刨边或铣边深度一般控制在 5～10mm 范围内。

刨边的质量要求如下：

1）刨、铣深度，软合金 3～5mm，硬合金和高镁合金 5～10mm。

2）刀痕深度，软合金不大于 1.5mm，硬合金及高镁铝合金不大于 2.0mm。

3）加工后的边部应保持原铸锭形状或热轧需求形状。

4）加工后的铸锭表面应无明显毛刺，刀痕应均匀。

（3）车皮质量要求。车皮后的圆锭坯料表面应无气孔、缩孔、裂纹、成层、夹杂、腐蚀等缺陷及无锯削、油污、灰尘等脏污，车皮的深度不大于 0.5mm，为消除车皮后的残留缺陷，圆锭坯料表面允许有均匀过渡铲槽，其数量不多于 4 处，其深度对于直径小于或等于 405mm 的铸锭不大于 4mm，直径大于或等于 482mm 的铸锭不大于 5mm。

（4）镗孔质量要求。所有空心锭都必须镗孔，当空心锭壁厚超差大于 10mm 时，外径小于或等于 310mm；当小空心锭壁厚超差大于 5mm 时，镗孔应注意操作，防止壁厚不均匀超标，同时修正铸造偏析缺陷。镗孔后的空心锭内孔应无裂纹、成层、拉裂、夹杂、氧化皮等缺陷，以及无铝屑、乳液、油污等脏物，镗孔刀痕深度不大于 0.5mm。

复习思考题

17-1　铸造温度、铸造速度、冷却温度对铸锭质量有哪些影响？

17-2　重熔用铝锭生产技术条件有哪些？

17-3　生产圆铸锭对配料有什么要求？

17-4　扁锭生产对铝业净化有什么要求？

17-5　电工圆铝杆生产技术条件有哪些？

17-6　铝母线生产工艺技术条件有哪些？

17-7　均匀化退火对铸锭组织和性能有什么影响？

17-8　铸锭铣面后，对坯料表面质量有哪些要求？

18　铝及铝合金铸锭的质量检验及缺陷分析

18.1　生产检验

18.1.1　生产检验的目的

生产检验是铝及铝合金熔铸生产过程中的重要工序之一。生产检验一般有三个目的：

（1）为了保证熔铸产品符合一定的质量标准要求。根据早期生产统计，压力加工生产中约70%以上的加工废品源于所使用的铸锭未能符合压力加工用坯锭的质量要求。例如，铸锭中偏孔、起皮、起层、表面夹杂、裂纹、力学性能不符或不均匀等现象，主要源于铸锭中的偏析、热脆气体、氧化物夹杂、缩松、裂纹、晶粒组织不良及化学成分不合规范要求等原因，这种要求是经过长期生产使用后提出来的。从这种意义来说，检验即是熔铸生产的验收工序。

（2）控制熔铸过程。在熔铸车间虽经采用适当的熔铸方法和良好的操作，但是难免一时的生产因素波动。例如，采用气体精炼铝液时，精炼剂中含氧量和水分的波动，特别是直接使用电解铝液进行熔铸生产时，电解槽中液态原铝的化学成分和含氧量是在一定范围内波动的。控制熔铸过程的着重点不仅在于生产顺利地进行和产品质量的均一，而且还应能发现生产方法的弱点，核对生产中在改变原材料和操作过程时所发生的后果。

（3）研究熔铸过程及铸锭的性能。这对研究新产品新工艺时是必须的。因此，生产检验按生产阶段可分为过程检验和产品检验，按工作内容可分为化学成分检验、金相组织检验、表面检验和性能检验等。金属中气体含量的分析，目前以液态金属为主，作为过程检验成为熔炼工艺的一部分。

18.1.2　产品质量标准

产品的质量标准一般根据产品的牌号、性质以及产品的客户不同而不同，一般标准可分为国家标准、行业标准和企业内控标准。国家标准为通用标准，行业标准仅限于行业内使用，企业标准则是企业的产品为了达到国家标准和行业标准的要求，结合自己企业的工艺特点而设定的内部控制标准。另外，企业为了满足自己特定的客户要求，按照客户的需求制定的专门适于用特定客户的标准也列入内控标准内。

铸锭或坯料发送到下道工序前要经过质量检验，主要检验内容有：铸锭的最终化学成分分析、铸锭或坯料尺寸公差检验、外观质量（表面）检验、内部质量检验（氢含量、渣含量及氧化物等纯洁度检验、高低倍组织检验或超声波检验、水浸探伤检验、电子扫描分析等检验，并按铸锭内部组织缺陷等级验收）。

18.2　现场检测技术

熔铸质量靠设备、靠工艺和工序操作保证，必须重视工序过程的保证。铸锭的内部冶金质量、组织、性能只有借助检测仪器鉴定，因此扩展和完善检测仪器对实现熔铸质量控制以及保证检测信息反馈的及时性是不可缺少的。

18.2.1　测氢技术

氢是以原子状态存在于铝液中的。目前实用的铝液测氢方法大体上可分为 3 种：平衡载气法、直接压力法、固体电解氢传感法。

18.2.2　测渣技术

测渣方法有化学法、溶剂法、金相分析法、过滤法等，目前采用的主要是后两种方法。普通金相法是利用金相显微镜来观察凝固试样中夹杂物，误差较大。试样可能没有过滤，也可能对已知质量（或体积）的铝液预先进行过滤以浓缩杂物。前者测试的灵敏度低，易受人为因素干扰；后者费时费钱，一般用于校准连续测渣装置。压力过滤法是用极细的滤片在压力下将铝液（已知质量的）过滤，使夹杂物遗留在滤片上，利用金相法数出夹杂物粒子个数，测出它们在过滤片上所占的面积，测量结果用每公斤过滤铝中的夹杂物面积表示。该法时间长、成本高，夹杂物的混合和滤片上的其他分散结构特征使得夹杂物面积的精确估算很困难，特别是当夹杂物和氢含量高时，滤片横截面上会出现疏松，使夹杂物的计数和面积测量值出入很大。

18.2.3　板带表面质量检测

在高质量板带生产中，不管轧速多高，与其透射率及反射率有关的板带内部及表面缺陷、边部的状况或裂纹及撕裂的出现都应被可靠地识别和记录下来。

带材表面缺陷测试系统用来检测高速运动的带材表面的擦划伤、印痕、轧制缺陷或涂层缺陷，分辨率要求为 $100 \sim 1000 \mu m$，而且该系统必须与工厂的控制网络连接，以便及时防治缺陷的再发生。

18.2.4　无损探伤技术

铝合金常用的探伤方法是超声探伤。自动超声探测设备包括直线型设备、螺旋探伤设备等。产品探伤前，必须合理地确定最佳探伤参数，探伤仪灵敏度设置得太高或太低都不好。同时，显示出的每种类型缺陷的评定应由专门探伤人员进行。因此，超声探伤中操作的专业技巧是十分重要的因素。

近年来，国外公司陆续开发了多功能超声波探测仪，用于探测材料缺陷、测量工件壁厚和膜层测量，可用来进行铝铸锭和铝质大锻件的检测，焊缝和折叠都可被检测出来，并可以多种方式对数据存储进行管理。超声波也可用来测量铝薄板中的夹杂物。

采用超声导波进行无损检测的工作也正在研究中。其原因是纤维增强型复合材料的损伤与缺陷较难用超声反射方法探测到，导波有望成为单面检测这类材料与结构的良好手段；用常规超声扫查方式检测大型结构件相当费时费力，导波成为一种快速有效的无损检测技术。

涡流检测。由于涡流渗透深度有限，在涡流渗透深度以外的缺陷不能被检出，因此涡流探伤适用于管、棒、型、线材的表面缺陷探伤或薄壁管材的探伤。该法将自然伤与人工标样进行校准，选择最佳探伤参数。人工标样选材应与被测铝材的成分、热处理状态、规格等完全相同，且无干扰人工缺陷检验的自然缺陷和本底噪声。

涡流检测能及时测定材料的电导率、磁导率、尺寸、涂层厚度和不连续性（如裂纹），而根据电导率与其他性能的关系，可以间接确定金属纯度、热处理状态、硬度等指标。它可以用生产线上检测快速移动的棒材、管材、板材、片材和其他对称零件。

18.2.5 化学成分检验

铝及铝合金铸锭的化学成分要求，一般应保证所生产的产品完全限定在对应的牌号工业标准或国家标准范围内。对于采用可回收材料进行生产的企业，铸锭的化学成分要求，还应符合企业规定的内控标准。前者为行业标准或国家标准，后者为内控标准或企业标准。外部标准一般为通用标准，内控标准是为了确保达到外部标准所必须的限度。化学分析的方法很多，根据分析任务，可分为定性分析和定量分析两大类，具体分类见表18-1。

表18-1 化学成分分析方法分类

化学方法	质量分析：如沉淀法、气化法
	容量分析：如中和法、氧化还原法、容量沉淀法、络合滴定法等
仪器分析	光学分析：如光谱分析、比色分析、比浊分析、荧光分析、火焰光度分析等
	电化学分析：如电解分析、电容量分析、极谱分析等
	放射分析：如活化学分析、同位素稀释法、放射性滴定法等

化学分析法具有分析准确度高，不受试样状态影响，设备比较简单等优点，是铝合金成分分析的基本方法。其缺点主要是分析时间长，不适合炉前快速分析。铝及铝合金中不同元素的化学分析法可参见有关标准。

仪器分析法具有分析速度快、分析过程简单的特点。根据分析原理的不同，光谱分析法可分为发射光谱分析法、原子吸收光谱法和荧光X射线光谱分析法。发射光谱分析法具有分析准确程度高、灵敏度高、速度快、操作简单等优点。它在铝合金日常分析检验中，尤其是在炉前快速分析中获得非常广泛的应用。

18.3 性能检测

铝及铝合金铸锭的产品性能检测主要包括力学性能和导电性能等。金属及其合金的性能与其化学成分、组织有着密切的关系，为了准确判断影响性能的因素，往往要与化学成分及组织检验结合起来考虑。性能检验属产品检验，是产品投入市场或为后续工序必需的检验项目。

18.3.1 力学性能检测

任何金属构件在工作中都要承受一定的载荷。构件的正常工作要求它在应力的作用下能够抵抗变形和断裂，即使微小的弹性变形也要严格控制。现代工业要求材料在工作中具有最大强度、持久性和安全性。因此金属材料的力学性能是机械零件或构件设计的依据，也是选择、评价和制定工艺规程的重要参数。金属材料的力学性能包括强度、塑性、韧度（脆性）和硬度等。

抗拉试验是生产中常用的力学性能检验，所用材料可以是被检材料试样或加工成规定的试样。试样根据实验目的和相应标准来选取。电工铝导杆力学性能只测抗拉强度和伸长率。试样制备要注意：（1）避免组织受冷、热加工影响；（2）保证一定的光洁度；（3）按照标准制备标定长度。

硬度测量方法通常有肖氏硬度和布氏硬度。肖氏硬度用 HS 表示，是一种动态硬度，其测试方法是一定质量的金刚石或钢球冲头，从一定的高度自由落下冲击受试材料表面，根据回弹高度来衡量金属的软硬程度。

布氏硬度是另一种动态硬度，其测量方法是将与受试金属硬度相似的标准硬度棒插入硬度计中，使钢球压头分别压紧试件和标准棒，并用手锤击打施力杆，然后测量施力杆和棒上的压痕直径，对照表中查出试件的布氏硬度。

18.3.2　导电性检测

金属及合金的导电性能一般以电阻系数 ρ（电阻率）来评估，有时也用电导率 γ 估量。电导率和电阻率互为倒数。

金属的电阻系数与金属的成分、组织及所处的温度有关。凡是阻碍自由电子移动的因素均使金属的电阻系数增高，如增加杂质和提高温度等。反之，则使电阻系数降低。因此，导电性能要与化学成分检验及组织检验综合起来考虑。

评价金属的导电性能虽然以电阻系数为依据，但是在导电性能检测过程中必须测量试样的电阻值。测量金属电阻的方法有单电桥、双电桥等。单电桥仅能用来测量较大的电阻，测量小电阻最普通的方法是双电桥。具体电桥测量图如图 18-1 和图 18-2 所示。

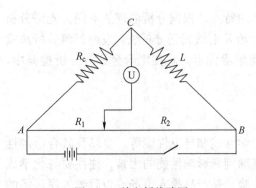

图 18-1　单电桥线路图

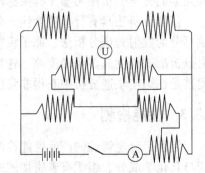

图 18-2　双电桥线路图

在普通的铝合金铸造产品中，导电性检测主要用于电工铝导杆（直径 9.5mm）。试样的电阻率很小，通常采用双桥方法来测量其电阻值，试样（被测电阻）的连接方法如图18-3 所示。

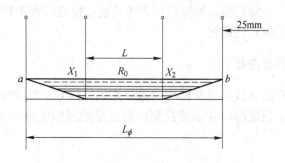

图 18-3 双电桥试样连接图

18.4 检测技术发展

铝熔体和铸锭内部纯洁度的检测有测氢和夹杂物两种，前者种类很多，目前世界上使用测氢的技术有 20 余种，如加压凝固法、热真空抽提法、密度测量法、载气熔融法等，但应用较为广泛的是 Telegas 和 ASCAN 为代表的闭路循环法，该方法数据可靠。经过西南铝业集团公司在上述两家技术上开发了便携式测氢仪，这种测氢仪操作简单，维护容易，价格便宜，携带方便，已被大部分国内厂家开始使用。

在我国，铝合金的夹杂物检测研究较少，使用的方法大都为铸锭的低倍额氧化膜检测两种。对熔体的非金属物检测几乎空白，国外在熔体的非金属夹杂物检测研究开展得较为广泛，其中比较成熟的方法有 POPFA、LAIS 和 LiMCA。前两种都是以过滤定量金属后，过滤片上的夹杂物除以过滤的金属量为指标，不能连续测量。LiMCA 法是一种定量测量法，其升级第二代产品可以连续检测熔体中 $20 \sim 300\,\mu m$ 的夹杂物，是目前最先进、测量速度最快、测量结果最直观的夹杂物检测仪。含氢量和夹杂物量的检测可有效监控铝熔体净化处理效果，为提高产品质量和改进工艺措施提供重要依据，对铝及铝合金铸锭产品的后续深加工有着重要意义。

超声波探伤可以检测铸锭中的各种宏观缺陷，如夹杂、气孔、裂纹和组织粗大。超声波检测的原理是声束在介质中的传播，遇到声阻抗不同的介质时，便会有声能被介质反射或透过的声能量减少，通过换能器的接收和转换，将检测的波形在超声波仪器上进行显示。可以根据波形特点、分布状况、传播时间和波高对缺陷进行定性、定位和定量的分析，从而判定铸锭的内部质量。夹杂和气孔没有规律，一般夹杂的波形较平缓，而且多点，不同方向检测的波形有差异；气孔反射明显，不同方向的波形基本相同。裂纹一般在铸锭中心或表面，波形反射明显，而且方向性强；组织粗大波形杂乱，一般为林状回波或草状回波。

18.5 重熔用铝锭质量缺陷及控制

重熔用铝锭的铸造过程是个多点控制的生产过程，包括配料、化验、精炼、铸造、冷却、堆垛等主要工序。质量控制过程中关键点的把握和标准值的确定，需长期经验的积累。加强设备的维护，以确保铝锭的品位和外观质量均符合质量标准要求。

目前铸造 20kg 的重熔用铝锭一般使用的是 20kg 连续铸造机，液态铝液在铸造机组上经过二次冷却过程后，堆垛打捆，称重后即入库待售。铸造过程中铝锭的内在和外观质量为最终产品质量的两大决定性因素。

18.5.1　铝锭的内在质量控制

重熔用铝锭的生产必须按照国家标准《重熔用铝锭》(GB/T 1196—2008) 中对重熔用铝锭的质量要求进行。铝锭的内在质量控制的重点是控制铝锭品位和防止铝锭内部气孔、缩孔的产生。

18.5.1.1　铝锭的品位控制

铝锭品位控制的关键在于电解铝液的品位，铸造过程中的品位控制主要经过以下三个过程的控制，以得到符合牌号 Al 99.70 标准的铝液。

(1) 铝液配料。在铸造生产的第一道工序——原铝配料的过程中，必须根据原铝检测报告，进行单包或合包配料，电解系统的出铝人员根据配料单，对应槽号进行出铝。当铝液由抬包送至铸造系统时，配料人员根据混合炉内铝液的品位确定所入混合炉号。当电解车间因个别电解槽槽况差时，需特别要求配料人员根据该槽铝液的品位进行混合炉内配料。若无法配料，可进行外铸或炉铸，集中铸造生产低于 99.70% 的铝锭。生产出的低品位铝锭，可当成回炉冷料，再次与混合炉内的铝液进行配比。

(2) 精炼静置。铝液进入混合保温炉后，铝液表面有一层浮渣，这些渣中含有溶入的气体及出铝过程中带入的电解质，为减少这些杂质对铸造过程的影响和对混合炉带来的危害，需加入铝渣分离剂，搅拌静置 15 ~ 20min 再扒渣，以便气体析出，铝液与电解质、渣分离。

(3) 取样化验。按计算结果进行的配料结束后，还必须在混合炉内的铝液进行充分搅拌后，在混合炉的不同位置取 3 ~ 5 个试样进行化验，符合标准的方可进行生产，并保留化验结果，以作为以后产品质量追溯的依据。

18.5.1.2　控制铝锭气孔、缩孔的产生

在重熔用铝锭的截面图上，可用肉眼观察到气孔或缩孔，这种组织会给铝锭下一步的深加工带来较大影响，产生这些组织的原因主要是铸造过程中铸造温度过高、冷却速度过快。

(1) 气孔。铝液温度过高，铝液含气量较大，铸锭中气体逸出，形成气孔。防止的措施是：由电解车间运来的铝液温度过高时，配料时加入固体铝锭（冷锭），将温度降到 720 ~ 750℃，待气体完全逸出时再进行铸造生产，可有效防止气孔的产生。

(2) 缩孔。连续铸造机一次冷却水温度过高或铸造机的速度过快，铸模内的铝液在内部未完全凝固的情况下，外部先凝固，等内部部分铝液再凝固时便产生缩孔。防止缩孔产生的措施是：严格控制铸造速度，其次，一次循环水的温度控制在 32℃ 以下，并保证冷却水的供应量达到铸造机的设计标准，即可避免缩孔的产生。

18.5.1.3　铝锭的外观质量控制

根据重熔用铝锭的国家标准《重熔用铝锭》(GB/T 1196—2008) 所规定的外观质量主

要标准为：重熔用铝锭外观应呈现银白色；表面夹渣不得超过两处，每处直径不得大于2cm；毛刺允许修整，不得有严重飞边；表面不得有明显波纹，波纹深度不得超过3mm。铝锭的外观质量控制主要为控制夹渣、飞边、波纹的产生。

A 控制夹渣的产生

在铸造生产过程中，高温铝液自混合炉经过流槽流入铸模的过程中，表面会产生一层氧化膜渣，并随铝液流进铸模，若不及时扒出，凝固后在铝锭的宽面就形成积渣。产生积渣的原因是：首先，混合炉炉口过小，使高压铝液流速增大，冲破包裹液流的氧化膜，并不断形成新的氧化膜；其次，铝液温度过低，使铝液和渣分离不彻底；再次，过频搅动铝液或多次对铝液进行打渣。为减少积渣的产生，要根据具体情况来处理。在上述第一种情况下，要把炉口通透扩大孔径，以便铝液平稳流出，铝液在流槽中正常流动时尽量不要捞铝液表面形成的渣。第二种情况下，要升高铝液温度，即向炉内倒入高温铝液或点火升高炉温。第三种情况下，在生产转入正常后，严禁搅动铝液或对铝液进行打渣。

B 控制飞边的产生

铝锭产生飞边的原因有：在放出铝液流时冲击过猛，使铝液溅出铸模而凝固；打渣时铲子速度太快或幅度过大，致使铸模内的铝液涌出铸模而凝固；铝液温度低时打渣。处理飞边的办法：一是稳定流槽内铝液流，避免铝液流忽大忽小；二是要求岗位人员打渣操作时，动作必须缓慢，按标准动作打渣，避免漏渣、过分搅动铸模内铝液等行为；三是提高浇铸温度，避免在铸锭快凝固时打渣。

C 控制波纹的产生

铝锭表面产生波纹一直是使用连续铸造机生产重熔用铝锭的难题，因铸造机直板滚子输送链的结构在运行过程中，必然受振动和晃动，从而导致铸模内未完全凝固的铝液产生波纹。常见的铝锭表面波纹有同心圆状、泡状和两端沟槽状三种状态。同心圆状的水波纹是液态铝通过分配器进入铝锭模冷却凝固后形成的，它是在铝锭表面上以某一处为中心，以波纹状向四面扩散的形状。泡状水波纹是液态铝冷却成型后，在铝锭表面形成的凸起或浮块状波纹，这种波纹形成后，使铝锭表面凹凸不平，从截面看，有时会形成夹层。两端沟槽状波纹是铸模内的液态铝在冷却过程中由于铸模振动，使成型后的铝锭表面出现波纹。

（1）同心圆状波纹的改善措施。对混合炉中的铝液加强精炼，除渣过程尽可能干净彻底，以减少对后面除渣的影响；尽量缩短流槽长度，减少转注过程，减少铝液流动过程中与空气的接触时间，进而减少表面氧化形成的氧化渣。

（2）泡状水波纹的改善措施。严格控制铝锭铸模的质量，避免让有砂眼、裂纹等缺陷的铸模安装在机组上；定期检查铸模，及时更换由于高温等各种原因而出现裂纹或缺陷的铸模；铝水浇铸温度必须严格控制在720℃以下，避免温度过高。

（3）两端沟槽状水波纹改善措施。降低铸模的速度不均匀性，对链传动进行优化，减小链传动对铝锭铸造过程的影响。逐步改善铸模轴与滚轮配合面处因粉尘等的污染无法形成良好的润滑的情况。更换润滑剂型号或在轴与滚轮内孔之间增设自润滑铜套。

18.5.2　铝锭的内部缺陷控制

对于重熔用铝锭，对外部表面质量要求有：表面积渣、波纹、飞边等，对内部缺陷没有特殊要求，主要保证化学成分符合国家标准规定的范围即可。对于合金产品，常见的内部质量缺陷有：裂纹、气孔、疏松、缩孔、偏析、夹渣等。现介绍合金铸锭的相关内部缺陷原因并进行分析。

18.5.2.1　化学成分不均匀或杂质元素超标

（1）注意每天的原铝分析报告，发生部分元素结果超标时，参考前一周的分析结果变化；

（2）控制回炉的铝制品（特别是电解返回的停槽铝），防止混入铁及其他非铝金属进入；

（3）对于品级较低的停槽铝，采用外铸工艺，避免配料不均造成整炉变料；

（4）配料估算炉底剩料过程不准；

（5）回炉固体废料的质量没有进行过秤计量和成分标识；

（6）入料原铝的分析及质量出现误差；

（7）辅料 Si 的铸损计算不准；

（8）辅料 Mg 的添加方式造成 Mg 量的烧损；

（9）添加剂 Ti 的添加温度控制不当或搅拌不充分造成熔解不充分；

（10）含 Fe 量超标来自于辅料 Si 中 Fe 含量不稳定造成；

（11）化学元素 Ca 含量超标主要由于炉内精炼不充分或精炼剂用量不足。

18.5.2.2　气泡（针孔度不合格）

（1）除气机个别转子堵塞，进入铝水的惰性气体减少，除气效果降低；

（2）除气机供气压力低于规定值，除气效果降低；

（3）除气机使用的惰性气体的纯度低于要求值；

（4）在供应气体压力和流量固定的情况下，除气机的转速不匹配；

（5）浇铸温度过高，在除气过程中造成二次吸气。

18.5.2.3　杂质含量过高

（1）使用过滤板气孔率与生产产量不符，不能有效过滤杂质；

（2）过滤板在作业过程中由于铝水浮力原因，与安装卡槽出现缝隙、破裂或整体漂浮，部分铝水或全部铝水不能通过过滤板进行过滤直接进入铝锭；

（3）取样工具或其他工具接触铝水时，带入非金属杂质；

（4）流槽维护时带入过多的滑石粉。

18.6　圆锭质量缺陷及控制

18.6.1　表面缺陷

铸锭表面存在各种各样的缺陷，可以用肉眼直接观察出，一般采取模具维护保养、清理铸造平台、更换结晶器、石墨环、调整冷却水的酸碱度、调整铸造参数以达到铸造热平衡等方法来消除。常见的表面质量缺陷有：表面横裂纹铸瘤、冷隔拉痕、缩孔、气孔、弯曲、氧化物斑纹。

弯曲在圆锭的整个长度上有平缓的弓形，或者突然的扭曲或弯曲。弯曲原因及控制措施见表 18-2。

表 18-2　弯曲原因及控制措施

分　类	可　能　原　因	控　制　措　施
热能原因	模具维护不好，造成不均匀的冷却	清洁出水口或者修理结晶器；清洁水过滤网；清洁结晶器表面水垢
	热铸造状态	提高水流量；降低铸造速度；降低铸造温度；降低水温度
机械原因	不稳定的引锭头	修理或更换变形的引锭头安装板
	铸造环磨损导致不规则的气流通过铸造环	更换铸造环
	防倾倒护栏已变形与引锭头底座分开时不同步导致顶板移动	修理或更换防倾倒防护栏

氧化物斑纹是由于结晶器内积蓄的氧化物释放，并残留在圆锭表面上造成的。氧化物斑纹原因及控制措施见表 18-3。

表 18-3　氧化物斑纹原因及控制措施

分　类	可　能　原　因	控　制　措　施
圆锭锭尾释放	流槽、导流管或转接板潮湿	预热流槽和导流管，降低氧化物生成
	气泡从结晶器冒出或在流槽中摆动，促进氧化物释放	进入气滑铸造状态，降低气流量，清除过多的氮化硼涂层，重新涂抹
	转接板的不良表面状况，残留氧化物在结晶器里	分离氮化硼涂层，更换转接板
圆锭全长释放	铸造气体中氧气不足	增加铸造气体中氧气含量，最小达10%
	气流量过高，结晶器冒泡过多	降低气流量
	铸造气体潮湿	使用干燥气体

18.6.2　内部缺陷

内部缺陷无法用肉眼直接观察到，因此，必须采用内部宏观组织分析的方法来判定。常见的内部组织缺陷有：夹杂、晶粒粗大、中心裂纹、气孔、疏松。

18.6.2.1　中心裂纹

（1）产生原因。中心裂纹是圆锭最常见的一种裂纹形势。中心裂纹可能是冷裂纹，也可能是热裂纹。当铸锭冷却到一定时间，铸锭内层冷却速度大于外层冷却速度，则内层收缩受到外层的阻碍，在铸锭中心部位产生拉应力。这种应力从结晶瞬间到铸锭完全冷却过程中不断增强，在应力作用下，中心部位产生变形，当应力超过合金允许的最大变形量时，中心便被拉开，形成中心裂纹。

（2）控制措施。

1）提高合金在高温和低温时的塑性，控制合金成分及杂质含量。

2）改善铸锭冷却效果，使铸锭均匀冷却。

3）保持顺序凝固或同时凝固，减少内应力；适当降低浇铸温度，采用低浇速、低金属液面、短结晶、均匀供流及合理冷却措施。

4）加适量变质剂进行变质处理，减少低熔点共晶量并改善其状况；采用细化剂细化合金组织，降低裂纹倾向。

18.6.2.2　晶粒粗大

（1）产生原因。

1）合金熔体过热，结晶核心减少。

2）铸造温度高，晶核产生数量少。

3）冷却强度弱，结晶速度慢。

4）合金成分与杂质含量调整不当。

（2）控制措施。

1）采用合理的晶粒细化工艺。

2）适当降低浇铸温度和加大冷却速度。

3）合理控制熔炼温度和合金成分。

18.6.2.3　夹杂

夹杂主要分为非金属夹杂、金属夹杂和氧化物夹杂三类。

（1）产生原因。

1）原辅材料不干净。

2）铸造炉子、流槽、平台等处理不干净。

3）精炼除气不彻底，渣子分离不好。

4）熔炼或铸造过程中，破坏了表面氧化膜，使其成为碎块掉入熔体中。

5）操作不当，导致外来金属掉入液体金属中。

（2）控制措施。

1）加强铝液净化处理，严格控制精炼、静置、扒渣、过滤等程序。

2）加强铸造前准备，对流槽、平台进行清理并检查确认干净。

3）铸造过程中不得随意搅动铝液面，防止氧化膜破损。

18.7　扁锭质量缺陷及控制

18.7.1　凝固时产生的热裂纹的原因及控制措施

凝固时产生的热裂纹的原因及控制措施见表18-4。

表 18-4 凝固时产生的热裂纹的原因及控制措施

产 生 原 因	控 制 措 施
在凝固期间，总水流量太低	在凝固时，通过增加冷却水斜线上升速率而增加总水流量
冷却水阀门开启太晚	铸造生产时，保证冷却水正常供水
铸造生产冷却水温度太高	降低冷却水温度，或者在铸造生产时调整较高的冷却水温度
铸造速度斜线上升太快	在凝固发生时，使铸造速度斜线变慢

18.7.2 端面裂缝产生的原因及控制措施

端面裂缝产生的原因及控制措施见表 18-5。

表 18-5 端面裂缝产生的原因及控制措施

产 生 原 因	控 制 措 施
开始冷却水流量太低	增加开始冷却水流量
铸造开始速度快	降低开始铸造速度
铸造开始时铝液温度太高	保持开始铝液温度在特定范围内
水冷却发生变化	检查冷却水化学成分是否发生变化，用热电偶验证水温
冷却水流量不良	检查冷却水流形，清理堵塞孔或修复坏孔

18.7.3 拉痕、拉裂原因及控制措施

拉痕、拉裂原因及控制措施见表 18-6。

表 18-6 拉痕、拉裂原因及控制措施

产 生 原 因	控 制 措 施
润滑油存留于石墨孔内	用钢丝棉磨光，用溶剂去除残渣
使用了错误的润滑油	使用铸造用油
石墨没有吸收足够的润滑油	在铸造前，保证润滑油侵入石墨内
冷却水压小	均匀冷却，适当提高水压
石墨孔有主要缺陷	磨光有缺陷的边缘，如果还存在拉痕，就必须更换石墨环

18.7.4 漏铝原因及控制措施

弯月面区以下因铸锭凝固壳层的破裂所导致的快速金属流失或漏出，漏铝原因及控制措施见表 18-7。

表 18-7 漏铝原因及控制措施

可 能 原 因	控 制 措 施
冷却水流量不足	增加冷却水流量
铸造时铝液温度过高	降低铸造铝液温度
引锭头冷却不好	维护引锭头，清除水垢
铸造速度过快	降低铸造速度
石墨内衬磨损变形	维护石墨内衬，更换石墨内衬
水冷却不足	增加冷却水流量，降低冷却水温度

18.8　铝母线质量缺陷及影响因素

18.8.1　铝母线内部夹渣

铝液中含有非金属及金属夹杂物，液态铝在高温时与氧、氮、硫、碳等元素发生化学反应生成氮化铝、碳化铝、硫化铝等化合物及混入的其他夹杂物，成为非金属夹杂物，它们的有害影响主要是在铸造时生成固态的非金属夹杂物，从而使生产出的铝母线有夹渣。铸造过程中氧化膜进入铝液也会造成铝母线夹渣。金属杂质的形成主要是由于炉衬中吸收杂质、铁工具的溶解以及由于对原材料管理不当而造成混料或配料、补料等错误形成金属杂质，铸造时会导致铝母线夹渣。

18.8.2　铝母线气孔

铝液中含有使铝母线出现质量问题的气体——氢（其他气体的影响较氢为小）。氢的主要来源有：被铝液吸收空气中水分、使用不干燥的工具接触铝液、吸附在铝液表面的湿气、浇铸铝液流股不稳卷入气体等，铸造时会导致铝母线出现气孔。

18.8.3　中心裂纹、角部裂纹及底部裂纹

中心裂纹（主要是大规格、小宽厚比的铝母线易出现）是铝母线铸造过程中出现频率最高的缺陷。中心裂纹出现的主要原因有：一方面配料不合理，如化学成分控制不当，铁硅比小，容易造成铝母线有中心裂纹；另一方面铸造过程工艺技术条件控制不当，如浇铸中速度过快容易引起中心裂纹，这种裂纹有时整根母线都有、有的是局部裂纹，严重时需停产调整；再有是浇铸温度过高，冷却水压低，母线铸出后，只是表面凝固，内部铝液凝固慢，造成液穴过长，后续凝固中会出现中心裂纹。角部裂纹及底部裂纹产生的主要原因是：结晶器 R 角设计不合理，以及浇铸过程中工艺参数控制不到位造成的。

18.8.4　拉痕或拉裂、表面冷隔

有效冷却宽度及铸造速度对铝母线的表面质量及内部质量均有一定的影响，尤其是有效冷却宽度对表面质量的影响很大。根据不同的规格型号，要确定不同的有效结晶宽度，原则是使铝母线表面光滑又无裂纹。宽度值越大，越易出现偏析瘤或间有拉痕；宽度值偏小时，会有冷隔出现，甚至出现拉裂等缺陷。在保证铝母线表面光滑又无裂纹的前提下，如果冷却水压过大，会导致铝母线出现表面冷隔甚至拉裂，过小时则出现偏析瘤和拉痕以及漏铝的发生。如果铸造温度过低，会促使冷隔的形成或加重，过高的铸温又易出现漏铝现象和铝母线内部结晶组织的晶粒粗大。

18.8.5　水波纹大、弯曲

在铸造过程中，由于中间包、结晶器偏移，与铸造机底座不在一条中心线上；压辊装置出现压力不平衡，造成两面速度不均；以及链板在运行过程中不平稳，出现波动，结果铸出的铝母线就会产生水波纹大、弯曲等现象，结晶器内铝液水平面过低更易出现这种情况。

18.8.6 铝母线表面粗糙

一是结晶器经多次浇铸以后，内表面会比较粗糙，这是由于高温铝液的侵蚀引起的，如果不打磨光滑而继续浇铸铝母线，就会粘住铝液，使铝母线表面更加粗糙。二是在现有生产条件下，保温材料硅酸铝纸贴的不牢固，浇铸时会产生毛刺，或是由于刷硅酸铝纸的石墨搅拌不均匀，有固体小颗粒存在，导致结晶器内表面不平滑，造成铝母线表面粗糙。

18.8.7 改进铝母线质量缺陷的措施

18.8.7.1 铝母线内部夹渣的改进措施

对铝母线生产用的原铝液进行精炼净化，去除铝液中含有的非金属夹杂物及金属夹杂物。对出铝流槽进行合理设计，使铝液从流槽进入中间包，不会形成较大的落差。同时浇铸时定期打捞氧化膜，但不能乱打捞，避免氧化膜进入铝液。减少铁工具的使用次数，从而减小铁工具的溶解对产品的影响。总之，保证浇铸铝液的纯净，即可减少母线内部夹渣的现象。

18.8.7.2 消除铝母线气孔的改进措施

将铝液进行充分的精炼处理，消除气体的有害影响，同时必须保证使用的工具和工装的干燥。在生产前利用烘烤装置进行工装干燥，工具使用前先进行预热干燥，避免水气带入铝液。保证流股的稳定性，避免浇铸过程中卷入气体。因生产时中间包处水气较大，应加置鼓风设施，使气体不靠近中间包铝液，从而避免铝液二次吸气。这些措施可消除铝母线内部气孔缺陷。

18.8.7.3 裂纹的改进措施

裂纹的改进措施如下：

（1）合理控制铝液化学成分，保证浇铸铝液达到生产要求，并保持铁硅比在 1.50 以上。具体化学成分为：硅含量控制在 0.10% ~ 0.15%、铁含量控制在 0.16% ~ 0.22% 为佳。

（2）控制好铸造速度：总的原则是在操作规程允许的范围内，若将铝液的温度处于上限，那么铸造速度要取下限；铝液温度处于下限，铸造速度要取上限。一般铸造速度在 70 ~ 110mm/min 为宜，浇铸温度一般控制在 710 ~ 730℃ 为宜。

（3）控制好冷却水压：要求水路畅通，保证压力，便于调节。可根据不同规格的铝母线生产调整水压。

（4）控制角部及底部裂纹：防止出现角部裂纹主要是制作好导流板的孔型及位置，使铝液在充满角部时不会出现滞流，造成温度低，出现裂纹。另外，要设计好结晶带的宽度，并在生产前做好石墨的涂刷工作，保证生产过程中铝液不会破坏结晶带，从而造成角部裂纹。为防止底部裂纹，主要是确保中间包、结晶器的安装。中间包安装后的中心线必须与牵引机的中心线重合，误差一般控制在 2mm 以内，中间包的垂直度和水平度要求控制在 ±1mm 以内。结晶器安装的高低主要以牵引机链板平面为基准而定，结晶面高度相对链板平面只能为正值，一般在 0 ~ 2mm 之间，保证母线出来跟链板大面平直，同时要把结晶带处底部的油泥涂抹结实，均匀且光滑，并要适当加厚，涂好后进行适当的烘干，防止拉母线时将油泥带出，这样就能很好地控制底部裂纹的出现。总之，消除裂纹，在设备一定的条件下，要严格控制铸造三大要素即铸造温度、铸造速度及冷却强度。应根据不同规格的铝母线生产，制定相应的配置参数。这样既消除了裂纹的出现，又保证了母线的其他质量要求。

18.8.7.4　消除铝母线拉痕或拉裂、表面冷隔的改进措施

保持合理的浇铸温度，一般调整在 710 ~ 730℃，避免浇铸温度低（低于 690℃）使液体黏度增大，排气补缩条件变差而产生冷隔。控制冷却水温不高于 35℃，冷却水压不低于 0.20MPa、不高于 0.35MPa 为佳，调整好有效冷却宽度，一般在 20 ~ 40mm 为佳，避免冷却强度过低导致结晶速度慢，结晶组织粗大，机械性能下降，表面产生冷隔。冷却强度过大，会使晶粒细小，导致母线中的热应力增大而产生拉痕或拉裂。根据铝母线的规格而合理控制铸造速度，一般不低于 70mm/min，避免冷隔或拉痕的产生。

18.8.7.5　铝母线水波纹大、弯曲的改进措施

生产前用水平尺检查中间包、结晶器是否有偏斜现象，仔细调整中间包、结晶器与铸造机底座的同心度，使三者中心线在一条轴线上，避免铸造出的铝母线水波纹大、弯曲。保持中间包内适当的铝液面高度，并保持液面高度恒定，消除其对铝母线弯曲的影响。

18.8.7.6　消除铝母线表面粗糙的改进措施

生产前必须仔细打磨结晶器，保持结晶器内表面光滑，从而避免铝母线表面粗糙现象，为生产出表面光滑的铝母线打下良好基础。

复习思考题

18-1　铝及铝合金生产检验的目的是什么？

18-2　铝及铝合金现场检测技术有哪些？

18-3　简述重熔用铝锭质量缺陷及控制措施。

18-4　简述圆锭质量缺陷及控制措施。

18-5　简述扁锭质量缺陷及控制措施。

18-6　简述铝母线质量缺陷及改进措施。

19 筑 炉 材 料

建筑工业炉筑炉所需的材料统称为筑炉材料。它包括炉衬所用的耐火材料和隔热材料，炉壳所用的金属材料，炉基所用的地基材料及制作炉罐所用的耐热钢等。耐火材料是筑炉材料中的主要成分，一般占炉体总重的60%以上。

19.1 耐火材料的分类、组成和性质

耐火材料一般是指主要由无机非金属材料构成的且耐火度不低于1580℃的材料和制品。耐火材料是为高温技术服务的基础材料，它与高温技术尤其是高温冶金工业的发展有密切的关系，相互依存，互为促进，共同发展。在一定条件下，耐火材料的质量品种对高温技术的发展起着关键作用。

19.1.1 耐火材料的分类

耐火材料的种类很多，为了便于研究、生产和选择，通常按其共性与特性划分类别。其中，按材料的化学矿物组成分类是一种常用的基本分类方法，但也常按材料的制造方法、性质、形状、尺寸以及应用等来分类。

19.1.1.1 按化学矿物组成分类

按化学矿物组成的不同，耐火材料可分为以下8类：

（1）硅质耐火材料。这是主要以二氧化硅（SiO_2）为主要成分的耐火材料，是典型的酸性耐火材料。对酸性炉渣抵抗能力强，但受碱性渣强烈侵蚀，易被氧化铝（Al_2O_3）、氧化钾（K_2O）、氧化钠（Na_2O）等氧化物作用而破坏，对氧化钙（CaO）、氧化铁（FeO）等氧化物有良好的抗性。其荷重软化温度高、体积膨胀小、有良好的导热性。其最大的缺点是抗热振稳定性低，耐火度不高，限制了它的广泛应用。主要品种有各种硅砖和石英玻璃制品，目前仍然是焦炉、玻璃熔窑、酸性炼钢炉及其他一些热工设备的良好筑炉材料。

（2）硅酸铝质耐火材料。它是以氧化铝（Al_2O_3）和二氧化硅（SiO_2）为基本化学组成的耐火材料。根据制品中氧化铝（Al_2O_3）的含量不同可分为3类：

半硅质耐火材料：氧化铝（Al_2O_3）含量为15%~30%；

黏土质耐火材料：氧化铝（Al_2O_3）含量为30%~46%；

高铝质耐火材料：氧化铝（Al_2O_3）含量大于46%。

我国使用的硅酸铝质耐火材料根据原料组成特点，通常分为三等。Ⅰ等：氧化铝（Al_2O_3）含量大于75%；Ⅱ等：氧化铝（Al_2O_3）含量为60%~75%；Ⅲ等：氧化铝（Al_2O_3）含量为48%~60%。对于氧化铝（Al_2O_3）含量大于90%的高铝质制品又称为刚玉质耐火材料。

（3）镁质耐火材料。它是以氧化镁（MgO）为主要成分，以方镁石为主要矿物构成

的耐火材料。依其次要的化学成分和矿物组成的不同又有以下品种：镁砖、镁铝砖、镁硅砖、镁钙砖、镁铬砖、镁炭砖和铁白云石砖。此外，还有冶金镁砂。通常，这类耐火材料的耐火度都很高，抵抗碱性渣的能力很强，是炼钢碱性转炉、电炉、混铁炉、许多有色金属火法冶炼炉中使用最广泛而最重要的一类耐火材料，也是玻璃熔窑蓄热室、水泥窑等高温带最常用的耐火材料。

（4）白云石质耐火材料。这是一类以氧化钙（CaO）（40% ~60%）和氧化镁（MgO）（30% ~42%）为主要成分的耐火材料。其主要品种有：焦油白云石砖、烧成油浸白云石砖、烧成油浸半稳定性白云石砖、烧成稳定性白云石砖、轻烧油浸白云石砖和冶金白云石砖。

（5）橄榄石质耐火材料。它是以镁橄榄石为主要矿物组成的耐火材料。多用橄榄岩或纯橄榄岩等作为主要原料制成。其中经成型的制品称镁橄榄石砖。

（6）含碳质耐火材料。这类材料中均含有一定数量的碳或碳化物。主要品种有由无定形炭构成的炭砖或炭块，由石墨构成的石墨制品，由碳化硅构成的碳化硅制品，由炭纤维及炭纤维与树脂或其他炭素材料复合构成的材料。

含碳耐火材料是一种优质耐高温的材料。它具有抗热振性能好、高温强度高、抗渣性强和密度小等特性。由于这种制品比电阻较低，可作为电导体。它是供砌筑炼铁高炉的炉底、炉身等处内衬用的重要耐火制品。用作铝电解槽槽底时，既可作为内衬材料，也可作为电解槽阴极。

（7）含锆质耐火材料。这类材料中均含有一定数量的氧化锆，常用的品种有以锆英石为主要成分的锆英石制品，以氧化锆和刚玉或莫来石构成的锆刚玉和锆莫来石制品，以及以氧化锆为主要组成的纯氧化锆制品。

（8）特殊耐火材料。这是一类由较纯的难熔的氧化物、碳化物、硅化物和硼化物以及金属陶瓷构成的耐火材料。

19.1.1.2　按制品性质分类

（1）按耐火度的不同，主要分为以下几类：

1）普通耐火材料。指耐火度为1580 ~1770℃的耐火材料。

2）高级耐火材料。指耐火度为1770 ~2000℃的耐火材料。

3）特级耐火材料。指耐火度2000℃以上的耐火材料。

（2）依其化学性质可分为：酸性耐火材料、中性耐火材料、碱性耐火材料。耐火材料按化学性质分类具有实际应用价值，一般来说在热工设备设计选材时，尽量避免酸性耐火材料与碱性耐火材料在高温下直接接触使用，或者采用中性材料将酸性耐火材料与碱性耐火材料隔开使用，尽量选择使用环境的化学性质与耐火材料的化学性质相同的耐火材料。

（3）依其密度或导热性可分为：重质耐火材料、轻质耐火材料和隔热耐火材料。

19.1.1.3　按制造方法分类

除天然矿石切割加工外，人造制品常根据其成型特点分为块状制品和不定形材料。

不定形耐火材料是由合理级配的粒状和粉状料与结合剂共同组成的不经成型和烧成而直接使用的耐火材料，可制成任何形状的构筑物，适应性强，用在不宜用砖块砌筑之处，可避免因接缝而造成的薄弱点，当耐火砖砌体或整体构筑物局部损坏时，可进行冷态或热态修补，既迅速又经济。据不完全统计，我国不定形耐火材料约占耐火材料总量的20%～30%。

19.1.1.4　按制品的形状和尺寸分类

耐火材料按制品的形状和尺寸可分为标准砖、异型砖、特异型砖、管、耐火器皿等制品。在同材质制品中，标型、异型、特异型砖生产所用的原料、工艺、产品理化性能指标完全一致。形状复杂或尺寸大的异型、特异型制品，适应炉窑上使用的需要，但制品生产较困难，因而售价较高。

19.1.1.5　按其应用分类

耐火材料依其应用可分为焦炉用耐火材料、高炉用耐火材料、炼钢炉用耐火材料、连铸用耐火材料、有色金属冶炼用耐火材料、水泥窑用耐火材料、玻璃窑用耐火材料等。

19.1.2　耐火材料的组成和性质

耐火材料的质量取决于其组成和性质的优劣。耐火材料的组成是评价其质量的核心内容和基本依据，而耐火材料的性质又决定于其化学、矿物组成和组织结构。

19.1.2.1　耐火材料的化学矿物组成

（1）化学组成。耐火材料的化学组成是其基本特征。根据耐火材料中各种化学成分含量和作用，通常将其分为主成分、杂质和外加成分三类。

1）主要成分。耐火材料中的主成分是只占绝大多数的、对材料高温性质起决定性作用的化学成分。耐火材料之所以具有优良的抵抗高温作用的性能，且许多耐火材料又各具特性的原因，主要取决于其主要成分。通常，耐火材料多半是根据其主成分的种类以及其含量多少划分为若干等级。

可作为耐火材料主成分的都是具有很高晶格能的高熔点或分解温度很高的单质或化合物，要求这些物质在耐火材料生产或使用过程中能形成稳定的具有优良性能的矿物，并在自然界储量较高且较易提取与利用。在地壳中分布较多并可作为耐火材料主成分的主要是氧化物。另外，还有一些碳化物、氮化物、硅化物和硼化物，也可作为耐火材料的主成分。

现在，生产与使用较广泛的耐火材料中的成分主要是氧化铝（Al_2O_3）、氧化铍（BeO）、氧化铬（Cr_2O_3）、氧化镁（MgO）、氧化钙（CaO）、二氧化硅（SiO_2）、氧化钍（ThO_2）、氧化铀（UO_2）、氧化锆（ZrO_2）等氧化物和碳化硅（SiC）、碳化钨（WC）、碳化硼（B_4C）等碳化物以及氮化铝（AlN）、氮化硅（Si_3N_4）等氮化物。

2）杂质。杂质是指在耐火材料中不同于主成分、含量微小而对耐火材料的抵抗高温性质往往带来危害的化学成分。这种化学成分多是由含主成分的原料中夹带而来的。杂质中有的是易熔物，有的本身具有很高熔点，但同主成分共存时，却可产生易熔物。故杂质的存在往往对主成分起很强的助熔作用，对材料抵抗高温作用有严重危害。因此，要提高耐火材料抵抗高温的性能，必须严格控制杂质的含量。

3）外加成分。外加成分通常称为外加剂，是在耐火材料特别是不定形耐火材料的生产或使用中，为达到特定目的而另外加入的少量成分。外加剂按其目的和作用的不同分为以下几种：

① 改变流变性能：包括减水剂、增塑剂、胶凝剂、解胶剂等；

② 调节凝结、硬化速度：包括促凝剂、缓凝剂等；

③ 调节内部组织结构：包括发泡剂、消泡剂、防缩剂、膨胀剂等；

④ 保持材料施工性能：包括抑制剂、保存剂、防冻剂等；

⑤ 改善使用性能：包括助烧结剂、矿化剂、快干剂、稳定剂等。

总之，在耐火材料的生产或使用中，采取加入少量外加剂可在一定程度上改变材料的组成与结构，从而便于生产和使制品获得某种预期特性。但必须注意，不能严重影响其抵抗高温作用的基本性质。

（2）矿物组成。矿物是指由相对固定的化学组分构成的有确定的内部结构和一定物理性质的单质或化合物。它们在一定物理化学条件下比较稳定。耐火材料是矿物的组成体，这些矿物皆为固态晶体，且多为由氧化物或其复合盐类构成。其中，除部分矿物是高熔点单一氧化物或其他化合物呈稳定结晶体构成的以外，还有由复合氧化物构成的高熔点矿物。其中最主要的是由铝酸盐、铬酸盐、磷酸盐、硅酸盐、钛酸盐和锆酸盐构成的矿物。另外，许多耐火材料中还有少量非晶质的玻璃相，仅有极少数耐火材料是完全由非晶质的玻璃构成的。

根据耐火材料中构成相的性质、所占比重和对材料技术性质的影响，分为主晶相、次晶相和基质。

1）主晶相。主晶相是指构成材料结构的主体，其熔点较高，是对材料的性质起支配作用的一种晶相。耐火材料主晶相的性质、数量、分布和结合状态直接决定制品的性质。许多耐火制品，如莫来石块、刚玉砖、方镁石块、尖晶石砖、碳化硅耐火制品等，皆以其主晶相命名。

2）次晶相。次晶相又称第二晶相或第二固相，是指耐火材料中在高温下与主晶和液相并存，一般其数量较少和对材料高温性的影响较主晶相小的第二晶相。如以方镁石为主晶相的镁铬砖、镁硅砖和镁钙砖等分别含有铬尖晶石、镁铝尖晶石、镁橄榄石和硅酸二钙等次晶相。

耐火材料中次晶相的存在对耐火材料的结构，特别是对高熔点晶相间的结合有利，从而对其抵抗高温作用也往往有益。与普通镁砖相比，镁铬砖、镁铝砖、镁硅砖和镁钙砖等由于次晶相的存在，使制品的荷重软化温度都有所提高。

3）基质。基质是指在耐火材料大晶体或骨料间隙中存在的物质，由大晶体嵌入其中的那部分物质，也可认为是大晶体之间的填充物或胶结物。基质既可由细微结晶体构成，也可由玻璃相构成，或由两者的复合物构成。

基质往往含有主成分以外的全部或大部分杂质，因此这些物质相在高温下易形成液相，从而使制品易于烧结，但有损于主晶相的结合，危害耐火材料的高温性质。当基质在高温下形成液相的温度低、液相黏度低和数量较多时，耐火产品的生产和其性质，实质上受基质所控制。欲提高耐火材料的质量，必须提高耐火材料基质的质量，减少基质的数量，改善基质的分布，使其在耐火材料中由连续相孤立为非连续相。

（3）耐火材料的组织结构。普通耐火材料在常温下是由固相和气孔构成的非均质体。在耐火材料中，这些固相和气孔的空间线度一般在 $10^{-3} \sim 10^{-4}$ cm 以上，用肉眼或借普通光学显微镜可观察、分辨其性状和分布。耐火材料中的这种量级的结构常称之为宏观结构。耐火材料中这种量级结构上的不同，可导致材料的许多物理性质和化学性质的显著差别。特别是这种量级的气孔的容积、形状、大小和分布等特征，对耐火材料的许多性质更具有重要的意义。

1）耐火材料的气孔与气孔率。

① 耐火材料中的气孔。在耐火制品内，有许多大小不同、形状不一的气孔，如图 19-1 所示。

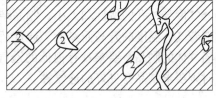

图 19-1　耐火材料中的气孔类型
1—开口气孔；2—闭口气孔；3—贯通气孔

耐火材料中的气孔大致可以分为三类：开口气孔，一端封闭，另一端与外界相通；闭口气孔，封闭在制品中不与外界相通；贯通气孔，贯穿耐火制品两面，能为流体通过。

耐火材料中气孔的存在，会导致其密度和有效断面降低，从而致使其力学及热学性质随之变化，耐火材料在使用中承受热重负荷和抵抗热振、渣蚀的性能也受到显著影响。贯通气孔易于通过流体，从而使侵蚀性流体易渗入制品内部，渣蚀加剧。开口气孔能被流体侵入，但当流体侵入时，孔内气体被压缩，使流体进入受到抑制，故渣蚀危害较贯通气孔轻。闭口气孔不受外部气液侵入，渣蚀危害小，有时还可能使导热性降低，并有利于耐热振作用。

② 耐火材料的气孔率。气孔率是耐火制品所含气孔体积与制品总体积的百分比。若气孔体积中包含各种气孔时，此种气孔体积与材料总体积之比称为总气孔率或真气孔率。封闭气孔体积与总体积之比称为封闭气孔率。开口气孔（或贯通气孔）体积与总体积之比称为显气孔率，也称开口气孔率。制品的气孔率指标，常用开口气孔率（显气孔率）表示。气孔率是多数耐火材料的基本技术指标，其大小几乎影响耐火制品的所有性能，尤其是强度、热导率、抗热振性等。

2）耐火材料的密度。耐火材料的密度是指材料的质量与其体积之比，单位为 g/cm^3。当计量的体积包含的气孔类型不同时，则可分为体积密度、视密度和真密度。

① 体积密度。体积密度是单位体积（包括全部气孔体积）耐火制品的质量，它表征耐火材料的致密程度。体积密度高的制品，其气孔率小，强度、抗渣性、高温荷重、软化温度等一系列性能好。

② 视密度。视密度又称表观密度，是指材料的质量与其含材料的实体积和封闭气孔体积之和的体积之比，它也能表征耐火材料的致密程度。

③ 真密度。真密度是指不包括气孔在内的单位体积耐火材料的质量。当材料的化学组成一定时，由真密度可判断其中的主要矿物组成。铝行业常用耐火材料的体积密度与显气孔率，见表 19-1。

表 19-1　铝行业常用耐火材料的体积密度与显气孔率

制品名称	体积密度/g·cm⁻³	显气孔率/%	制品名称	体积密度/g·cm⁻³	显气孔率/%
普通黏土砖	1.90 ~ 2.00	28.0 ~ 24.0	高致密黏土砖	2.25 ~ 2.30	15.0 ~ 10.0
致密黏土砖	2.10 ~ 2.20	20.0 ~ 19.0	硅　砖	1.80 ~ 1.95	22.0 ~ 19.00
镁　砖	2.60 ~ 2.70	24.0 ~ 22.0			

3）耐火材料的吸水率。耐火材料的吸水率是指耐火材料全部开口气孔吸满水的质量与干燥试样的质量之比。它实质上是反映制品中开口气孔量的一个技术指标，在生产中多用来鉴定原料煅烧质量，原料煅烧得越好，吸水率值越低，一般应小于5%。

4）耐火材料的透气度。透气度是耐火材料允许气体在压差下通过的性能。耐火制品的透气度与气孔的特性和大小、制品结构的均匀性、气体的压力差等有关。此外，透气度还随着气体温度的升高而降低。通常情况下，制品的透气度越小越好，如用于隔离火焰或高温气体的制品，要求具有很低的透气度。但随着技术的发展，为满足特殊的使用条件，有时则要求制品有良好的透气性。

19.1.2.2　耐火材料的热学性质和导电性

（1）耐火材料的热膨胀性。耐火材料的热膨胀性是指其体积或长度随着温度升高而增大的物理性质，主要取决于其化学矿物组成和所受的温度。耐火制品的热膨胀性可用线膨胀率或体积膨胀率表示，也可用线膨胀系数或体积膨胀系数来表示。耐火材料的平均线膨胀系数，由常温到1000℃的范围为（4～15）×10^{-6}/℃，线膨胀率为0.4%～1.4%。其中碳化硅制品较低，硅铝系制品居中，碱性制品较高，硅砖特高。各种耐火材料的平均线膨胀系数见表19-2。

表19-2　各种耐火材料的平均线膨胀系数

名　称	黏土砖	莫来石砖	刚玉砖	硅　砖	镁　砖
平均线膨胀系数/℃ （20～1000℃）	（4.5～6.0） ×10^{-6}	（5.5～5.8） ×10^{-6}	（8.0～8.5） ×10^{-6}	（11.5～13.0） ×10^{-6}	（14.0～15.0） ×10^{-6}

（2）耐火材料的热导率。热导率（又称导热系数）是表征耐火材料导热特性的一个物理指标，是指单位温度梯度下（每米长度温度升高1℃），单位时间内通过单位面积的热量，用"λ"表示，单位为W/(m·℃)。大部分耐火材料的热导率随温度的升高而增大，但镁砖和碳化硅砖则相反，温度升高时期热导率反而减小。

（3）耐火材料的导电性。耐火材料（除炭质和石墨制品外）在常温下是电的不良导体，随温度升高，电阻减小，导电性增强。在1000℃以上其导电性提高得特别显著，在高温下耐火材料内部有液相生成，由于电离的关系，能大大提高其导电能力。耐火材料的电阻随气孔率的增加而增大，但在高温下气孔率对电阻的影响会显著减弱，甚至消失，这是由于高温下液相的出现和液相对气孔的填充所致。

当耐火材料用作电炉的衬砖和电的绝缘材料时，这种性质具有很大的意义。随着电炉操作温度的提高，特别是高频感应炉采用的耐火材料的高温电阻，是直接关系到防止高温使用时由于电流短路而引起线圈烧毁等事故的重要性质。

19.1.2.3　耐火材料的力学性质

耐火材料的力学性质是指材料受载荷时产生形变或断裂的性能。根据作用于材料之上的应力的不同，相应地将材料的强度分为耐压强度、抗拉强度、抗折强度、抗剪强度、耐磨性和抗冲击性等。

（1）耐火材料的耐压强度。耐压强度是指耐火材料在一定的温度下单位面积所能承受而不被破坏的最大压力。耐火材料的耐压强度分为常温耐压强度和高温耐压强度，它是衡量耐火材料质量的重要性能指标之一。

（2）耐火材料的抗折强度。抗折强度也称抗弯强度，是指材料在单位截面所能承受的极限弯曲应力。耐火材料的抗折强度分为常温抗折强度和高温抗折强度。耐火材料的高温抗折强度常作为评价材料在高温下的质量（特别是其结合相质量）的重要指标。

（3）耐火材料的弹性模量。耐火材料受外力作用产生变形，在弹性极限内应力与应变成比例，此比值称为弹性模量，也可认为是材料抵抗变形的能力。当材料受到拉伸或压缩时，在弹性极限内的应力与应变之比称为纵向弹性模量或称"杨氏模量"。耐火材料的弹性模量与其耐压强度、抗折强度、耐磨性大致成正比。

（4）耐火材料的高温蠕变。当耐火材料在高温下承受低于其极限强度的一定荷重时，会产生塑性变形，变形量会随时间的延长而增加，甚至导致材料破坏，这种现象叫蠕变（通常以压蠕变率来度量）。耐火材料的高温蠕变性是指制品在恒定的高温条件下受应力作用随着时间的变化而发生的等温变形。材料的气孔对蠕变影响很大，提高材料的气孔率，可以提高其蠕变率。

19.1.2.4 耐火材料的高温使用性能

在高温下影响耐火材料使用性能的因素很多，通常用来表示耐火材料使用性能的一些指标如耐火度、高温荷重变形温度、抗热振性、高温体积稳定性、抗渣性等都是在特定的实验室条件下测定出来的，和实际使用情况有一定的距离。虽然如此，它们仍可作为判断耐火材料使用性能的重要指标。

（1）耐火度。耐火材料在无荷重时抵抗高温作用而不熔融和软化的性能叫耐火度。耐火度的意义与熔点不同，熔点是指纯物质的结晶相与其液相处于平衡状态下的温度。而一般耐火材料是由各种矿物组成的多相固体混合物，无统一的熔点，而是在一定温度下开始产生液相，随温度的升高液相比例不断增大，到某一固定温度时固相才能全部熔融为液相，在这两个固定温度之间的一段温度范围内都是液固两相同时存在。

决定耐火度的基本因素是材料的化学矿物组成及其分布状况。各种杂质成分特别是具有强熔剂作用的杂质成分，会严重降低制品的耐火度，因此，提高耐火材料耐火度的主要途径是采取适当措施来保证和提高原料的纯度。一些常用耐火材料的耐火度见表19-3。

表19-3 一些常用耐火材料的耐火度

耐火材料名称	耐火度/℃	耐火材料名称	耐火度/℃
硅 砖	1610~1750	高铝砖	>1770~2000
黏土砖	1610~1750	镁 砖	>2000

（2）高温荷重变形温度。耐火材料在常温下耐压强度很高，但在高温下发生软化变形，耐压强度也就显著降低。一般用高温荷重变形温度来评定耐火材料的高温结构强度。所谓高温荷重变形温度就是耐火材料受压发生一定变形量和坍塌时的温度。各种耐火材料的荷重软化温度，主要取决于制品的化学矿物组成，在一定程度上也与其宏观结构有关。

（3）抗热振性。耐火材料抵抗温度急剧变化而不破裂或剥落的能力称为抗热振性。耐火材料在使用过程中，经常受到环境温度的急剧变化作用，例如，出铝抬包衬砖在出铝过程中、冶金炉的加料、出料操作中温度变化等，导致衬体产生裂纹、剥落，甚至崩溃。这种破坏作用不仅限制了制品和炉窑的加热速度和冷却速度，还限制了炉窑操作的强化，而且也是制品、炉窑损坏较快的主要原因之一。

影响耐火材料抗热振性的因素非常复杂。一般来说，材料的线膨胀系数小，抗热振性就好，材料的热导率高，热振性也好。另外，材料的粒度组成、致密度、气孔大小和分布、制品形状等均对其抗热振性有影响。

（4）抗渣性。抗渣性是指耐火材料在高温下抵抗炉渣的侵蚀和冲刷作用的能力。抗渣性是耐火材料重要的使用性能，对于指导其正确使用具有重要意义。

19.2　耐火制品

耐火制品通常是指具有一定形状、尺寸的耐火材料产品，如各种耐火砖、耐高温器皿等。有时耐火制品也泛指利用耐火原料制成的各种耐火材料产品，包括定形和不定形耐火材料。本节中耐火制品是指具有一定形状、尺寸的筑炉工程用耐火砖。

19.2.1　耐火制品的标准牌号、砖号和代号

19.2.1.1　耐火制品的标准牌号

现行国家标准和部颁标准规定的耐火制品的牌号，是按其材质（主要化学成分）和用途的汉语拼音字母的第一个大写字母命名的。部分通用耐火制品及通用隔热耐火制品的标准牌号见表 19-4 和表 19-5。

表 19-4　部分通用耐火制品的标准牌号

材　质	用　途	标准名称	标准牌号	符号说明
黏土质	通用	黏土质耐火砖	N-1、N-2a N-2b、N-3a N-3b、N-4 N-5、N-6 （8 个牌号）	N——黏土质， 数字及字母 a、b 均为表示等级的 符号
高铝质	通用	高铝砖	LZ-75、LZ-65 LZ-55、LZ-48 （4 个牌号）	L——高铝质， Z——砖， 数字表示氧化铝 百分含量

表 19-5　部分通用隔热耐火制品的标准牌号

材　质	用　途	标准名称	标准牌号	符号说明
黏土质	一般工业炉 隔热耐火砌体用	黏土质隔热耐火砖	NG-0.4、NG-0.5 NG-0.6、NG-0.7 NG-0.8、NG-0.9 NG-1.0、NG-1.3b NG-1.3a、NG-1.5 （10 个牌号）	N——黏土质， G——隔热砖， 数字表示砖的 体积密度， 字母 a、b 表示等级
高铝质	一般工业炉隔热 耐火砌体用	高铝质隔热耐火砖	LG-0.4、LG-0.5 LG-0.6、LG-0.7 LG-0.8、LG-0.9 LG-1.0 （7 个牌号）	L——高铝质， G——隔热砖， 数字表示砖的 体积密度

19.2.1.2 耐火制品的标准砖号及代号

（1）耐火制品的标准砖号。耐火制品标准砖号是国家标准、部颁标准规定采用的旨在表示耐火制品形状尺寸及其用途的符号。其表示方法尚无统一规定，但通常以耐火制品的形状尺寸、用途并采用其汉语拼音第一个大写字母和顺序号或尺寸数码表示。部分常见耐火制品标准砖号见表19-6。

表 19-6　部分常见耐火制品的标准砖号

制品名称	标准名称	标准砖号	符号说明
通用耐火砖	通用耐火砖形状尺寸	TZ-1，2，…，9 TC-21，22，…，32 TS-41，42，…，66 TK-81，82，83 TJ-91，92，…，97	T——通用砖， Z——直形砖， C——侧楔形砖， S——竖楔形砖， K——宽楔形砖， J——拱脚砖， 数字表示顺序号

（2）耐火制品的代号。通用砖的每一个砖号均对应有表示其形状尺寸的代号，代号中的 Z、C、K 和 J 即分别为直形砖、侧楔形砖、竖楔形砖、宽楔形砖和拱脚砖的："直""侧""竖""宽"和"脚"字的汉语拼音第一个大写字母。紧接字母后数字为各形砖的尺寸数码，代号命名方法为：

1）直形砖字母 Z 后为砖长 a 的百位和十位的数字，接着为砖厚 c 的十位数。数尾 K 意指该砖为错缝用宽直形砖。

2）楔形砖字母 C（或 S、K）后为大小头距离 b 的百位及十位数字，接着为大头尺寸 a 及小头尺寸 a_1 的十位以上的数字。数字末尾有 K 的砖为错缝用楔形砖。

3）拱脚砖字母 J 后为斜面长度 L 的百位和十位数字，接着为倾斜角 α 的十位数字。

19.2.2 耐火制品的分型定义

黏土质、高铝质、硅质和镁质耐火制品按其外形复杂程度（如沟、舌、孔、洞、凹角、锐角、圆弧）或其尺寸、质量分为标型、普型、异型和特型制品。致密耐火制品的分型定义见表19-7，隔热耐火制品的分型定义见表19-8。

表 19-7　致密耐火制品的分型定义

砖型名称	黏土质耐火制品	高铝质耐火制品
标　型	规定 230mm×114mm×65mm 为标型砖	规定 230mm×114mm×65mm 为标型砖
普　型	（1）质量为 2~8kg； （2）厚度尺寸为 55~75mm； （3）不多于 4 个量尺； （4）大小尺寸比不大于 4； （5）不带沟、舌、孔、洞、凹角或圆弧	（1）质量为 2~10kg； （2）厚度尺寸为 55~75mm； （3）不多于 4 个量尺； （4）大小尺寸比不大于 4； （5）不带沟、舌、孔、洞、凹角或圆弧
异　型	（1）质量为 2~15kg； （2）厚度尺寸为 45~95mm； （3）大小尺寸比不大于 6； （4）凹角、圆弧的总数不多于 2 个； （5）沟、舌总数不多于 4 个； （6）一个大于 55°~75°的角	（1）质量为 2~18kg； （2）厚度尺寸为 45~95mm； （3）大小尺寸比不大于 6； （4）凹角、圆弧的总数不多于 2 个； （5）沟、舌总数不多于 4 个； （6）一个大于 55°~75°的角

续表19-7

砖型名称	黏土质耐火制品	高铝质耐火制品
特　型	(1) 质量为 1.5~30kg； (2) 厚度尺寸为 35~135mm，管状砖的长度尺寸不大于 300mm； (3) 大小尺寸比不大于 8； (4) 凹角、圆弧的总数不多于 4 个； (5) 沟、舌总数不多于 8 个； (6) 一个大于 30°~50° 的角； (7) 不多于 1 个孔或洞	(1) 质量为 1.5~35kg； (2) 厚度尺寸为 35~135mm，管状砖的长度尺寸不大于 300mm； (3) 大小尺寸比不大于 8； (4) 凹角、圆弧的总数不多于 4 个； (5) 沟、舌总数不多于 8 个； (6) 一个大于 30°~50° 的角； (7) 不多于 1 个孔或洞

表 19-8　隔热耐火制品的分型定义

砖型名称	黏土质隔热耐火砖	高铝质隔热耐火砖
标　型	规定 230mm×114mm×65mm 为标型砖	规定 230mm×114mm×65mm 为标型砖
普　型	(1) 不多于 4 个量尺； (2) 外形尺寸比例不大于 1:4； (3) 不带凹角（包括圆弧状凹角）、沟槽、圆弧和孔眼； (4) 体积在 1000~2000cm³ 内	(1) 不多于 4 个量尺； (2) 外形尺寸比例不大于 1:4； (3) 不带凹角（包括圆弧状凹角）、沟槽、圆弧和孔眼； (4) 体积在 1000~2000cm³ 内
异　型	(1) 外形尺寸比例不大于 1:5； (2) 不多于 1 个凹角（包括圆弧状凹角）、1 个沟槽、1 个圆弧、1 个孔眼和 1 个 50°~70° 的角； (3) 体积在 1000~3000cm³ 内	(1) 外形尺寸比例不大于 1:5； (2) 不多于 1 个凹角（包括圆弧状凹角）、1 个沟槽、1 个圆弧、1 个孔眼和 1 个 50°~70° 的角； (3) 体积在 1000~3000cm³ 内
特　型	(1) 外形尺寸比例不大于 1:6； (2) 不多于 3 个凹角（包括圆弧状凹角）、3 个沟槽、3 个圆弧、3 个孔眼和 1 个 30°~50° 的角； (3) 体积在 1000~5000cm³ 内	(1) 外形尺寸比例不大于 1:6； (2) 不多于 3 个凹角（包括圆弧状凹角）、3 个沟槽、3 个圆弧、3 个孔眼和 1 个 30°~50° 的角； (3) 体积在 1000~5000cm³ 内

19.2.3　黏土质耐火制品

黏土质耐火制品是采用硬质黏土熟料为主要原料，配以结合黏土（软质黏土或半软质黏土），以半干法或可塑法成型，经 1300~1400℃ 烧成后，制得的 Al_2O_3 含量为 30%~48% 的耐火材料。它是一种用途广泛、产量最大的耐火制品。

黏土质耐火制品的性质如下：

(1) 化学组成：含 Al_2O_3 为 30%~48%、SiO_2 为 50%~65% 和少量的碱金属、碱土金属氧化物（K_2O、Na_2O、CaO、MgO）以及 TiO、Fe_2O_3 等。矿物组成一般为：莫来石（25%~50%）、方石英和石英（最高可达 30%）、玻璃相。

(2) 耐火度：一般为 1580~1750℃，随 Al_2O_3/SiO_2 增大而提高。当低熔物杂质，特别是碱金属氧化物含量较多时，制品的耐火度显著降低。

(3) 荷重软化温度：约为 1250~1450℃，其变化范围较宽。开始变形温度较低，与 40% 变形温度相差约 200~250℃。

（4）热膨胀系数较低，20～1000℃平均热膨胀系数为 $4.5 \times 10^{-5} \sim 6 \times 10^{-5}/℃$，其导热系数也较低。

（5）热振稳定性良好，波动范围较大。1100℃水冷循环一般大于 10 次。这与黏土质耐火制品的热膨胀系数较低、晶型转化效应不显著以及高温下的塑性有关。

（6）抗化学侵蚀性：因属弱酸性，具有较强的抗酸性渣侵蚀能力，对碱性物质侵蚀的抵抗性较弱。

19.2.4 高铝质耐火制品

一般将 Al_2O_3 含量大于 48% 的硅酸铝系耐火制品统称为高铝质耐火制品。制造高铝质耐火制品的原料主要有硅线石矿物（硅线石、蓝晶石、红柱石）、高铝矾土熟料和合成莫来石、人造刚玉及工业氧化铝等。

高铝质耐火制品的矿物组成主要为刚玉、莫来石和玻璃相。各矿物相所占比例取决于制品的 Al_2O_3/SiO_2 和所含杂质的种类、数量，也取决于其生产工业条件。按制品的矿物组成可分为：

低莫来石制品（硅线石制品）：Al_2O_3 48% ～60%；

莫来石制品：Al_2O_3 61%～70%；

莫来石—刚玉制品：Al_2O_3 70%～80%；

刚玉—莫来石制品：Al_2O_3 81%～90%；

刚玉制品：Al_2O_3 >90%。

普通高铝质耐火制品的特性如下：

（1）荷重软化温度：普通高铝质耐火制品的荷重软化温度一般为 1420～1550℃以上，比黏土质耐火制品高，且随 Al_2O_3 含量的增加而提高。当 Al_2O_3 <70% 时，其荷重软化温度随莫来石相与玻璃相的数量比的增加而增高；当 Al_2O_3 >70% 时，随 Al_2O_3 含量增加，荷重软化温度增高不显著。

（2）热振稳定性：普通高铝质耐火制品的热振稳定性主要取决于化学矿物组成和显微组织结构，一般较黏土制品差。

（3）耐化学侵蚀性：普通高铝质耐火制品抵抗酸性或碱性渣、金属液的侵蚀和氧化、还原反应性等均较好，且随着 Al_2O_3 含量增加，有害杂质含量（特别是 Na_2O、K_2O 等杂质含量）的降低而增强。

19.2.5 炭素制品

炭素制品是以焦炭、石墨、电煅无烟煤等为主要原料，以沥青、焦油等含炭有机物为结合剂，经高压挤压成型、高温焙烧后制得的中性制品。其品种主要有炭块、半石墨炭块和石墨块等。炭素制品主要有如下特性：

（1）极好的耐高温性。炭的熔点为 3500℃，常压下 3000℃开始升华，因此它实际上不熔化，在正压操作的工业炉中，一般可在高于 3000℃温度下工作。

（2）强度高、耐磨性好且随温度的升高而增加。

（3）耐铁水、熔渣、铝液等的浸润、渗透、侵蚀性好，特别是气孔直径小于 $1\mu m$ 且分布均匀的微孔炭素制品的这一性能更为优越。

（4）具有高的导热性和导电性，热膨胀性较小，体积稳定性好，抗热冲击作用的能力强。

（5）外形规整，尺寸偏差小，精度高，便于砌筑砖缝厚度细小的砌体。但其机械加工费用较高。

（6）炭素制品的缺点是抗氧化反应差。在不同介质中被氧化的零界温度一般为：空气中 500℃、蒸气中 800℃、CO_2 中 1000℃。

19.2.6　碳化硅耐火制品

碳化硅耐火制品是指以碳化硅为主要原料而制得的主晶相为碳化硅的耐火制品。按制品结合相的性质，主要有氧化物结合碳化硅制品、直接结合碳化硅制品和氮化物结合碳化硅制品。碳化硅制品具有优异的耐酸性或碱性溶液、抗金属溶液侵蚀的能力和耐磨性能，高温下强度大、热膨胀系数小、导热性强、抗热冲击性强。其缺点是耐氧化性较差，而且价格昂贵。因此，它多被用于工作条件极为苛刻且氧化性不显著的部位。碳化硅矿物的原料在自然界极为罕见，工业上采用人工合成的办法获得。

19.2.7　隔热耐火制品

隔热耐火制品具有体积密度小、气孔率大、导热系数和比热容低等特点，工程上多用作砌筑工业炉的隔热层，但还有用于砌筑工作层的。用隔热耐火制品砌筑的内衬，节能效果显著，并可使炉衬减薄、减轻，也有利于缩短加热时间，使炉温保持均匀。但是，这类制品的强度较低，耐化学侵蚀能力和耐热振性以及耐磨性都很差。因此，一般不用于同炉料接触的炉膛部位、有炉渣及流速极大的炽热气流作用的部位和机械振动大的部位。隔热耐火制品的制造方法有加入易燃物法、泡沫法、气体发生法、胶结多孔物料法和熔融喷吹法等。

19.2.8　耐火纤维及其制品

耐火纤维又称陶瓷纤维，是一种人造无机非金属纤维材料。狭义的耐火纤维一般是指使用温度在 1000℃ 以上的纤维材料。耐火纤维主要包括非晶质，品种众多，工业炉常用的耐火纤维有硅酸铝质纤维、高铝质纤维、氧化铝纤维及其混合纤维，节能效果十分显著。耐火纤维可根据需要被加工制成各种绳、带、毡、毯、块等制品，可用作工业炉工作内衬，但不能用于气流流速过高、与熔渣熔液直接接触的受机械碰撞作用的部位。耐火纤维及其制品的特点如下：

（1）耐高温性好，其使用温度根据纤维的材质和矿物组成及其结构不同而有差异，一般为 1000～1400℃。

（2）隔热性好，高温下导热系数很低。如硅酸铝纤维热导率，与高铝质隔热耐火砖（$0.4g/cm^3$）相比，约低 35%。

（3）体积密度小，一般为 0.1～0.2g/cm^3，仅为隔热耐火砖的 1/5～1/10，为普通黏土砖的 1/10～1/20。

（4）热振稳定性好，热容量小，化学性质稳定。

（5）质地柔软，可加工性好。用耐火纤维构筑的炉衬既薄且轻，升温快，稳定均匀，燃料和材料消耗少。

（6）用耐火纤维制品筑炉，劳动强度低，施工方便，效率提高。

耐火纤维制品的缺点是：强度低，易受机械碰撞、气流冲刷、物料摩擦作用而损坏；当与熔渣、熔液直接接触时，易受侵入而丧失隔热功能。此外，在高温下长期使用过程中所产生的物理化学变化，如非晶质纤维晶体化和多晶纤维的晶体长大等，亦导致制品的损坏。

19.3 隔热耐火材料

隔热材料的体积密度小，导热系数低，它不仅可作为热设备的保温材料，而且也是一种保冷工程材料。在筑炉工程中，隔热材料主要用于工业炉的隔热层和管道的外包扎。此外，散状隔热材料还可用作隔热耐火浇注料及其他不定形耐火材料组成材料和内衬缝隙填充材料。由于节能降耗的要求，隔热耐火材料得以迅速发展。

19.3.1 隔热耐火材料的主要特征

隔热耐火材料的主要特征如下：

（1）气孔率高，一般为 65% ~78%；

（2）体积密度小，一般不超过 1.3g/cm³，目前工业上常用的体积密度为 0.5 ~1.0g/cm³；

（3）热导率小，多数小于 1.26W/(m·℃)；

（4）重烧收缩小，一般不超过 2%。

19.3.2 隔热材料的分类

隔热材料一般按使用温度、体积密度、制造方法和材料的形态进行分类。

19.3.2.1 按使用温度分类

国际上一般都以重烧收缩量不大于 2% 的温度作为隔热耐火材料的使用温度。图 19-2 示出了各种隔热耐火材料的使用温度范围。

（1）低温隔热材料：使用温度小于 900℃，主要制品有硅藻土砖、石棉、膨胀蛭石等；

（2）中温隔热材料：使用温度为 900 ~1200℃，主要品种有膨胀珍珠岩、轻质黏土砖及耐火纤维等；

（3）高温隔热材料：使用温度大于 1200℃，主要制品有轻质高铝砖、轻质刚玉砖、空心球制品及高温耐火纤维等。

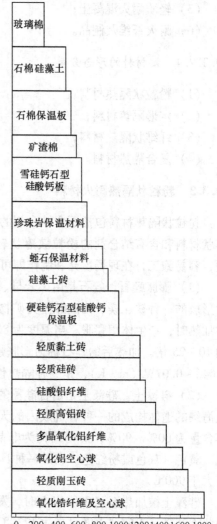

图 19-2 各种隔热耐火材料的使用温度范围

19.3.2.2　按体积密度分类

（1）一般隔热材料，体积密度不大于 $1.3g/cm^3$；

（2）常用隔热材料，体积密度为 $0.5\sim1.0g/cm^3$；

（3）超轻隔热材料，体积密度小于 $0.3g/cm^3$。

19.3.2.3　按制造方法分类

（1）用多孔材料直接制取的制品，如硅藻土及其制品；

（2）用可燃加入物制取的制品，主要制品为轻质砖；

（3）用泡沫剂制取的制品；

（4）用化学方法制取的制品；

（5）轻质耐火混凝土；

（6）耐火纤维及制品。

19.3.2.4　按材料的形态分类

（1）粉粒状隔热材料；

（2）定形隔热材料；

（3）纤维状隔热材料；

（4）复合隔热材料。

19.3.3　粉粒状隔热耐火材料

粉粒状隔热材料包括不含结合剂的直接利用耐火粉末或颗粒料作填充隔热层的粉粒散落状材料和含有结合剂的粉粒散落状轻质不定形隔热耐火材料。粉粒状隔热材料使用方便，容易施工，在现场填充和制作即可作为高温窑、炉和设备的有效隔热层。

（1）膨胀蛭石。蛭石是由黑云母、金云母等层状硅酸盐矿物热液蚀变或有黑云母风化后形成的一种铁、镁、铝硅酸盐类矿物，密度 $2.3\sim2.7g/cm^3$，熔点 $1300\sim1400℃$。蛭石被加热时，产生体积膨胀。当温度为 $800\sim1100℃$ 时，体积膨胀达到最大值，约为加热前的 $10\sim25$ 倍。加热后的蛭石称为膨胀蛭石，其体积密度一般为 $100\sim300kg/m^3$，导热系数 $0.046\sim0.07W/(m\cdot K)$，是一种隔热性能良好的材料。

（2）硅藻土。硅藻土是由含硅藻的软泥固结而成的硅质沉积岩。它是由硅藻、放射虫或海绵的遗体构成的一种有机成因的天然沉积矿物。硅藻土的主要化学成分是二氧化硅，其含量为 $60\%\sim90\%$，矿物结构为非晶质蛋白石。硅藻土矿物往往含有少量黏土，呈白色、黄色、灰色或粉红色。它是一种具有良好隔热性能的保温材料，其允许工作温度一般不大于 $900℃$。

硅藻土被加热至 $1000℃$ 以上时，发生方石英化，气孔结构大部分被破坏，体积收缩。因此，纯硅藻土的耐火度可高达 $1730℃$，但其使用温度不得超过 $900℃$。建筑材料用硅藻土质量要求一般为：二氧化硅大于 $60\%\sim75\%$；氧化铝＋氧化铁小于 10%；氧化钙小于 $4\%\sim5\%$；有机物小于 $4\%\sim5\%$。

19.3.4 纤维状隔热耐火材料

纤维状隔热材料系棉状和纤维制品状隔热材料。纤维材料易形成多孔组织，因此，纤维状隔热材料的特点是质量轻、绝热性能好、富有弹性，并有良好的吸声和防震等性能。

石棉是一种蕴藏于中性或酸性火成岩矿床中的天然纤维状非金属矿物，通常将这种具有天然纤维状结构，并可剥离成细微而柔韧的纤维矿物统称为石棉。按其化学成分，大体分为：富含硅酸镁的蛇纹石类石棉、富含硅酸盐的角闪石类石棉、水镁石石棉和叶蜡石石棉四类。

19.3.5 复合隔热耐火材料

复合隔热材料，主要指纤维材料与其他材料配制而成的绝热材料，如绝热板、绝热涂层等隔热材料。

硅酸钙绝热制品是一种以硅酸钙水化物为主要成分的隔热材料。工业上是以石灰、硅酸为原料，在高压釜中先蒸养合成水化硅酸钙，然后适当加入石棉等纤维材料，经压力成型后而制得的具有多孔结构的绝热制品。

19.4 不定形耐火材料

不定形耐火材料是由具有合理级配耐火骨料、粉料和一种或多种结合剂组成的混合材料。因其无固定形状，且无需成形，烧成即可按规定的形状和尺寸构筑工业炉内衬砌体和其他耐高温砌体，故称为不定形材料或散状耐火材料。又因这类材料中的耐火浇注料、耐火可塑料、耐火喷涂料和耐火捣打料可构筑无接缝或少接缝的整体内衬，也称之为整体耐火材料。

不定形耐火材料以其生产工艺流程短、节能等特性，十几年来发展迅猛，在许多场合替代定形耐火材料制品。不定形耐火材料广泛应用于冶金工业、机械工业、能源、化学工业和建筑材料工业的各种窑炉和热工构筑物。我国不定形耐火材料占耐火材料生产总量的约30%，并仍处于增长状态。

19.4.1 不定形耐火材料的分类

不定形耐火材料的种类很多，可依耐火材料的材质分类，也可按所用结合剂的品种分类。通常，根据其工艺特性分为浇注料、可塑料、捣打料、喷射料、投射料和耐火泥等。按工艺特性划分的各种不定形耐火材料的主要特征见表19-9。

表19-9 各种不定形耐火材料的主要特征

种　类	定义及主要特征
浇注料	以粉粒状耐火物料与适当结合剂和水等配成，具有较高流动性的耐火材料；多以浇注和（或）振实方式施工；结合剂多用水硬性铝酸钙水泥；用绝热的轻质材料制成者称为轻质浇注料
可塑料	由粉粒状耐火物料与黏土等结合剂和增塑剂配成，呈泥膏状，在较长时间内具有较高可塑性的耐火材料；施工时可轻捣和压实，经加热获得强度
捣打料	以粉粒状耐火物料与结合剂组成的松散状耐火材料，以强力捣打方式施工

种　类	定义及主要特征
喷射料	以喷射方式施工的不定形耐火材料，分湿法和干法施工两种，因主要用于涂层和修补其他炉衬，也称为喷涂料和喷补料
投射料	以投射方式施工的不定形耐火材料
耐火泥	由细粉状耐火物料和结合剂组成的不定形耐火材料，有普通耐火泥、气硬性耐火泥、水硬性耐火泥和热硬性耐火泥之分；加入适量液体制成的膏状和浆状混合料，常称为耐火泥膏和耐火泥浆，用于涂抹之用时，也称为涂抹料

19.4.2　耐火浇注料

耐火浇注料是由耐火骨料、粉料和结合剂组成的混合料，加水或其他液体后，适于采用浇注、振动方法施工，也可预先制作成具有规定形状尺寸的预制件，用于构筑工业炉内衬。为改善耐火浇注料的理化性能和施工性能，往往还加入适量的外加剂，如增塑剂、分散剂、促凝剂、缓凝剂、膨胀剂、解胶-凝胶剂等。此外，对用于受机械作用力较大或热冲击作用强烈部位的耐火浇注料，若加入适量不锈钢纤维，则会使材料的韧性显著增加。在隔热耐火浇注料中，若加入无机纤维，既能增强韧性，又有助于其隔热性能的改善。由于耐火浇注料的基本物料组成（如骨料和粉料、掺和料、结合剂以及外加剂）、凝结硬化过程、施工方法等，与土建工程中的混凝土相似，故又曾称之为耐火混凝土。

耐火浇注料生产工艺简单，省工节能，施工效率高、质量好，并可根据需要现场配制或选用性能优异的材料。因此，耐火浇注料是筑炉工程中用量较大、适用范围广泛的一种不定形耐火材料。

19.4.3　耐火喷射料

耐火喷射料是由具有合理级配的耐火骨料、粉料和结合剂、外加剂组成的适于采用专门的喷射机械进行喷射施工的一种不定形耐火材料。采取喷射施工方法修补内衬的耐火喷涂料又称为耐火喷补料。

19.4.4　耐火可塑料

耐火可塑料是由具有合理粒度级配的耐火骨料、粉料和可塑性黏土以及结合剂、增塑剂、水等经充分混合后制得的，并在较长时间内保持较高的可塑性的一种不定形耐火材料。它通常以具有可塑性的软坯状或不规则的料团形式供货。施工时，采用捣打、挤压、振动等方式构筑内衬。

19.4.5　耐火捣打料

耐火捣打料是由具有合理级配的耐火骨料、粉料和结合剂、外加剂等组成的松散状不定形耐火材料，适于采用强力捣打或振动夯实的方法施工。

19.4.6　耐火泥浆

耐火泥浆是由细粒耐火骨料和耐火细粉料与结合剂、外加剂配制而成的，主要用作砌筑工业炉耐火砖砌体的接缝材料。按其结合剂的性质分为陶瓷结合、水硬性结合、化学结合和有机结合四种耐火泥浆。按交货状态有干状和湿状两种。施工时，加入调制液（水或其他溶液）调制成规定的稠度，用抹刀或专门的机械（如压力灌浆机械）进行砌筑或灌注。

耐火泥浆的功能是将耐火砖砌体黏结成整体，使之具有良好的结构稳定性和气密性，并能经受高温下各种化学和物理作用，保证热工设备安全、正常运行，达到高效、长寿、低消耗的要求。因此，耐火泥浆必须具有与所砌耐火砖相近或相同的理化性能，同时还必须具有良好、适宜的砌筑性能。

19.5　耐火材料的应用

耐火材料是高温技术领域的基础材料，应用较为广泛。我国冶金工业消耗的耐火材料约占全部耐火材料的70%左右，其中又以熔炼炉、加热炉及其附属设备消耗的耐火材料所占比重最大。随着工业炉窑的大型化、高效化和自动化，炉窑操作条件日趋苛刻，对耐火材料的生产和使用提出了更高的要求。同时能源消耗急剧增长，供需矛盾日益突出，耐火材料还必须满足节能的需要。因此，根据炉窑结构特点及热工制度和生产工艺条件，选择和使用相应的耐火材料，进一步保证炉窑高效运行，提高炉窑的使用寿命，节约能源，降低耐火材料的消耗。

19.5.1　耐火材料的选用

（1）冶金炉窑对耐火材料的要求。耐火材料是工业炉窑的主要砌筑材料，它关系到生产过程能否顺利进行。工业炉对耐火材料的要求主要有以下几点：

1）抵抗高温热负荷作用，不软化，不熔融。一般耐火度不低于1500℃。

2）能够承受炉子载荷及高温操作中所产生的应力作用，不丧失结构强度，不软化变形，不断裂坍塌。通常耐火制品的荷重，以软化变形温度来衡量。

3）在高温下体积稳定，不因膨胀或收缩使砌体变形或出现裂纹。通常以耐火制品的膨胀系数和重烧线收缩表示。

4）当温度剧变或受热不均时，不出现崩裂破坏，即制品的热稳定性（或耐急冷急热性）良好。

5）对于液态溶液、气态或固态物质必须具有一定的抵抗能力。

6）应具有足够的强度或抗磨性能，能承受高温高速火焰、烟尘、炉渣的冲刷及金属的撞击等。

7）为了保证炉子的砌筑质量，制品的外形尺寸应符合规定的要求。根据不同的需要，还应具有一定的导热、导电性能。

另外，为了保证由块状耐火材料砌筑的构筑物或内衬的整体质量，要求耐火材料的抗渣性和气密性好，便于施工，材料外形整齐，尺寸准确，保证一定的公差，不允许存在缺陷。为了承受搬运中撞击及可能发生的机械振动与挤压，要求材料必须具有相当高的常温强度。除特殊要求之外有时还要考虑其导热性和导电性。

虽然上述各点可作为评价耐火材料质量的依据，但没有任何一种耐火材料能够完全满足所有上述要求。在选择或评价耐火材料时，必须使材料的突出特性与使用条件相适应，物尽其用，同时又要考虑其经济性。

（2）耐火材料在使用中损毁的机理。冶金炉窑长期连续处在高温下运行，耐火材料工作条件恶劣，极易损毁，其中以熔炼炉最为典型。造成耐火材料损毁的因素很多，归纳起来主要有以下几点：

1）渣蚀作用。由于熔渣和金属液或含尘腐蚀性气体的物理化学作用而引起的侵蚀。据统计有色冶金炉窑的炉衬60%～70%是由于熔渣的侵蚀而损毁。

2）高温剧烈变化作用。许多炉窑，特别是间歇式操作炉窑，温度波动大，骤然变化产生很大的内应力，造成砖砌体开裂、剥落，严重时变形或坍塌倾倒。如炼钢转炉、铝熔炼炉，熔炼期和放渣出钢、出铝后，温度在短时间内波动太快太大，造成耐火材料内应力大，产生崩裂、剥落而损毁。

3）气相的沉积作用。很多熔炼炉和火焰炉，在生产过程中会产生一氧化碳（CO）分解和铅、锌基建金属氧化挥发，并在耐火材料气孔及砌缝内沉积，造成砌体龟裂、变形和化学侵蚀。

4）机械冲击和磨损作用。许多炉窑内的物料是运动的，如回转窑内物料作回转前进运动，转炉内液态金属做沸腾搅动等。在运动的同时，物料还要发生一系列的物理化学变化。因此，对炉衬产生很大的机械冲击和严重的磨蚀作用，破坏性非常大。

5）熔融作用。耐火材料在高温热负荷作用下，往往发生重烧线变化，造成砌体失稳。有时操作温度过高，还会造成局部软化甚至熔融，形成融滴，导致砌体坍塌。

（3）耐火材料选用的原则。根据耐火材料的使用要求和在使用中的损毁机理，在选用耐火材料时，一般应遵循以下原则：

1）熟悉炉窑特点，根据炉窑的构造、各部位工作特性及运行条件来选用和确定合适的耐火材料。

2）熟悉耐火材料的特性。熟悉各种耐火材料的化学矿物组成、物理性能和工作性能，做到充分发挥耐火材料的优良特性，尽量避开其缺点。

3）保证炉窑的整体寿命。要使炉窑各部位所用耐火材料之间合理配合，在确定炉窑各部位及同一部位各层耐火材料的材质时，既要避免不同耐火材料之间发生化学反应，又要保证各部位均衡损耗，或采取合理技术措施达到均衡损耗，保证炉窑的整体使用寿命。

4）经济上的合理性。选用的耐火材料在满足工艺条件和技术要求的前提下，将材料质量、来源与价格、使用寿命与消耗以及对产品质量的影响等进行综合分析，以节约资源，综合经济效益合理。

5）无害、无污染。一些耐火材料在高温使用时会挥发或产生污染环境、对人体有害的物质，这类产品应尽量少用或不用。

19.5.2　耐火材料在有色冶金中的应用

（1）铝冶炼用耐火材料。炼铝工艺过程主要是生产氧化铝，而后将氧化铝电解成金属铝并进行熔炼脱氢纯化处理，最后铸成铝锭。炼铝用的窑炉种类较多，炉子工作温度较低，使用条件较好，一般采用黏土砖和高铝砖等材料作衬体即可满足生产要求，而且使用寿命较长。

铝电解槽的非工作层厚度一般为240～400mm，首先靠槽壳铺一层绝热板或耐火纤维毡，接着砌筑黏土质隔热砖，也可浇注体积密度为 $1.0g/cm^3$ 的轻质耐火浇注料，最后砌筑普通黏土砖。工作层采用炭质或氮化硅结合碳化硅质耐火材料砌筑，能抵抗铝液的渗透、氟化物和电解质及熔融钠盐的侵蚀，延长使用寿命。

槽侧壁工作层一般用炭块砌筑，如采用碳化硅砖时，可减薄工作层，有利于扩大槽容量，提高其导热性、抗侵蚀性和机械强度。当电解槽转入正常生产后，在碳化硅砖层表面上形成氧化铝与冰晶石的共熔物，保护槽壁工作层，延长使用寿命。槽底工作层用炭块砌筑，周围用炭质耐火捣打料捣实而构成阴极内衬。炭块砌缝要求较小，以防止渗漏。铝电解槽衬体的平均使用寿命为 5~6 年。当用碳化硅砖作槽壁，用高黏结剂砌筑槽底炭块时，其使用寿命可提高至 6~8 年。

（2）铝熔炼用耐火材料。熔炼炉主要有反射炉、转筒炉和感应电炉等，操作温度一般为 700~1000℃。该类炉衬体的损毁主要是铝液的渗透和冲刷所致。其衬体一般用黏土砖、高铝砖及刚玉莫来石砖砌筑，也可用高铝质耐火浇注料和耐火可塑料制作，由于使用条件好，炉寿命较长。

1）反射炉用耐火材料。该炉分为固定式和倾动式两种，一般采用燃气或重油作燃料。铝的熔炼通常用固定式反射炉。反射炉非工作层用耐火纤维毡和黏土质隔热砖砌筑，熔池以上部位的工作层一般用黏土砖砌筑，也可用高铝质耐火浇注料预制块吊装或在现场进行浇注或者用高铝质耐火可塑料捣打而成。熔池工作层根据使用要求不同，其材质也不同。一般情况下用氧化铝含量 75% 以上的高铝砖砌筑，也可用氧化铝含量为 80% 的高铝质耐火浇注料浇注成整体工作层。为了抵抗铝液的渗透和侵蚀，出铝口、流铝槽及其衬体，一般采用大型碳化硅砖砌筑。保温炉及其熔剂合金料处理室用的耐火材料与反射炉的基本相同。在正常操作的情况下，反射炉与保温炉的使用寿命一般为 2~5 年。

2）感应电炉用耐火材料。该炉炉衬一般用黏土砖或三等高铝砖砌筑。炉底有时先用高铝质耐火浇注料浇注基层，然后再砌高铝砖。感应电炉容量小于 10t 时，其衬体可用氧化铝含量约为 75% 的高铝质耐火浇注料或耐火捣打料制作，也可用刚玉质耐火浇注料或干式振动料。由于原料种类和操作条件的不同，炉子使用寿命也有差异，一般炉龄为 0.5~4 年。在使用期间，线圈周围的衬体等易损部位应进行 1~5 次小修。

3）保温炉及铝水罐用耐火材料。铝保温炉分为槽型感应炉、电阻加热池式炉和煤气膛式炉等。该类设备因工作温度较低，一般用黏土砖等材料作衬体，也获得了较高的使用寿命。

复习思考题

19-1 耐火材料的化学成分有哪几类，各自的主要作用是什么？

19-2 耐火制品中的孔有哪几类，对耐火材料制品性质有何影响？

19-3 炭素制品的特性有哪些？

19-4 隔热材料的主要特征有哪些？

19-5 浇注料的定义及主要特征是什么？

19-6 冶金炉窑对耐火材料的要求有哪些？

20 铝用工业炉的砌筑

工业炉是对工业活动中用于改变物料的形态或物性的特殊热工设备的统称，是工业活动中必不可少的热工设备。从基本结构上讲，主要包括三部分：供热系统、工业炉本体、排烟系统。

工业炉炉衬砌体结构是由耐火材料构筑而成的，炉衬一般是单面受热。当炉衬长期处于极端温差环境下，或是产生结构性破损，或是应力变形，或是在热面形成熔融层，炉衬结构将受到极大的考验。因此，炉衬结构的稳定性，是炉衬设计的关键指标。

下面，就从工业炉一般的砌筑规定及铝工业用炉的一些砌筑工艺做以下说明。

20.1 砌筑的一般规定及方法

工业炉砌筑是指工业炉窑及其附属设备衬体的施工，包括定形耐火（含隔热）制品砌筑、不定形耐火材料和耐火纤维等的施工。

20.1.1 耐火砌体的分类

根据耐火砌体所要求的施工精细程度，分为五类，各类砌体的砖缝厚度应符合表 20-1 的技术要求。

表 20-1 各类砌体技术要求

砌体类别	砖缝厚度/mm	砌体类别	砖缝厚度/mm
特类砌体	≤0.5	Ⅲ类砌体	≤3
Ⅰ类砌体	≤1	Ⅳ类砌体	>3
Ⅱ类砌体	≤2		

20.1.2 工业炉砌筑的允许误差

一般工业炉砌筑的允许误差，符合表 20-2 的规定。

表 20-2 一般工业炉砌筑的允许误差

项 次	误差项目			允许误差/mm
1	垂直误差	墙	每米高	3
			全 高	15
		基础砖墩	每米高	3
			全 高	10
2	表面平整误差 （用 2m 长靠尺检查， 靠尺与砌体的间隙）	墙面		5
		挂砖墙面		7
		拱脚砖下的炉墙上表面		5
		底面		5

项 次	误 差 项 目		允许误差/mm
3	线尺寸误差	矩形炉膛的长度和宽度	±10
		矩形炉膛的对角线长度差	15
		圆形炉膛内半径误差 内半径≥2mm	±15
		内半径<2mm	±10
		拱和拱顶的跨度	±10
		烟道的高度和宽度	±15

20.1.3 工业炉砌体的砖缝厚度

工业炉砌体的砖缝厚度应按炉体部位和生产条件由设计确定。根据生产实践和施工精细程度，一般工业炉砌体砖缝厚度按炉子部位而有所不同，一般应符合表 20-3 规定的数值。对砖缝厚度有特殊要求的炉子或部位，由设计确定。

表 20-3 一般工业炉各部位砌体砖缝厚度

项 次	部 位 名 称		砌体的砖缝厚度（不大于）/mm
1	底和墙		3
2	高温或有炉渣作用的底、墙		2
3	拱和拱顶	湿 砌	2
		干 砌	1.5
4	带齿挂砖	湿 砌	3
		干 砌	
5	隔热耐火砖	工作层	2
		非工作层	3
6	硅藻土砖		5
7	普通黏土砖内衬		5
8	外部普通黏土砖		10
9	空气、煤气管道		3
10	烧嘴砖		2

20.1.4 砖的选分和加工

（1）选分耐火砖时，应保证砖的尺寸误差能满足所在部位砌体规定的砖缝要求。

（2）对于特类砌体，应首先将砖精细加工，然后按厚度和长度选分。对于 I 类砌体，应先按砖的厚度和长度选分，如砖的尺寸误差达不到砖缝要求时，应进行加工；II 类砌体按砖的厚度选分，必要时可进行加工。

20.1.5 炉底砌筑工艺

（1）炉底。炉底就是工业炉的基底。炉底起支撑炉体或工业炉某一部分的作用，同时炉底又坐落在工业炉的基础上。

炉底的砌筑称为铺底，铺底是为炉墙砌砖准备的基底。砌筑炉底前，应预先找平基础，必要时，应在最下一层砖加工找平。砌筑反拱底前，必须用样板找准砌筑弧形拱的基面，斜坡炉底应放线砌筑。炉底的砌筑顺序，应符合设计要求。炉底有死底和活底两种，经常检修的炉底，应砌成活底。砌砖时，先砌底，后砌墙，墙压在底上，这种底叫做死底；先砌墙，后砌底，这种底叫做活底，活底便于日后维修时填砖。

炉底也有采用活底与死底相结合的砌法，如加热炉的炉底是分层砌筑，最上一层平砌或侧砌，用活底形式，而不经常检修的部位采用死底形式。

（2）垫层找平。不同工业炉或工业炉的各个部位的工艺要求不同，对基础平整度的误差要求也不同。一般工业炉中，烟道、蓄热室炉底基础平整度允许误差为 ±3 ~ ±4mm；池底、燃烧室底基础平整度允许误差为 ±2 ~ ±3mm，而土建施工的炉底基础允许误差相应要大一些，因此，必须进行基础找平，必要时，最下一层砖应加工找平。

（3）底与墙的衔接。炉底与炉墙的砌筑顺序应按设计要求进行。

（4）可动炉底与有关部位的间隙。砌筑可动炉底式炉子时，其可动炉底的砌体与有关部位之间的间隙，应按规定尺寸仔细留设，一般做成正公差，不宜有负公差，以确保生产时可动式炉底能正常运行。

（5）铺死底。

1）铺底的砌筑方向。铺死底要在炉底基础找平、放线达到砌筑要求后进行。死底的控制线为所砌炉底的纵横向中心线及外形几何尺寸线。砌筑时，以整个外形边线为基准满铺。铺底从工业炉或烟道的中心线开始，先拉线砌中心列砖，然后向两边端部进行。

2）砖的层数设置。砌筑前，根据图纸的尺寸，算出炉底应铺设几层砖。一般情况是炉底的下面砖层采用平砌，而上面砖层采用侧砌或竖砌，与物料、炉渣及气体的流动方向垂直或成交角。

3）砌筑炉底的斜坡部分时，其工作层可将耐火黏土砖和红砖采用退台或错台砌筑成斜坡，而不应砍削面层耐火砖。退台或错台所形成的三角部分，可用相同材质的耐火浇注料、可塑料或捣打料找齐，这比用加工尖角砖砌筑的质量要好，同时进度也要快。

4）铺死底要设置好标高控制线，如可以采用立层竖杆、炉子的钢件做标记。

（6）铺活底。铺活底应在墙体砌筑之后进行。一般情况是，在墙体砌筑一段后，即转入活底砌筑，这种砌筑方法比较灵活，炉墙的高低不受影响；再一种情况是，当炉墙砌到设计标高，拱顶未砌之前，进行铺底，这种方法用于墙体比较低的地方，如一些支烟道，因为当顶盖全部砌成之后，空间很狭小，不便施工；第三种情况是，炉墙砌筑到标高位置，拱顶砌筑完毕，内部清理干净之后进行铺底，这种情况适用于墙体比较高，内部比较宽阔的工业炉内。

总之，铺活底，不管采取上述哪一种方法，都必须按设计要求和施工操作规程进行，基本的施工程序和死底是一致的，不同点在于铺活底的标高控制线可以设置在炉墙上，比较方便。

（7）圆形炉底的砌筑。

1）基本要求。圆形炉底一般由若干层竖砌砖层构成（最上层必须竖砌），每层炉底均应从中心以"十"字形开始砌筑，并保持"十"字形的相互垂直。上下两层炉底的砌筑中心线，应交错成30° ~ 45°角，通过上下层中心点的垂直缝不应重合。

砌筑炉底砖前，要将中心线垂直画在冷却壁上，并在水平方向连通，作为控制"十"字形砖列砌筑的依据。同时，按炉子物料出口中心标高，向下画出炉底各砖层的标高控制线。

在炉底施工过程中，应随时检查砖缝厚度，泥浆饱满程度，各砖层上表面的平整误差和表面各点相对标高差。炉底砖层上表面的局部错牙应磨平，磨平时严禁将砖碰撞松动。

2）操作要点。每层砖在摞底之前，都要仔细检查炉底"十"字中心线是否互成直角，底盘线、导向方术与所拉"十"字线必须严格一致。摞底的第一列砖是整层炉底砌体的关键，砌完后应检查其砖缝与垂直度是否符合要求。

砌筑炉底时，应先将砖干排验缝，然后把排好的砖，依次摆放在一边。在待砌位置铺设适量泥浆，用刷子在已砌好的砖面上涂刷一层稀泥浆，然后将砖沾浆砌筑。操作时应做到稳沾、低靠、短拉、重揉。

揉砖能使上下灰缝均匀。操作时，一手在上，一手在下，要加强下部压力，使砖紧贴砌体，上下迅速揉搓 3~4 次。每层炉底砖的表面应严格保持水平，其水平误差为每 2m 不超过 3mm。砌好的砖的垂直误差不得大于 2mm，砖层表面的错台不得大于 1mm。

20.1.6　直行炉墙砌筑工艺

（1）一般规定。

1）直墙应立标杆拉线砌筑，弧形墙要用样板放线砌筑。炉墙砌体应横平竖直，泥浆饱满，表面勾缝。

2）炉墙两面均为工作面时，应两面同时拉线砌筑。

3）砖的加工面不得朝向炉墙的工作面。

（2）炉墙的放线。开始砌筑墙体前，先把基础清扫干净，按照图纸上标注的尺寸找出控制线，并从中心线向两侧量出墙体边线，将墙体的中心线及内空尺寸、厚度用墨斗在底面上弹出控制边线，砌筑时以控制边线为基准向上砌筑。控制边线的位置要便于施工，同时也要能够保存，以便于复核检验。砌砖墙时内墙面为净面，必须要保证炉膛内空尺寸。

当基础、金属结构、设备及其附件的安装误差和累积误差超标，影响到炉墙的砌筑质量或正常间隙时，将放线尺寸作适当调整。

（3）立层数杆。层数杆也称为标杆，是为了控制砖层厚度而设立的，层数杆上刻制每层砖的实际厚度（包括灰缝厚度），在砌筑大型炉墙时，通过立层数杆来保证砌砖层的正确是非常有效的方法。

1）在现场从经过初选的砖中，随机取 10 批标准耐火砖，以其平均厚度加上设计灰缝厚度后的尺寸作为计算厚度。

2）选择质地较好的木枋，按不同要求制作成相应规格的直杆，刨平、刨直。按上述计算厚度在杆面上标出各层砖的分层线及控制标高、预留洞口和预埋件的标高。

3）层数杆应设在墙体的端部或四角，层数杆的底面必须与水平基准线相吻合。层数杆应安装垂直、牢固并经常复查。

在直墙砌筑过程中，也有通过工业炉的钢架立柱来控制砌砖层的，就是将砌体砖层的正确厚度，测绘在钢架立柱上，用以代替层数杆，既方便又简单。但是，钢架立柱的垂直度一定要可靠。墙体的垂直度还要用吊线坠的方法来检查。

（4）底砖找平。如果基础本身的平整度已能满足要求，通常的做法是将第一层砖侧立平排，在其侧面上弹上第二层砖缝的墨线，将多出部分加工除去，然后砌筑。这样不仅满足了砖层层数的要求，也通过底层砖的找平为砌体的横平竖直创造了条件。

如果在基础面先立层数杆，层数线从下向上推算，当砌到墙体的最上部时，按标高尺寸加工找平最上一层砖。这种方法只能解决砖层层数问题，不能将地坪的不平整度通过第一层底砖来找平，故不宜采用这种方法。

（5）错缝砖的用法。在直墙砌筑中常用的标型砖 TZ-3，它的错缝砖是 TZ-1，俗称"七寸头"砖（尺寸 $172 \times 114 \times 65$），是专为砖墙砖体上下前后都能错缝而使用的。在炉墙砌筑中要避免出现通缝，就要正确地使用"七寸头"砖。

（6）直墙的厚度。直墙砌筑是工业炉施工中最简单、最基本的操作。根据生产工艺和各部分所受高温作用的不同，工业炉的直墙设计厚度各有不同，一般分为半砖厚、一砖半厚、两砖厚等墙体。通常半砖厚为 114mm，一砖厚为 230mm，一砖半厚为 346mm，两砖厚为 464mm，即按标型砖 TZ-3 的相应尺寸加灰缝（2mm）尺寸来进行推算。

另外，砌体长度要以砖的尺寸倍数为单位确定，在施工中可大大减少砖的加工量，使砌筑进度和质量能够得到保证。

（7）半砖厚直墙砌筑。半砖墙是指墙的厚度为标型砖 TZ-3 的宽度。半砖墙完全采用顺面砖层进行砌筑，横向缝与竖向缝的交错，是砖层之间相对移动半块砖来完成的。半砖厚墙体在工业炉中很少见，只有在烟道或作为煤气管道及设备衬里采用。

半砖厚墙体稳定性差，一般独立的墙至少应为一砖厚。因此，在砌筑半砖墙时，必须要保证墙体的垂直度。如为设备衬砖，要注意和设备内表面的衔接，用于调缝的半块砖的加工要完好。半砖墙有两种砌法：

第一种砌筑方法：采用错缝砌筑，其特点是首尾第一块砖是半块标型砖，其尺寸为 $114\text{mm} \times 114\text{mm} \times 65\text{mm}$；第二层为整块标型砖，其尺寸为 $230\text{mm} \times 114\text{mm} \times 65\text{mm}$。开头砖和结尾砖种类相同，保证两头齐整。

第二种砌筑方法：采用 114mm 直墙砌法，第一层开头砖为 TZ-1 砖，即"七寸头"砖，中间墙体均用 TZ-3 标型砖；第二层用标型砖 TZ-3 砌筑。每层开头砖和结尾砖相同。

（8）一砖厚直墙砌筑。一砖厚的墙用顶顺砖砌筑，横向竖缝的交错是使上下层的顶顺砌砖层错开 1/4 砖。一砖墙有两种砌法：

第一种砌法：第一层开头砖是 TZ-3，结尾砖也是 TZ-3；第二层开头砖是 TZ-1，结尾砖也是 TZ-1，相互错缝尺寸为 58mm，全部使用顺砖砌法。

第二种砌法：采用 230mm 直墙砌法，是用一条一顺咬合的砌筑法。第一层起头砖为两块 TZ-1 砖，结尾也是两块 TZ-1 砖，中间都是两块 TZ-3 砖，条形砌法；第二层起头砖、中间砖和结尾砖全部采用 TZ-3 砖顺砌，错缝亦为 58mm，此种砌法可减少部分通缝，增强砌体牢固性，不需要加工砖。

（9）一砖半厚直墙砌筑。一砖半厚的墙用一列顶砌、一列顺砌来砌筑。横向竖缝的交错是使顺砌的砖列对着顶砌的砖列错开 1/4 砖。为了使纵向竖缝交错，顺砌层和顶砌层要交替进行砌筑。一砖半厚墙为 346mm，结构和整体性更好，一般用在大型工业炉上。一砖半厚的墙有两种砌法：

第一种砌筑方法：第一层开头砖为一块 TZ-1 砖条砌，一块 TZ-3 砖顺砌，水平方向错缝为58mm；第二层两种砖内外反向，所用砖的种类、数量与第一层相同。这种砌筑方法砖缝少，内外、上下均为错缝砌筑，但中间有重缝。

第二种砌筑方法：采用346mm直墙砌法。第一层内面首尾均用两块 TZ-1 砖条砌，中间用 TZ-3 砖顺砌，外层均用 TZ-3 砖条砌；第二层首尾用两块 TZ-1 砖顺砌，内层中间部分用 TZ-3 砖条砌，外层首尾第二块砖用 TZ-4 砖（尺寸为230mm×172mm×65mm）砌筑，中间部分用 TZ-3 砖顺砌。这种砌筑方法，水平、垂直、内外均错缝58mm，且垂直无通缝，中间无重缝，是一种理想的砌筑方法，但多用一种 TZ-4 砖。

（10）二砖厚直墙砌筑。二砖厚的墙第一层是两列顺砌的砖和它们中间的一列顶砖砌筑，另一层由两列顶砖砌筑。在同一表面的砖层移动1/4砖，从而达到横向竖缝的交错，而纵向竖缝的交错是两列顶砌与两列顺砌加一列顶砖的砖依次交替地进行砌筑。二砖厚直墙，即耐火砖厚度为462mm，由于墙体厚，稳定性能好，多用在熔炼炉上。

二砖厚直墙的砌筑方法：第一层内层首尾用 TZ-1 砖条砌，中间层用 TZ-3 砖条砌，外层首、中、尾砖均用 TZ-3 砖条砌，中间层用 TZ-3 砖顺砌；第二层内层 TZ-3 砖从首到尾均为顺砌，外层首尾用 TZ-4 砖，中间用 TZ-3 砖，均顺砌。这种方法内外错缝为58mm，中间层有重缝现象。

半砖厚墙、一砖厚墙、一砖半厚墙及二砖厚墙的砌筑方法各有不同，但它们的砌筑原则是一样的，即要满足上下前后层的错缝要求。

（11）墙的合拢砖。直墙砌筑不是从一端砌到另一端，而是从两端往中间砌，这样才能保证墙角的规整。砌到中间合拢时，一般都不会是恰好为砖长模数，这时便要将砖截短加工，使之长短合适。但这时上下砖层的错缝仍不小于1/4砖长（58mm），而且砖块本身的长度也应不小于半砖，否则应连续加工两块砖。在砌顶砖时的合拢需要加工砖时，不要加工长边，而应将合拢砖截短加工后顺砌。

（12）炉墙内的拉砖杆和拉砖钩。设有拉钩砖或挂砖的炉墙，砖槽的受力面应与挂件靠紧，否则挂件不受力，不起作用。砖槽的其余各面与挂件间应留有活动余地，不得卡死，以确保砌体受热膨胀不致受阻。

拉砖杆的作用是增加炉墙砌体的整体性和稳定性，并且通过拉砖钩使炉壳钢板和炉墙砌体连接在一起。拉砖钩只有平稳地嵌入砖内而且不得一端翘起，才能有效地将砖拉紧。炉墙内的拉砖杆和拉砖钩应符合下列要求：

1）拉砖杆应平直，其弯曲度每米不宜超过3mm。

2）拉砖杆的长度应适合，不得出现不拉或虚拉的现象。

3）拉砖杆在纵向膨胀缝处应断开。

4）拉砖钩应平直地嵌入砖内，不得一端翘起。

（13）多种材质墙体的砌筑。

1）多种材质墙体。由两种以上不同材质的砖或耐火制品组砌的墙体，称为多种材质墙体。如炉墙由红砖、隔热砖和耐火砖等不同材质砖砌筑而成，这些墙的每一种砌体都必须单独地砌筑，就好像一堵单墙一样。

2）多种材质墙体的砌筑。一般当炉墙的高度低于 1.5m 时，可砌成各自独立的砖墙。当炉墙较高（如超过 1.5m）时，必须在砖层高度相重合的地方，每隔5~8层，要采取内外墙互相搭接的砌筑法，即将耐火砖长度的一半搭入红砖或隔热层内，使之成为整体结构。否则，在工业炉投入生产以后，由于耐火砖的内表面温度较高，耐火砖会向炉外胀出来，耐火砖与里墙之间容易产生间隙。

有时，为了满足炉墙的隔热和膨胀，砌筑时不同材质的墙体之间留有间隙，但这种炉墙的整体性差，也可能导致炉子气密性的降低。因此，可以不采用此种方法，砌体的膨胀可通过灰缝来调节。砖层之间的砌缝材料，在耐火砖与隔热砖之间用耐火泥浆，隔热砖与红砖之间用隔热泥浆，所用泥浆应和砖种一致。

对由几种砖组成的炉墙，砌筑时先砌内、外层的砖，后嵌砌中间层的砖，以便保证炉墙的几何尺寸；不同材质的砖各自砌筑平整；各采用对应泥浆或砂浆，灰缝要饱满。中间层的砖嵌砌时，不应深过3层，所以施工中要交替作业，若中间层的砖砌筑时放不下，可对砖进行加工。

20.1.7　拐角炉墙砌筑工艺

凡墙体中出现角度的砌筑，称为拐角墙砌筑。拐角墙主要包括外墙墙角和内外交叉墙。

（1）外墙墙角的砌法。外墙墙角是受重力和膨胀应力最集中的部位，是工业炉墙的薄弱环节。炉墙的平整度、标高、垂直度和砖缝厚度以及横向竖缝的排列等，都是以墙角为基准点砌筑的。因此，砌筑外墙墙角时要严格遵循层数杆标记，同时要随时用水平尺和线坠检查水平度和垂直度，作为砌墙拉线的依据，以确保质量。

外墙墙角用砖必须经过严格挑选，选取符合标准、不缺棱掉角、不扭曲、厚度均匀的砖用于墙角的砌筑。为了使砌砖错缝，墙角砖通常采用"七寸头"砖砌筑。

1）直角墙。两面墙体相交，所成的夹角为90°的墙角，称为直角墙。墙体的厚度有半砖墙、一砖墙、一砖半墙和两砖墙，因而直角墙也有不同的砌法。除半块砖外，墙角砖都用3/4砖（俗称"七寸头"砖）交错砌筑。还必须注意，墙角错缝是有一定规律的，否则将造成通缝或隔层缝不能对齐。

2）斜角墙。两面墙体相交，夹角为锐角或钝角的墙角，称为斜角墙。

砌筑斜角墙时，必须将其中一个面的墙头砖加工砍削，使其角度符合与之相交的另一面墙的砖层墙面，同时使墙的相交处不产生通缝。墙角的两面边墙的砌砖在同一水平层上进行顺面砖和顶面砖的交替砌筑。斜角墙墙角加工砖的外露表面，要精心加工，必须保证砖的尺寸准确和形状规则，加工面棱角要完整。为此，应制作样板，按样板在砖上划线，再用切砖机、磨砖机加工，然后砌筑。

斜角墙除了按直墙的检验标准检查外，还应用拐角样板尺检查斜角墙的砌筑角度。

（2）内外交叉墙。内外交叉墙有直角交叉和斜角交叉两种形式。交叉墙和墙角一样，是炉墙的最薄弱处，砌筑质量的好坏，将影响墙体的质量。如墙体交叉处砖型搭配、加工不好，将导致墙体产生裂缝，强度降低。因此，必须严格按错缝规则进行砌筑，"七寸头"和半头砖是砌筑交叉墙体的常用砖型。

20.1.8　圆形炉墙砌筑工艺

圆形墙的横向竖缝叫辐射缝，纵向竖缝叫环缝（一般出现在墙厚为一块半砖以上的砌体）。圆形墙的错缝规则与直墙的错缝规则相同。

圆形炉墙砌筑应用弧形砖、扇形砖和楔形砖，也要横平竖直，灰浆饱满，而且不能是三角形缝，外形应符合圆弧要求。圆形墙的砌筑特点不同于直形墙，由于墙体的正面线是圆弧形，因此不能拉线砌筑，而要采取不同于直形墙的施工方法。

（1）圆形炉墙的中心和标高。

1）圆形炉墙的中心。圆形炉墙以炉底放样下料中心或钢结构设备的竖向中心为基准。

2）找中心的方法。有圆形壳壁时，可用几何法找中心，通过炉子出料口中心垂线端与基准中心的辐射线确定炉子的中心线。

3）标高控制线。圆形炉墙的基准标高以炉出料口的中心标高为准，放出炉底标高和有关部位的控制标高线或等高环线。

（2）圆形炉墙的砌筑。

1）以炉壳为基准面砌筑法。当炉子的直径较大，炉壳中心线垂直误差和半径误差符合炉内形质量要求时，可采用以炉壳作炉墙基准面的砌筑法。砌筑时，以厚度样板控制墙体厚度，样板的控制厚度为墙厚加上绝热层的厚度，以圆弧样板控制炉墙的圆弧度及辐射缝。使用厚度样板时，必须与圆形墙的辐射缝平行。

2）半径规控制法。当炉子的直径较小时，可采用半径规控制的砌筑方法，即在圆心设中心控制线，沿此中心量半径画圆，能准确地控制圆形炉墙的弧线。具体做法是采用设中心导管及轮杆，即在炉心固定一根中心管，在中心管上套一定长度可以转动的轮杆。

中心管及轮杆（半径规）应选用一定刚度、不易变形的钢管制作。中心轮杆在炉子中心位置安装固定，也可随着砌筑逐渐升高，但不得有变形和位移；轮杆应能在中心管上灵活升降、转动、定位。砌砖过程中，每砌 3~5 层砖，应用轮杆进行一次检查。

在炉子直径较小的情况下，中心管会妨碍操作，经常会碰撞中心管，不得不时常进行检查校正，很不方便。现介绍一种简便的半径规控制法，即在炉子的上下固定"十"字形木板，并求出圆心点，通过圆心点上贯穿一根细钢丝，上端固定牢固，下端穿过木板一定长度后悬吊一重物。这样，当遇到碰撞时，铁丝可以上下移动而不致碰断，当外力消除时，悬吊的重物又张紧钢丝成为中心线，可随时供测量圆形炉墙的半径之用。

3）弧形样板控制法。根据圆柱体设备直径的大小，可将砌体周围设 4~8 个基准点。砌砖时，每一个基准点要保持垂直，然后用样板检查砌体的准确度。

（3）圆形炉墙的错缝。圆形炉墙一般采用楔形砖和直形砖配合砌筑，重缝是不可完全避免的，但应尽量减少，不得有三层重缝或三环通缝，上下两层重缝与相邻两环的重缝不得在同一地点。圆形炉墙的合门砖应均匀分布。

20.1.9 拱和顶的砌筑工艺

炉墙的门和孔洞上部用砖砌筑的起过梁作用，使上部砌体不致塌陷的砌体叫做拱。炉膛、燃烧室、蓄热室、烟道、换热器及炉子的其他空间部位的上盖，总称为顶。

由于拱形结构具有可以承受自重和荷重而不致下陷的力学性能，因此，在工业炉中的特定部位，通常把耐火砖砌成拱的形式，将承重和维护结构安全的功能融为一体，这便是拱形顶，称为拱顶。拱顶是工业炉中最薄弱的关键部位，它的质量对于工业炉的使用寿命十分重要，在砌筑施工时应特别注意。

（1）拱顶各部位的名称。

1）拱脚。拱的边缘部分的砖所顶靠的部位，或者说是拱形结束的承重部位叫做拱脚。拱脚通常采用随拱的不同弧度而做成相应的特殊形状的砖——拱脚砖。

2）锁砖。施工时，将拱从两边砌到中间最高部位，最后合拢收口时所用的砖称作锁砖，或称合门砖。

3）拱厚。拱的圆弧部位的砌筑厚度。

4）拱高。拱的内表面的中点与所对应的弦长中点之间的垂直距离称为拱高，又称为矢高或弦高。拱越是接近圆形，拱高便越大。半圆形拱的拱高，便是半径，这是拱高的最大值。

5）跨度。支撑拱顶的拱脚砖两内边之间的距离，称为跨度。

6）中心角。两拱脚砖斜面的延长线与弧形相对的夹角称为中心角。

（2）拱的分类。根据拱高的大小，可分为弓形拱和半圆形拱。拱高在跨度的 1/12 以上和 1/6 以下的拱或顶叫做弓形拱。如果拱高等于跨度的一半，这样的拱称为半圆形拱。

拱顶越平缓，也就是说，拱顶的矢高与跨度之比越小时，拱脚受到的水平推力越大。因此，拱脚部位应用足够强度的型钢构架固定，以承受拱所产生的水平推力。

半圆形拱在拱脚内产生的水平推力在理论上为零，因此比较稳定，对构架的强度要求比弓形低，但是采用半圆形拱会形成一个很大的拱下空间，从炉子结构和实际使用看，效果并不好。因此，常采用弓形拱。

（3）对拱胎的要求。拱是拱胎上砌筑的。拱胎是在施工过程中承受拱上部砌体和操作人员荷载的临时结构，通常用木料制作。拱胎是由弧形的拱架片作为支点，表面钉木板条形成弧面。板条可满铺，也可以稀铺。

拱胎及其支柱所用的材料应具备足够的强度和刚度，能承受耐火砌体的质量和施工荷载而不致发生变形。拱胎的形状以及其弧形表面，必须与拱的内表面相吻合。

拱胎的宽度应比炉子的跨度小些，使之与炉子侧墙之间留有间隙，以便于日后拆除拱胎。在拱架定位校正后，必须用木楔把拱架固定在端墙上，以防晃动。对拱胎的其他要求还有：

1）标高。拱脚标高经测量无误后，检查拱胎线是否与拱脚吻合，还应检查拱顶纵横方向的水平度，不能把拱胎放斜。

2）跨度。测量拱脚间的跨度尺寸是否一致。若拱的跨度不一致，拱的质量便难以保证。

3）弧形。拱胎的弧度应符合设计要求，胎面应平整。用弧度卡板检查拱胎上的板条，如与弧度卡板不吻合时，要修正拱胎的板条。

（4）砌筑前的准备。在砌筑拱之前，必须做好以下准备工作：

1）拱脚梁与骨架立柱必须靠紧。若砌筑可调节骨架的拱，砌筑时骨架和拉杆必须调整固定，先作临时支撑，砌完后再去掉支撑，并收紧拉条，使骨架均匀受力。

2）拱脚是拱顶的基础，是拱作用力的落脚点，拱脚一般设在两侧炉墙的顶部，并直接坐落在侧墙上。

3）拱脚砖的斜度、安装标高、平直度及跨度必须符合要求。

4）拱胎的结构尺寸和表面质量必须符合前述要求，支设拱胎必须正确和牢固。

（5）拱的砌筑方法。

　　1）拱脚的砌筑要求。拱脚用专门的异形拱脚砖砌筑，它将拱的推力分解为垂直分力和水平分力。其垂直分力由炉墙来支承，水平分力则通过拱脚砖传至拱脚梁，再传到立柱上，最终通过拉条或墙体的摩擦力来支承。在拱脚砌筑时，必须注意以下事项：

　　① 拱脚表面应平整，角度应正确，不得用加厚砖缝的方法找平拱脚。

　　② 砌筑拱脚砖以前，应按中心线将两侧炉墙找齐，使其跨度符合设计尺寸。拱脚下的炉墙上表面应按设计标高找平，以防止拱脚面偏扭，影响拱和拱顶的砌筑质量。拱脚砖与中心线的间距应符合设计规定。

　　③ 两侧炉墙之间的拱脚砖，既要保持同一高度，又要保持平行，即相对的两行拱脚砖之间的距离（即跨度），必须处处相等。

　　④ 拱脚砖应紧靠拱脚梁，砌筑必须牢固。拱脚砖后面有砌体时，应将砌体全部砌实，不得留有膨胀间隙，也不得在拱脚砖外面砌轻质砖或硅藻土砖，以免拱顶受力后将其挤碎而使拱顶塌陷。

　　2）拱脚的砌筑方法。砌拱应先砌拱脚砖。在拱脚纵向两端各砌置一块拱脚砖，仔细找平位置，复核其跨距、标高、角度均无误后，即以拱脚砖的斜面为基准，在两砖之间拉线。中间的拱脚砖根据线砌筑，注意在砌拱脚时用下面的线控制标高，上面的线控制斜面角度，要保证这两根线所形成的斜面要平整。

　　砌完拱脚砖后，如拱脚砖后面还有填充砖时，再砌填充砖，不得用轻质砖或保温砖等不能受力的砖。若拱脚砖后是拱脚梁，则应在砌完后用铁片楔入较大的缝隙，最后用掺有耐火水泥的泥浆将所有的缝隙灌实。

　　3）拱砖的砌筑方法。

　　① 拱砖应从两侧拱脚开始同时向中心对称砌筑，不允许单侧进行砌筑，否则一边受力过大，会产生偏重，拱胎就会产生变形。砌筑拱和拱顶时，严禁将拱顶的大小头倒置，否则将破坏整个拱和拱顶。

　　② 拱可以交错砌筑或环砌。交错砌筑时，拱的砖层沿着拱脚线砌筑，同时，横向竖缝要互相交错。错缝砌筑时，应沿拱顶和拱的纵向缝拉线砌筑，纵向缝应与纵向控制线相平行，交错砌筑的拱比较坚固，即使个别的砖掉落，也不会损坏顶的结构，而且掉落的砖也比较容易补砌上。但是，如果拱的很大一部分被损坏时，则必须设置拱胎重新砌筑。

　　环砌时，拱的砖层横着炉子砌筑，无需交错。环砌拱和拱顶的砖环必须保持平整垂直，并与环向控制线相平行。采用环砌法，掉落一块砖经常会引起全环砖的塌落。采用环砌的炉顶，应特别注意锁砖的选择，且打入均匀。如果在一个环内的锁砖打得很紧，而在另一个环内却很松，则在拱胎拆除后，锁砖很松的砖环会下沉。

　　使用的拱砖应符合拱的曲率半径。当拱砖由几种砖组合时，也要调整到大体上符合拱的曲率半径后，再进行砌筑。

　　砌筑拱和拱顶，不得使用龟裂和下口有缺陷的砖，严禁将拱砖大小头倒置。砖缝按设计的砌体类别要求，要尽量薄一些。将砖一块一块地揉动研缝，并且一面砌一面用木槌轻轻地敲打固定。砖缝研合时，上下揉动2~3次。对于灰缝要求较小，即砌体类别较高的拱类砌体，也有采用"沾浆"方法砌筑的，这种方法能保证砌体的灰缝比较饱满。

　　③ 拱和拱顶砌体的放射缝，应与半径方向相吻合，以确保砌体表面平整，避免错牙，拱的受力的情况也最为理想。

由于拱和拱顶的跨度不同，以及耐火砖形状尺寸的标准化，大部分拱和拱顶砌体内需要夹入一定数量的直形砖或两种楔形砖混合使用。因此，个别放射缝可能有不通过圆心的现象。不过，几块砖组合起来，其放射缝还是应该有规则地趋近圆心。

④ 拱或拱上部找平层的加工砖，可用相应材质的耐火浇注料代替。

（6）拱及拱顶的合门。

1）锁砖按中心对称均匀分布，是为了打入锁砖时拱和拱顶的砌体受力均衡。锁砖的作用是为了加强拱的紧密性，减少拱顶的下沉量。锁砖的数量与拱和拱顶跨度的大小有一定的比例关系。跨度越大，锁砖应越多。通常情况下，跨度在 3m 以下时，必须打入 1 块锁砖，锁砖设在拱顶部；跨度为 3~6m 时，必须打入 3 块锁砖；跨度在 6m 以上时，必须打入 5 块锁砖。

采用 3 块锁砖时，锁砖之间的距离应在拱顶的中心位置处和两侧的 1/4 处。打入锁砖时，两侧对称的锁砖应同时均匀打入。

2）当合门处的间隙小于整砖厚度的 1/2 时，应加工 2~3 块砖，以便把加工量分开。加工的薄砖不应作为锁砖使用，而应与锁砖隔开砌筑，因为被加工的薄砖作锁砖或靠近锁砖使用，容易破损。

3）锁砖应用稀浆砌筑，先在空挡上抹泥浆，再在锁砖上打上泥浆插进去，以保证砖缝泥浆饱满。也可以采用因迎浆法，先砌入 2/3~3/4，但在同一拱和拱顶内砌入深度应一致。余下 1/3~1/4 锁砖用木槌打入拱内，使用铁锤时必须加木垫。

当有多块锁砖时，应先同时均匀地打入两侧对称的锁砖，最后打入拱顶中间的锁砖。

4）不得使用砍掉厚度 1/3 以上或砍凿长侧面使大面成楔形的锁砖。打入锁砖时，锁砖受到垂直向下的打击力和到两侧砌体的挤压力，如锁砖被加工得太薄，则极易被打断。

拱和拱顶砌体的收口部位如操作不当，往往会出现扭斜的情况，使合门锁砖的尺寸不一，并且需要逐块加工，质量也不易保证，故不得使用砍凿长侧面使大面成楔形的锁砖，以防止将拱砖列砌歪。

（7）拱及拱顶的调整。

1）当拱及拱顶砌筑完毕并打紧锁砖之后，应从上面用稀泥浆灌缝。

2）对于大跨度弧形拱顶，应在拆除拱胎之前，设置下沉标志。

3）对于可调式拱及拱顶，在打紧全部锁砖之后，应将骨架拉杆的螺母最终拧紧，并提升离开拱顶面达到规定值后，方可拆除拱胎。

4）拱胎拆除后，应对拱顶内表面进行清理，铲除粘附在表面的泥浆，填补空缝，对所有砖缝进行勾缝。

20.2　不定形耐火材料的施工

20.2.1　耐火浇注料的施工

（1）原材料的现场检查。

1）凡受潮结块的水泥不得使用；有轻微受潮现象，但未结块（一触即散）的未过期水泥，不得用于重要部位。

2）不同品种的水泥如有相混，不得使用。

3）水玻璃的模数和密度与设计要求不符时，应予调整。有沉淀时应过滤，并送样复验。

4）各种材质的粉料如受潮或混入其他杂质，应作二次检验，合格后方可使用。

5）各种骨料的粒径和级配应符合设计要求。

（2）原材料的抽样检验。

1）耐火浇注料的原材料如无产品合格证或检验报告，不得使用。如经现场检查对其质量有异议时，应抽取有代表性的试样，送有资质的部门检验分析。

2）二次检验的结果，如符合要求时，应作为合格品使用，如不符合时，应降级使用或不予使用。

（3）配料。耐火浇注料应按设计配合比进行配制，骨料的计量允许误差为3%，促凝剂、水及各种胶结料和粉料计量的允许误差为1%。

严格控制耐火浇注料的水灰比，对受潮的骨料，应测定含水率，并以此调整耐火浇注料的用水量。

（4）机械搅拌。耐火浇注料通常用机械搅拌，并应按下列程序进行：

1）投料前，先启动搅拌机空转2min，运转正常后，即可投料。

2）投料顺序为：先投入粉料、胶结料，后投入骨料干混。

3）投料后随即开启阀门加水，水量为控制水量的2/3，然后随着搅拌加其余1/3的水。

4）搅拌应连续进行，中途不得停机，当搅拌到规定时间后（不少于5min），即可出料，出料过程中不应停机。

5）搅拌结束后，用水将搅拌机内部冲洗干净。

（5）人工拌合。当耐火浇注料的工程量较小或无条件采用机械搅拌时，可采用人工拌合，拌合地点应选择在坚硬平坦便于冲洗的位置，并按下列程序进行：

1）将搅拌地点清扫干净，按顺序倒入骨料、粉料和胶结料（指水泥），进行干料拌合，拌合次数不应少于3次。

2）将已干拌好的干料摊开，在中部挖坑并放入适量的水，渗透浸泡时间不少于3min。

3）当加入的水基本被干料吸收时，即可用铲从四周逐渐向中部拌合，不得存在干料，然后进行全面翻铲，且不得少于三遍，直至耐火浇注料搅拌均匀。

（6）水灰比控制。搅拌耐火浇注料应严格控制水灰比。当采用机械振动捣实时，耐火浇注料的坍落度不大于3～4cm；用人工捣固时，坍落度不大于5～6cm。特殊部位如密集管子的穿墙处可适当调整水灰比。

（7）浇注时限。搅拌好的耐火浇注料，应在30min内浇注完，或根据施工说明的要求在规定的时间内浇注完。已初凝的浇注料不得使用。

（8）浇注料的试块留置。浇注料的现场浇注，应对每一种牌号或配合比，每20m³为一批留置试块进行检验。不足此数亦作一批检验。采用同一牌号或配合比多次施工时，每次施工均应留置试块检验。

（9）膨胀缝及预埋件的设置。整体浇注耐火内衬膨胀缝的设置，应由设计规定。对于黏土质或高铝质的耐火浇注料，当设计对膨胀缝数值没有规定时，每米长的内衬膨胀缝的平均数值，可采用以下数据：

1) 黏土耐火浇注料为 4~6mm。

2) 高铝水泥耐火浇注料为 6~8mm。

3) 硅酸盐水泥耐火浇注料为 5~8mm。

浇注料中金属埋设件应设在非受热面。金属埋设件与耐火浇注料接触部分应根据设计要求，设置膨胀缓冲层。

(10) 浇注料的浇注和振捣。浇注料应从低向高处分层灌注，一次灌注厚度不宜超200~300mm。

浇注料应振捣密实。宜采用插入式振动棒或平板振动器振捣机具。在特殊情况下可采用附着式振动器或人工捣固。当采用插入式振捣棒时，浇注层厚度不超过振捣棒工作部分长度的 1.25 倍。采用平板振动器时，其厚度不应超过 200mm。

耐火浇注料一般为袋装，应与其他配套材料按要求随运到现场。化学结合剂的浓度、密度应预先调整好，运至现场待用。使用前，应重新搅拌均匀。

自流式浇注料应按施工说明执行。隔热耐火浇注料宜采用人工捣固。当采用机械振捣时，应防止离析和体积密度增大。

耐火浇注料的浇注，应连续进行，在前层浇注料凝结前，应将次层浇注料浇注完毕。如间歇超过凝结时间，应按施工缝要求进行处理。施工缝宜留在同一排锚固砖的中心线上。继续施工时，应在施工缝处用钢丝刷或塑料刷刷去骨料表面水泥浆，用水冲洗干净，刷上一层水泥浆后，方可继续浇注。

(11) 浇注料的养护。耐火浇注料衬体全部施工完成，并已初凝产生强度后，即可拆模，终凝后应及时养护。鉴别终凝的方法可用手指按压浇注面，能压出手指印而无水迹时，即为终凝。

20.2.2　耐火纤维的施工

(1) 耐火纤维施工的一般规则。

1) 防止受潮和挤压。在施工过程中或完工后，耐火纤维和制品都应防止受潮和受到挤压。

2) 对粘贴面的要求：

① 在炉壳上粘贴耐火纤维毯（毡、板）之前，应清除炉壳表面的浮锈和油污；

② 在耐火砖或耐火浇注料面上粘贴耐火纤维毯（毡、板）之前，应清除其表面的灰尘和油污；

③ 所有粘贴面均应干燥、平整，当平整度达不到要求时，应在铺筑前将粘贴面修补平整并干燥。

(2) 耐火纤维的切割。应按设计规定的切口形式切割耐火纤维制品。应使用锋利的刀片，切口应整齐，不得任意撕扯。

(3) 耐火纤维制品的粘贴法施工。耐火纤维制品的粘贴法施工应按以下顺序和要求进行：

1) 粘贴施工时，应在炉壳钢板或耐火砌体基面及耐火纤维制品的粘贴面分别涂刷黏结剂。

2）涂刷黏结剂应厚薄适中，表面饱满，不得有漏涂现象。

3）耐火纤维毡涂刷黏结剂后，应立即粘贴。在找准位置后，宜用木压板从中部向四周均匀压贴。

4）粘贴耐火纤维时，宜自上而下地进行。

20.3 铝电解槽

20.3.1 铝电解槽内衬结构

电解槽按槽子的结构分为有底式和无底式两种；按槽壳外形分为正方形和长方形两种；按阳极结构分为预焙烧阳极和连续自焙烧阳极；按导电方式分为侧部导电和上部导电等。

当前，普遍采用有底式上部导电预焙烧阳极电解槽。其槽内衬结构普遍为槽底隔热层、耐火层、防渗层、侧部耐火层、隔热层，阴极反应部分等。

20.3.2 铝电解槽的砌筑

（1）槽底砌体的砌筑。测绘电解槽槽壳纵、横中心线。根据槽底板的平整度，确定砌筑槽底的基准点，并以此点用水准仪放出各层砌砖的基准线，按图纸要求找出阴极钢棒与窗口安装的中心线，确保阴极钢棒位于槽壳窗口中心。

1）槽底隔热制品砌筑。槽底隔热制品的砌筑包括陶瓷纤维板、绝热板和保温砖的铺设，全部采用干砌。铺设板和砖时，应从槽横向中心往两边铺，不能铺成通缝，并且用橡皮锤轻轻打紧，板与砖的加工用锯切割，每层所有缝隙用氧化铝粉填满，板、砖与槽四周的空隙用干式防渗料或耐火颗粒填满平且夯实。绝热板破损时，必须用锯切割的方法重新加工，其规格必须为设计的2/3。根据槽底变形情况也允许局部加工绝热板，但加工厚度不大于10mm。砌筑每层砖时，应错缝砌筑，缝隙小于1mm。

2）槽底耐火层砌筑。当前，耐火层的砌筑有捣打干式防渗料及耐火砖砌筑两种工艺方法。

① 干式防渗料砌筑。在保温砖上铺干式防渗料前，首先按事先计算好的压缩比，做出一定高度的专用钢模板，配合刮板使用。一般干式防渗料分两层夯实，第一层加料到计算好的高度后用刮尺铺平，在料上铺上塑料薄膜和1mm厚的冷轧板，以防夯实处的灰尘，用专用电按设计好的线路和遍数进行夯实。第一层完成后，检查防渗料的夯实高度是否达到它的压缩比，合格后铺设第二层，以同样的方法将防渗料夯实到设计标高。夯实完成后，按预先画好的基准线在防渗料表面测量9个点进行检查，局部超过标准的，可进行修理，使水平度达到±4mm，以确保阴极炭块的安装尺寸。

② 耐火砖砌筑。在保温砖表面按设计要求铺一层氧化铝粉或耐火颗粒后，用线板逐层拉线砌筑面扒砖，制作长条挂线板，在其上表面刻划纵砖列线，砌筑时用线板卡具在拟砌的砖层上，用挂线锤在两侧线板上挂线，这样，砖的厚度和纵向排列都得到控制，确保了砌筑准确。砌筑耐火砖的灰缝饱满度大于90%，顶头缝、侧缝、卧缝均按设计要求砌筑，砌体四周空隙用耐火颗粒填满踩实。砌筑完后清扫干净，按预先画好的基准线进行检查，在砌体表面测量9点，发现问题，应进行处理，直到达标为止，其表面平整度要求不

大于 ±2mm。

（2）阴极炭块的安装。阴极炭块组运至待安装槽附近，其下面要垫以方木，堆放整齐，并根据炭块组的电阻率和外形确定其安装位置。将电阻率较大的炭块组安装在槽的两侧，电阻率小的炭块组安装在槽的中部，相邻炭块组的电阻率不应超过 10%。

安装阴极炭块组前，根据槽壳的纵、横中心线，画出阴极炭块组中央的宽度线、阴极炭块的周边线和侧面墙的内边线。

安装时，根据中央缝的宽度开始向两端进行。各炭块组之间的缝隙宽度比用设计尺寸小于 1mm 的钢制样板控制。由于阴极钢棒长于槽宽，可利用槽壳侧板使炭块一边倾斜插入阴极窗口，另一边随之也进入另一个阴极窗口，也可以在窗口高度处平行倾斜炭块使钢棒先插入阴极窗口，另一边随之也进入另一个阴极窗口。运输安装阴极炭块组时，应避免受到振动、撞击、潮湿和油污。钢丝绳所压部位必须采取防范措施，以防损伤炭块。阴极炭块组安装完成后，自中央向两端检查，调整炭块组的位置并固定。最后，进行阴极窗口的密封。

调整合格的阴极炭块组，应同时满足下列要求：

1）阴极钢棒与窗口四周的间隙，不应小于 5mm。

2）炭块组表面的平整误差不应大于 10mm，炭块组应放置平稳，不得晃动。

3）炭块组之间垂直缝的宽度与设计的误差不应超过 ±2mm。

（3）侧部耐火砌体的砌筑和耐火浇注料的施工。电解槽的四周墙，采用隔热制品和防渗浇注料浇注，浇注料上再砌一层耐火砖找平，为砌筑侧部炭块和碳化硅砖作准备。

浇注时应先支好特制的定型钢模板，浇注料和水的配比严格按设计和厂家的要求配制，搅拌浇注料用插入式振动器捣实，振至表面露出浮水为止，再采取自然养生，养生时间不小于 24h。待浇注料干燥后，在上面湿砌一层耐火砖，砌砖应拉线砌筑，砌筑的质量应保证砖在一个水平高度上，平整度不大于 ±2mm，砖缝小于 3mm。

（4）侧部炭块及侧部碳化硅砖的砌筑。目前，电解槽四周侧部有采用全炭块或全碳化硅砖的砌筑，也有些电解槽采用角部和加工块是炭块，其他部位是碳化硅砖的砌筑，更有一些电解槽是采用炭块和碳化硅砖的复合炭块砌筑。无论哪种设计，在砌筑方法上大致相同。侧部炭块和侧部碳化硅砖的砌筑，有干砌和湿砌两种方法。

砌筑时，从角部炭块开始，炭块应紧贴槽壳，每砌好一块炭块，即用卡具将其固定在槽沿上，然后砌筑相邻炭块。合门炭块应仔细加工，并从上部打入，若槽壳上有固定式槽沿板时，则合门炭块经仔细加工后，由侧面打入。合门炭块的位置以选择在靠近角部炭块的第二块为宜。

干砌时，立缝应在 0.5~1mm；湿砌时，立缝应为 1~1.5mm。在炭块的接触面涂抹一层碳化硅胶泥，炭块就位后，将撬棍插入炭块的底部，使炭块上下揉动两次，再用力使炭块向已砌好的炭块推压，直至垂直缝符合要求。

在砌筑时，为防止损坏炭块或碳化硅砖，应用木槌敲打。为避免错台过大，炭块应按厚薄进行预选，做到厚、薄相应搭配，胶泥要饱满。砌完合格后，侧部炭块与槽壳间，宜填以氧化铝粉。当采用干砌时，为防止填料外泄，需预先将炭块之间的缝隙用胶泥抹严。砌筑完成后，相邻炭块的接触面、表面应平整，相邻面要垂直。

（5）扎固炭间缝糊。所谓炭间缝，即相邻两阴极炭块组之间的缝隙。扎固一般采用高石墨质阴极糊，扎固要求如下：

1）阴极炭块加热前将槽内清理干净，然后进行加热作业。

2）测量阴极炭块的加热温度，从短侧开始测两端及中间的阴极炭块组，每组各测三点，温度保证在(30 ± 5)℃。

3）立缝分4次扎完，扎固一次不少于两个往复。扎固机使用风压不低于0.5MPa，糊料压缩比为$1.6 \sim 1.8$。

4）立缝捣固层厚度尺寸见表20-4。

表 20-4 立缝捣固层厚度尺寸

层 数	1	2	3	4	5
捣固后厚度/mm	115	115	115	115	多层捣平

5）立缝糊的预热温度见表20-5。

表 20-5 立缝糊的预热温度

项 目	炭块沟槽表面	立缝糊
使用温度/℃	$25 \sim 35$	$25 \sim 35$

（6）扎固周围缝糊。周围缝：阴极炭块组与侧部块之间的空间部位称为周围缝。扎固周围缝技术要求如下：

1）周围缝扎固分前后两部分进行，接缝设在短侧。加热用火焰喷射器进行，加热前应进行吹吸清扫，施工温度要求(30 ± 5)℃。

2）长侧分3次扎完，短侧分6次扎完。扎固后人造伸腿高度与侧部复合块的斜面平行，风压不低于0.5MPa，压缩比为$1.6 \sim 1.8$。

3）捣固层厚度尺寸见表20-6。

表 20-6 捣固层厚度尺寸

层 数	1	2	3	4	5	6
捣固后短侧厚度/mm	120	120	80	60	60	80
捣固后长侧厚度/mm			80	60	85	80

4）扎周围糊最后一层的上表面靠底部炭块侧，其表面高度5mm，并压进炭块表面约20mm，边侧用手锤压光，使表面平整光洁、无麻面。

5）扎周围糊最后三层表面需进行铆接处理。

6）周围缝与糊的预热温度见表20-7。

表 20-7 周围缝与糊的预热温度

项 目	周围缝	周围糊
使用温度/℃	$25 \sim 35$	$25 \sim 35$

扎固层次中的分子表示扎斜坡的层数和厚度，分母表示周围糊最后三层的厚度尺寸。

（7）阴极炭块组制作。现预焙阳极电解槽多采用50%高石墨质阴极炭块，并采用钢棒糊扎固的方式进行钢棒和阴极炭块的连接，具体情况如下：

1）组装前将阴极炭块进行加热，组装时用压缩空气将炭块槽内灰尘吹扫干净。

2）阴极钢棒除锈后表面应露出银灰色金属光泽，然后进行加热，组装时表面不准有灰尘。

3）阴极钢棒轴向中心线与炭块钢棒槽轴向中心线平行度偏差不准，超过炭块长度的1‰，钢棒组装后总长度偏差不大于±10mm，弯曲度不大于3mm。

4）每次加糊后用样板尺刮平再捣固，要求捣固两个往返，捣固后糊与炭块表面呈水平，表面整洁，不准有麻面。捣固压缩比（1.55～1.6）∶1。扎固时捣固锤每次移动1cm左右，严禁捣固锤打坏炭块，防止异物进入糊内。扎固阴极炭块加糊层次及捣固尺寸见表20-8。

表 20-8　阴极炭块加糊层次及捣固尺寸

层　　数	1	2	3	4	5	6
捣固后厚度/mm	45	45	40/30	40/30	40/30	30/20

5）捣固时风压不低于0.5MPa。

6）组装后测量钢棒表面与炭块表面：钢棒表面与阴极炭块表面间距0～-3mm，钢棒不能突出阴极炭块。

7）组装后阴极炭块组的质量要求：

① 外观：由钢棒槽向外延伸的裂纹宽度不大于0.5mm，长度不大于60mm，其他缺陷符合阴极炭块标准。

② 阴极炭块组堆放要轻吊轻放，钢丝绳所压炭块部位要有防压措施，严禁雨淋、受潮。

③ 阴极炭块组外观质量和理化指标合格后才能使用。

20.4　炭素焙烧炉

20.4.1　炭素焙烧炉概况

炭素焙烧炉是一种将高压成型的炭素材料制品，在隔绝空气的条件下，按照规定的焙烧温度进行间接加热，以提高炭素制品的机械强度、导电性能和耐高温性能。

炭素焙烧炉一般为连续多室，连续多室炭素焙烧炉又分密闭式和敞开式两种。

（1）密闭式焙烧炉：铝工业中常用焙烧电解槽阴极炭块，因此又常称为阴极焙烧炉，其主要结构有炉底、焖坑、料箱、横墙、连通烟道等几个部分。

（2）敞开式焙烧炉：主要用于烧制铝电解槽用阳极炭块，因而又常称为阳极焙烧炉，其主要结构有炉底、侧墙、火道、连通火道等几个部分。

20.4.2　炭素焙烧炉砌筑材料的选用

炭素焙烧炉，由于各部分所承受高温的不同，所选用的耐火材料也不尽相同，如密闭式焙烧炉底部砖墩，坑面砖承受上部砌体和所焙烧制品的质量，火井受到1400℃以上的高温作用等，因此常采用机械强度高，热稳定性较好的黏土砖砌筑。密闭式焙烧炉炉盖，由于生产过程中需要移动，常采用轻质耐火砖砌筑。以下列举敞开式焙烧炉几个主要部位用砖理化指标：炉底、侧墙常用以下牌号的轻质砖，分别为 3-3、3-4、3-5、3-6、3-7、4-1、4-2，其理化指标见表 20-9。火道墙用砖理化指标见表 20-10。

表 20-9　炉底、侧墙轻质砖理化指标

材料名称	最高使用温度/℃	体积密度/g·cm⁻³	抗压强度/MPa	线收缩率/%	热导率/W·(m·K)⁻¹					
					200℃	400℃	600℃	800℃	1000℃	1200℃
3-3	≥1350	≤1.25	≥8	≤1 (1350℃, 12h)	≤0.4	≤0.42	≤0.47	≤0.49	≤0.51	
3-4	≥1250	≤0.75	≥4	≤1 (1250℃, 12h)	≤0.2	≤0.24	≤0.27	≤0.29	≤0.33	
3-5	≥1250	≤0.75	≥2	≤1 (1250℃, 12h)	≤0.2	≤0.24	≤0.27	≤0.29	≤0.33	
3-6	≥1430	≤0.8	≥2	≤1 (1400℃, 12h)	≤0.27	≤0.29	≤0.31	≤0.33	≤0.35	
3-7	≥1250	≤0.5	≥4	≤1 (1250℃, 12h)	≤0.15	≤0.18	≤0.21	≤0.23	≤0.25	
4-1	≥900	≤0.65	≥2	≤1 (900℃, 12h)	≤0.16	≤0.18	≤0.20			
4-2	≥900	≤0.8	≥4	≤ (950℃, 12h)	≤0.17	≤0.19	≤0.21			

表 20-10　火道墙用砖理化指标

理化指标		单位	规定值
化学成分	Al₂O₃	%	42～53
	Fe₂O₃	%	≤1.8
	CaO + MgO	%	≤0.7
	Na₂O + K₂O	%	≤0.8
体积密度		g/cm³	≥2.2
显气孔率		%	≤19
常温耐压强度		MPa	≥40
高温蠕变率（1280℃，0.2MPa，25h）		%	0.4
荷重软化温度（0.2MPa，0.5%）		℃	≥1450
高温抗折强度（1200℃）		MPa	≥10
高温抗折强度（1350℃）		MPa	≥4
热膨胀率（20～1000℃）		%	≤0.7

20.4.3　炭素焙烧炉的砌筑（敞开式）

（1）炉底砌筑时，根据线杆，用水泥砂浆找平基础表面时，可均匀设置基准点，以便控检抹灰层的标高和平整度。当炉底各砖层中留设贯通式膨胀缝时，宜以该缝为界分段砌筑。为减少砖加工，膨胀缝的位置可适当地移动。每层炉底砌砖时，先在基础上铺垫一层 20～30mm 的干砂，再砌筑黏土质隔热耐火砖和黏土砖。先砌两侧的砖，然后以其为标准，拉线砌筑中间的砖，控制砖层表面的平整。每层底砖的表面应平整，最上层炉底砖表面的平整误差不得大于 3mm。

（2）砖墩的砌筑。炉底砌筑完后，开始砌砖墩，砖墩相互间的空间是烟气的通道。砖墩的上面为坑面砖，砌筑砖墩时，应保持其设计尺寸和标高，特别是料箱墙下面的孔道尺寸更应准确。

一般先将四周的黏土砖墙砌至砖墩上表面的标高，然后在墙上画出控制线，按线砌筑砖墩。砌筑前，砖墩应干排，以便最上层砖能与坑面砖错缝，同一焙烧炉室的砖墩应严格保持水平。砖墩侧面的错台不得大于 3mm。

（3）砌筑前，在炉内将经过挑选和组合的砖按设计位置干排，仔细加工每块砖的接触面，使干排的坑面平稳，砖缝均匀。砌砖时，先将四框的长方形砖砌好，中间的方砖按设计干排，待料箱墙砌筑完毕并清扫干净后，再正式用泥浆砌筑。

坑面四框的长方形砖砌筑时，应按砖面的沟槽拉线，以保持沟槽成一直线，并与四周墙上沟槽平行和同一水平，从而使料箱第一层砖格子的位置正确，搁放平稳。

（4）火道墙的砌筑：

1）火道墙砌筑应在炉底板砖与火道第一层砖之间，干铺一层 10mm 厚的铝矾土。火道墙的砌筑除第一层、最后一层的立缝及以外火道墙靠侧墙的一面的立缝须打泥浆外，其余各层立缝均为无浆砌筑，立缝宽度为 2～4mm。砌筑采用双面挂线，火道墙砌筑应逐层与横墙各层齐平即可。

2）为保证立缝宽度的均匀，火道墙的砌筑应预先进行干排验缝，然后再进行打浆砌筑，膨胀缝采用木质样板预先控制。

3）火道墙应按砌筑的配层图砌筑。火道与横墙接头处以纤维毡隔开，必须先贴砖后砌砖。

4）火道砌筑中，离两端横各 600mm 的第 6～33 层，砌砖立缝不打泥浆，卧缝打泥浆。

5）火道砌筑每砌 3～4 层，应勾一次缝，砌筑中不得将泥浆、碎砖等杂物掉入火道，若掉入应及时清理出。

6）烧嘴砖和观火孔砖砌筑时，应控制它们的中心位置和孔距，标高由火道墙侧撑 ±0.00 标高控制。

7）火道墙砌筑质量标准见表 20-11。

表 20-11　火道墙砌筑质量标准

序　号	误差名称	允许误差	序　号	误差名称	允许误差
1	灰缝饱满度	>95%	6	炉墙垂直度	3mm/8mm/全高
2	灰缝厚度	(2±0.5)mm	7	火道顶标高	±5mm
3	料箱中心距误差	±2mm	8	胀缝宽度	2mm
4	料箱宽度误差	±3mm	9	泥浆加水量	28%～30%（质量比）
5	炉墙表面平整度	3mm			

20.5 炭素回转窑

20.5.1 炭素回转窑概述

回转窑系统从前窑口至后窑口一般分为卸料带、前过渡带、烧成带、后过渡带、分解带、预热带和进料端等区段。与其他工业炉窑相比，回转窑的一个主要特点是被砌筑在窑内的耐火材料在高温下随壳体一起转动。耐火材料不但要受到热冲击，以及窑气和物料的侵蚀、磨损，而且还要承受振动和转动时相互之间及壳体之间的挤压等应力。因此，既要求窑衬用料具有足够的强度，更要求施工人员精心砌筑严格把关，使砌体紧密，牢固可靠。

铝工业用回转窑主要包括窑体、沉灰室及冷却机三部分。

20.5.2 窑衬的施工

（1）回转窑窑体砌筑。

1）锚固件焊接：为了增强浇注料的凝结强度，在浇注料浇注之前，应先在窑体表面焊接"Y"型锚固件，具体方案应根据实际的设计要求进行。

2）铺保温层。保温料的搅拌可用搅拌机进行搅拌，量少时也可用人工搅拌。机械搅拌时，加水量和搅拌时间必须严格控制，搅拌时先加入所需水量的2/3或更多些，搅拌2~3min后视稠度情况再加入所需的水（因为加水量视环境温度不同有所不同）。所用水应清洁，水温最好在5~20℃为宜，也可在2℃以上。当水温低于此温度时，应该调整。加水量过多或少都会降低其性能。保温浇注料加水量应在30%~45%之间（质量百分比），也可用目测鉴定。搅拌好的保温料用灰桶运送到窑内进行使用，每次施工整个窑体的1/3（120°）。

浇注料的搅拌也用搅拌机，但它的用水量和搅拌时间更要严格控制。搅拌时间为5~7min，水质必须用生活用水清洁，水温在5~20℃。水量过多或过少都会降低浇注料的使用性能。因此，水的配比必须有专门人员负责。加水量可用目测鉴定，以搅拌好的材料在手中捏成球状往上抛300mm左右，伸手接住，球团稍微偏手，并挤向指缝中为标准稠度。施工时，应注意掌握搅拌量（保温料每次3袋，浇注料为每次4袋），搅拌好的浇注料应在30min内用完，超过30min和开初凝的浇注料不得使用。

窑体的施工顺序是把搅拌完的保温料从窑外壳侧搬入。最初施工是从窑头端开始向后退，用手抓起筛网使保温料从网洞进入窑皮，使筛网处在距窑皮30mm的地方，最低位置应在保温层的正中间。整个中温层厚50mm，现铺保温料用木槌等工具把保温层打结实，从软到变硬为止（需要18~20h）。在由软变硬的这个过程中不要在上面行走和放置东西，纵向方向一次不能连续施工完的时候（在2天之间），界面厚度要做成直角，再开始施工时，第二天或第二天以上的场合应在界面上用水刷毛，为的是连接牢固，增强保温效率。整个窑体分三次施工完。

（2）模板支设。

1）把准备好的模板运进窑内，根据技术要求和尺寸制模。两排锚固件作为一条浇注料，模板也应两排为一组。所制模板从窑头到窑尾一定要直（每米误差为±3mm）。上口、下口尺寸不能出现偏差。

2）模板制完后，开始打跳板，根据要求进行。

3）模板上涂上废油以便脱模。

4）制完模板后开始进行浇注料的打结。

（3）浇注耐火浇注料。施工时把圆周分成 20(26) 等分进行，最初施工时在两侧设置模板（用金属模板最好，再修补时可以使用）从窑头（燃烧器）侧开始施工。每条浇注料分三（两）段进行，每一段要一次性浇注完。施工中断时分段处应设施工缝，施工缝一定要垂直，当再次施工时，拆除模板不需要加入扫缝材料，可以直接填充浇注料。在耐火浇注料凝固前，按纵向、每间隔 500～600mm 开一道宽 3mm 以内、深 40～50mm 的凹痕线，以防止内衬表面高温热膨胀而损坏内衬。

浇注耐火浇注料时，如果保温料较干燥，吸水性很强，应先将保温料洒水，然后用插入式振动棒将耐火浇注料捣固紧密。捣固从窑头向窑尾方向进行，捣固的浇注料表面必须抹平。耐火浇注料每次施工完后必须待其终凝（约 6～12h）后才能转窑进行下一次施工。

（4）窑头罩内衬的施工。先将伸入浇注料内的锚钩用物品包缠，轻质浇注料按前述方法施工，耐火浇注料必须在支好模板后才能进行浇注，配比同窑体一样。在水平中心线处设置施工缝，先施工下半部，后施工上半部，按先施工两侧面和顶部的顺序进行。上半部的两侧面和顶部的浇注料因无法灌入，可在窑头罩的顶部铁壳上开 2～4 个孔洞，借助漏斗一次连续灌完，中途不得间歇，施工完后再将此洞补焊好。窑头罩的耐火浇注料内衬厚度为 150mm 左右。支模板后浇注料灌入时有困难，不易流入，需要增加模板的光滑度，减少浇注料灌入时的阻力，使模板严密，不致漏浆。

内衬的振捣除尽量利用插入式振捣器直接捣固外，因大部分为圆曲面，振动器无法插入浇注料内，所以模板要支撑牢固。通过振动模板、窑头罩铁壳并辅以锤子敲击的方法可以达到捣实耐火浇注料的目的。

（5）养护阶段。在混合施工时，浇注材料中的高铝水泥和水发生反应使浇注材料逐渐硬化，这个阶段使已经完工的施工构件可以达到最高强度。如把水泥不充分硬化则强度降低，有可能导致构件的局部或全部出现疏松，影响使用寿命。一般在施工结束后 24h 内使表面保持湿润状态。

施工后到稍微凝固后（3～4h 后）在表面浇水湿润。在低温下施工时，除可利用耐火浇注料硬化过程中的水化热保持养生温度外，必要时应采取适当的冬季取暖措施（温度 5～20℃）。

（6）干燥、加热及烘炉阶段。耐火浇注料经养生后，让其在常温下干燥 15～20 天（时间越长越好）。气温在 5℃ 以下时难以干燥，需外加热，使温度保持在 20℃ 以上。内衬厚度在 50mm 时，干燥时间一天以上，厚度每增加 30mm，干燥时间增加 8h。自然干燥后，即可进行加热干燥，达到烘炉目标后，可按 25℃/h 的速度降温至常温。降温速度不能太快，以防止内衬急冷发生龟裂。

20.5.3　沉灰室砌筑

沉灰室的砌筑采用湿法错缝进行砌筑。

（1）墙垛砌筑。开始砌筑墙垛前，应先把基础清扫干净，按照图纸上标注的尺寸找出控制轴线，并从中心线向两侧量出墙体边线，砌筑时以控制边线为基准。

（2）中拱砌筑。待墙垛砌筑完成，支设好拱胎后开始进行中拱的砌筑。首先进行预砌筑，确认每层砖的规格及锁砖合适程度，然后进行砌筑。拱砖应从两侧拱脚开始同时向中心对称砌筑，不允许单侧进行。

（3）直墙砌筑。从一端（或中间往两端）进行砌筑，每1.2m留设一道膨胀缝。

（4）砌筑的允许误差。沉灰室的砌筑误差见表20-12。

表 20-12　沉灰室砌筑允许误差

序　号	误差名称		允许误差/mm
1	墙的垂直误差	每米高	3
		全　高	15
2	墙面表面平整误差		5
3	灰缝		≤2
4	泥浆饱和度		≥90%

（5）拱顶砌筑。

1）拱脚的砌筑。砌拱应先砌拱脚砖，注意拱脚砖的标高及斜面角度，要保证斜面平整。

2）拱砖的砌筑。

① 拱砖应从两侧拱脚开始同时向中心对称砌筑，不允许单侧进行砌筑。砌筑拱和拱顶时，严禁将拱砖的大小头倒置。

② 采用错缝砌筑，不得使用龟裂和下口有缺陷的砖。将砖一块一块地揉动研缝，并且一面砌一面用橡皮锤敲打固定。

③ 拱和拱顶砌体的放射缝，应与半径方向相吻合，以确保砌体表面平整，避免错牙。

3）拱及拱顶的合门。锁砖应用稀泥浆砌筑，先在空挡上抹泥浆，再在锁砖上打上泥浆插进去，以保证砖缝泥浆饱满。

（6）拱及拱顶的调整。

1）当拱及拱顶砌筑完毕并打紧锁砖之后，应从上面用稀泥浆灌缝；

2）拱胎拆除后，应对拱顶内表面进行清理，铲除黏附在表面的泥浆，填补空缝，对所有砖缝进行勾缝。

20.5.4　冷却机砌筑

（1）先沿筒体下半周耐火衬体段内壁通贴一层δ为10mm的石棉板，并用橡皮锤敲紧、贴实。石棉板间要紧靠，不得搭接。

（2）回转窑体的砌筑以窑壳为导面，从下半圆开始，通过衬窑及支撑旋转窑体分段进行，砌筑时，砖应紧贴窑壳。内衬砌筑窑体应分段进行，每段都必须从窑底开始，沿着圆周方向同时均衡地向两边砌筑，直至砌完下半圆。要求灰缝控制在2mm以内，泥浆饱满度90%以上。

（3）当内衬砌筑超过下半圆1～2层砖时，应暂停砌筑，并用丝杠进行支撑加固。窑体下半圆砌筑加固完后，进行180°窑体转动，转至窑体上半圆，砌筑同上。

（4）锁口。锁砖均应从侧面打入，使之锁紧。

20.6　铝用混合炉

20.6.1　概述

铝混合炉是铝铸造成型的主要设备之一，目前铝混合炉炉内衬有砖砌、浇注料浇筑及二者混合施工等形式。本节以40t砖混结构天然气铝用混合炉的内衬施工为例进行内衬砌筑的说明。

20.6.2　施工准备

混合炉砌筑用材料和施工，应符合相应的设计图纸要求。

（1）炉壳检查。

1）对混合炉炉壳内主要尺寸、燃烧孔、排烟孔，进、出铝口位置及尺寸进行实测检查验收，并做好记录。

2）对新炉壳按设计图纸和制作要求检查验收。

（2）放线。

1）在炉壳内弹出中心线和各层标高控制线及坡度起始点位置，复核进、出铝口处标高及炉眼砖各部位尺寸，确定位置是否能够吻合。

2）做好测量放线和必要的沉降观测点记录。

20.6.3　内衬砌筑

砌筑前应校核砌体的放线尺寸，施工顺序依次为：熔池保温层砌筑→熔池耐火层砌筑→侧墙保温层砌筑→侧墙耐火层砌筑→炉顶耐火层砌筑→炉顶保温层砌筑。在砌筑过程当中，要注意测温孔、排烟孔、喷火嘴、灌铝口、出铝口等位置的留设及砌筑。

（1）熔池保温层砌筑。

1）先在炉底及熔池以下侧墙部分、错缝通铺硅酸铝纤维毡。

2）在前坡根部按照砌体上表面与水平呈一定角度。采用干法砌筑，退台错缝砌筑硅藻土保温砖至炉底与前坡交界处，砖缝不大于3mm。

3）按照炉底层高控制线，在炉底硅酸铝纤维毡之上，采用人工捣打法，浇注轻质浇注料，炉底轻质浇注料分块进行施工；施工前检查模板的支设情况，并复核模板各部位尺寸，将模体内杂物清理干净。

4）沿熔池以下侧墙部分硅酸铝纤维毡外侧，采用人工捣打法，浇注轻质浇注料，分块进行施工，施工前检查模板的支设情况，并复核模板各部位尺寸，将模体内杂物清理干净，浇注料的水配比严格按照材料厂家的技术要求执行。

（2）熔池防渗层的砌筑。检查模板支设的牢固情况，并复核模板各部位尺寸，在炉底保温层上或侧墙保温层外，采用人工捣打法浇注一层防渗浇注料，分块进行施工，分块必须考虑到与保温层及工作层间处于错缝状态，避免出现通缝现象。

（3）炉底耐火层、侧墙耐火层砌筑。

1）先往模板内加入模体容积 1/2 的搅拌好的重质浇注料，然后采用机械振捣法开始振捣，并陆续往模体内加入搅拌好的重质浇注料。要确保模体内各部位浇注料振捣密实，表面平整，无麻面、蜂窝。

2）整个炉底耐火层或侧墙耐火层分块进行施工。

（4）侧墙上部保温层砌筑。

1）在侧墙上部保温层施工前，首先根据设计要求进行锚固件的焊接；熔池部分侧墙上部、错缝通铺硅酸铝纤维毡。

2）靠侧墙硅酸铝纤维毡错缝干砌一层硅藻土保温砖，砖缝不大于 3mm，注意喷火嘴、测温孔、灌铝口、观火孔处耐火层砌筑尺寸的留设。

（5）侧墙上部耐火砖砌筑。沿侧墙保温层外侧，采用湿砌法，错缝通砌一层高铝质耐火砖，砌筑灰浆黏度适中，灰浆饱满，砖缝不大于 2mm，严格按照图纸要求留设膨胀缝，注意测温孔的留设。

（6）炉顶耐火层砌筑。

1）安装炉顶锚固件（锚固件要预先按要求缠上黑胶布或白布带），锚固件纵向间距为 300mm，相邻锚固件呈 90°交错配置。

2）检查模板支设的牢固情况，并复核模板各部位尺寸，将模体内杂物清理干净。

3）先往模板内加入模体容积 1/2 的搅拌好的重质浇注料，然后采用机械振捣法开始振捣，并陆续往模体内加入搅拌好的重质浇注料。要确保模体内各部位浇注料振捣密实，表面平整，无麻面、蜂窝。

4）整个炉顶分块进行施工，注意炉顶四周膨胀缝及测温孔的留设。

（7）炉顶保温层的砌筑。

1）在炉顶耐火层上错缝通铺硅酸铝纤维毡。

2）在铺好的硅酸铝纤维毡上，采用人工捣打法浇注一层轻质浇注料，表面应平整。

（8）流槽、前炉、炉门的浇注。检查模板支设的牢固情况，并复核模板各部位尺寸，将模体内杂物清理干净。先往模板内加入模体容积 1/2 的搅拌好的浇注料，然后采用机械振捣法开始振捣，并陆续往模体内加入搅拌好的浇注料。要确保模体内各部位浇注料振捣密实，表面平整，无空洞、蜂窝。

（9）砌筑允许误差。混合炉砌筑允许误差见表 20-13。

表 20-13　混合炉砌筑允许误差

项　目	误差名称		允许误差/mm
垂直误差	墙	每米高	3
		全　高	15
	基础砖磋	每米高	3
		全　高	10
表面平整度	墙面		5
	底面		5
线尺寸误差	矩形（方形）炉膛的长度和宽度		±10
	矩形（方形）炉膛的对角线长度差		15

20.6.4　铝用混合炉的养护

耐火浇注料在施工后，应按设计要求或材料供应规定的方法养护。如无特殊规定，可按表 20-14 的规定进行。

表 20-14　铝用混合炉的养护

项　次	结合剂	养护环境	适宜温度/℃	养护时间/d
1	结合黏土	干燥养护	15~35	≥3
2	高铝水泥	潮湿养护	15~25	≥3
3	磷　酸	干燥养护	20~35	3~7
4	水玻璃	干燥养护	15~30	7~14
5	硅酸盐水泥	潮湿养护	15~25	≥7
		蒸汽养护	60~80	0.5~1

耐火浇注料在养护期间，不得受外力振动。

20.6.5　烘炉

对于耐火浇注料内衬，在烘炉前，必须按规定养护完毕，使之获得必要的强度。

烘炉方案应根据耐火材料性能及其厚度、炉子结构和季节温度等因素制定。具体烘炉曲线和工艺也可由耐火材料供应厂商提供。

烘炉结束后对炉膛进行检查，对有裂纹的位置进行测量和填充，裂纹不得贯通，以防止发生漏温现象。

20.7　铝用抬包

20.7.1　概述

铝冶炼行业大多使用真空抬包。真空抬包有包盖，能产生真空，便于把电解槽内的液态金属吸取上来，兼有吸取和转运功能，而开口抬包只有转运功能。真空抬包只在吸取液态金属时产生很小的负压，在绝大多数时间内都是常压状态，因此它并不属于压力容器的范畴。

由于装运的都是高温液态金属，真空抬包的内衬需要砌筑耐火材料，以保护包体的金属材料不被融化热蚀，同时保证内部温度不至于迅速下降导致液态金属凝固。

耐火材料层的砌筑有两种形式：第一种形式为耐火砖砌筑，包底用平砖平铺，内壁用相应弧度的弧形砖垒砌，倒出口用浇注料浇注成型；第二种形式为全部采用浇注料浇注成型，浇注时需要用模具辅助成型并用振动棒振实。这两种形式的耐火材料均要求采用高铝质耐火材料，整体砌筑后的耐火层耐高温不低于 1580℃。

耐火层的使用寿命一般为半年到一年，需定期重新砌筑。为了安全起见，在使用前要对耐火层进行充分烘干。

20.7.2　铝用抬包内衬砌筑

沿抬包内壁及侧部通贴一层石棉板，用橡皮锤敲紧、贴实。包内耐火砖采用错缝、挤浆法砌筑。灰浆必须饱满，立缝 2mm，卧缝 3mm，背缝 4mm。侧部上顶边缝用水玻璃及石棉绒的混合料抹实。

抬包盖及包嘴的耐火层采用浇注料填充。在填充前，应对该部位的锚钩及锚件用黑胶布进行缠绕。

20.8 铝电解槽内衬砌筑验收规范

铝电解槽内衬砌筑验收规范见表 20-15。

表 20-15 铝电解槽内衬砌筑验收规范

项 别		项 目	质 量 标 准	检 验 方 法	检 查 数 量
保证项目	1	耐火材料和制品	品种、牌号必须符合现行国家标准的规定和设计要求	检查质量证明书或试验报告	全数检查
	2	泥浆	品种、配合比、牌号必须符合设计要求，泥浆的稠度及其运用的砌体类别必须符合相关规定	检查质量证明书或试验报告，检查泥浆适配记录	
	3	成品耐火浇注料品种、牌号	品种、牌号必须符合设计要求，自配耐火浇注料的结合剂、骨料、粉料、外加剂、水等必须符合相关规定	检查质量证明书或试验报告	
	4	耐火浇注料施工	其配合比有材料计量、搅拌、养护、施工缝处理，必须符合设计要求	检查施工记录	
	5	现场浇注耐火浇注料	必须遵照相关规定	检查试验报告	
	6	砌体砖缝的泥浆饱满度	必须大于：炭块95%，黏土砖90%，干砌缝必须填满规定的材料	用百格网检查砖面与泥浆黏结面积，每处掀3块砖取其平均值	每层炉底抽查2~4处，炉墙每1.25m高检查1次，每次抽查2~4处
	7	阴极钢棒	阴极炭块必须除锈，阴极炭块组制品必须符合设计要求	仪器检查，检查施工记录	全数检查
	8	炭糊捣打	必须均匀密实，接触面结合严密，压缩比必须大于40%	尺量检查，检查施工记录	

项 别		项目				砖缝允许的厚度/mm	检 验 方 法	检 查 数 量
基本项目	1	铝电解槽砌体砖缝的允许厚度	项次	项 目		砖缝允许的厚度/mm	在每处砌体5m²的表面上用塞尺检查10点，比规定砖缝厚度大于50%以内的砖缝，不应超过左栏	槽底逐层检查，墙面每面检查1~3处
			1 底	隔热砖		2		
				黏土砖		2		
			2 墙	黏土砖		2		
				侧部炭块相邻间垂直缝	干砌	0.3		
					湿砌	1.5		
			3	侧部炭块与黏土砖接触面	水平缝	3		
					垂直缝	4		

项　别		项　目	质　量　标　准	检验方法	检查数量
基本项目	2	黏土砌体	合格：错缝砌筑。槽底黏土砖顶面标高能保证阴极钢棒位于阴极窗口中心；表面平整误差不超过 5mm，侧墙黏土砖墙面平整。 优良：错缝砌筑。槽底黏土砖顶面标高能保证阴极钢棒位于阴极窗口中心；表面平整误差不超过 5mm，其中 60% 及以上检查点不超过 3mm，侧墙表面平直光滑	拉线检查，观察检查	全数检查
	3	耐火浇注料	合格：表面无剥落、裂缝、孔洞等缺陷，有轻微的网状裂纹；膨胀缝留设均匀、平直，位置正确，缝内清洁，并按规定填充材料，外表美观；隔热层构造符合设计要求。 优良：表面平整；无剥落、裂缝、孔洞等缺陷，有少量轻微的网状裂纹；膨胀缝留设均匀、平直，位置正确，缝内清洁，并按规定填充材料，外表美观；隔热层构造符合设计要求	观察检查，检查施工记录	膨胀缝全数检查。其他项目：炉底、拱顶各抽查 2～4 处，炉墙每 4m 高检查 1 次，不足 4m 按 4m 计，每次 2～4 次，每处 5m²
	4	阴极炭块组的安装	合格：阴极炭块组安装平稳，与底层接合严密；阴极钢棒与阴极窗口四周间隙不小于 5mm，并用规定的密封料封闭严密；相邻炭块组顶面标高差不超过 5mm。 优良：阴极炭块组安装平稳，与底层接合严密；阴极钢棒与阴极窗口四周的间隙不小于 5mm，并用规定的密封料封闭严密；相邻炭块组顶面标高差不超过 4mm	观察检查，尺量检查，水准检查	全数检查
	5	侧部炭块砌体	合格：炭块接缝严密。顶面与槽沿板间用设计要求的密封料密封。内表面基本平整。 优良：炭块接缝严密。顶面与槽沿板间用设计要求的密封料密封。内表面平整	观察检查，尺量检查，施工记录检查	

槽内衬砌筑要点如下：

（1）铝电解槽的强大电流通过炭阳极引入，经槽内的电解液，铝液，由阴极炭块组成的钢棒导出。要求阴、阳均必须具有强的耐腐蚀性和良好的导电性。与炭糊接触的钢构件表面除锈的目的是使两者能够紧密结合，以降低其接触电阻。

阴极炭块组的制作、设计，有专门的技术规程。施工时，必须遵照执行，并按其规定的质量指标进行验收。

（2）炭糊捣打密实，才能耐金属溶液的侵蚀，导电性良好。炭糊的压缩比应按施工条件和配合比在施工前由试验确定，但必须大于 40%。

（3）铝电解槽底部黏土砖的顶面标高直接影响到阴极钢棒是否能位于阴极窗口的中心，侧部黏土砖表面是否平直，将影响到侧部炭块的砌筑。

（4）阴极炭块组安放平稳，与底层结合严密，顶面相邻标高误差不超过规定值，都是阴极炭块组安装的基本要求。阴极钢棒与阴极窗口间的间隙用规定料密封是为了保温。

（5）阴极糊的浇注密实，炭阴极无水平方向裂纹等，都是为了使阴极导电性良好，延长电解槽使用寿命。

复习思考题

20-1 工业窑炉砌体的坚固和耐火性取决于什么？

20-2 耐火浇注料施工结束后，一般需要养护多久时间，且需要注意哪些事项？

20-3 一般工业炉墙的允许误差是多少？

20-4 电解槽阴极内衬部分的基本构成有哪些？

20-5 提高电解槽内衬使用寿命的要点是什么？

21 筑炉用机械设备

在筑炉施工之前，准备工作中除了材料，当然还需要必要的机械设备，本章将从铝工业炉常用筑炉机械设备的一般规定及具体设备的使用要求进行阐述。

21.1 一般规定

（1）操作人员应经过专业培训、考核合格取得操作证后，方可上岗。

（2）在工作中，操作人员和配合作业人员必须按规定穿戴劳动保护用品，高处作业时必须系安全带。

（3）必须按照机械设备出厂使用说明书规定的技术性能、承载能力和使用条件，正确操作，合理使用，严禁超载作业或任意扩大使用范围。

（4）机电设备的机座必须稳固，运转部位应设防护装置。运转设备应经手动盘车后方可合闸启动，试运合格后方可正式使用；机械上的各种安全防护装置及监测、指示仪表等报警、信号装置应完好齐全。

（5）电气设备和线路必须绝缘良好，电线不得与金属物绑在一起。各种电动工具必须按规定接零、接地并设置专用开关加锁保管。

（6）机械设备不得带病运转。运转中发现不正常时，先停机检查，排除故障后方可使用。

（7）行灯电压不得超过 36V，在潮湿场所或金属容器内工作时，行灯电压不得超过 12V。

21.2 筑炉用机械设备

21.2.1 搅拌机

（1）固定式搅拌机应安装在牢固的台座上。当长期固定时，应埋置地脚螺栓；在短期使用时，应铺设木枕并找平放稳。固定式搅拌机的操纵台，应使操作人员能看到各部位工作情况。电动搅拌机的操纵台，应垫上橡胶板或干燥木板。

（2）移动式搅拌机的停放位置应选择平整坚实的场地，周围应有良好的排水沟渠。就位后，应放下支腿将机架顶起达到水平位置，使轮胎离地。当使用期较长时，应将轮胎卸下妥善保管，轮轴端部用油布包扎好，并用枕木将机架垫起支牢。

（3）对需设置上料斗地坑的搅拌机，其坑口周围应垫高夯实，应防止地面水流入坑内。上料轨道架的底端支撑面应夯实或铺砖，轨道架的后面应采用木料加以支撑，以防止作业时轨道变形。

（4）料斗放到最低位置时，在料斗与地面之间，应加一层缓冲垫木。

（5）作业前，应先启动搅拌机空载运转。确认搅拌桶或叶片旋转方向与筒体上箭头所示方向一致。对反转出料的搅拌机，应使搅拌机筒正、反转运转数分钟，应无冲击抖动现象和异常噪声。

（6）检查骨料规格并和搅拌机性能相符，超出许可范围的不得使用。

（7）搅拌机启动后，应使搅拌筒达到正常转速后进行上料。上料时应及时加水。每次加入的拌合料不得超过搅拌机的额定容量。

（8）进料时，严禁将头或手伸入料斗与机架之间。运转中，严禁用手或工具伸入搅拌筒内扒料、出料。

（9）搅拌机作业中，当料斗升起时，严禁任何人在料斗下停留或通过；当需要在料斗下检修或清理料坑时，应将料斗提升后用铁链或插入销锁住。

（10）向搅拌筒内加料应在运转中进行，添加新料应先将搅拌筒内原有的料全部卸出后方可进行。

（11）作业后，应对搅拌机进行全面清理；冬季作业后，应将水泵、放水开关、量水器中的积水排尽。

21. 2. 2　切砖机

（1）切砖机应安装单向开关，砂轮应安保护罩，机身前设挡板。

（2）切砖机的小车轨道应安设车挡，防止发生跑车。

（3）启动前应仔细检查。启动后，转速正常、旋转平稳后方可使用。

（4）砂轮磨损严重、受潮或有裂纹时，应及时更换。新装砂轮在使用前要拧紧垫板，盖好保护罩，空转 3min 后，方可正式使用。

21. 2. 3　手持电动工具

（1）作业前的检查应符合下列要求：外壳、手柄不出现裂缝、破损；电缆软线及插头等完好无损，开关动作正常，保证接零连接正确牢固可靠；各部防护罩齐全牢固，电气保护装置可靠。

（2）机具启动后，应空载运转，并确认机具运转正常。作业时，加力应平稳，不得用力过猛。

（3）在潮湿环境或在金属构架、容器、管道等导电良好的场所作业时，必须使用双重绝缘或加强绝缘的电动工具。

（4）严禁超载使用。作业中应注意音响及温升，发现异常应立即停机检查。在作业时间过长，机具温升超过 60℃时，应停机，自然冷却后再作业。

（5）使用冲击电钻或电锤时，应符合下列要求：

1）作业时应掌握电钻或电锤手柄，打孔时先将钻头抵在工作表面，然后开动，用力适度，避免晃动；转速若急剧下降，应减轻用力，防止电机过载，严禁用杠杆加压。

2）钻孔时，应注意避开混凝土中的钢筋。

3）电钻和电锤为 40% 断续工作制，不得长时间连续使用。

4）作业孔径在 25mm 以上时，应有稳固的作业平台，周围应设护栏。

（6）使用角向磨光机时应符合下列要求：

1）砂轮应选用增强纤维树脂型，其安全线速度不得小于 80m/s。配用的电缆与插头应具有加强绝缘性能，并不得任意更换。

2）磨削作业时，应使砂轮与工作面保持 15°~20° 的倾斜位置；切削作业时，砂轮不得倾斜，并不得横向摆动。

21.2.4　卷扬机

（1）安装时，基座应平稳牢固、周围排水畅通、地锚设置可靠，并搭设工作棚。操作人员的位置应能看清指挥人员和拖动或起吊的物件。

（2）作业前，检查卷扬机与地面的固定，弹性联轴器不得松旷，并应检查安全装置、防护设施、电气线路、接零或接地线、制动装置和钢丝绳等，全部合格后方可使用。

（3）使用皮带或开式齿轮传动的部分，均应设防护罩，导向滑轮不得用开口拉板式滑轮。

（4）以动力正反转的卷扬机，卷筒旋转方向应与操纵开关上指示的方向一致。

（5）从卷筒中心线到第一个导向滑轮的距离，带槽卷筒应大于卷筒宽度的 15 倍；无槽卷筒应大于卷筒宽度的 20 倍。当钢丝绳在卷筒中间位置时，滑轮的位置应与卷筒轴线垂直，其垂直度允许偏差为 6°。

（6）钢丝绳应与卷筒及吊笼连接牢固，不得与机架或地面摩擦，通过道路时，应设过路保护装置。

（7）在卷扬机制动操作杆的行程范围内，不得有障碍物或阻卡现象。

（8）卷筒上的钢丝绳应排列整齐，当重叠或斜绕时，应停机重新排列，严禁在转动中用手拉脚踩钢丝绳。

（9）作业中，任何人不得跨越正在作业的卷扬钢丝绳。物件提升后，操作人员不得离开卷扬机，物件或吊笼下面严禁人员停留或通过。休息时应将物件或吊笼降至地面。

（10）作业中如发现异响、制动不灵、制动带或轴承等温度剧烈上升等异常情况时，应立即停机检查，排除故障后方可使用。

（11）作业中停电时，应切断电源，将提升物件或吊笼降至地面。

（12）作业完毕，应将提升笼或物件降至地面，并应切断电源，锁好开关箱。

21.2.5　空气压缩机

（1）空气压缩机作业区应保持清洁，距储气罐 15m 以内不得进行焊接或热加工作业。空气压缩机的进排气管较长时，应设伸缩补偿装置。压力表和安全阀应每年至少校验一次。

（2）作业前重点检查应符合下列要求：

1）润滑油添加充足；

2）各连接部位紧固，各运动机构及各部阀门开闭灵活；

3）各防护装置齐全良好，储气罐内无存水；

4）电动空气压缩机的电动机及启动器外壳接地良好，接地电阻不小于 4Ω。

（3）空气压缩机应在无载状态下启动，启动后低速空运转，检视各仪表指示值符合要求，运转正常后，逐步进入载荷运转。

（4）输气胶管应保持畅通，不得扭曲，开启送气阀前，应将输气管道连接好，并通知现场有关人员后方可送气。在出气口前方，不得有人工作或站立。

（5）作业中储气罐内压力不得超过铭牌额定压力，安全阀应灵敏有效。进、排气阀、轴承及各部件应无异响或过热现象。

（6）每工作2h，应将液气分离器、中间冷却器、后冷却器内的油水排放一次。储气罐内的油水每班应排放1~2次。

（7）发现下列情况之一时应立即停机检查，找出原因并排除故障后，方可继续作业：

1）漏水、漏气、漏电或冷却水突然中断；

2）压力表、温度表、电流表指示值超过规定；

3）排气压力突然升高，排气阀、安全阀失效；

4）机械有异响或电动机电刷发生强烈火花。

（8）运转中，在缺水而使气缸过热停机时，应待气缸自然降温至60℃以下时，方可加水。

（9）当电动空气压缩机运转中突然停电时，应立即切断电源，等来电后重新在无载荷状态下启动。

（10）停机时，应先卸去载荷，然后分离主离合器，再停止内燃机或电动机的运转。

（11）停机后，关闭冷却水阀门，打开放气阀，放出各级冷却器和储气罐内的油水和存气。

复习思考题

21-1 简述铝工业炉常用筑炉机械设备的一般规定。

21-2 搅拌机的安全使用要求有哪些？

21-3 卷扬机安全使用要求有哪些？

21-4 空气压缩机安全使用要求有哪些？

22 电解铝用多功能天车

铝电解多功能机组简称 PTM（Pot Tending Machine）。它是大型电解槽专用的关键工艺加工作业设备，用于铝电解生产的更换阳极、出铝、抬母线、打壳、添加氧化铝或电解质破碎料、添加氟化盐，以及电解厂房内设备的检修、安装物品的吊运等工作。

22.1 多功能天车组成机构

以 PTM 作业类型对其进行分类，分为大车运行机构、工具车运行机构、机具机构（回转台、打壳、阳极、下料、渣铲）、出铝车机构、氟化盐加料小车、固定电葫芦、压缩空气供给系统、液压传动系统、电气及操作控制系统等部分组成。多功能天车总装示意图如图 22-1 所示。

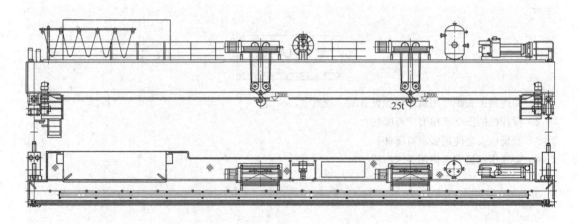

图 22-1 多功能天车总装示意图

（1）大车运行机构。出于吊运电解槽槽上部考虑，PTM 分为Ⅰ、Ⅱ型。Ⅰ、Ⅱ型 PTM 配置图如图 22-2 所示。

大车运行机构为三梁（双梁）桥架移动结构，桥架上主梁和端梁均为箱型空心结构，由轧制钢板及型钢焊接而成，内部加强具有良好的刚性，主梁的端头分别跨坐在两行车端梁上，经高强度螺栓与端梁连接固定。大车桥架由 8 轮支撑，两端各有一驱动轮，车轮均没有导向轮缘，而是在 PTM 进电滑线端的车轮两端装有两组夹持轨道的水平导向轮，用以限制大车的横向移动，防止大车脱轨，滑线掉电，同时可以免除桥架热胀冷缩的变形力给天车轨道施加的水平侧向载荷。车轮采用 65Mn 锻制，表面硬度 ≥ HB400，20mm 深度处 > HB380。端梁的两端装有缓冲器。Ⅰ、Ⅱ型两车之间安装激光防撞装置防止两车相撞。Ⅰ、Ⅱ型能实现并车，完成电解槽大修吊运工作。大车的每个驱动轮由单独的减速

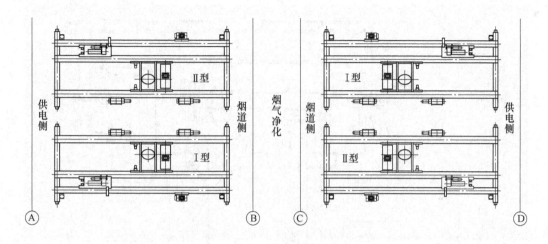

图 22-2　I、II 型 PTM 配置图

机驱动，减速机为"三合一"（驱动、减速、制动为一体）蜗轮蜗杆传动减速器结构。电机为鼠笼式变频电机，独立制动器和冷却风扇。大车运行机构如图 22-3 所示。

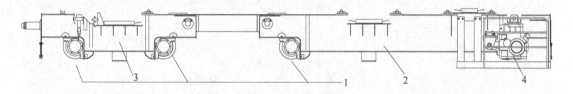

图 22-3　大车运行机构示意图
1—从动轮；2—连接梁；3—端梁；4—三合一减速机

（2）工具车机构。车体跨装在 PTM 大梁上盖板之间的轨道上。工具车本体结构有两行车梁和坐在两行车梁上的龙门框架构成，由 4 个车轮支撑，其中有两个是驱动轮，驱动侧行车梁的两车轮之间设有两组水平导向轮和两组防脱安全钩。驱动电机为鼠笼式感应电机，减速机为三合一蜗轮蜗杆减速机。工具车包括工具转台、操作室转台、下料系统、液压站和捞渣系统的承载车。

（3）机具机构。机具机构包括回转台、悬挂装置、操纵室旋转、打壳、换阳极、加料、渣铲。机具机构如图 22-4 所示。

1）工具回转台。由回转减速传动装置和工具悬挂框架组成。回转减速装置由传动液压马达、减速器、回转框架构成。减速器为一对水平外啮合直齿圆柱齿轮传动装置。小齿轮为悬臂支撑，大齿轮制成齿圈，其内圆周制成圆锥支承滚子轴承的外座圈，减速器箱体分为上下两部分，箱体为环形中空结构，环形上下箱体内、外圈周边各间隔错开焊有两道围板，上下扣合后形成迷宫式密封。回转减速器的上箱体连同传动大齿圈一起用螺栓固定在主小车的龙门框架上，液压马达、小齿轮轴、轴承座由下向上固定在下箱体的安装孔内，大齿圈推力滚子轴承的内圈座，压圈连同下箱体与 H 型回转框架紧固在一起。当液压马达驱动小齿轮轴转动时，由于大齿轮圈、减速器上箱体与龙门框架固定不动，所以小齿轮除了绕自身轴线自转外，还将绕着大齿轮圈外圈转动，从而带动减速器下箱体及回转框

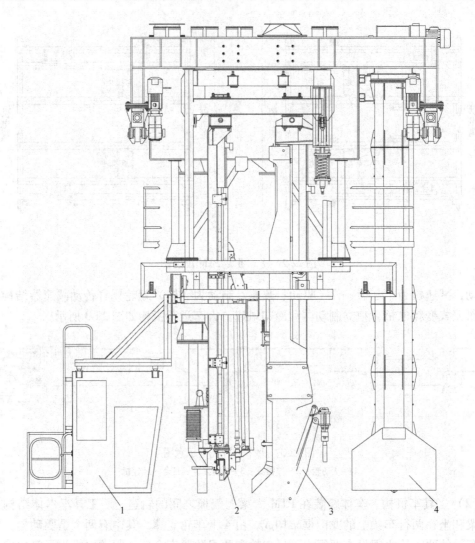

图 22-4 机具机构示意图

1—司机室；2—阳极下料机构；3—打壳下料机构；4—渣铲机构

架绕大齿轮圈轴线旋转。

2）悬挂装置。在工具回转框架两端部焊接有两个吊耳座，经销轴与一个用于安装打壳、换极机构导向滑道的摆动框架铰接，此框架随工具回转台可做270°双向转动，又可绕吊耳轴线做平面摆动，打壳机和阳极更换机构的导向滑道，经绝缘板和关节轴承固定在该摆动框架上。为限制机具的晃动，在打壳机导向滑道的上部悬挂部位还装有两个吊挂平衡弹簧的耳轴，两平衡弹簧按设计尺寸预紧后，其中心螺栓穿过回转框架两立柱的安装孔，悬挂在打壳机滑道的两个耳轴上，平衡弹簧的上平面抵在立柱的下平面，由于弹簧预紧力的作用，摆动框架平时不能摇动，只有打壳机或者换极机构受到外力碰撞时，作用力超过弹簧预紧力时摆动框架才随之摆动，对机具起到了缓冲保护作用。悬挂装置示意图如图22-5所示。

3）操纵室旋转装置。操纵室旋转装置由环形轨道、回转吊挂、吊柱及环轨吊架构成。

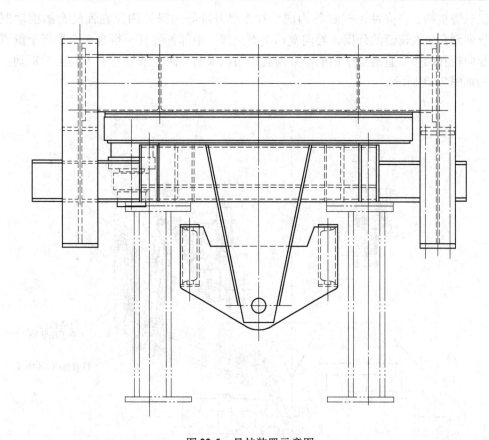

图 22-5 悬挂装置示意图

环轨吊架和环形轨道通过吊柱由螺栓联接在回转机构下面，带操纵室的回转吊挂由三合一减速机驱动，在环形轨道上运行，可使操作人员从不同位置对工具小车进行操作。操纵室旋转装置如图 22-6 所示。

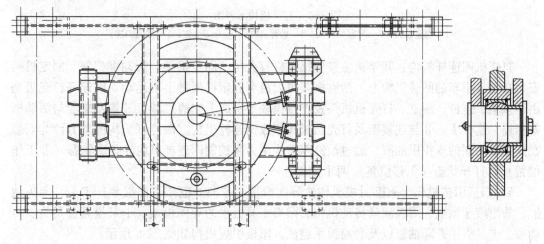

图 22-6 操纵室旋转装置

4）打壳机结构。打壳机构由导向滑道、导向盒、机具升降油缸、打壳机倾斜油缸、打壳机悬臂机构、打壳冲击气缸等构成。打壳机升降导向滑道固定在回转台的摆动框架上，导向盒套装在滑道的外围，导向盒两侧面上部、中部各装有一组含一个平行于滑道平面的导向轮和两个垂直滑道平面的小导向轮，用以限制导向盒前后左右方向上的框动。打壳机构如图 22-7 所示。

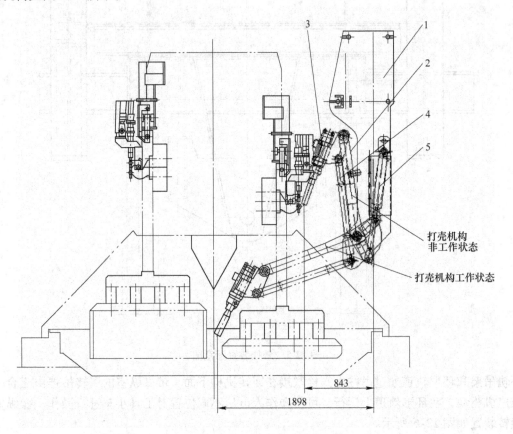

图 22-7　打壳机构示意图

1—调整装置；2—耐磨导向板；3—悬臂机构；4—升降油缸；5—打壳四连杆

　　打壳机四连杆机构：其结构主要包括连杆打壳机、固定机架、活动框架等。固定机架安装在工具小车的回转机构上，活动框架可以沿着固定机架做上下运动。四连杆打壳机是由连接架、连杆、油缸、打壳机机头及连接销轴等组成，它通过减振装置及螺栓与活动框架相连。连杆Ⅰ、Ⅱ与连接架及打壳机机头组成四连杆机构。四连杆机构的动力源为安装在连接架两侧的双作用油缸，通过油缸双向作用力来控制四连杆机构的收回状态（非工作位置）和打开状态（工作位置）两个位置。

　　5）阳极引拔机构。阳极引拔机构由导向滑道、导向外框架、阳极导杆卡头、卡头油缸、拔出液压油缸、阳极测量传动机构、阳极卡具扳手的导向框架、卡具松紧油马达、传动轴、卡具扳手升降油缸以及套筒扳手组成。阳极引拔机构如图 22-8 所示。

　　6）加料装置。由料箱、排料阀、回转升降机构和非磁性排料管等组成。料箱安装在主小车龙门框架旁的车架上，料箱顶部装有防杂物金属筛网的冲料口和排气除尘滤袋，料箱下部制成角锥体，便于物料的流动，料箱底部装有气动旋板排料阀和排料管。排料管为

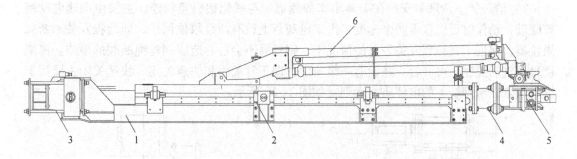

图 22-8　阳极引拔机构示意图

1—导向外框架；2—耐磨导向板；3—悬臂机构；
4—升降机构；5—扳手；6—阳极卡具

可伸缩活动套管，内管由防撞弹性悬挂装置吊挂并与料箱排料阀出口套装不动，外管按连接安装位置分为上、中、下三段，上端的下端插入回转减速机并与减速机上壳体固定，中段上端与回转减速机从动齿圈及管座连为一体，下端经弹性连接座与下段料管连接。料管的升降由固定在料箱下部的钢丝绳卷筒，经定滑轮钢丝绳连接在回转减速机的吊挂架上。回转减速机连同与其固定在一起的上下套管随卷筒收放钢丝绳，沿导向滑道升降。加料装置如图 22-9 所示。

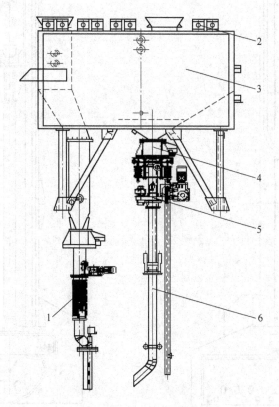

图 22-9　加料装置示意图

1—伸缩节；2—除尘滤袋；3—料箱；4—气动旋板排料阀；5—回转升降机构；6—料管

7）清理铲。清理铲安装在工具小车的侧部，与氧化铝料箱相连，主要由双速电动葫芦驱动，动作时可以获得两个速度，固定电葫芦上设有两级限位保护，即行程开关和断火限位器，保证了在行程开关失灵的情况下，钢丝绳不会过卷造成钢丝绳断裂的事故。清渣铲采用气动控制，可开合，并设有两级速度，即正常关闭和快速关闭，快速关闭主要用于振打附着在清理铲上的电解质。清理铲如图 22-10 所示。

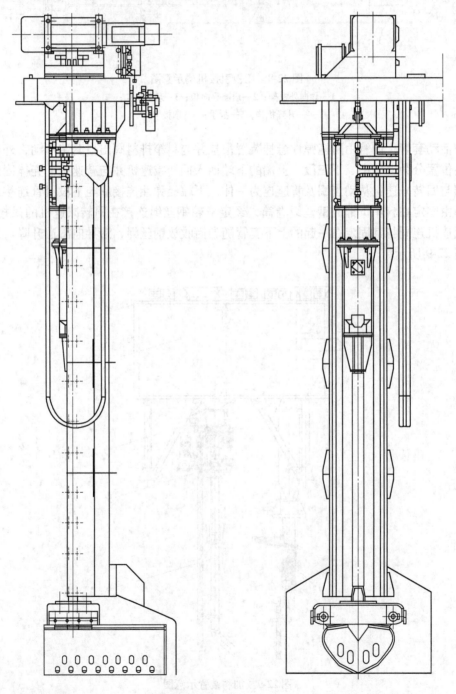

图 22-10　清理铲示意图

（4）出铝小车。出铝小车由小车行走梁、行走减速机、23T 卷扬机、滑轮组、内外提升框架、1.5t 电动葫芦，非磁性吊钩、压缩空气配管、称重系统装置构成。出铝小车是吊运出铝真空抬包的专用机构。出铝小车本体结构只有一个行车梁，它偏挂在主梁上，出铝小车由 2 个车轮支撑，其中有两个全部是驱动轮，出铝小车上下各设有两组水平导向轮和两组防脱安全钩。其驱动电机为鼠笼式感应电机，极数为 4 级，减速机为三合一蜗轮蜗杆减速机。出铝提升机构具有独立的电机、减速机、卷筒和制动器。另外，为了防止主制动器失效等原因造成铝包坠落事故的发生，提升机构还配备了 ST3SH 液压失效保护器（安全制动器），用来防止钩头坠落。

（5）抬母线固定电葫芦。固定电葫芦同天车配电柜同安装在天车的副梁一侧，最大工作行程 12m，提升速度 5m/min。其上装有行程开关和断火限位器双重保护，可有效防止钢丝绳过卷。

22.2　多功能天车的液压及气动技术应用

液压与气动传动是以有压流体（液压油或压缩空气）为工作介质，来实现各种机械传动和自动控制的传动形式。液压传动所用的工作介质为液压油或其他合成液体，气压传动所用的工作介质为空气。由于这两种流体的性质不同，所以液压传动和气压传动又各有其特点。液压传动传递动力大，运行平稳，但由于液体黏性大，在流动过程中阻力损失大，因而不宜作远距离传动和控制。气压传动由于空气的可压缩性大，且工作压力低（通常在 1.0MPa 以下），所以传递动力不大，运动不如液压传动平稳，但空气黏性小，传递过程中阻力小、速度快、反应灵敏，因而气压传动能用于远距离的传动和控制。

液压系统最大的特点是输出力大、控制精确，所以 PTM 中打壳和阳极提升机构均为液压设备。为完成阳极精确定位，选用比例控制调速，实现阳极精确定位。随着电解槽容量的增大，单槽日出铝量增加，PTM 增设一台专用空压机，用于出铝、抬母线作业。目前铝行业采用的空压机主要是螺杆式和滑片式两种。

22.2.1　液压技术应用

液压传动的设备，无论怎样复杂，总是由一些能完成某种特定控制功能的基本回路组成的。基本回路种类很多，但按其在系统中的功能一般可分为三类：

（1）压力控制回路，即控制液压系统全部或局部压力采用的调压回路、减压和增压回路等；

（2）速度控制回路，即调节和变换执行元件的运动速度用的速度回路和速度换接回路等；

（3）方向控制回路，即改变执行元件运动方向用的换向回路、平衡和紧锁回路、控制多个执行元件的顺序和同步回路等。

液压站的组成和控制原理如图 22-11 和图 22-12 所示，液压系统电磁铁动作程序见表 22-1。

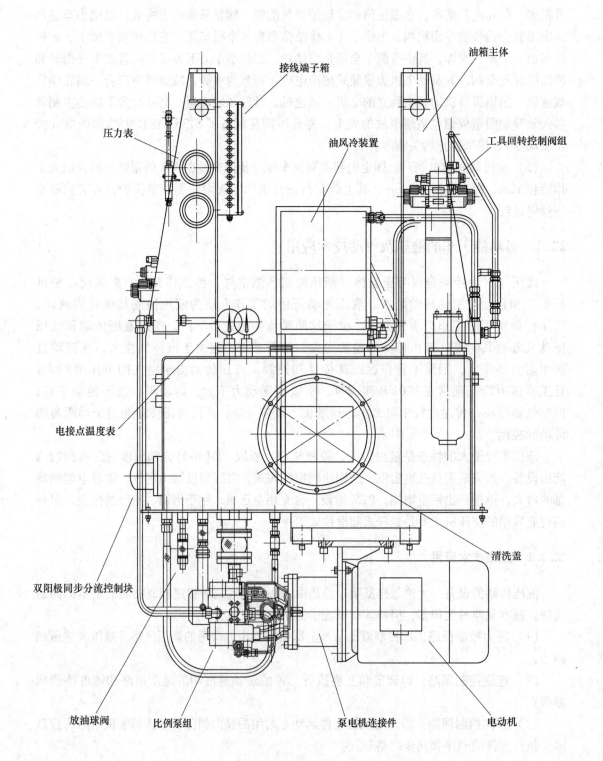

接线端子箱

油箱主体

压力表

油风冷装置

工具回转控制阀组

电接点温度表

清洗盖

双阳极同步分流控制块

放油球阀　　　比例泵组　　　　　　　泵电机连接件　　　电动机

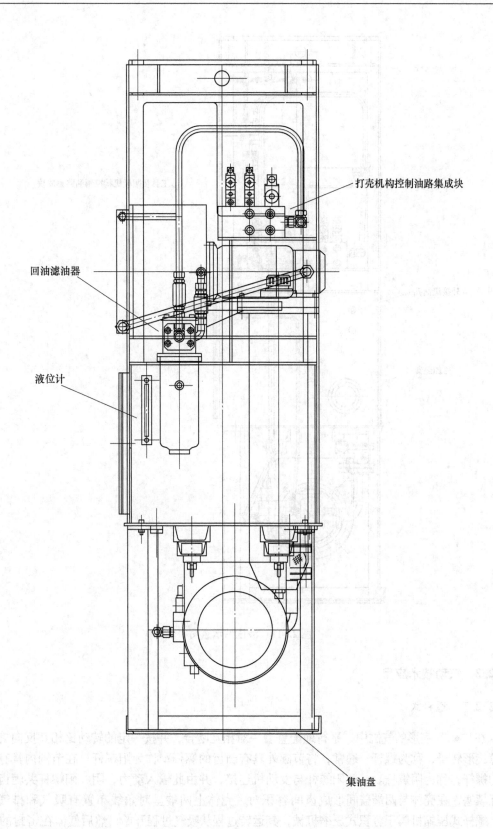

打壳机构控制油路集成块

回油滤油器

液位计

集油盘

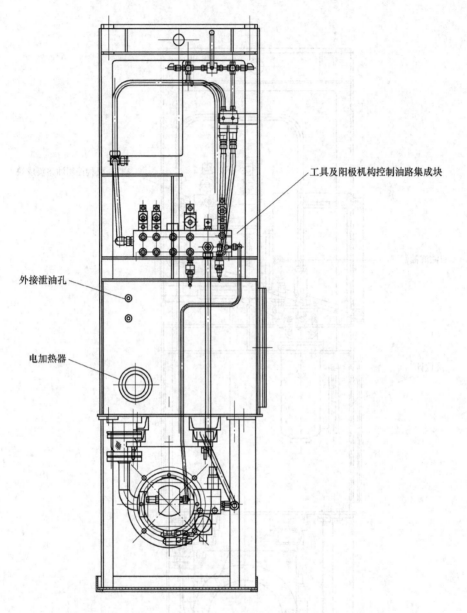

工具及阳极机构控制油路集成块

外接泄油孔

电加热器

图 22-11　液压站示意图

22.2.2　气动技术应用

22.2.2.1　螺杆式

在"∞"字形的气缸中,平行地配置着一对相互啮合,并按一定的转动比相互反向旋转的螺旋形转子,称为螺杆。通常,将节圆外具有凸齿的螺杆;称为阳螺杆;在节圆内具有凹齿的螺杆,称为阴螺杆。一般阳螺杆与发动机连接,并由此输入动力,阴、阳螺杆共轭齿形相互填塞,在壳体与两端盖间形成齿间容积对,壳体上两端呈对角线布置有吸气和排气孔口。螺杆式压缩机属于容积式压缩机械,其运转过程从吸气过程开始,然后气体在密封的齿

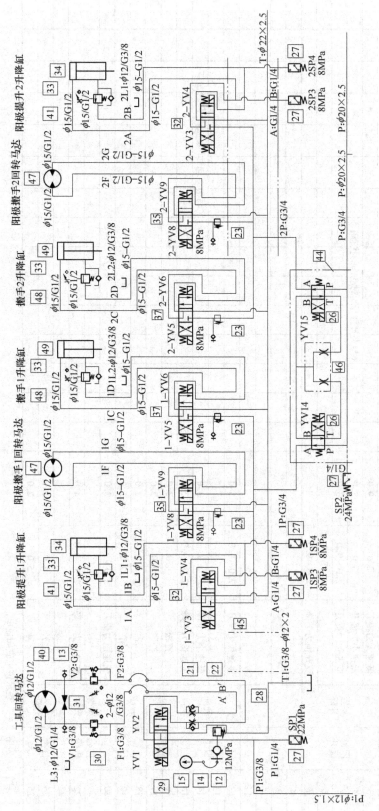

图 22-12　液压系统控制原理示意图

表 22-1　液压系统电磁铁动作程序表

序号	动作机构		电磁阀	YA1(流量)输入电压(V)	YA2(压力)输入电压(V)	YV1	YV2	YV3	YV4	YV5	YV6	YV7	YV8	YV9	YV10	YV11	YV12	YV13	YV14	YV15
1	工具回转		正转	2.0	4	+														
2	工具回转		反转	2.5	4		+													
3	阳极提升	装置升降	低速大力提升	2.0	9.0			+												
4			低速小力提升	3.0	2.0			+												
5			变速恒力提升	2.0~9.0	3.0			+	+（与夹具打开同时动作的状态下）											
6																				
7			变速恒力下降	2.0~9.0	15				+											
8																				
9																				
10																				
11																				
12	扳手升降		变速恒力提升	2.0~9.0	3.0							+								
13			低速小力下降	3.0	3.0															
14			变速恒力下降	3.0	3.0								+							
15	扳手回转		拧松	4.0	3.0								+	+（与扳手回转同时动作的状态下）						
16			拧紧	4.0	3.0										+					
17	夹具开闭		开	2.0	2.0											+				
18			闭	2.0	2.0												+			
19																				
20	打壳机构	装置升降	变速恒力提升	2.0~9.0	3.0													+		
21																				
22			变速恒力下降	2.0~9.0	4.0															
23																				
24	打击头	升降	上升	4.0	2.0														+	
25			下降	5.0	2.0															+

注：1. 表中"+"表示该电磁阀通电。
　　2. 流量比例阀（YA1）的指令电压输入范围在20%~90%之间可调，因此其电压输入指令值在2.0~9.0V之间。在此之间泵输出的流量从0~100L/min之间变化。
　　3. 压力比例阀（YA2）的指令电压输入范围在5%~90%之间可调，因此其电压输入指令值在0.5~9.0V之间。
　　4. 表中YA1，YA2的输入电压是经系统出厂前试验所得出的准确值。用户现场调试时可按此值进行试验。
　　5. 当流量比例阀（YA1）的电压输入指令值在2.0~9.0V之间变化时，压力比例阀（YA2）必须输入一个固定的电压指令值，才能达到平稳的无损调速的效果。

间容积中进行压缩，最后进入排气过程，随着螺杆的继续回转，上述过程重复循环进行，形成压缩空气。螺杆式空压机示意图如图 22-13 所示，其电器控制原理示意图如图 22-14 所示。

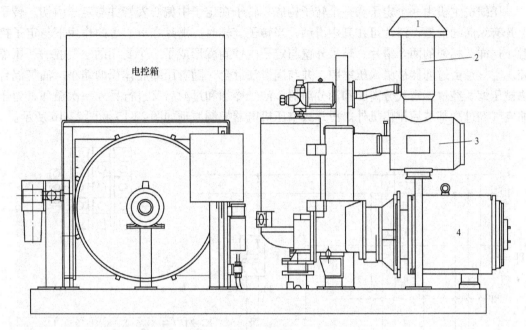

图 22-13　螺杆式空压机示意图

1—盆式过滤器；2—旋风式除尘器；3—双重空滤器；4—主电机

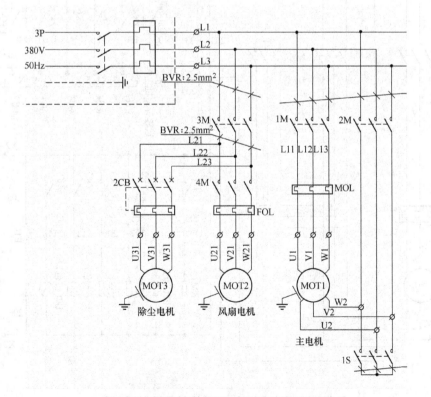

图 22-14　螺杆式空压机电器控制原理示意图

22.2.2.2 滑片式

压缩机主机由一个定子和一个转子构成，转子在定子中偏心安置并与定子内切。转子上开有纵向的滑槽，滑片可在其中滑动，当转子旋转时，滑片在离心力的作用下与定子接触。这样，相邻的两个滑片、转子外壁与定子内壁间就形成了一个封闭的空气腔——压缩腔。空气经由过滤器被吸入压缩腔，并与润滑油混合，随着压缩腔体积的缩小，油气混合物被压缩。经过迷宫式分离腔和油分离器，油经冷却和过滤后又进行另外一次循环，而压缩空气经过冷却器后排出机外。滑片式空压机电器控制原理如图 22-15 和图 22-16 所示。

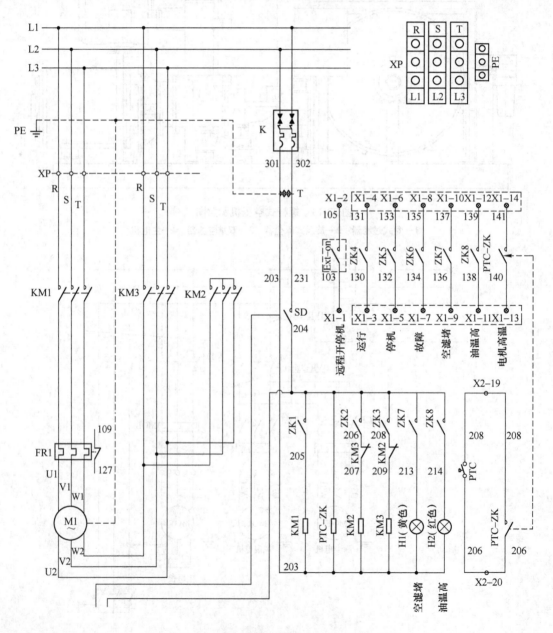

图 22-15　滑片式空压机电器控制原理示意图（一）

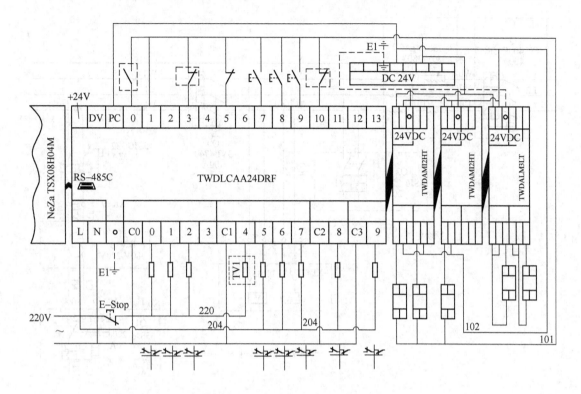

图 22-16 滑片式空压机电器控制原理示意图（二）

22.3 多功能天车的电气设备及其控制

22.3.1 多功能天车的电气控制回路

22.3.1.1 多功能天车主供电回路

三相电由天车滑线供电电源箱接入，通过 Q0 进入天车滑线，经滑线进入变压器 T0，变压器一次侧 380V 电源接入配电柜 N0，提供控制电源，分别接入空气开关、隔离变压器、电流表、电压表、空压机电源、配电室空调、司机室空调及 N3 柜电源，变压器二次侧 220V 电源通过 Q2 进入天车照明系统。天车主供电回路如图 22-17 所示。

22.3.1.2 大车控制回路

（1）大车供电电路。三相电通过 1Q1 进入变频器 P1，经变频器后通过热继电器 1FR1、1FR2 进入电机 1M1、1M2，220V 电源通过 1Q3 进入电机制动器 1Y1、1Y2，制动器风扇 1MF1、1MF2。天车大车供电电路如图 22-18 所示。

（2）大车控制电路。大车的向东、向西横向行走运动能从操作室通过位于左控制台上的左控制手柄来实现。将左控制手柄向前或向后推拉，同时按下控制手柄安全键可使大车向东或向西运动。大车的纵向行走速度由变频器（P1）来控制，并取决于左控制手柄的模拟量输出值。0～250r/min 为一挡速度，0～1000r/min 为二挡速度，0～1400r/min 为高

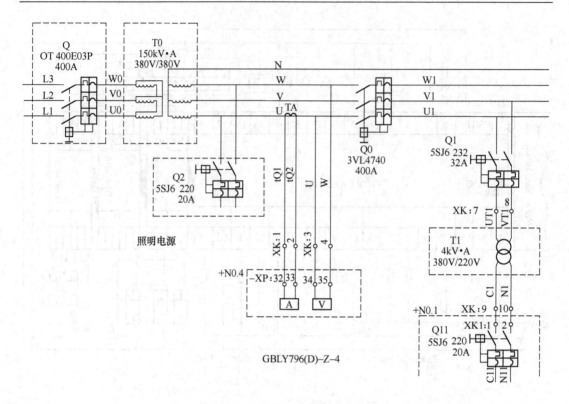

图 22-17　天车主供电回路

速挡。在司机室通过左控制手柄挡位的转换，实现速度的平稳递进，控制手柄送上一挡，将电送入 PLC 的输入点后，PLC 通过输出模块控制变频器 P1、制动接触器 1KMZ 和风扇接触器 1KMF，变频器工作、制动器打开、风扇启动，变频器工作后通过热继电器 1FR1、1FR2 后供给电机相应的频率，使电机能够运转。

（3）大车行走条件限制。大车行走条件限制包括高速限制和行走限制，行走条件限制如图 22-19 所示。

高速限制：打壳机构必须在上限位，料管必须在上限位，阳极必须在上减速限位、上限位，清渣铲必须在上减速限位、上限位，必须在高速区域。

行走限制：没有到两终端限位、主接触器 KM0 吸合（通过接触器的辅助接点检测）、变频器无故障、没发加料信号。值得注意的是，如果工具车要靠在下车平台时，司机室必须旋转至规定位（零位）。

22.3.1.3　主小车控制回路

（1）主小车供电电路。三相电通过 2Q1 进入变频器 R2，经变频器后通过热继电器 2FR1、2FR2 进入电机 2M1、2M2，220V 电源通过 2Q3 进入电机制动器 2Y1、2Y2，制动器风扇 2MF1、2MF2。主小车供电电路如图 22-20 所示。

（2）主小车控制电路。主小车的向北、向南横向行走运动能从司机室通过位于左控制台上的左控制手柄来实现，将左控制手柄向左或向右倾斜，同时按下控制手柄安全键可使主小车向北或向南运动。主小车的横向行走速度由变频器（P2）来控制，并取决于左控

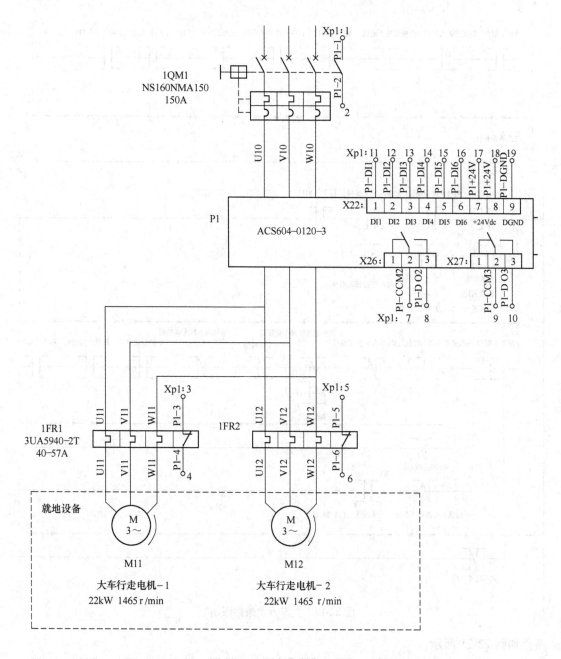

图 22-18　天车大车供电电路

制手柄的模拟量输出值。0～250r/min 为一挡速度，0～1000r/min 为二挡速度。在司机室通过左控制手柄挡位的转换，实现速度的平稳递进，控制手柄送上一挡，将电送入 PLC 的输入点后，PLC 通过输出模块控制变频器 P2、制动接触器 2KMZ 和风扇接触器 2KMF，变频器工作、制动器打开、风扇启动，变频器工作后通过热继电器 2FR1、2FR2 后供给电机相应的频率，使电机能够运转。

（3）主小车行走条件限制。主小车行走条件限制包括高速限制、行走限制，行走限制

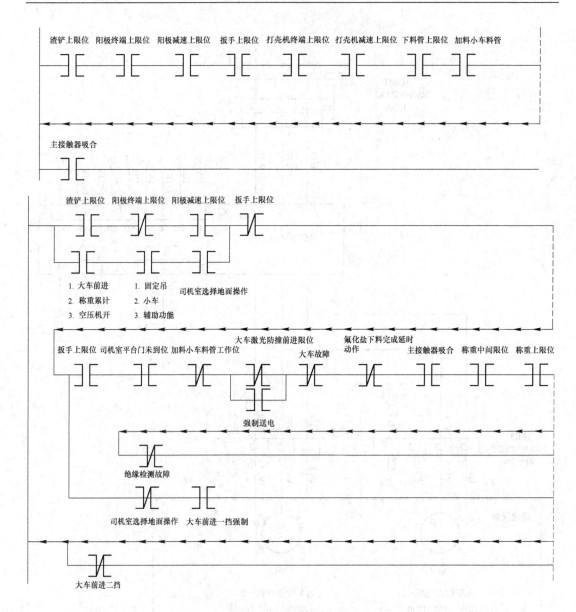

图 22-19　大车行走条件限制

条件如图 22-21 所示。

　　高速限制：打壳机必须在上限位、料管必须在上限位、双阳极必须在上限位、必须在高速区域。

　　行走限制：没有到两终端限位、主接触器 KM0 吸合（通过接触器的辅助接点检测）、变频器无故障、没发加料信号。值得注意的是，如果工具车要靠在下车平台时，司机室必须旋转至规定位（零位）。

22.3.1.4　副小车控制回路

　　（1）副小车主电路控制。三相电通过 3Q1 进入变频器 P3，经变频器后通过热继电器

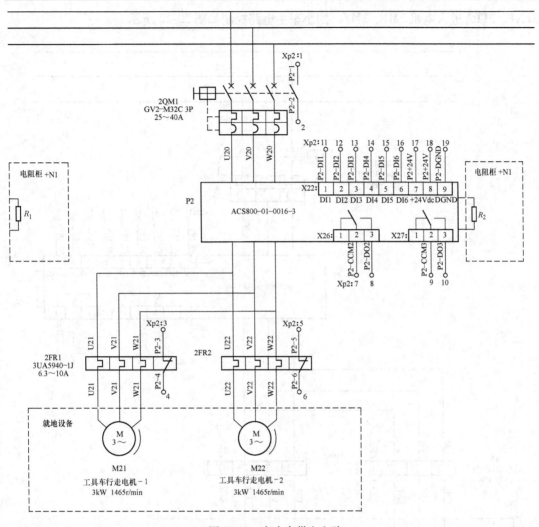

图 22-20　主小车供电电路

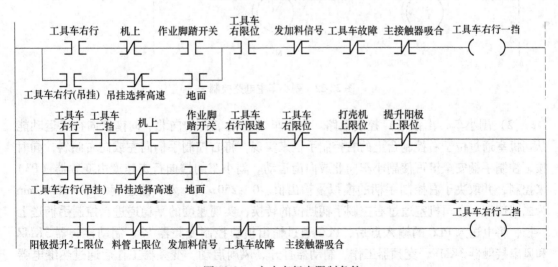

图 22-21　主小车行走限制条件

3FR1、3FR2 进入电机 3M1、3M2。副小车主电路控制如图 22-22 所示。

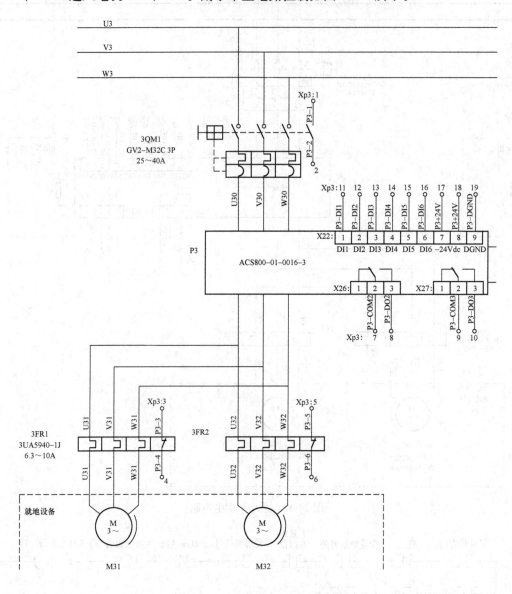

图 22-22　副小车主电路控制

（2）副小车（出铝车）控制电路。副小车（出铝车）的向北、向南横向行走运动能从司机室通过位于右控制台上的右控制手柄来实现，将右控制手柄向左或向右倾斜，同时按下控制手柄安全键可使副小车向北或向南运动。副小车的横向行走速度由变频器（P3）来控制，并取决于右控制手柄的模拟量输出值。0～250r/min 为一挡速度，0～1000r/min 为二挡速度。在司机室通过右控制手柄挡位的转换，实现速度的平稳递进，控制手柄送上一挡，将电送入 PLC 的输入点后，PLC 通过输出模块控制变频器 P3、制动接触器 3KMZ 和风扇接触器 3KMF，变频器工作、制动器打开、风扇启动，变频器工作后通过热继电器 3FR1、3FR2 后供给电机相应的频率，使电机能够运转。

（3）副小车（出铝车）行走限制条件。副小车（出铝车）行走限制条件包括高速限制、行走限制，行走限制条件如图 22-23 所示。

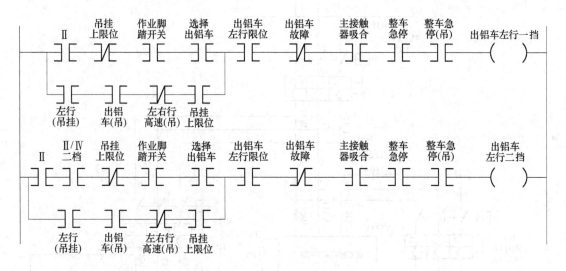

图 22-23　副小车行走限制条件

高速限制：减速限位正常。

行走限制：没有到两终端限位、主接触器 KM0 吸合（通过接触器的辅助接点检测）、变频器无故障。

22.3.1.5　出铝钩升降控制回路

（1）出铝钩升降主电路控制。三相电通过 QF29、KM93 到 KM15、KM17 换向后到电机 M8，电机功率 18.5kW，同时三相电通过 KM93、QF28 到电机风扇，通过 KM15、KM17、QF30、KM92 到 AL1 整流成 50V 直流电输入到制动器 Y1。出铝钩升降主电路控制如图 22-24 所示。

（2）出铝钩升降控制电路。吊钩上下运动能从操作室通过位于右控制台上的主操纵杆（SBC2）来实现。将主操纵杆（SBC2）向上边或下边倾斜，同时按下安全开关即使吊钩上下。吊线盒控制通过 SBP22、SBP23 控制。当 PLC 接到动作命令后，通过 AP2.2/05、AP2.2/06 输出电压控制换向接触器 KM15、KM17 动作，同时 AP2.2/04 输出使制动器打开。

（3）出铝钩升降限制条件。出铝钩升降限制条件包括出铝提升上升限制条件和出铝提升下降限制条件，如图 22-25 所示。

出铝提升上升：提升回路主接触器 KM93 吸合、KA22 吸合、出铝车回路停止按钮正常、空压机正常、绝缘检测 candy1 正常、绝缘检测 candy2 正常、没有超行程、出铝提升制动器线路断路器、出铝提升断路器、风扇断路器闭合、I_FR6 正常、超速正常、欠速正常、安全制动器没有故障、出铝提升检测正常、制动接触器无故障、上限为正常。

出铝提升下降：提升回路主接触器 KM93 吸合、出铝车回路停止按钮正常、出铝车提升欠载正常、出铝提升制动器线路断路器、出铝提升断路器 I_QF29 闭合、风扇断路器

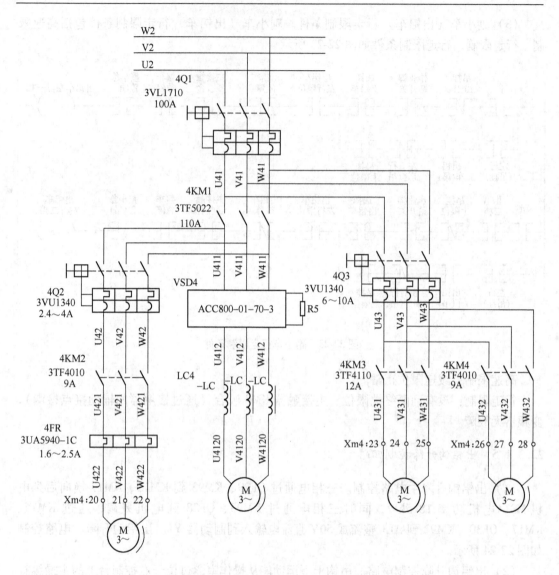

图 22-24 出铝钩升降主电路控制

I_QF28闭合、I_FR6 正常、超速正常 I_KA56、欠速正常、安全制动器没有故障、出铝提升检测正常、制动接触器无故障、阳极必须在上减速位置、打壳机必须在上位置、渣铲必须在上位置、北侧副钩在上位置、南侧副钩在上位置、料管必须在上位置、上限为正常。

22.3.2 多功能天车电气系统的组成

22.3.2.1 检测元件

检测元件的作用是实现顺序控制、定位控制和位置状态的检测，包括：接近开关（电感式、电容式、电磁式），行程开关（直动式、滚轮式、微动式、组合式），超速开关（机械式、电子式），物位计（射频导纳、超声波），其他（超载、超压、温度），执行器件（电机、油缸、气缸、电磁阀、油泵），驱动器件（变频器、软启动器）。

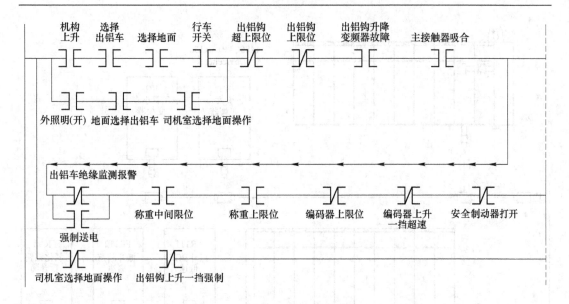

图 22-25 出铝钩升降限制条件

各类状态信号：接触器的吸合、断开，断路器的闭合，热继电器的状态，电机保护器的状态，限位开关的状态。指令操作器件：操作方式有遥控器、驾驶室联动台、地面悬挂按钮盒等；指令器件的类型有单多挡主令、单多位置旋钮、按钮等。

22.3.2.2 配电部分

断路器：配电系统中总回路与分支回路的保护及通断电控制；可分配电保护、电动机保护、发电机保护三种形式；脱扣型式可分电磁、热磁和电子式。

微型断路器：常用于小电流辅助设备的配电保护和通断电控制。

各类开关电源：常用于提供不同电压的直流电源，有 10V DC 和 24V DC 两种。

22.3.3 多功能天车电气系统的核心部件

电气系统的核心部件 PLC 控制系统，如图 22-26 所示。

ControlLogix 系统具有以下特点：

无缝连接：易于和现有 PLC 系统集成，现有网络用户可以与其他网络上的程序控制器透明地接收信息。

快速：ControlLogix 在背板上提供了高速数据传输总线，Logix5000 控制器提供了高速传输的平台。

可组态：提供了模块化控制方法。根据您的需要，增减控制器和模块的数量，可在一个机架内使用多个控制器，请选择您应用的控制器存储器的大小。

工业化：提供了高强度平台，可耐受振动、高温及各种工业环境下的电气干扰。

集成化：建立了一个集中多种技术的平台，包括顺序控制、运动控制，传动和过程应用控制。

结构紧凑：适用于控制高度分散而配电盘空间又有限的应用场合。

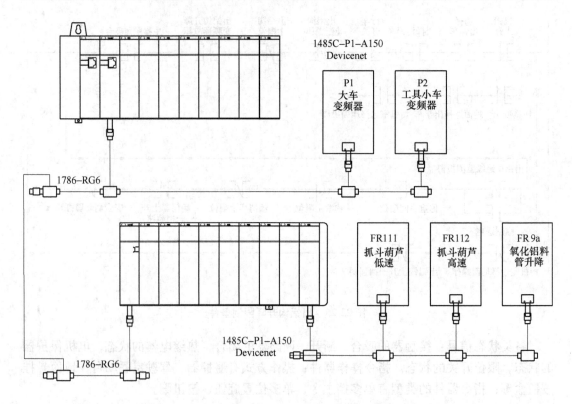

图 22-26　PLC 控制系统

ControlLogix 背板作为高性能的、无源多主总线，它为机架上所有模块间的信息包提供了传递通道。它可实现以下功能：无需控制器而在网络间实现桥接；在同一个机架内放置多个控制器，I/O 模块及通信模块的任意组合；带电拔插（RIUP）一个模块而无需断开系统的其他模块。

22.3.4　多功能天车电气系统的电子装置

多功能天车电气系统主要包含如下电子装置：激光防撞装置、绝缘检测及静电释放装置、漏电检测装置、阳极测高装置、出铝称重系统。

（1）激光防碰撞装置。激光防碰撞装置由发射器、接收器和反射板等组成。发射器经过交直流变换和脉冲调制，产生脉冲电流，通过半导体激光管产生平行光束，当天车之间处在设定距离内时，投射到安装在另一台天车上的反射板上，并把反射回来的光束汇聚到接收器上，接收器把光信号转换成电信号，光电转换采用的是光电二极管。产生的电信号经过放大器放大，接通报警装置发出报警信号。激光防撞装置的检测距离一般为 2~50m 左右，最大可达到 300m。检定距离的设定与天车运行速度有关，它们之间的关系见表 22-2。

表 22-2　检测设定值

运行速度/m·min^{-1}	60~90	90~120	>120
设定距离/m	4~7	8~12	10~20

（2）漏电保护及绝缘监测装置。

1）TCLD-II 型电解多功能天车漏电电压在线监测装置。

① 漏电保护装置工作电源：AC 110V，2A，50 ~ 55HZ。

② 检测 6 回路 1 ~ 300V 之间的漏电电压。

③ 系统给天车提供两路漏电电压报警和故障信号，另外附加一组系统上电信号。

④ 漏电监测系统监测天车漏电部位，见表 22-3。

⑤ 功能天车漏电电压在线监测装置参数设定，见表 22-4。

表 22-3　天车漏电测量部位

测量通道	电解多功能天车漏电测量部位
P1	大梁 1 号、2 号固定葫芦电机漏电监测
P2	捞渣机构升降电机漏电监测
P3	氧化铝下料升降电机漏电监测
P4	氟化盐下料升降电机漏电监测
P5	液压站电机漏电监测
P6	出铝车 5t 葫芦电机漏电监测

表 22-4　参数设定

参数名称	参　数　定　义	参数设定值
L1	第一通道漏电电压动作值	AC 50V（用户设定）
L2	第二通道漏电电压动作值	AC 50V（用户设定）
L3	第三通道漏电电压动作值	AC 50V（用户设定）
L4	第四通道漏电电压动作值	AC 50V（用户设定）
L5	第五通道漏电电压动作值	AC 50V（用户设定）
L6	第六通道漏电电压动作值	AC 50V（用户设定）

2）TCJY-II 型设备绝缘在线监测装置。

① 显示：分辨率 ±10KΩ，采用五位数码显示，显示范围 10 ~ 5000KΩ（最大显示绝缘电阻值为 5MΩ）。

② 系统工作电源：AC 110V，2A。

③ 当监测回路设备绝缘电阻小于 250KΩ 时（可预设），绝缘故障总输出有效，1 点继电器干接点输出。触点容量：DC 24V，2A；AC 220V，1A。

④ 当监测回路设备绝缘电阻小于 990KΩ（1MΩ）时（可预设），相应回路绝缘下降报警输出有效，各回路独立 1 点报警继电器干接点输出。触点容量：DC 24V，2A；AC 220V，1A。

⑤ 每回路设备绝缘持续检查时间为 3s，当 3s 内设备绝缘电阻下降到报警值（连续巡检 5 次）以下时，装置发出报警输出信号。

⑥ 信号输出另外附加一组系统上电返回信号。

⑦ 绝缘在线监测系统参数设置，见表 22-5。

表 22-5 参数设置

参数名称	参 数 定 义	参数设定值
L1	测量通道绝缘电阻报警值	500KΩ（用户设定）
L2	测量通道绝缘电阻故障值	1000KΩ（用户设定）
P1	设置要扫描的通道数	工具车7，大梁5
P2	设备阻值低于报警值巡检次数报警	5

⑧ 工具车处绝缘监测系统监测绝缘部位，见表 22-6。

表 22-6 工具车处绝缘在线监测部位

监测通道	绝缘在线监测部位	监测通道	绝缘在线监测部位
P1	工具车对氧化铝下料绝缘	P5	工具车对捞渣机构绝缘
P2	工具车对氟化盐下料绝缘	P6	工具车对打壳和阳极绝缘
P3	工具车对料仓绝缘	P7	工具车对液压站绝缘
P4	大梁对工具车绝缘		

⑨ 大梁处绝缘监测系统监测绝缘部位，见表 22-7。

表 22-7 大梁处绝缘在线监测部位

监测通道	绝缘在线监测部位	监测通道	绝缘在线监测部位
P1	大梁对出铝车绝缘	P4	大梁对1号葫芦绝缘
P2	出铝车对5T葫芦绝缘	P5	大梁对2号葫芦绝缘
P3	出铝车对32T钩头绝缘		

（3）出铝称重系统。电解车间出铝秤重系统采用天车专用电子秤，克服了磁场、粉尘的干扰，使计量精度满足工艺要求。出铝称重系统主要由传感器、控制器、显示屏、电气线路等组成。

（4）阳极测高装置。阳极测高装置由前台控制箱、通信控制箱、前台显示器、齿条和齿轮编码器机构、后台控制器、地面小车等部件组成。阳极的垂直直线运动经过齿轮齿条装置转换为圆周运动，带动传感器输出脉冲信号，再由处理装置计数处理为实际距离值显示并控制。要保证新旧阳极的同水平度，就必须设法去掉新旧阳极的高度差。在实际操作中，通过测量旧阳极水平面到参考面之间的高度 H，保持此高度值不变，并在参考面上用新阳极换下旧阳极，此时就去掉了新旧阳极的高度差，再将新阳极垂直移动 H 高度，就保证了新阳极与旧阳极同水平度。

（5）无线通信控制部分。

天车工具车 PLC 控制柜—前台控制箱四芯航空插座接口（控制输出）—测高前台控制箱继电器—前台控制箱七芯航空插座接口（联络信号）—测高通信箱七芯航空插座接口（联络信号）—测高通信箱继电器—测高通信箱通信控制电路板—通信电缆、接头—测高通信箱无线通信接收模块—通信箱通信接收天线—测高小车发射天线—比较基小车无线通信发射模块—比较基小车 PLC—测高小车激光传感器。

22.4 多功能天车的点检维护保养和安全操作

22.4.1 机械部件的点检维护保养

（1）主梁、副梁、端梁、桥架结构。

1）连接螺栓紧固完好，连接销轴无窜动。

2）各类安全防护设施齐全完好。

3）大车防撞器无变形。

4）轨道刷磨损正常。

（2）电动机。

1）各紧固件完好，无松缺现象。

2）制动装置安全可靠，性能良好，不应有异常响声和松动现象。

3）电动机温升正常，无异常声响和异味，绝缘值必须大于 $0.5M\Omega$。

4）各部分润滑良好，无缺油现象。

5）制动片磨损正常，制动盘无裂纹、沟槽，严重磨损现象制动间隙符合标准 1mm。

（3）减速机。

1）各紧固件完好，无松缺现象。

2）运转正常，无异常声响、异味，润滑良好，无缺油、油质劣化现象。

3）密封良好，无渗油、漏油现象。

4）铭牌清晰、完整，呼吸器清洁无堵塞。

（4）驱动轮组。

1）各紧固件完好，无松缺现象。

2）驱动轮行走正常，无异常声响，磨损在标准范围内不得小于 470mm。

3）大车行走轮润滑良好（拆卸检查）。

（5）吹灰装置。

1）各紧固件完好，无松缺现象。

2）各电磁阀动作灵敏、可靠，通电及时无卡阻现象。

3）管路及接口无漏气现象，轨道刷高度不得低于 30mm。

（6）打壳机构、阳极机构、下料机构。

1）打壳机构。各连接螺栓无松动缺失，机具与小车连接螺栓无松动；各油管无破损，绑扎规范，机具上下旋转时无挂碰；各接头无松动、泄漏，打壳机无下滑、抖动，活塞处无泄漏；打壳振动气缸有力；打壳伸缩气缸缓冲垫完好、无破损，气缸无泄漏，上下无窜风，动作有力；打壳电磁阀磁铁无松动、无泄漏，线路无裸露；振动缸风管接头无泄漏，风管无破损。

2）阳极机构。连接螺栓无松动；各油管无破损，绑扎规范，机具上下旋转时无挂碰，各接头无松动、泄漏；阳极不下滑，活塞处无泄漏；阳极扳手调节螺栓无松动（上面、下面两部分）；阳极扳手下部底板固定牢固无松动；阳极卡头油缸无泄漏，卡头开闭灵活。

3）下料机构。料管到法兰连接处连接螺栓无松动、变形、开裂；钢丝绳完好，无毛刺、断丝、跳槽；检修插板阀、开闭电磁阀和助吹电磁阀、电磁铁无松动，线头无裸露；钢丝绳定滑线轴承转动灵活完好，钢丝绳固定卡无松动；松绳限位有效，料管上、下无卡阻变形，提升、旋转减速机无泄漏。

22.4.2　电气部件的点检维护保养

（1）低压元器件的维护保养。新熔体的规格和更换的熔体一致；检查熔体与保险座是否接触良好，接触部位是否有烧伤痕迹，如有则进行修复，修复达不到要求的进行更换。

（2）刀开关、断路器维修保养。安装螺栓是否紧固，如松弛则拧紧；检查各类脱扣曲线的设定是否正常。

（3）交流接触器维修保养。清除接触器表面的污垢，尤其是进线端相间的污垢；拧紧所有紧固件。

（4）电容器维修保养。清理外壳灰尘，使电容器散热良好；检查接头处、接地线是否有松脱或锈蚀，如有则进行除锈处理并紧固。

（5）变频器和软启动器的维护保养。随着工厂自动化技术的发展，变频器日益成为重要的驱动和控制设备，要确保变频器可靠连续地运行，关键在于日常维护保养，具体内容可以分为：

1）运行数据记录、故障记录：记录变频器及电机的运行数据，包括变频器输出频率、输出电流、输出电压、变频器内部直流电压、散热器温度等参数，与合理数据对照比较。变频器如发生故障跳闸，要记录故障代码和跳闸时变频器的运行工况。

2）变频器日常检查：变频器输出三相电压及它们之间的平衡度；变频器的三相输出电流及它们之间的平衡度；环境温度、散热器温度；查看变频器有无异常振动、声响、风扇是否运转正常。

3）变频器保养：要定期清除变频器内部和风路内的积灰、杂物，变频器的表面要保持清洁光亮。在保养的同时要检查变频器内有无发热变色部位，水银电阻有无开裂现象，电解电容有无膨胀漏液、防爆孔突出，PCB 板有无异常，有没有发热烧黄部位。保养结束，要恢复变频器的参数和接线，送电后，在 3Hz 的低频带电机工作约 1min，以确保变频器工作正常。

（6）PLC 硬件的维护保养。

1）供电电源的检查：供电电源的质量直接影响 PLC 的使用可靠性，也是故障率较高的部件，检查电压是否满足额定范围的 85% ~110% 及查看电压波动是否频繁。

2）运行环境的检查：PLC 运行环境温度在 0 ~60℃。温度过高将使得 PLC 内部元件性能恶化和故障增加，尤其是 CPU 会因"电子迁移"现象的加速而降低 PLC 的寿命。温度偏低，模拟回路的安全系数也会变小，超低温时可能引起控制系统动作不正常。解决的办法是在控制柜安装合适的轴流风扇或者加装空调，并注意经常检查，环境相对湿度在 5% ~95% 之间。

3）定期吹扫内部灰尘，以保证风道的畅通和元件的绝缘。

4）检查 PLC 的安装状态。各 PLC 单元固定是否牢固，各种 I/O 模块端子是否松动，PLC 通信电缆的子母连接器是否完全插入并旋紧，外部连接线有无损伤。

5）检查 PLC 的程序存储器的电池是否需要更换。

（7）电线电缆的维护保养。电缆的运行维护主要是防止电缆绝缘受热、受潮及机械损伤引起的短路、断路、漏电等。

1）定期检查电缆有无机械损伤，铠装层有无松散及严重锈蚀，固定电缆的卡子有无松动、损坏，悬挂是否合格，电缆两端引入及引出部分有无异状，检查接线盒的地线是否完好，接线盒的表面温度是否过高。

2）用温度表测量运行中电缆的外皮温度，交联聚乙烯绝缘电缆外皮温度应不大于55℃，3kV及以下的电缆外皮温度应不大于50℃。

3）每年至少进行一次绝缘电阻的测定，其绝缘电阻值应符合规定。

（8）空调的维护保养。空调使用一段时间之后，由于静电作用和反复空气循环，使滤光板、散热器、蒸发器翅片表面积聚大量灰尘及污垢，造成气流堵塞，致使制冷、制热效果下降，增加耗电量、噪声，增大故障率，严重的甚至造成压缩机损坏，降低空调的使用寿命。因此，要根据现场环境的差异，定期对空调进行检查和维护。

22.4.3 多功能天车点检、维护、操作的安全操作规程

（1）上岗前的安全准备工作。

1）必须穿戴齐全有效的劳保用品，特别是要确认绝缘鞋的绝缘性能。

2）严禁酒后上岗。

3）上岗前必须调整好心态，避免情绪化作业。

4）天车指挥者、操作者、保养者之间必须使用统一的指挥手势。

（2）动车前的安全准备工作（天车静态点检、维护安全注意事项）。

1）首先要确认操作室无人，在操作室门口或吊线盒上翻挂好安全警示牌；在吹扫、擦拭、保养天车时必须先系好安全带，确认安全带各部完好无损、锁扣牢固，并且执行"高挂低用"原则，严禁将安全带挂在运行机构上。

2）进行维护作业时，必须有专人负责指挥和监护，有指定的安全责任人。

3）必须按点检维护规程要求对天车进行日常点检，检查天车上各机构静态有无异常。

4）在车上点检时，注意上、下天车各部位时动作不可过急，安全带必须整理利索，防止勾、挂天车其他部位。

5）点检维护工作结束后必须将所用物品带离天车，天车上不得放置杂物，杂物不能从车上扔下。

6）天车上的灭火器必须定期检查。

7）必须严格按点检规程要求进行日常点检和室内、室外试车，检查天车各机构是否有异常。

8）日常点检试车前，必须确认天车上及天车运行范围内的轨道上无人。

9）必须确认驾驶室周围及行走方向前方无障碍物。

10）操作天车时要关上车门，姿势正确，精力集中。

11）在天车试车过程中，要密切注意各种报警指示灯，以便及时发现并处理故障，避免设备带病运行。

（3）天车运行安全注意事项。

1）天车工操作各种手柄、按钮、旋钮与脚踏开关时，要认真细致，动作灵活准确，

不能用力过猛。

2）驾驶室内人员不得超过两人，驾驶室必须旋转至视线良好的位置。

3）在天车运行过程中，大车不允许长距离（5m 以上）背向行驶，运行中注意观察天车运行前方阳极托盘、车辆、行人或其他障碍物的位置，并在距离障碍物 10m 处减速鸣号。

4）在进入或通过厂房通道时，必须在距离 10m 处减速鸣号，待确认安全后方可慢速进入或通过。

5）操作天车时，各运行机构启动必须由低速挡逐渐增至高速挡，在每个挡位行驶速度稳定后方可升挡运行。

6）严禁采取从高速挡直接打到空挡或用打倒挡的方式停车，必须在距离停车位置 10m 处由高速挡逐渐降到低速挡，然后拉到空挡停车。

7）禁止用 3 个或 3 个以上的动作同时操作天车。

8）天车在槽上作业时，该槽两侧相邻两槽上部不允许进行其他作业。

9）在天车运行期间，严禁人员上、下天车，如发生故障必须停车进行检修。

（4）天车润滑、清洁安全作业。

1）必须确认安全带各部完好无损，锁扣牢固，找合适的位置挂好安全带。

2）在驾驶室门上或吊线盒上挂好安全警示牌。

3）必须有两人或两人以上协同工作，要分工明确，必须有安全监护人负责安全。

4）维修天车使用升降车时，要安排专人负责安全监护，以防止升降车失控。

5）润滑天车各运行机构轨道时，严禁站在运行机构上，并在合适位置挂好安全带。

6）天车驾驶人员在未得到明确的指令时，必须关闭天车电源，防止误操作。

7）各部位加注润滑油、脂或石墨润滑时，天车驾驶人员必须离开驾驶室。

8）润滑天车钢丝绳时，需提前确认安全带已挂好且未与卷扬机构搭接，确认无误后方可指挥动车。

9）天车清洁时，注意上、下天车各部位时动作不可过急。

10）天车吹扫前，先清扫车上杂物，不可直接用风从车上吹下，清扫过程中要避免损坏各部位元件或破坏绝缘。

（5）打壳、换极与加料安全作业。

1）天车工在各作业面工作时，操作各运行机构必须使用低速挡（一挡），移动工具小车时需注意下料管、打壳头与电解槽导向槽钢必须错开，防止下滑发生碰撞。

2）打壳作业时，为保证设备安全，打壳头与壳面应保持约 10cm 的距离，严禁用打壳锤杆扒、拉、勾、推结壳块；打内侧极缝时，打壳机构与水平槽罩之间要保持一定距离，避免发生碰撞；打与立柱母线相对应两极间的结壳面时，移动大车、主小车或打壳机构必须使用点动，注意不可与立柱母线或阳极钢爪接触碰撞；如打壳时打壳头打入壳面卡住，只能点动踩住打壳脚踏开关，松动后自动回复，或低速前后点动大车，且不可硬提打壳机构损坏打壳气缸压板螺丝，造成打壳气缸脱落。

3）打壳作业过程中，旋转工具转台幅度不得过大，只能小角度、点动调整打壳头位置。打壳作业时，在地面的电解工指挥人员必须在天车工视线之内，距离作业面 1m 以外的地方指挥。

4）打壳作业结束后，必须将打壳头垂直后移至上限位，并将选择旋钮打至阳极 1 + 2 挡，待指挥人员离开至安全区域后方可进行下一步的操作。

5）大车吊运残极行走时，地面作业人员必须站在与残极运行方向相反的一端，并保持适当的距离。

6）吊运阳极过程中，确认前方无障碍物时，方可运行，行走过程中如遇前方有障碍物时需提前减速、鸣号，确认安全后，方可通过。

7）吊运阳极时，严禁在两电解槽之间大幅度旋转工具转台，只可进行微调，使阳极对位准确。

8）吊运阳极进出电解槽之间的位置时，必须先将阳极停稳，确认间隙足够，才可开动主小车动作。

9）换极作业时，天车工必须明确地面作业人员指挥信号后，方可进行下一步动作。

10）在换靠近电解槽导向槽钢附近的极时，必须确保阳极提升机构任何部位不得与导向槽钢发生接触或碰撞，并且严禁提前打开卡头。

11）卡住阳极导杆后，必须确认两个卡头全部卡入导杆锁孔内。打开小盒卡具时，必须由地面作业人员确认卡具扳手与小盒卡具正确套好后，再完全打开小盒卡具，防止小盒卡具脱落伤人，必须等地面作业人员把脱落的结壳块勾出后发出指令，方可低速将阳极提出，阳极钢爪不得与电解槽水平槽罩接触。

12）严禁用高速、强力调整阳极提升装置卡头与铝导杆吊装孔之间的间隙，避免损坏阳极提升装置，提出阳极时严禁歪拉斜吊。

13）大车行走时，必须保持阳极纵向的位置与天车的行走方向一致，注意阳极不要离电解槽过近，观察运行方向是否有障碍物。

14）地面作业人员在电解槽上作业时，严禁天车吊运阳极进入。

15）从电解槽内换出的残极块吊运至阳极托盘处时，下降阳极至距托盘 20cm 处停止，单动低速下降阳极，平稳放置在托盘上。

16）地面作业人员使用兜尺对阳极测量划线时，残极底掌距地面不得少于 10cm，且在此过程中严禁动车。

17）吊运新极时，应单动将新极提起 5cm，再轻轻放下，上下几次确认卡头完全牢固卡入锁孔，再正式提起，移至电解槽或立柱母线附近时，应减速慢行，确认间隙足够方可高速运行，挂新极时要低速操作各机构，注意阳极钢爪与导杆焊接部位不要与水平槽罩发生碰撞，挂极必须使用单动低速下降，且不可高速下降，防止电解质挤出伤人。卡具必须复紧三次以上。

18）作业中，天车工要时刻注视空压机运行指示灯和打壳头，以防空压机停机打壳气缸下落造成事故。

19）天车吊运阳极过程中，禁止按卡头打开按钮。

20）给天车加料过程中，禁止操作任何开关。

21）给天车加料时，料仓满指示灯亮后，必须确认下料装置气动防尘罩回升，延时 5min 后，方可动车，以避免碰坏下料口或挂坏防尘罩。

22）自动加料系统不正常时，由地面人员指挥协调加料。

23）进行电解槽布料时，加料管不可与电解槽碰撞，下料时不可下料过多堵住火眼，下完料后要待料管内的余料流干净后再提起下料管。

24）天车进行各种作业时，严禁天车主小车从电解槽上部跨越。

25）在打壳、换极与加料作业区内，严禁任何人员在相邻两台电解槽上进行其他作业。

（6）出铝作业。

1）出铝作业前，在出铝区域两端摆放警示牌。

2）进行出铝作业时，严禁在驾驶室内操作，必须使用吊线控制盒在地面操作，放下吊线盒前检查出铝小车各动作运行情况，将工具小车处于通道端头，天车各机构必须处于上限位。

3）抬包进出电解槽时要低速操作，吸铝管不能与电解槽接触。

4）在开风出铝过程中，天车工手始终放在"出铝"旋钮上，以便到出铝量时及时关风。

5）电解槽发生效应时，禁止出铝作业，如正在出铝电解槽发生效应，应提起抬包并移出槽外，待效应熄灭后再进行出铝作业。

6）出铝、运行过程中如发生按钮不复位或损坏现象，要快速按下急停按钮。

7）吊运抬包过程中，要注意前方或脚下有无障碍物，如遇障碍物，需在相距 5m 处停车，确认安全后方可通过。操作各按钮时不可将方向弄反，避免发生碰撞。

8）将抬包放在运铝车上摘钩后，要立即移走钩头和大车，避免出铝包碰撞天车。

9）在运铝车没有停稳前，严禁操纵大车、出铝小车行走。

10）任何情况下使用完两钩头后，必须将出铝小车与副小车处于解锁位。

（7）抬母线作业。

1）吊运母线提升机时，必须将操作室处于合适位置，保持视线良好，并将出铝小车与副小车联锁，钩头钢丝绳必须与母线提升机挂钩保持垂直，确认指挥信号后方可操作天车动作，将母线提升机提到上限位，才可吊运至需抬母线槽作业。

2）抬母线作业时，禁止在母线提升机处于非水平状态时进行吊、放操作。

3）母线提升机下降过程中，在确认对位准确后，可使用低速点动下降，必须听从指挥，及时调整偏斜，下降到位后，确认钩头钢丝绳微松，方可开始抬母线作业。

4）抬母线过程中，天车工应在操作室内观察抬母线情况，如发现异常及时通知抬母线人员。

5）抬母线过程中，工具小车不可离母线提升机过近，以免碰撞下料管。

6）拆空气连接软管和钩头前，必须先关闭风源，并严禁天车工在没有得到指令时动车。

7）抬母线过程中，由地面人员统一协调指挥，并负责安全监护工作。

8）完成抬母线作业后，严禁将母线提升机停放在电解槽上，必须将母线提升机停放到指定位置。

（8）起吊重物安全作业。

1）起吊重物前，必须对起重用钩的上下动作、副小车的南北运行状况进行试车检查 2~3 次，确认电机、减速机、车轮、电磁阀、气动与电动制动器正常，抱闸良好，无下滑现象。

2）要做到听准、看准、吊准与开稳、吊稳、走稳和停稳。

3）必须遵守"十不吊"规定。

4）钩头、钢丝绳、重物必须是垂直状态，严禁长时间悬吊重物。

5）要先试吊，在确认安全后，再慢慢起吊，下降时要平稳。

6）无专人指挥或指挥信号手势不明时要立即停车，待确认后方可动车，继续重物吊运操作。

7）物件必须高于地面或障碍物50cm以上，禁止吊物从人上面经过。

8）严禁钩头下顶。

（9）并车联动吊装电解槽作业。

1）天车工必须严格按规程要求、步骤执行。

2）由起重工负责统一协调指挥，并负责安全监护。

3）天车大车行走时必须使用低速挡（一挡）。

4）必须先进行试吊，待确认安全后，方可吊运。

5）大车行走至第一台相邻电解槽约1m处停车，待确认可以安全通过后，方可动车。

6）未得到明确的指令，严禁任何一名天车工进行任何动作。

（10）其他情况下的安全作业。

1）严禁两台天车同向急行或相互顶撞，或用一台天车推着另一台天车行走。

2）有特殊情况需要两台车同时作业时，需指定专人进行地面安全监护。

3）两台天车同向行驶时，其最小间距不能小于20m，当两台车相对接近时均需降至一挡速度，相距15m以内时就要相互发出信号，相距10m时必须临时停车。天车与障碍物相距在10m以内时，只能用一挡速度行驶。

4）不得擅自拆卸机械或电气设备，在挂有"停车""检修""停电"等标志牌时，不准进入驾驶室或动用吊线盒。

5）严禁采用任何方式使天车驾驶室外壳接触到电解槽母线、横梁或其他部位。

6）严禁天车工从电解槽上、下天车。

7）在作业完毕后，要把天车停放在规定位置，离车时必须切断天车电源，关好门，拔下钥匙。

8）严禁非天车操作人员动用天车或非天车相关专业人员上、下天车上部结构和轨道。

9）天车工具小车进出电解槽时需鸣号。

10）工具小车碰到行走限位后，严禁转动操作室，以防操作室碰撞天车滑线损坏设备。

11）滑线停电或出现故障后，及时通知维修人员处理，天车工不许私自打开天车滑线配电柜。

12）在天车作业区内进行轨道维修、电解槽更换部件、槽大修等非日常作业时，必须以工作票进行。

13）在使用遥控器之前，检查遥控器外观、按钮、旋钮及各附件完好无损，确认设备是否具备动车条件，确认后，先送遥控器电源，再将司机室选择开关旋转至"地面"操作位置。

14）如果起重机遥控系统发生故障时，必须及时切断电源，由维修人员进行维修正常后，方可进行作业。使用起重机遥控器时，作业人员必须在起重机的后方，距离起重机不能超过5m，便于观察吊物移动的路线及周围环境情况。

15）工作中如有特殊情况需离开作业区域时，必须关闭遥控器电源，避免其他人员误操作而发生事故。

16）使用遥控器时，遥控器应该有吊带，放置时应轻拿轻放，以免损坏。

17）在遥控器有效工作范围内，严禁使用相同频率的遥控器或其他电子设备，避免无线电波干扰。

18）如长时间（一个月以上）不使用遥控器，必须把电池盒内的电池取出。

22.5　多功能天车故障及排除方法

多功能天车常见故障及排除方法，见表22-8。

表22-8　多功能天车的常见故障及排除方法

项　目	故 障 名 称	检 查 方 式	处 理 办 法
主接触器 吸合故障	主接触器线圈损坏	用万用表测量线圈阻值	更换线圈或者接触器
	接线松动或者接触不良	用万用表测量线圈回路，找到断点	紧固接线或者处理线路压接面
	吸合条件没有满足	检查线圈吸合PLC输出点有没有输出，如果没有输出则检查吸合条件	根据吸合条件表逐一检查未满足的条件，找到后处理
主接触器 粘连	触头烧损	拆下灭弧罩，检查触头	更换触头或者接触器
	PLC模块触点粘连	用万用表测量该输出点未输出时是否有电压	更换模块或者调用一个空点
	继电器触点粘连	保证继电器线圈没电的前提下，测量继电器触头	处理继电器卡阻或者更换继电器
绝缘故障	绝缘件阻值下降或者电气线路破损	测量机械绝缘阻值，如果符合标准则测量该失效部位两侧电气线路绝缘	更换阻值不符合要求的绝缘件，处理破损线路
漏电故障	电气线路破损或者电机绝缘损坏	用兆欧表测量机械绝缘和电气绝缘	处理破损线路更换电机
DH+网络 故障	线路破损或者通信模块、适配器损坏	根据故障代码进行检查，测量通信电缆绝缘情况	更换通信模块、适配器或者处理破损线路
DeviceNet 网络故障	通信模块或适配器故障	根据下表故障代码进行检查	更换通信模块、适配器
	通信线路破损	测量通信电缆绝缘情况	处理破损线路
变频器故障	根据故障代码而定	根据故障代码检查相关部分	根据具体情况而定
制动接触器 故障	制动器损坏短路	测量制动器线圈和整流块阻值	更换线圈或者整流块
	接触器接线松动	同送电部分相关内容	同送电部分相关内容
	接触器烧损、粘连	同送电部分相关内容	同送电部分相关内容
大、小车 无高速	有机构下滑	检查触摸屏上各机构对应限位状态	将不在上限位的机构提升到位
大车东西 向不动	检查安全键是否有效	查看触摸屏或者PLC输入点状态	修理或者调整

续表 22-8

项　目	故　障　名　称	检　查　方　式	处　理　办　法
大车热继电器跳闸	东西激光防撞装置误动作	检查 PLC 输入点看信号是否已返回	检查激光防撞装置，清理灰尘，调整感应距离和激光头角度
	热继电器所过电流过大，超过整定值	通过钳表或者观察变频器运行电流，分析电流过大原因，有可能是因为电机故障和接线松动造成	电机故障则检修电机，接线松动需对其进行紧固，并将线头清理干净
	制动器无法打开	耳听制动器或者拆卸电机后风扇罩，观察制动器是否打开	如果打不开，则检查制动线圈是否有电，如有电则检查制动器磨损情况、制动线圈好坏、制动器调整间隙，处理相关故障部分
工具车无高速	机具下滑	查看各机构上限位动作情况	将下滑机具提升至上限位
工具车换向抖动	减速限位误动作或者损坏	检查减速限位	更换限位或者调整限位位置
	轨道积灰太厚	检查轨道吹灰装置是否完好，吹扫角度是否正确，压力是否足够	清理积灰，调整轨道吹灰系统的压力、流量和吹扫角度
出铝钩头无法转动	轴承润滑脂太多或缺油	拆卸检查	减少或者补充润滑脂
	轴承损坏	拆卸检查	更换轴承
出铝钩钢丝绳跳槽	下限位或者松绳限位不起作用	检查限位动作情况	调整限位
出铝称重显示不稳定	传感器安装位置不对，受力点不正确	拆卸检查	调整安装位置
	传感器信号线有断线破损	测量检查线路	更换电缆
出铝车安全制动器故障	液压站工作异常	检查液压站工作状态	处理出现的问题
	制动器开闭限位显示异常	检查限位工作状态	调整限位位置或者更换限位
固定钩上下不动作	断火限位器损坏	测量限位器触头	更换限位
	上下限位失灵	观察，测试限位动作情况	调整或者更换限位
固定钩钢丝绳跳槽	限位失灵过卷	检查限位动作情况	调整或者更换限位
	歪拉斜吊	检查导绳器磨损位置	要求天车工规范操作
	导绳器损坏	拆卸接插	更换导绳器
油缸下滑	平衡阀故障	下降时突然停止检查	调整或者更换平衡阀
	油缸内泄	可拆卸相关油管，检查有无漏油	更换密封件
打壳汽缸无力	气缸漏风	用耳听，用手感觉	清理漏风处脏污，紧固压紧螺栓
打壳机下降晃动	导向轮卡阻不灵活，间隙过大	用手盘滑轮，动态观察	润滑滑轮
阳极扳手扭矩不够	压力调整不合适	观察压力值	重新调整压力
	阳极扳手下部轴承缺油	用手盘车，如果很涩则为缺油	拆卸轴承进行润滑

项　目	故 障 名 称	检 查 方 式	处 理 办 法
阳极扳手偏斜	阳极扳手上不定位螺栓松动	用手推拉，如果间隙过大则为螺栓松动	紧固调整间隙，或者在下部制作固定装置
阳极或打壳机抖动	平衡阀节流口调整不合适	吊上重物进行试验，如果下降时频繁抖动，则可确定故障	顺时针拧紧调整螺钉 1～2 圈
阳极上下不动作	继电器板继电器粘连	万用表测量相关回路	更换继电器板
	限位损坏	目测或者用铁质工具测试限位	更换限位开关
下料管钢丝绳跳槽	下限位调整不合适	目测	重新调整至规定位置
	制动器间隙过大，造成松绳	测量制动片间隙	重新调整制动器
下料阀门漏料	阀门处有杂物	拆卸检查	清理杂物
	气源压力不足	查看回路压力表	调整减压阀，增加压力
	密封件磨损	观察，手摸缝隙	顺时针调整间隙补偿螺栓，直到不漏料，阀门开闭自如为止
下料管上下不动作	各限位故障	检查上、下限位，超行程，松紧绳限位和零位限位	调整或者更换限位
	机械卡阻	检查导向管及料管有无弯曲变形	拆卸校正后重新安装调整
司机室不旋转	变频器故障	查看变频器故障代码进行判断	根据代码进行处理
	支撑轮轴承损坏，产生卡阻	目测，拆卸检查	更换轴承
	制动器打不开	用万用表测量，检查制动器线圈和整流块是否正常	更换损坏部件
	限位开关损坏	用铁质工具进行检查	更换限位
控制器各按钮失灵	内部机械部件磨损	拆卸检查	拆卸调整间隙或者更换
天车无法自动加料	发生器或者接收器损坏	用万用表进行测量	更换
	各对位器间隙太大，感应不上	测量间隙，看是否在规定范围内	调整间隙至合适位置
空压机从滤芯处喷油	逆止阀损坏	拆卸检查	更换或者修复
空压机停机	冷却器堵塞	检查堵塞情况	清理
	断油电磁阀故障	用万用表测量电压，拆卸检查本体	更换或者修复
	因压差开关卡阻造成本体压力过高	目测，拆卸检查	调整压差开关或者更换
空压机不加、卸载	加载开关或者继电器损坏	万用表进行测量	调整继电器或者更换元件
	加载油缸损坏	目测观察	更换油缸
	进气蝶阀调整不合适	查看分离前后压力是否超过规定值	调整进气蝶阀位置，使分离前后压力符合规定要求

项 目	故 障 名 称	检 查 方 式	处 理 办 法
空压机补压不及时	压差开关调整不合适	观察，测量	重新调整压差开关
空压机自动排水阀排油	油气分离芯破损	拆卸检查	更换
空压机自动排水阀常排或者不排	排水阀膜片损坏	拆卸接插	更换膜片或者更换电磁阀
	时间继电器损坏或者调整不合适	万用表测量	更换或者重新调整整定值
打壳气缸不振动	电磁阀损坏	拆卸检查，手动实验	更换电磁阀或者修复
	振动缸内部部件卡死	拆卸检查	更换修复磨损部件
各类气缸不动作	气缸密封件损坏	手动测试、听有无漏风现象	更换密封件
	电磁阀损坏，密封件破损	手动测试、听有无漏风现象	更换电磁阀或者密封件

变频器故障及其诊断见表22-9。故障对照表见表22-10。

表 22-9 变频器故障及其诊断

序 号	名 称	颜 色	状 态	说 明
1	PWR（电源）	红色	稳定	上电后亮
2	STS（状态）	绿色	闪烁	变频器处于准备状态，但没有运行，并且没有出现故障
			稳定	变频器处于运行状态，没有出现故障
		黄色	闪烁 变频器停机	发生了类型2报警，变频器不能启动，检查参数212
			闪烁 变频器运行	发生了类型1报警，变频器不能启动，检查参数211
			稳定 变频器运行	发生了类型1报警，变频器继续运行，检查参数211
		红色	闪烁 稳定	出现故障 出现不可复位的故障
3	端口		参阅《通信适配器用户手册》	DPI端口内部通信状态
	MOD			通信模式状态
	网络A			网络状态
	网络B			第二个网络状态

表 22-10　故障对照表

编　号	故　障	编　号	故　障	编　号	故　障
2	辅助输入	38	U 相接地	79	负载过大
3	掉电	39	V 相接地	80	自整定取消
4	低电压	40	W 相接地	81 ~ 86	端口 1 ~ 6DPI 丢失
5	过压	41	UV 相间短路	100	参数校验和
7	电动机过热	42	UW 相间短路	101	用户参数 1 校验和
8	散热器过热	43	VW 相间短路	102	用户参数 2 校验和
9	晶体管过热	48	参数缺省值	103	用户参数 3 校验和
12	硬件过流	63	安全限制值	104	功率单元板校验和 1
13	接地故障	64	变频器过载	105	功率单元板校验和 2
24	减速禁止	69	动态制动电阻	106	MCB-PB 不兼容
25	超速限制值	70	功率单元	107	新装的 MCB-PB
29	模拟量输入丢失	71 ~ 76	端口 1 ~ 6 适配器	108	模拟量输入校验和
33	尝试自动重新启动	77	IR 电压值越限		
36	软件过流	78	磁通电流基准值范围		

　　PLC 故障及其诊断, 见表 22-11。I/O 状态指示器见表 22-12。OK 状态指示器见表 22-13。

表 22-11　PLC 故障及其诊断

MOD/NET 指示器状况	状　态	表　示　意　义
灭	没有电源	设备没有在线, 设备没有完成测试, 设备可能没有供电
绿色闪烁	独立的设备	设备由于丢失, 不完整或不正确组态需要授权, 设备处于独立状态
绿色	运行的设备	设备正在正常的运行
红色闪烁	次要故障	可恢复的故障
红色	不可恢复的故障	设备产生一个不可修复的故障
红色/绿色闪烁	设备自检	设备正在自检

表 22-12　I/O 状态指示器

I/O 指示器状况	状　态	表　示　意　义
灭	没有电源	设备没有在线, 设备没有完成测试, 设备可能没有供电
绿色闪烁	在线, 没有连接	设备在线, 但在建立的状态下没有连接
绿色	链路正常, 在线	设备在线, 并且建立了连接
红色闪烁	连接超时	一个或多个 I/O 连接处于超时状态
红色	严重的链路故障	失败的通信设备, 设备检测到一个错误

表 22-13　OK 状态指示器

OK 指示器状况	状　态	表　示　意　义
灭	没有电源	设备没被供电，应用机架电源，检验模块被完全插入机架和背板中
绿色	运行的设备	设备在正常运行状况下，一个控制设备已经与该模块建立连接
绿色闪烁	设备处于备用状态	设备在正确的运行，然而没有控制设备与该模块连接
红色闪烁	次要故障	可恢复故障，为了恢复，重新组态设备，重启设备或者执行错误恢复
红色	不可恢复的错误	设备有不可恢复的故障，修理或替换掉，或上电后，设备再进行自检

SDN 故障模块代码见表 22-14。

表 22-14　SDN 故障模块代码

代　码	说　明	解　决　措　施
0-63	正常操作，显示的数字表示扫描器在网络中的地址	无
70	扫描器出现地址重复错误（节点号交替闪烁）	改变扫描通道地址（先前地址被占用）
71	在扫描器列表中有非法错误	清除非法数据，重新配置列表
72	附属设备停止通信（节点号闪烁）	检查所有设备及电缆连接的情况
73	设备的信息与扫描器列表中的不符（节点号闪烁）	检查该节点上所有设备是否正确并确认设备信号与列表中的是否相符
74	端口数据溢出	修改配置并检查有无数据；检查网络通信
75	模块中无扫描列表	输入一个扫描列表
76	无直接的网络通信	无任何措施，扫描器正与其他网络通信
77	数据长度不符合扫描列表值	重新配置模块的通信字长
78	在扫描列表中的附属设备不存在	在网络中加入此设备或在列表中删除此项数据
79	扫描器传递信息失败	检查电缆，确认设备是否连在网络上
80	扫描器在 IDLE 无效状态	把 PLC5 设为 RUN 状态，将命令寄存器的 RUN 位设为有效
81	扫描器在错误状态	检查梯形图程序中引起的错误位置
82	检查到 I/O 信息块出错	检查扫描器列表中的附属设备位置，并确定输入或输出子长是否正确
83	扫描器通信附属设备相应错误（节点号交替闪烁）	检查扫描器列表中的准确性，检查附属设备的设置，附属设备可能在另一个列表中
84	扫描器正在初始化 DeviceNet 通道	无，一旦扫描器初始化所有设备后，此信息自动清除
85	数据长度超过 255 字节	将设备的数据字长配置改小
86	设备在 RUN 状态下产生无效数据	检查设备配置及节点状态
88	在上电或复位后，模块显示所有 14 段的节点及状态	无
90	用户禁用通信接口	重配模块，检查命令寄存器
91	检测到串口处总线关闭的状态，扫描器检测到通信错误	检查网络连接及硬件错误，检查系统中附属设备及其他对网络产生干扰因素
92	串口处无网络电源	确认扫描串口连接电缆提供网络电源
97	用户命令扫描器停机	检查梯形图程序中引起错误的位，或者换模块
98	固件错误	换模块
99	无法恢复硬件错误	换模块

复习思考题

22-1　多功能天车的组成机构有哪些？

22-2　多功能天车有几处绝缘点，绝缘失效后产生的危害性有哪些？

22-3　如何对天车变频器进行日常作业维护？

22-4　空压机日常维护内容是什么？

22-5　设备润滑的重要性是什么？

23 电解铝安全生产与环境保护

23.1 电解车间安全生产

电解铝生产是一个连续化生产，需要在高温状态下运行，同时伴随着高电压、强大的直流电和强磁场。由于电解铝生产的特殊性，在生产过程中存在很多有害因素及危险因素。有害因素主要有粉尘危害、毒物危害、高温危害和噪声危害等。危险因素主要有机械伤害、高处坠落、电气伤害和火灾爆炸危险等。

23.1.1 电解车间主要有害因素

（1）粉尘危害。电解车间在生产过程中产生的粉尘主要是氧化铝、氟化盐粉尘。氧化铝粉尘主要存在于电解厂房、氧化铝贮运系统；氟化盐粉尘主要来源于电解槽加氟化盐作业、液体电解质的挥发。长期吸入这些生产性粉尘易产生尘肺病和其他一些疾病。

（2）毒物危害。电解车间作业人员接触到的毒物主要有氟化物、硫化物、一氧化碳等，主要存在于电解槽附近及烟气净化系统。在 $400 \sim 600$℃ 温度下，氧化铝中仍含有 $0.2\% \sim 0.5\%$ 的水分，原料中的水分与固态氟化盐在高温条件下发生化学反应，同时，进入熔融态电解质中的水分也可与液态的氟化盐发生化学反应，生成有害的氟化氢。一氧化碳、二氧化硫产生于电解槽的阳极。人体吸入过量的氟，会引起氟骨病，对呼吸道有不良作用。一氧化碳、二氧化硫也严重损害人体健康。

（3）高温危害。铝电解槽电解温度高达 $940 \sim 960$℃，是主要的生产性热源。高温环境使劳动效率降低，增加操作失误率，还可以使人在操作过程中注意力分散，从而导致事故的发生。同时，也容易发生烫伤、烧伤等人身伤害事故。

（4）噪声危害。产生噪声的操作主要有电解槽打壳、下料、出铝等。噪声引起人听觉功能敏感度下降，影响信息交流，误操作发生率上升。

23.1.2 机械伤害及高处坠落危险

（1）机械伤害。电解工艺的主要设备有电解槽、多功能天车、母线提升机。操作人员易于接近的各种可动零部件都是机械的危险部位。如果这些机械设备的转动部件外露或防护措施和必要的安全装置不完善，很容易造成人身伤害事故。起重机轨道两侧没有良好的安全通道或与建筑结构之间缺少足够的安全距离，使运行或回转的金属结构对人员造成夹挤伤害，运行机构的操作失误或制动器失灵引起溜车，造成碾压伤害等。

（2）高处坠落伤害。坠落伤害包括人员坠落伤害和起重物坠落伤害。电解车间有不同形式的操作平台、地沟、升降口以及电解槽，人员在离地面大于 2m 的高度进行安装、拆卸、检查、维修或操作等作业时，如果没有防护措施或防护措施有缺陷，随时都有坠落摔伤的危险。吊具或吊装容器损坏、物件捆绑不牢、挂钩不当、电磁吸盘突然失电、起升机构的零件故障（特别是制动器失灵、钢丝绳断裂）等都会引发重物坠落，伤害现场作业人员或造成设备事故。

（3）电气伤害。电解车间电气事故可分为触电事故、雷电灾害事故和电气系统故障危害事故等。

1）触电事故。在电解生产中，电解槽是以低电压高电流串联的，系列电压达数百伏至上千伏，尽管把零电压设在系列中点，但系列两端对地电压仍高达几百伏，一旦短路，易出现人身和设备事故。另外，电解槽上电气设备用交流电，若直流窜入交流系统，会引起人身设备事故。因此，电解槽许多部位须进行绝缘。另外，起重机在电线附近作业时，其任何组成部分或吊物与高压带电体距离过近，感应带电或触碰带电物体，都可以引发触电伤害。

2）电气系统故障危害事故。电气系统故障危害的主要表现是：① 线路、开关、熔断器、插座插头、照明器具、电动机等均可能成为引起火灾的火源。② 原本不带电的物体，因电气系统发生故障而异常带电，可导致触电事故的发生。如电气设备的金属外壳，由于内部绝缘不良而带电。③ 高压接地时，在接地处附近呈现出较高的跨步电压，均可造成触电事故。

（4）其他伤害。其他伤害是指人体与运动零部件接触引起的绞、碾、戳等伤害；液压起重机的液压元件破坏造成高压液体的喷射伤害；飞出物件的打击伤害；装卸高温液体金属、易燃易爆、有毒、腐蚀等危险品，由于坠落或包装捆绑不牢引起的伤害等。

23.1.3　铝电解车间安全技术规定

（1）厂房内所有的钢筋混凝土结构的钢筋保护层不小于30mm，所有的金属管道和电缆应敷设在地面以上不低于3.5m的高度，压缩空气管道每隔40m安装一道绝缘，不允许电解槽有接地现象。

（2）电解槽上部结构各部件间及上部结构与阴极装置的静态绝缘电阻值不低于$1M\Omega$，单个电解槽槽体对地面、基础的绝缘电阻值不应低于$0.2M\Omega$，系列电解槽槽体的零电位绝缘电阻值不小于3000Ω。

（3）电解厂房内的多功能天车设备间绝缘电阻必须大于$1M\Omega$。

（4）电解厂房内的设备、管路、线路等都必须明确严格的绝缘电阻值，防止发生漏电、触电和短路。

（5）机械设备的金属外壳、底座、传动装置、金属电线管、配电盘以及配电装置的金属构件、遮拦和电缆线的金属外包皮，应采用保护接地或接零。

（6）电解厂房除直流电外，还有220～380V的动力交流电，根据规定，在有金属（或酸）和潮湿的场所，交流电的安全电压为12V，一般场所为36V，直流电的安全电压为50V。

23.1.4　铝电解车间一般安全作业规程

（1）上岗人员必须经过三级安全教育且考试合格后方能准许作业。

（2）生产操作人员进入电解厂房作业时，必须穿戴齐全符合本岗位规定的劳动保护用品，不准穿有钉子的工作鞋，工作鞋要保持干燥。

（3）不能徒手触摸电解槽槽体的各部位、厂房内的金属管线和电气设备，也不要把金属工具靠放在厂房内金属管柱和母线上。

（4）电解槽在进行出铝、换极、抬母线、熄灭阳极效应等作业时，非直接操作人员禁止在附近逗留。

（5）在电解槽上进行操作时，应站在电解槽通风格子板或槽罩上，在槽罩板上作业时，应先将槽罩板放稳，确认槽罩拉筋固定可靠，无松动。不能把脚踏在电解质结壳或阳极炭块上，进行垒墙作业时必须使用脚踏板，以免烫伤。

（6）加入电解槽的各种原材料和使用的各种操作工具必须经过预热和干燥后才能加入和使用，以防止发生爆炸事故。

（7）听到天车或多功能天车以及其他车辆发出信号时，要立即躲开，不准站在或走在起重物下面。

（8）避免用导电体将两台槽或槽与气控柜（阀架）等搭接，以防触电或短路。

（9）不允许操作、使用非本岗位的工具、机械、设备等。

（10）使用天车吊运物体时，不允许钢丝绳触碰电解槽。

（11）操作中如发现身上的劳保用品着火时，要立即扑灭，不要乱跑，也不要用水浇身。

（12）取液体电解质或铝液时，要用经过预热的工具和电解质箱，取出的液体待完全冷凝后倒出。从槽中捞出的结壳块等冷凝后再打碎使用或存放。

（13）吊运物件时，要检查好钢丝绳和工具，捆绑牢靠后再指挥天车起吊。指挥和配合人员站位要安全、可靠。

（14）换极打壳时，操作人员和机械设备保持 1.5m 以上的距离，以防止被撞伤、压伤或被溅出的电解质烫伤。

（15）禁止在同一台槽上进行两种以上的操作。

（16）禁止以汽油为动力的车辆进入电解厂房。

（17）禁止在厂房内道上坐卧休息或放置各种物料。

（18）各种工具必须按规定摆放在安全地点，并摆放整齐。及时清除作业场地，保持工作环境卫生。

（19）禁止跨越警戒线，损坏各种安全防护设施和安全警示标志。

（20）定期检查电解槽、母线、地面、厂房、其他建筑物之间绝缘状况，是否有导体连接，避免发生安全事故。

23.2 铸造车间安全生产

23.2.1 铸造车间生产存在的不安全因素

铸造车间是将原铝液铸造成铝及铝合金制品的场所，具有高温、噪声、粉尘、有害气体等危害因素，劳动强度大、工作条件差。因此，铸造车间存在的不安全因素主要有爆炸、烫伤、砸伤（挤伤）、燃气和烟气的危害等。

（1）爆炸。铸造车间容易发生的爆炸有水蒸气爆炸和化学爆炸。爆炸会喷射出大量的熔融铝，造成严重的伤害和死亡，冲击波有可能毁坏厂房设备和设施。加料和熔炼作业时，物料、废铝潮湿或含有水分是爆炸产生的主要原因。

1）水蒸气爆炸：水与铝液相遇时，水会因为热能立即变成蒸汽，体积增大 700 倍左右，发生猛烈的爆炸。

2）化学爆炸：熔融铝能和很多含氧材料发生化学作用，生成氧化铝。这些材料包括金属氧化物如氧化铁（铁锈）、氧化铜、其他重金属氧化物和氢氧化钙，当熔融铝与这些物质接触时就会发生爆炸。

（2）烫伤。铸造生产离不开高温铝液，铝液温度高的达 900℃，低的也有 700℃，铝液易飞溅，铝液的凝固点为 660℃，凝固后的铝锭温度也有几百度，因此容易发生烫伤事故。

（3）砸伤（挤伤）。使用吊具、索具等吊运铝锭或其他重物时易挤伤手和脚；重物在吊运过程中可能发生散落或坠落伤人；操作和维修设备时铝锭或机器对人身体造成砸伤或挤伤。

（4）燃气和烟气的危害。天然气的主要成分是甲烷，还混有其他有害杂质，吸入人体后，使人感到呼吸困难，当其浓度超过 10% 时就能造成窒息或死亡。天然气具有易燃易爆的特性，使用和管理不当，易引发爆炸、火灾等事故。

烟气是燃料燃烧的产物，烟气中含有许多有毒的物质如氮氧化物（NO_x）等，它们对人体和环境都具有危害性。

23.2.2　铸造车间通用安全管理规定

（1）作业人员上岗前必须穿戴齐全、有效的劳动防护用品。

（2）作业现场所有物料必须定置（定位、定量）摆放，做好标识。

（3）生产现场实行人车分流，设置人员绿色安全通道，车辆和人员各行其道。

（4）关键设备、重点作业区域实行限制性区域管理。

（5）熔铸时使用的铲、耙、取料勺等工器具，在接触铝液之前必须预热到 120℃ 以上，然后缓慢平稳地浸入铝液中。

（6）禁止向炉内投放带有水、冰、雪的湿料。

（7）熔剂含有吸收潮气的盐类，使用前必须烘干。

（8）大块固体废料必须烘烤预热后借助工具缓慢加入炉内，避免损坏炉衬。

（9）在炉内进行清炉、精炼、扒渣和注铝操作前，必须断开电源（关闭烧嘴），严禁带电（带气）操作。

（10）炉体、炉眼要有专人负责监控。

（11）铸模、分流盘、流槽、过滤箱等要提前喷涂脱模剂并预热。

（12）引锭头要用风管吹尽杂物和水分，并喷油。

（13）排铝渣箱要清空，烘烤或喷油。

（14）浇铸前要对设备设施进行全面细致的检查（预检），确认控制系统、机械传动系统、液压系统、水系统、润滑系统、供气系统等完好。

（15）出现异常情况要及时采取正确的处置措施。

23.2.3　铸造车间天车工安全操作

（1）工作前必须穿戴齐全符合本岗位的劳动保护用品，熟悉工作现场。

（2）开车前，对制动器、吊钩、钢丝绳和安全装置进行检查，行驶前必须鸣铃，行驶中接近人和物时，也必须鸣铃。

（3）操作应按指挥信号进行，对紧急停车信号，不论何人发出，都应立即停车。

（4）当起重机上或其周围确认无人时，才可以闭合主电源。当电源电路装置上加锁或有标牌时，应由有关人员解除后才可闭合主电源。

（5）闭合主电源前，应使所有的控制器手柄置于零位。

（6）工作中突然断电时，应将所有的控制器手柄扳回零位。在重新工作前，应检查起重机工作是否都正常。

（7）天车吹灰、擦拭、点检作业前必须将空开配电箱的空开拉下，并对配电箱上锁后方可进行。天车工下车前必须将驾驶室门锁好。

（8）吊挂时，吊挂绳之间的夹角应小于120°，以免挂绳受力过大。绳、链所经过的棱角处应加衬垫。

（9）起重机吊物时要密切观察所吊物体的摆动方向。吊物起升，当钢丝绳或链条拉紧时应停车，按吊钩抖动的方向再次找准吊钩，同时检查吊物是否挂牢；起升时不要过猛，当吊物脱离障碍以后方可加快起升速度；起升的吊物一般不超过安全通道最高物0.5m。

（10）吊物运行时，用工具将所吊物件扶稳，并在现场人员指挥下绕过障碍运行。

（11）天车运行时应保证吊物平稳，不能任其抖动或摆动。

23.2.4 铸造车间天然气安全使用规定

（1）严禁在密闭且无通风设施的环境下进行天然气点火操作。

（2）混合炉点火时，先将炉门打开，启动鼓风机送风，将点火枪推进炉膛或将火种扔到混合炉点火烧嘴下方，再将天然气阀门打开，按下点火按钮进行点火。

（3）一次点不着火时，必须打开炉门用鼓风机吹5~10min后，再进行下一次点火。

（4）点火时，距炉门口10m内不准站人和有人经过。

（5）定时检查着火情况，发现异常及时处理。

（6）烘烤抬包、虹吸管、流槽时，烧嘴不能集中交叉使用，烘烤距离达不到要求距离时，严禁硬拉、硬拽，防止接口脱开、漏气。

（7）熄火时，应先关闭天然气阀门，待炉内无天然气时再关闭鼓风机按钮。

（8）要经常对天然气软管、接头进行检查，确认软管及接口完好。

（9）定期检查天然气总管压力是否在规定值（≥50kPa）内，若低于规定值，及时关闭阀门，停气熄火。

（10）定期检查阀门、密封垫有无天然气泄漏现象，如有泄漏，及时处理。

（11）定期检查天然气与助燃风连杆调节器螺母有无松动。

（12）检修、维修天然气管路、各种阀门、接口时，必须使用专用工器具，并有人监护。

（13）混合炉前炉天然气管路容易发生碰撞的地方要增设防护架保护。

（14）天然气管路发生意外泄露，要及时关闭上一级天然气阀门或天然气总阀，并及时处理。管路泄漏处理完毕后要先打开天然气放散阀，再打开天然气阀门进行管路气体放散，确认天然气管路内的混合气体排放干净后，关闭放散阀进行管路检漏，确认管路无泄漏方可点火使用。

23.2.5　铸造车间配料作业安全规定

（1）工作前必须穿戴齐全符合本岗位的劳动保护用品，熟悉工作现场。

（2）新砌内衬的大修抬包使用前要进行至少7天时间的自然干燥，倒入铝液前要对包内衬经过24h以上烘烤预热，烘烤温度不能低于300℃，彻底除去水分和潮气。

（3）大修抬包在完成预热后，使用高温铝水倒入抬包的1/5或1/4进行预热，重复进行3~4次后，方可投入正常出铝使用。

（4）准备大修的抬包、小修抬包或其他原因停止使用的抬包禁止使用，并单独放置在规定区域进行隔离，不能与正常使用的抬包混放。

（5）使用过程中操作人员必须对抬包的安全性随时进行检查，发现异常应立即停用，放置在指定区域内，与正在使用的抬包严格区分。

（6）捞渣作业时，使用的工器具必须预热除去潮气和水分，防止爆炸。操作者要站在捞渣平台上进行作业，不能站在抬包底座上、抬包沿上、抬包减速机上。

（7）手摇倒包时要把抬包扶正、扶稳，不可洒铝，以免发生烫伤。自动倒包时，将抬包扶稳挂好后，人要远离作业区3m以外。

（8）严禁向抬包内加入带有水分、潮气、油垢的固体铝及其他物品，防止爆炸伤人。

（9）配料作业时，随时观察运行车辆和天车交叉作业环境，及时有效进行自我保护。

（10）天车吊包倒铝作业时现场严禁车辆出入。

（11）在混合炉炉内作业时，必须关闭混合炉电源（天然气阀门），严禁带电（火）作业。

（12）回炉废品时严禁操作人员站在回炉废品平台上作业，非作业人员严禁在作业区域内行走或停留。

23.2.6　普通铝锭铸造作业安全操作规定

（1）工作前必须穿戴齐全符合本岗位的劳动保护用品，熟悉工作现场。

（2）浇铸前要检查铸造机、混合炉炉眼、浇铸设施、炉眼应急物资和供水系统是否正常。

（3）浇铸前使用的溜子、渣铲等工具必须进行预热。

（4）铸机模子使用间歇超过8h，新换铸模，以及遇有阴雨天气，必须先预热铸模后再进行作业方可使用。

（5）浇铸时，每个铸模都工作一次后，再给水冷却。

（6）在混合炉扒渣、清炉、加铝锭、倒铝液时，要将混合炉断电。

（7）在抬包或混合炉内混合配料或加固体铝时，必须检查所加物料是否干燥，如潮湿严禁加入。吊运和放置开口抬包时，必须用抬包卡子固定住包梁，以免包梁歪倒伤人。

（8）加包时，严禁他人在附近停留或通过。

（9）挂包和吊运重物时，手要放在钩头、钢丝绳、卡具外部，要挂准挂稳，确认无误后天车方可起吊。

（10）打渣时渣铲要轻磕，防止飞溅出的铝渣伤人。

（11）更换字头要把插销插上，以防砸手。

（12）排锭作业时要保持端正的坐姿或站姿，以防座椅倾翻。

（13）铝锭堆垛时要轻要稳要准，避免铝锭滑落砸伤。

（14）吊运渣箱、铝锭等物品时，将手放在所吊物品及吊具的外侧进行操作。挂好挂稳后，人离开所吊物品 1m 以外，方可指挥天车起吊。

（15）混合炉堵眼时，严禁将炉眼和塞子头浇湿，以防爆炸。

（16）铝锭堆放高度不得超过 2 盘，堆放要垂直、平稳、整齐。

23.2.7 圆锭铸造作业安全操作规定

（1）工作前必须穿戴齐全符合本岗位的劳动保护用品，熟悉工作现场。

（2）工作前要检查混合炉、电气加热元件、机械系统和供水系统是否正常，铸造机底座的引锭头是否干燥，是否符合工艺条件。

（3）浇铸使用的流槽、溜子、过滤包、过滤板、分配盘等工器具必须在 150～200℃ 的温度下预热干燥。

（4）干燥后的引锭头进行喷植物油。

（5）浇铸前确认引锭头与结晶器位置正确，不能有水进入。

（6）浇铸前检查所有流槽、盘面的放铝口是否封堵完好，防止渗漏。放铝口下备用渣箱必须清洁无杂物，并预热。

（7）在底座下降前，禁止将铝液闸板和冷却水阀门打开，以防铝水漏出发生事故。

（8）缓慢打开闸板，使铝水缓慢流入套管，等套管全都注满铝水后，方可下降。

（9）向混合炉倒入铝液时，铝液流速要均匀平稳，不许有铝液向外飞溅。

（10）在浇铸过程中，出现铝棒不完整或铝棒歪斜时，应立即堵眼重铸，以免发生机械设备事故。

（11）向混合炉倒铝液、加硅锭、加废棒锭、扒渣、搅拌、精炼以及进行其他工作时，要将混合炉电源断开。

（12）浇铸结束后，当棒锭脱离结晶器 200～300mm 时立即停止铸机下降，严禁将棒锭下降至防倾倒架以下高度，以免棒锭倾倒。棒锭完全冷却后方可将冷却水阀门关闭。

（13）浇铸一次结束，上升底座时，露出井口的高度不得超过铝棒长度的 1/5。

（14）浇铸过程中，如机械传动装置、电气控制柜及生产工艺发生故障，要立即堵混合炉炉眼，并将分配盘中的铝液倒入干燥的渣箱中后方可进行后续作业。

（15）天车吊棒时，要检查吊具是否安全可靠。

（16）从竖井内吊出棒锭时，棒锭表面必须保持平整、干净、无油污，吊环锁扣棒锭深度不得少于 500mm，防止棒锭脱落。

（17）吊运棒锭过程中，吊具必须保持水平，地面人员要远离棒锭 7m 以外。

（18）棒锭堆放要平稳、间距均匀，保持横平竖直、整齐有序，堆放高度符合规定要求。

23.2.8 连铸连轧铸造作业安全操作规定

（1）工作前必须穿戴齐全符合本岗位的劳动保护用品，熟悉工作现场。

（2）检查混合炉使用状况及开口抬包是否干净，包梁、卡具等是否安全可靠，减速机是否运转灵活。

（3）捞渣时，工器具必须干燥、预热。

（4）向混合炉倒铝时不得提前打开包卡。

（5）配料、入铝液、搅拌、精炼、扒渣时要切断电源，严禁带电作业。

（6）混合炉内有铝液时，严禁向混合炉内加固体铝及其他配料锭。

（7）在浇铸过程中如机械传动装置、电气控制发生故障，要立即堵眼，将铝液倒入干燥的地坑抬包中。

（8）严禁用湿塞子堵炉眼、用水浇洒流槽。

（9）浇铸时，发现结晶轮有渗水现象，应立即停机更换新结晶轮。

（10）浇铸坯料从结晶轮出来后，立即用钳子送入引桥，以防止坯料歪倒砸伤或烫伤。

（11）禁止坯料送入轧机时在运行的轧辊之间，穿线管和绕线管的入口、接口、出口处站人或行走。

（12）禁止非工作人员在5m以内的作业区域内行走和逗留。

（13）从筐内吊运电工圆铝杆时，必须将打捆线捆扎牢固。

（14）往混合炉内加入电工圆铝杆及坯料时，先将混合炉断电，加入的电工圆铝杆及坯料必须小于混合炉炉门口，严禁将潮湿的电工圆铝杆及坯料加入混合炉。

（15）电工圆铝杆大卷堆放高度不得超过3卷或2.7m的高度，小卷堆放高度不得超过5卷或2.2mm的高度。堆放要垂直、平稳、间距均匀。

（16）吊运渣箱前必须检查钢丝绳、吊耳是否安全可靠，严禁使用尼龙吊带吊运渣箱。

（17）吊运地坑敞口包时要确认挂钩安全后方可指挥吊运。

23.3　筑炉安全生产

由于受到平面或空间的限制，工业炉系统生产工艺布局一般比较紧凑，筑炉作业大都是立体作业和交叉作业，特殊安全技术多，作业现场存在高温、粉尘、空间狭窄和有毒气体等危险因素。

23.3.1　筑炉作业安全管理规定

（1）进入施工现场的作业人员必须穿戴齐全、有效的劳保用品。

（2）施工现场要保持整齐干净，各种通道畅通无阻，施工危险区域设置警戒标志。

（3）施工区域内的井、坑和孔洞等应盖严、堵死或围挡。

（4）跨越沟道或炉体的洞口时，必须搭设牢固地走跳板，其宽度不小于0.8m，并设置栏杆和挡板。

（5）在光线不充足的地方施工时，应有足够的照明。

（6）禁止由高处向下抛扔物品。

（7）在可能发生煤气、烟尘等有害气体区域作业时，必须采取有效的防护措施。

（8）施工区域内不准有易燃物堆积。

（9）材料、设备的堆放位置距离沟道等的边缘，不小于0.5m。

（10）砌筑前，检查作业地点、施工机械、脚手架、砌筑工具等是否安全可靠。

（11）砌筑墙体时，沿所砌筑的墙应留有宽度在 0.5m 以上的通道。

（12）采用砖筐（板）集装运输时，砖筐（板）上的物料要稳固放置，避免运输中散落。

（13）操作和使用施工机械时，要遵守安全操作规程。

（14）在各种金属容器或炉壳内施工时，使用的照明电压不得超过 36V，潮湿的作业地点不准超过 12V。

（15）在粉尘比较集中的场所施工，要有完善的防尘设施和个人防护措施。

（16）在拆修各种工业炉时，要自上而下分段进行，严禁集中拆除，同时要随拆随运。

（17）与有腐蚀作用的化学物品和有毒材料接触时，要遵守专门的安全规程。

23.3.2 筑炉施工机械安全使用管理规定

（1）机械设备的传动装置要有完整的保护罩。

（2）机械设备要有专人负责操作，开机前要对机械设备的各部位进行检查。

（3）新安装或检修后的机械，在使用前要进行空载试车及负荷试车。

（4）机械在运转中，不得进行清扫和修理，一般也不进行注油。

（5）检查和修理机械及电气设备时，必须断开启动装置，切断电源，开关箱用锁锁上。

（6）所有电气设备的外壳以及有电力直接驱动的机械，都要接地线或接中性线。

（7）禁止将固定照明灯作为手提灯用。

（8）机械设备的电源开关，要安装在便于操作的地方，一旦发生故障，可及时切断电源。

（9）手持电动工具要有带接地端子的专门插销与插销座，操作时要戴好绝缘手套。

（10）拆除电气装置要停电进行，未拆下的线头可能带电时，要用绝缘胶布包扎。

23.3.3 脚手架安全使用规定

（1）施工前要对脚手架的搭设作必要的设计和计算。

（2）钢管脚手架的杆要优先采用外径为 48mm、壁厚为 3.5mm 的焊接钢管，材质要符合相关的技术要求，立杆和大横杆每根长度 6~6.5m，小横杆 2~5m。不准使用脆裂、变形、扭曲的钢管。

（3）使用前，钢管脚手架所用的扣件要逐个进行外观检查和必要的抽样试验。凡有裂纹、变形、砂眼等缺陷的扣件不准使用。

（4）木脚手板要用 50mm 厚的坚固木板，腐朽、扭曲、破裂和有大横透节者不准使用。钢脚手板用 2~3mm 厚的 Q235A 钢板制成，表面有防滑层，厚度一般为 50mm。竹脚手板用宽度为 50mm 的竹片编织而成，并用 φ8~10mm 的螺栓紧固，螺栓孔不能大于 10mm。

（5）脚手架的使用荷载一般每平方米不得超过 2648N。堆料时不应超载，并禁止集中堆放。

（6）搭设脚手架的地面必须平整严实（回填土区应夯实），并做好排水。

（7）钢管架每根立杆下应垫基脚垫板，并在垫板上垫 50mm 厚的木板。各种脚手架均应沿地面有一道扫地杆。

（8）各种脚手架外侧均应由剪刀撑（十字撑）并与地面成45°角交叉布置，落地要与扫地杆连接。

（9）高度超过15m的独立式脚手架要在四脚设置揽风绳。金属脚手架高度达到15m或高出附近建筑物时，要安装避雷装置。

（10）脚手板必须与小横杆固定，不许浮放，不准有探头板。砌砖用的脚手板应离墙壁5~10cm。

（11）脚手架要设上下走跳，走跳坡度不得大于1：3，并设有防滑条、防护栏杆和挡脚板。

23.3.4　高空作业安全管理规定

（1）患有高血压、心脏病、癫痫病和其他不适合高空作业病症者不得从事高空作业。

（2）高空多层平行作业时，要搭设坚固严实的保护棚，挂设安全网和采取其他有效的防护措施。

（3）所用的悬吊设备和起重设备，要经过两倍静负荷试验后方可使用。

（4）施工前要检查脚手工具是否符合安全施工的要求。脚手架上堆放的材料不得超载，也不能超高。

（5）1~10kV高压线路3m以内的区域，35kV以上高压线路4.5m以内的区域，不得搭设钢管架（包括卷扬塔、龙门架等）。

（6）在3m以上高空作业，无完整的防护设施时，施工人员必须佩戴安全带。安全带应挂在牢固的地方。

（7）高空作业运输材料时，要遵守所用运输机械的安全规定，所运材料要固定牢靠。严禁从高处向下扔物品。

（8）高空作业要有足够的照明和完善的登高设施。

（9）在暴雨、风沙、雷电、严寒、浓雾和六级以上大风的情况下，不得进行露天高空作业。

（10）高空作业面附近有正在生产的工业炉或烟囱时，应采取防止烟（煤）气中毒措施，操作中必须随时注意风向。

23.4　环境保护

随着工业的发展，环境污染也随着产生。噪声污染、水污染、大气污染被看成是世界范围内三个主要的环境问题。铝电解生产污染物主要有四个方面：烟气、废水、噪声和固体废弃物。

23.4.1　烟气污染物

（1）烟气污染物来源。铝电解烟气主要包括气态污染物和固态污染物。气态污染物主要包括：HF、SO_2、CO、CO_2、CF_4、沥青烟等。固态污染物主要包括：氧化铝、氟化盐粉尘、碳粉等。

（2）气态污染物的产生。

1）电解过程产生的阳极气体 CO、CO_2。

2）因氟化盐水解产生的 HF 气体。

3）发生阳极效应产生的 CH_4 和 C_2F_6 气体。

4）阳极中的硫与氧气反应产生 SO_2 气体。

（3）固态污染物的产生。阳极气体（CO、CO_2）挥发过程中带出的粉尘，电解质蒸汽凝聚成固体，加氧化铝、冰晶石、氟化铝产生的原料粉尘。

（4）铝电解烟气污染物的排放标准与治理。

1）铝工业污染物排放标准。2010 年起实施的 GB 25465—2010 铝工业污染物排放标准对铝电解废气排放标准进行了规定，见表 23-1。

表 23-1 铝工业污染物排放标准（GB 25465—2010）

生产系统及设备		污染物排放限值/mg·m^{-3}			污染物监控位置
		颗粒物	氟化物（以 F 计）	二氧化硫	
电解铝厂	电解槽烟气净化	20	3.0	200	污染物净化设施排放口
	氧化铝、氟化盐贮运	30	—	—	
	电解质破碎	30	—	—	
	其他	50	—	400	

2）铝电解污染物的治理。

① 干法烟气净化技术。铝电解槽烟气治理主要采用干法净化技术。该方法是利用设置在电解槽上部的集气罩捕集烟气进入净化系统，在净化系统中利用电解原料氧化铝吸附烟气中的氟化氢，再经过布袋除尘器实现气固分离，达到净化烟气，同时去除气态氟和固态氟的目的，净化之后的烟气通过烟囱排入大气。吸附氟之后的氧化铝作为电解生产的原料返回电解槽使用。氧化铝吸附的氟补充了电解过程所需的氟化盐，无废弃物产生，并且实现了氟化物的有效回收利用。

② 降低电解温度。采用低电解温度，有利于降低氟化盐的挥发损失。

③ 控制原料含水量。控制原料中的水分，可减少氟化盐的水解，降低氟化物产生量。

④ 确保主烟管、电解槽负压。稳定保持主烟管、电解槽负压，做好槽罩板、水平罩板窗口密封工作，可使烟气集气效率达到 98% 以上。

⑤ 降低效应系数。降低阳极效应次数，减少温室气体的排放。

23.4.2 废水治理

铝电解废水是指铝电解生产过程中产生的污水、废水和废液，其中含有随水流失的工业生产用料、中间产物、副产品以及生产过程中产生的污染物。

（1）工业废水排放标准。工业废水中有害物质的最高允许排放浓度分为两类。第一类是能在环境或动植物体内积蓄，对人体健康产生长远影响的有害物质，含有此类有害物质的废水，在设备出口处检测应符合表 23-2 规定的标准。第二类是长远影响远小于第一类的有害物质。

表 23-2　含第一类有害物质的废水排放标准

有害物质名称	最高允许排放浓度/mg·L^{-1}	有害物质名称	最高允许排放浓度/mg·L^{-1}
汞及其化合物	0.05（按汞计）	铅及其化合物	1.0（按铅计）
镉及其化合物	0.1（按镉计）	总铍量	0.005（按汞计）
六价铬化合物	0.5（按铬计）	总 α 放射性	1Bq/L
砷及其化合物	0.5（按砷计）		

（2）废水的来源。主要来源于设备的冷却、产品的冷却、厂区和作业场所的冲洗、生活排水等。

（3）废水的治理。

1）管理上加强。大力提倡节水管理，严格控制新水用量，厂区、生活区实行定额用水。

2）技术上改进。选用节水设备、装置和工艺，对设备、产品冷却水进行改进，建立循环水冷却系统，提高工艺过程中的回用量。

23.4.3　噪声

（1）工业企业厂界环境噪声排放标准。工业企业厂界环境噪声排放标准和工业场所噪声等效声级接触限值符合表 23-3 和表 23-4。

表 23-3　工业企业厂界环境噪声排放标准（GB 12348—2008）　　　（dB（A））

厂界外噪声环境功能区类别	时　段	
	昼　间	夜　间
0	50	40
1	55	45
2	60	50
3	65	55
4	70	55

表 23-4　工业场所噪声等效声级接触限值（GBZT 189.8—2007）

日接触时间/h	接触限值/dB（A）
8	85
4	88
2	91
1	94
0.5	97

（2）铝电解噪声来源。铝电解生产产生噪声的设备主要有净化系统风机、多功能机组空气压缩机、空压站及电解厂房打壳、下料等过程产生的交杂噪声。

（3）噪声的治理。噪声是发生体做无规则运动时发出的声音。从铝电解生产的噪声源分布来看，产生噪声主要是机械设备的结构噪声和空气动力声音。铝电解厂由于设备数量多、分布广、治理难度大，因此，需要对不同的噪声源进行具体分析，采取不同的治理措施。

1）采用新技术。重点噪声源往往是生产过程中的重要设备，采用新技术治理噪声污染，以改善生产现场环境。

2）设备更新改造。对于设备型号陈旧，易产生噪声污染的设备，进行设备换型改造，减少噪声污染。

3）控制噪声传播途径，降低岗位操作污染。对于岗位设备数量多、分布面广以及设备本体噪声治理难度大的区域，采用对岗位操作室噪声隔离的措施进行治理。

4）对噪声接受者进行防护。对噪声接受者进行噪声危害知识的教育，提高个人主动防护意识，减少人员在噪声环境中的暴露时间，采取各种个人防护手段，如佩戴耳塞、耳罩或头盔等。

23.4.4 固体废弃物

电解铝产生的固体废弃物主要包括废槽衬、阳极炭渣。电解铝固体废弃物的危害主要在于含有大量的可溶性的氟化物和氰化物。目前铝厂普遍采用的填埋、堆存方法处理这些固体废弃物，所含的可溶性氟化物及氰化物会通过风吹、日晒、雨淋的作用转移或挥发进入大气，或随雨水混入江河、渗入地下，污染土壤和地下水，对动植物及人体产生很大损害，破坏生态环境和生态平衡，如不及时进行无害化处理，其危害将是长期的。通常情况下，每生产1万吨电解铝将产生100t废炭素材料、80t废耐火材料以及一定数量的保温材料。

由于各个电解铝厂电流容量、内衬结构、内衬材料种类、电解工艺条件、操作制度、槽寿命差别较大，废弃物的具体组成也有较大差别，但主要组分基本相同。表23-5列出了160kA、200kA、350kA铝电解槽砌筑材料的技术数据。

表23-5　160kA、200kA、350kA铝电解槽砌筑材料的技术数据（以单台计算）

名　称	砌入材料及质量/t				
	保温材料	耐火材料	炭素材料	浇注料	合　计
160kA 电解槽	3.1	12.5	20.5	5.0	41.1
200kA 电解槽	5.9	14.2	22.2	6.4	48.7
350kA 电解槽	7.3	31.6	46.0	8.7	93.6

（1）固体废弃物的来源。废槽衬的来源及组成：电解槽运行到一定寿命（6~8年），必须停槽进行大修，大修时电解槽内衬需要进行更换，清理出的废槽衬就成为固体废弃物。废槽衬包括阴极炭块、耐火砖、保温砖、防渗材料和侧部氮碳化硅砖等。

1）废阴极炭块。由于热作用、化学作用、机械冲蚀作用、电作用、钠和电解质的渗透等引起的熔盐反应、化学反应，铝电解槽中的阴极炭块使用一定时间后出现破损。废阴极炭块一般含有 C、NaF、Na_3AlF_6、AlF_3、CaF_2、Al_2O_3 等，含 C 约为 50%~70%，电解质氟化物约为 30%~50%，氰化物约为 0.2%。表 23-6 为废阴极炭块的主要化学成分分析结果。

表 23-6　废阴极炭块主要化学成分分析结果

化学成分	烧失量	F	Na	Al	Ca	Fe	SiO_2
含量/%	58.56	9.86	11.86	2.42	1.36	0.74	4.33

2）废 $SiC\text{-}Si_3N_4$ 耐火砖。主要成分是 SiC、Si_3N_4 以及在电解过程中浸入的 NaF、Na_3AlF_6 等。表 23-7 是其化学元素分析结果。

表 23-7　废 $SiC\text{-}Si_3N_4$ 耐火砖主要化学成分分析结果

化学成分	Si_3N_4	SiC	Al_2O_3	Fe_2O_3	C	Si	Na_2O	F
含量/%	19.53	67.16	1.19	0.23	1.41	0.26	3.74	3.65

3）阳极炭渣来源。阳极炭渣是铝电解过程中没有参与电解并吸收电解液中电解质的炭粒阳极。阳极炭渣的主要成分是以冰晶石为主的钠铝氟化物、$\alpha\text{-}Al_2O_3$ 和碳。表 23-8 为阳极炭渣的主要化学元素分析结果。

表 23-8　阳极炭渣的主要化学元素分析结果

元　素	F	Al	Na	Ca	Fe	Si	Mg	C
含量/%	32.26	12.91	16.34	1.08	0.52	1.70	0.82	19.68

（2）固体废弃物的治理。目前，国内外处理铝电解固体废弃物的方法有十几种，在这些处理方法中，实现工业应用的并不多。

1）废阴极炭块中电解质氟化物的处理。

① 在废槽衬中添加熔剂，混合料在炉中进行处理，处理温度 1300℃，回收氟化铝，最终产品为玻璃态熔渣。

② 在废阴极炭块中加入石灰使之与其中的电解质发生反应，得到氟化钙、氟化钠和氟化铝，使氟得到固化以重新利用，回收的炭重新用于制造阴极材料。

③ 用水化法处理废阴极炭块，分别得到粗的炭粒和细颗粒的电解质，回收的炭粒可用于做电解槽的阴极，电解质可以返回电解生产中。

④ 用碱液溶浸其中的电解质，其浸出液用于合成冰晶石，炭用作燃料。

⑤ 用水解法处理废阴极炭块，并用石膏收集溶液中的氟离子。热水解法处理需要把温度升到 1200℃，以便使氟化物与水汽反应生成浓度为 25% 的氟化氢溶液，再用合成法生产氟化铝。

2）废阴极炭块中炭的回收与利用。

① 在氧化铝生产中，把废旧阴极炭块磨细后作为脱硫剂，替代部分无烟煤加入氧化铝熟料窑内，生产氧化铝烧结块。所含的氟化盐在熟料烧成中转化成不溶性氟化钙进入赤泥，在配制水泥时代替萤石作矿化剂。

② 用作熔剂。在钢铁冶金生产中需要萤石作熔剂，又需要炭作还原剂，把废阴极炭块作为添加剂，可以取得一举两得的效果。

③ 利用水泥窑炉内部反应温度高，炭块在流程中停留时间长等条件，使废阴极炭块中的有害物质在高温环境中进行分解置换，并最终固化在水泥熟料中，同时废阴极炭块中的炭作为燃料，降低了煤的消耗。采用该方法的缺点是氟对耐火砖有损害，并且氟容易随

烟气排放入空气造成大气污染，废阴极炭块中钠的含量极高，会对水泥后期强度有影响。

④ 浮选法回收炭和电解质。将废阴极炭块破碎，分级后得到一定粒度的粉末，加水调浆后加入捕收剂，以实现炭与电解质最大程度的分离，从而得到以电解质为主和以炭为主的两种产品。其中的电解质可重新返回到铝电解槽内，石墨化的炭粉可以返回阴极生产系统。

⑤ 以石灰石为反应剂、粉煤灰为添加剂处理废槽衬。经处理的废槽衬可溶氟化物，转化率达98%以上，氰化物去除率达99.5%以上，处理后的无害化渣平均可溶氟含量39.7mg/L，氰根离子含量0.053mg/L，低于国家固体废弃物排放标准，可用作路基材料、水泥原料或耐火材料原料，回收的氟化盐可返回电解槽使用。

3）阳极炭渣的处理技术。采用浮选工艺回收炭和电解质。将阳极炭渣粉磨至一定粒度，加水调浆后加入捕收剂，使炭与电解质充分分离，从而得到以电解质为主和以炭为主的两种产品。其中的电解质可重新返回到铝电解槽内，炭粉可以用于制备电解铝炭素材料或作为炼钢增碳剂、氧化铝脱硫剂。

复习思考题

23-1　电解车间主要有害因素有哪些？

23-2　简述电解车间安全技术规定。

23-3　铸造车间的不安全因素有哪些？

23-4　简述铸造车间天然气安全操作规定。

23-5　简述普通铝锭安全作业规程。

23-6　简述筑炉工安全作业规程。

23-7　铝电解烟气污染物的来源有哪些？

23-8　铝电解废水的治理措施有哪些？

23-9　铝电解噪声的治理措施有哪些？

23-10　铝电解固体废弃物的来源及危害有哪些？

参 考 文 献

[1] 吴鸿，等. 铝电解工[M]. 贵阳：贵州科技出版社，2006.

[2] 杨昇，等. 铝电解技术问答[M]. 北京：冶金工业出版社，2009.

[3] 熊万斌. 通风除尘与气力输送[M]. 北京：化学工业出版社，2008.

[4] 戴小平，等. 200kA 预焙铝电解生产技术与实践[M]. 长沙：中南大学出版社，2006.

[5] 郭静，等. 大气污染控制工程[M]. 北京：化学工业出版社，2008.

[6] 张殿印，等. 袋式除尘技术[M]. 北京：冶金工业出版社，2008.

[7] 马中飞，等. 工业通风与除尘[M]. 北京：中国劳动社会保障出版社，2009.

[8] 孙辂，王桂芝. 电解铝厂的产品结构与熔铸技术的发展[J]. 轻金属，2007，10：42 ~ 44.

[9] 唐剑，牟大强，黄平，等. 铝合金熔铸技术的现状及发展趋势[J]. 铝加工，2001，4：5 ~ 9.

[10] 向凌霄. 原铝及其合金的熔炼与铸造[M]. 北京：冶金工业出版社，2005.

[11] 邵正荣，邵海霞，吕让涛，等. 铝合金铸造工艺与铸锭质量的关系[J]. 轻合金加工技术，2006，
     4：20 ~ 21.

[12] 王晓丽，焦国利，刘霞，等. 影响铝母线质量缺陷的因素及改进措施[J]. 轻金属，2008，10：
     43 ~ 45.

[13] 杨昇，杨冠群. 铝电解生产技术[M]. 北京：冶金工业出版社，2010.

[14] 唐剑，王满德，等. 铝合金熔炼与铸造技术[M]. 北京：冶金工业出版社，2009.

[15] 周家荣. 铝合金熔铸生产技术问答[M]. 北京：冶金工业出版社，2008.

[16] 陈存中. 有色金属熔炼与铸锭[M]. 北京：冶金工业出版社，2008.

[17] 葛霖. 筑炉手册[M]. 北京：冶金工业出版社，2002.

[18] 李红霞. 耐火材料手册[M]. 北京：冶金工业出版社，2009.

[19] 宋希文，等. 耐火材料概论[M]. 北京：化学工业出版社，2009.

[20] 薛群虎，等. 耐火材料[M]. 北京：冶金工业出版社，2009.

[21] 国家标准. 工业炉砌筑工程施工及验收规范（GB 50211—2004）[S]. 北京：中国计划出版
     社，2004.

[22] 耐火材料汇编组. 耐火材料标准汇编[S]. 北京：中国标准出版社，2003.

[23] 朱维益. 砌筑工操作技术指南[M]. 北京：中国计划出版社，2000.

[24] 安装工人技术等级培训教材编委会. 筑炉工[M]. 北京：中国建筑工业出版社，1993.

[25] 行业标准. 建筑机械使用安全技术规程（JGJ 33—2001）[S]. 北京：中国建筑工业出版社，2001.

[26] 高敏. 天车工培训教程[M]. 北京：机械工业出版社，2004.

[27] 姬忠礼. 泵和压缩机[M]. 北京：石油工业出版社，2008.

[28] 尚艳华. 电力拖动[M]. 北京：电子工业出版社，2007.

[29] 左建民. 液压与气动技术[M]. 北京：机械工业出版社，2004.

[30] 李宝对. 可编程控制器原理及应用[M]. 北京：石油工业出版社，2008.

[31] 王延才. 变频器原理及应用[M]. 北京：机械工业出版社，2006.

[32] 葛正大. 天车工基本技能[M]. 北京：中国劳动社会保障出版社，2007.

[33] 邱竹贤. 预焙槽炼铝[M]. 北京：冶金工业出版社，2006.